高等学校“十三五”系列教材

高等数学(II)

Gaodeng Shuxue

主　编◎张月梅　王安平　都俊杰
副主编◎李琼琳　范臣君　赵　伟
参　编◎冉庆鹏　秦　川　陈　帆　梁　向

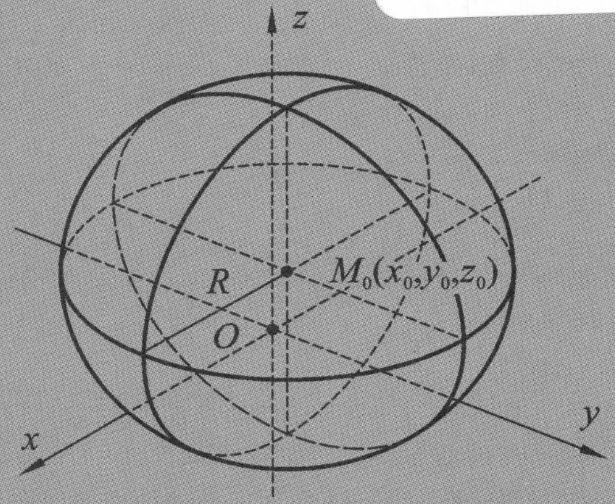

華中科技大學出版社
http://www.hustp.com
中国·武汉

图书在版编目(CIP)数据

高等数学.Ⅱ/张月梅,王安平,都俊杰主编.—武汉:华中科技大学出版社,2018.2(2023.1 重印)
ISBN 978-7-5680-3807-2

Ⅰ.①高… Ⅱ.①张… ②王… ③都… Ⅲ.①高等数学 Ⅳ.①O13

中国版本图书馆 CIP 数据核字(2018)第 027634 号

高等数学(Ⅱ)
Gaodeng Shuxue

张月梅 王安平 都俊杰 主编

策划编辑:袁 冲
责任编辑:段亚萍
封面设计:孢 子
责任监印:朱 玢
出版发行:华中科技大学出版社(中国·武汉) 电话:(027)81321913
武汉市东湖新技术开发区华工科技园 邮编:430223
录 排:武汉正风天下文化发展有限公司
印 刷:武汉科源印刷设计有限公司
开 本:787mm×1092mm 1/16
印 张:16.5
字 数:419 千字
版 次:2023 年 1 月第 1 版第 5 次印刷
定 价:37.00 元

前　言

随着我国高等教育的不断发展，高等教育呈现了多层次的发展需要．不同层次的高等院校需要有不同层次的教材．本套教材是根据教育部最新制定的高等工科院校《高等数学课程教学基本要求》，并参考全国硕士研究生入学统考数学考试大纲，并结合我院教学的实际需要编写而成的．

本套教材分Ⅰ、Ⅱ两册，其中Ⅱ册共五章，依次为第八章空间解析几何及向量代数，第九章多元函数微分学，第十章重积分，第十一章曲线积分与曲面积分，第十二章无穷级数．为了满足读者阶段复习的需要，每章末安排有自测题．本套教材遵循高等教育的规律，坚持“淡化抽象理论的推导，注重思想渗透和应用”思路．

本教材是在使用了多年的讲义基础上修改而成的，在选材和叙述上尽量联系实际背景，注重数学思想的介绍，力图将概念写得通俗易懂，便于理解．在体系安排上，力求做到从易到难，以便读者学习、理解、掌握和应用；在例题和习题的配置上，注重贴近实际，尽量做到具有启发性和应用性．

Ⅱ册由张月梅、王安平、都俊杰老师全面负责筹划、统稿和整理．其中第八章由李琼琳和梁向老师编写，第九章由王安平和冉庆鹏老师编写，第十章由范臣君和都俊杰老师编写，第十一章由张月梅和陈帆老师编写，第十二章由秦川和赵伟老师编写．

本教材在编写过程中，参考了教材后所列参考文献，我们对这些参考书的作者表示感谢．

在此要特别感谢荆州理工职业学院的梁树生副教授和李创老师！梁树生副教授审阅了全书，并提出了许多宝贵的修改意见；李创老师也全程参与了讨论与修改，并帮助绘制了书中大部分复杂的图形．

为了让本套教材能与高中数学更好地衔接，特邀请了沙市一中教学经验丰富的数学老师梁向参与本套教材第一章和第八章的编写与修改，在此感谢梁向老师的积极参与！

本教材在编写和出版过程中，得到了长江大学工程技术学院基础教学部数学教研室全体数学教师的大力支持与帮助，并得到了院领导的关心和支持，在此一并表示由衷的感谢！

由于时间仓促，加之作者水平有限，教材中难免存在不妥之处，恳请广大专家、教师和读者提出宝贵意见，以便修订和完善．

编　者

2017 年 6 月

目　　录

第八章　空间解析几何及向量代数

本章首先建立空间直角坐标系，引入向量的概念，然后利用坐标讨论向量的运算，并以向量为工具讨论平面和空间直线，最后介绍空间曲面和空间曲线的部分内容.

8.1　空间直角坐标系与向量

8.1.1　空间直角坐标系

1. 空间直角坐标系

在空间内取一定点 O，过点 O 作三条两两互相垂直的数轴，它们都以点 O 为原点，这三条数轴分别叫作 x **轴**（**横轴**）、y **轴**（**纵轴**）和 z **轴**（**竖轴**），统称为**坐标轴**. 习惯上，把 x 轴，y 轴放在水平面上，z 轴放在垂直位置上，它们的正向要遵循右手法则，即以右手握住 z 轴，当右手的四个手指从 x 轴正向以 $\frac{\pi}{2}$ 角度转向 y 轴正向时，大拇指的指向就是 z 轴的正向（见图 8-1-1）. 图中箭头的指向分别表示 x 轴、y 轴、z 轴的正向，这样原点和三条坐标轴就组成了一个空间直角坐标系，称为 $Oxyz$ 坐标系. 点 O 称为坐标原点（或原点）.

由任意两条坐标轴所确定的平面称为**坐标面**. 由 x 轴和 y 轴、y 轴和 z 轴、z 轴和 x 轴所确定的坐标面分别称为xOy 面、yOz 面、zOx 面. 三个坐标面把空间分成八个部分，每一部分称为**卦限**. 由 $x>0, y>0, z>0$ 组成的那个卦限称为第一卦限，其他第二、第三、第四卦限在 xOy 面的上方，按逆时针方向确定，第五至第八卦限分别位于第一至第四卦限的下方，这八个卦限分别用字母 Ⅰ、Ⅱ、Ⅲ、Ⅳ、Ⅴ、Ⅵ、Ⅶ、Ⅷ 表示（见图 8-1-2）.

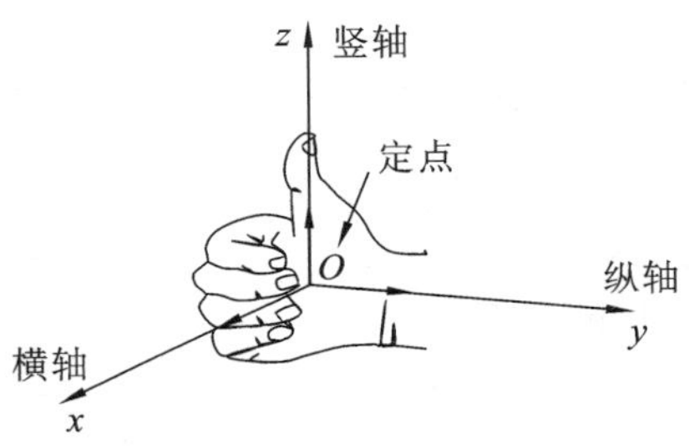

图 8-1-1

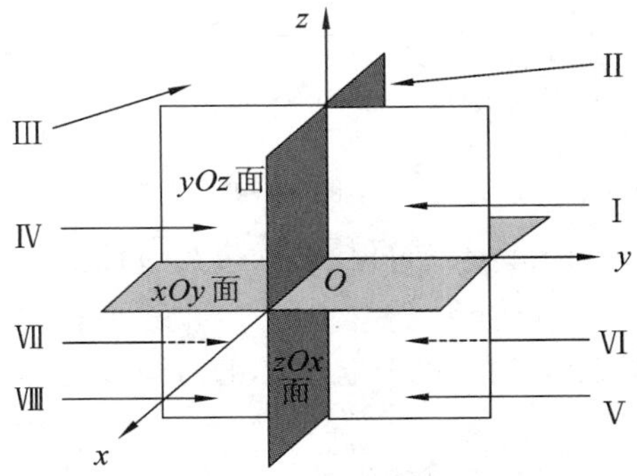

图 8-1-2

设点 M 是空间的一点，过点 M 作与三坐标轴垂直的平面，分别交 x 轴、y 轴、z 轴于点 P，

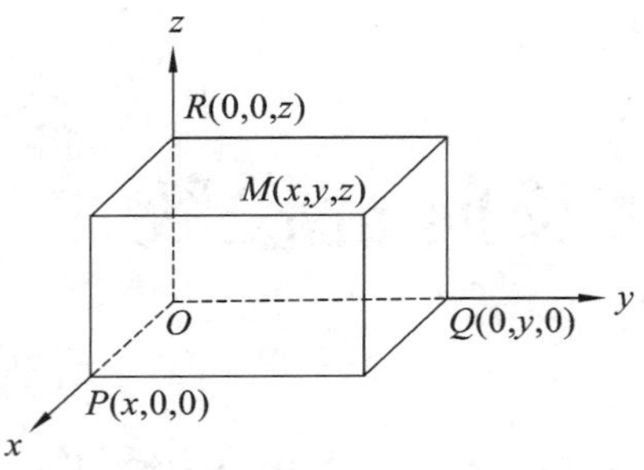

图 8-1-3

Q,R. 点 P,Q,R 称为点 M 在坐标轴上的**投影**(见图 8-1-3). 设点 P,Q,R 在三坐标轴上的坐标依次为 x,y,z,于是点 M 唯一地确定有序数组 x,y,z. 反之,给定有序数组 x,y,z,总能在三坐标轴上找到以它们为坐标的点 P,Q,R,过这三点分别作垂直于 x 轴、y 轴、z 轴的平面,三个平面必然交于点 M. 由此可见,点 M 和有序数组 x,y,z 之间存在一一对应关系. 有序数组 x,y,z 称为点 M 的**坐标**,且依次称 x,y,z 为**横坐标**、**纵坐标**和**竖坐标**. 坐标为 x,y,z 的点 M 记作 $M(x,y,z)$.

在空间直角坐标系下,原点的坐标为 $O(0,0,0)$;x 轴、y 轴、z 轴上点的坐标形式分别为 $(x,0,0)$、$(0,y,0)$、$(0,0,z)$;xOy 面、yOz 面、zOx 面上点的坐标形式分别为 $(x,y,0)$、$(0,y,z)$、$(x,0,z)$.

另外,八个卦限内点坐标的符号分别为:

Ⅰ$(+,+,+)$　Ⅱ$(-,+,+)$　Ⅲ$(-,-,+)$　Ⅳ$(+,-,+)$

Ⅴ$(+,+,-)$　Ⅵ$(-,+,-)$　Ⅶ$(-,-,-)$　Ⅷ$(+,-,-)$.

例 1　在空间直角坐标系中,标出下列各点的位置:$A(1,2,3)$,$B(0,1,-2)$,$C(-1.5,0,0)$.

解　根据坐标与点的对应关系,描出各点,如图 8-1-4 所示.

2. 空间两点间的距离

设 $M_1(x_1,y_1,z_1)$ 和 $M_2(x_2,y_2,z_2)$ 是空间两点,求它们之间的距离 $|M_1M_2|$. 过点 M_1 和 M_2 分别作垂直于 x 轴、y 轴、z 轴的平面,这六个平面围成一个以点 M_1 和 M_2 为对角线的长方体(见图 8-1-5).

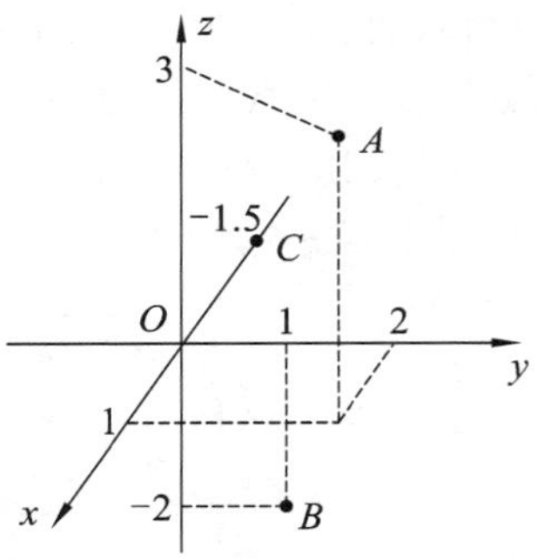

图 8-1-4

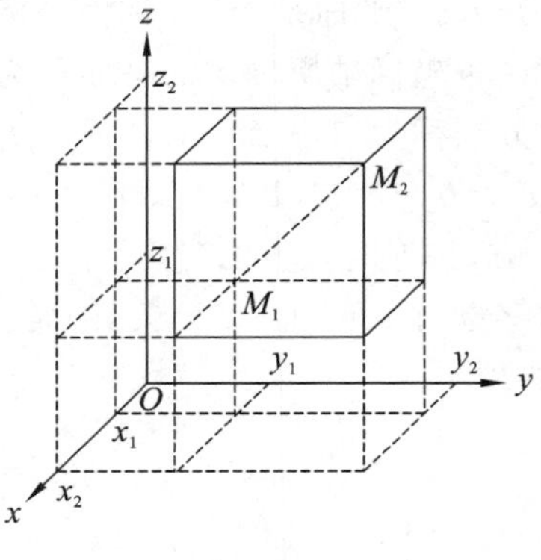

图 8-1-5

从图 8-1-5 可以看出,该长方体的各棱长分别为

$$|x_2-x_1|,|y_2-y_1|,|z_2-z_1|,$$

根据立体几何知识,长方体的对角线长的平方等于三条棱长的平方和,于是有

$$|M_1M_2|^2=(x_2-x_1)^2+(y_2-y_1)^2+(z_2-z_1)^2,$$

所以,点 M_1 和 M_2 间的距离为

$$|M_1M_2|=\sqrt{(x_2-x_1)^2+(y_2-y_1)^2+(z_2-z_1)^2},$$

此即为**空间两点间的距离公式**.

特别地，点 $M(x,y,z)$ 到原点 $O(0,0,0)$ 的距离为

$$|OM| = \sqrt{x^2+y^2+z^2}.$$

例 2　求点 $A(1,2,3)$，$B(-2,1,0)$ 之间的距离.

解　由空间两点间的距离公式，可得

$$|AB| = \sqrt{(-2-1)^2+(1-2)^2+(0-3)^2} = \sqrt{19}.$$

例 3　求证：以 $M_1(4,3,1)$，$M_2(7,1,2)$，$M_3(5,2,3)$ 三点为顶点的三角形是等腰三角形.

证明　由空间两点间的距离公式，有

$$|M_1M_3| = \sqrt{1^2+(-1)^2+2^2} = \sqrt{6},$$

$$|M_2M_3| = \sqrt{(-2)^2+1^2+1^2} = \sqrt{6},$$

因为 $|M_1M_3| = |M_2M_3|$，所以三角形 $M_1M_2M_3$ 为等腰三角形.

例 4　在 z 轴上求与点 $A(-4,1,7)$ 和 $B(3,5,-2)$ 等距离的点.

解　设所求点的坐标为 $M(0,0,z)$，依题意有

$$|MA|^2 = |MB|^2,$$

即

$$(0+4)^2+(0-1)^2+(z-7)^2 = (3-0)^2+(5-0)^2+(-2-z)^2,$$

解之得 $z=\frac{14}{9}$，所以所求点的坐标为 $M\left(0,0,\frac{14}{9}\right)$.

8.1.2　向量及其线性运算

1. 向量的概念

在空间中，我们把具有大小和方向的量称为**向量**（或**矢量**）. 向量可用小写的黑体字母表示，如向量 $\boldsymbol{a}$，$\boldsymbol{i}$，$\boldsymbol{v}$ 等. 向量的大小称为**向量的模**，如向量 $\boldsymbol{a}$ 的模记作 $|\boldsymbol{a}|$. 模为零的向量称为**零向量**，记作 $\boldsymbol{0}$，规定零向量的方向可以是任意的；模为 1 的向量称为**单位向量**.

在几何上，向量用有向线段表示. 起点为 M、终点为 N 的向量记作 $\overrightarrow{MN}$（见图 8-1-6）.

如果向量 $\boldsymbol{a}$ 与向量 $\boldsymbol{b}$ 的模相等且方向相同，则称向量 $\boldsymbol{a}$ 与向量 $\boldsymbol{b}$ 相等，记作 $\boldsymbol{a}=\boldsymbol{b}$，几何上，经过平行移动后能完全重合的向量是相等的向量.

如果两个向量的方向相同或相反，则称这两个向量为**平行向量**. 向量 $\boldsymbol{a}$ 平行于向量 $\boldsymbol{b}$，记作 $\boldsymbol{a} \parallel \boldsymbol{b}$. 由于零向量的方向是任意的，因此，约定零向量与任何向量平行.

注意：由于空间向量是自由向量，所以向量平行也可以认为是向量共线.

类似地，还有向量共面的概念：设有 $k(k\geqslant 3)$ 个向量，当把它们的起点放在同一点时，如果 k 个向量的终点和公共起点在一个平面上，就称这 k 个向量共面.

设 $\boldsymbol{a}$，$\boldsymbol{b}$ 为两个非零向量，将向量 $\boldsymbol{a}$ 或向量 $\boldsymbol{b}$ 平移，使它们的起点重合（见图 8-1-7），它们所在射线之间的夹角 $\theta(0\leqslant\theta\leqslant\pi)$ 称为向量 $\boldsymbol{a}$ 与向量 $\boldsymbol{b}$ 的夹角，记作 $\langle\boldsymbol{a},\boldsymbol{b}\rangle$. 当向量 $\boldsymbol{a}$ 与向量 $\boldsymbol{b}$ 中有一个为零向量时，我们约定它们的夹角可在 $[0,\pi]$ 中任意取值. 当 $\langle\boldsymbol{a},\boldsymbol{b}\rangle=0$ 或 π 时，向量 $\boldsymbol{a}$ 与向量 $\boldsymbol{b}$ 平行；当 $\langle\boldsymbol{a},\boldsymbol{b}\rangle=\frac{\pi}{2}$ 时，就称向量 $\boldsymbol{a}$ 与向量 $\boldsymbol{b}$ 垂直，记作 $\boldsymbol{a}\perp\boldsymbol{b}$. 同样，我们约定零向量与任何向量都垂直.

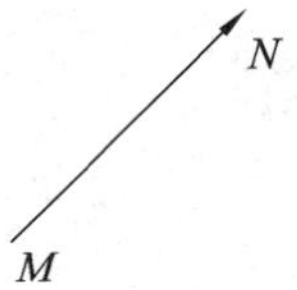

图 8-1-6

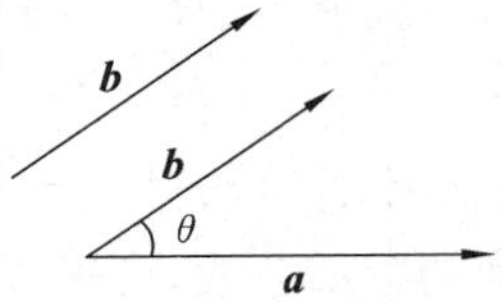

图 8-1-7

2. 向量的线性运算

定义 1　将向量 $\boldsymbol{a}$ 与向量 $\boldsymbol{b}$ 的起点放在一起，以向量 $\boldsymbol{a}$ 和向量 $\boldsymbol{b}$ 为邻边作平行四边形，则从起点到对角顶点的向量称为向量 $\boldsymbol{a}$ 与向量 $\boldsymbol{b}$ 的**和向量**，记作 $\boldsymbol{a}+\boldsymbol{b}$（见图 8-1-8），这种求向量和的方法称为向量加法的**平行四边形法则**.

由于向量可以平移，所以，若把向量 $\boldsymbol{a}$ 的起点放在向量 $\boldsymbol{b}$ 的终点上，则以向量 $\boldsymbol{b}$ 的起点为起点，以向量 $\boldsymbol{a}$ 的终点为终点的向量也为向量 $\boldsymbol{a}+\boldsymbol{b}$（见图 8-1-9）. 这种求向量和的方法称为向量加法的**三角形法则**.

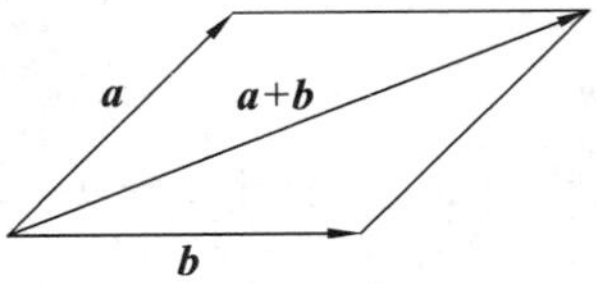

图 8-1-8

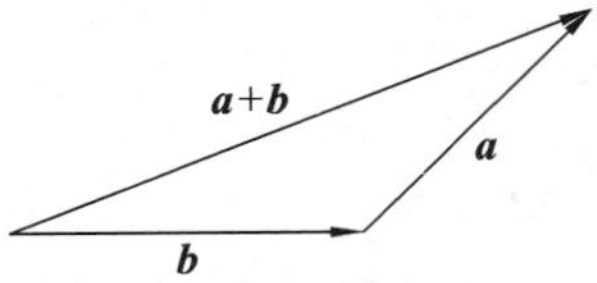

图 8-1-9

与向量 $\boldsymbol{a}$ 的模相等而方向相反的向量称为向量 $\boldsymbol{a}$ 的**负向量**，记作 $-\boldsymbol{a}$. 因此，向量 $\boldsymbol{b}$ 与向量 $-\boldsymbol{a}$ 的和称为向量 $\boldsymbol{b}$ 与向量 $\boldsymbol{a}$ 的差，记作 $\boldsymbol{b}-\boldsymbol{a}$（见图 8-1-10），即

$$\boldsymbol{b}-\boldsymbol{a}=\boldsymbol{b}+(-\boldsymbol{a}).$$

特别地，当 $\boldsymbol{b}=\boldsymbol{a}$ 时，有

$$\boldsymbol{a}-\boldsymbol{a}=\boldsymbol{a}+(-\boldsymbol{a})=\boldsymbol{0}.$$

向量的减法也可按三角形法则进行，只要把向量 $\boldsymbol{a}$ 与向量 $\boldsymbol{b}$ 的起点放在一起，$\boldsymbol{b}-\boldsymbol{a}$ 就是以向量 $\boldsymbol{a}$ 的终点为起点，以向量 $\boldsymbol{b}$ 的终点为终点的向量（见图 8-1-11）.

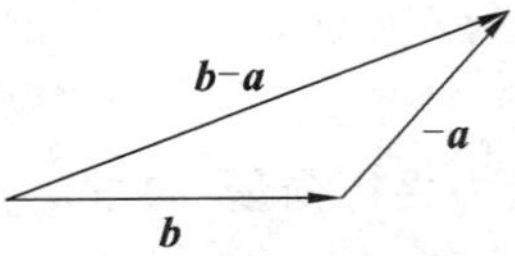

图 8-1-10

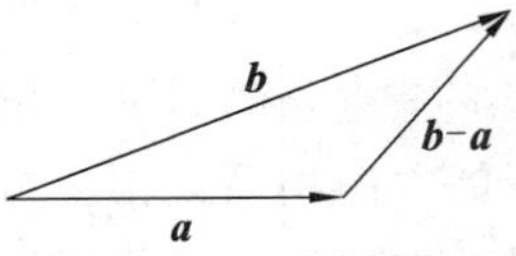

图 8-1-11

由三角形两边之和大于第三边的原理，有三角不等式

$$|\boldsymbol{a}+\boldsymbol{b}|\leqslant|\boldsymbol{a}|+|\boldsymbol{b}|,$$

其中等号当且仅当向量 $\boldsymbol{a}$ 与向量 $\boldsymbol{b}$ 同向时成立.

定义 2　数 λ 与向量 $\boldsymbol{a}$ 的乘积记作 $\lambda\boldsymbol{a}$，$\lambda\boldsymbol{a}$ 是一个平行于 $\boldsymbol{a}$ 的向量，它的模等于向量 $\boldsymbol{a}$ 的模与数 λ 绝对值的乘积，即 $|\lambda\boldsymbol{a}|=|\lambda||\boldsymbol{a}|$. 它的方向规定为：当 $\lambda>0$ 时，$\lambda\boldsymbol{a}$ 与 $\boldsymbol{a}$ 的方向相同；当 $\lambda<0$ 时，$\lambda\boldsymbol{a}$ 与 $\boldsymbol{a}$ 的方向相反；当 $\lambda=0$ 时，$\lambda\boldsymbol{a}$ 为零向量.

向量的加法与数乘向量称为**向量的线性运算**. 向量的线性运算满足以下运算律：

(1) 交换律　$\boldsymbol{a}+\boldsymbol{b}=\boldsymbol{b}+\boldsymbol{a}$；

(2) 结合律　$(\boldsymbol{a}+\boldsymbol{b})+\boldsymbol{c}=\boldsymbol{a}+(\boldsymbol{b}+\boldsymbol{c})$,

$\lambda(\mu\boldsymbol{a})=(\lambda\mu)\boldsymbol{a}=\mu(\lambda\boldsymbol{a})$;

(3) 分配律　$(\lambda+\mu)\boldsymbol{a}=\lambda\boldsymbol{a}+\mu\boldsymbol{a}$,

$\lambda(\boldsymbol{a}+\boldsymbol{b})=\lambda\boldsymbol{a}+\lambda\boldsymbol{b}$.

其中 λ,μ 为常数.

定理1　设向量 $\boldsymbol{a}\neq\boldsymbol{0}$,则向量 $\boldsymbol{b}$ 与向量 $\boldsymbol{a}$ 平行的充分必要条件是存在唯一的实数 λ,使得 $\boldsymbol{b}=\lambda\boldsymbol{a}$.

证明:充分性显然成立,下面证明必要性.

设 $\boldsymbol{b}\parallel\boldsymbol{a}$,因为向量 $\boldsymbol{a}\neq\boldsymbol{0}$,取 $\lambda=\pm\dfrac{|\boldsymbol{b}|}{|\boldsymbol{a}|}$,当向量 $\boldsymbol{b}$ 与向量 $\boldsymbol{a}$ 方向相同时,λ 取正值;当向量 $\boldsymbol{b}$ 与向量 $\boldsymbol{a}$ 方向相反时,λ 取负值. 于是有 $\boldsymbol{b}=\lambda\boldsymbol{a}$.

再证明实数 λ 的唯一性. 设存在实数 λ_1,λ_2,使得

$$\boldsymbol{b}=\lambda_1\boldsymbol{a},\boldsymbol{b}=\lambda_2\boldsymbol{a},$$

两式相减,得

$$(\lambda_2-\lambda_1)\boldsymbol{a}=\boldsymbol{0},$$

所以

$$|\lambda_2-\lambda_1|\,|\boldsymbol{a}|=0,$$

又 $|\boldsymbol{a}|\neq 0$,则 $|\lambda_2-\lambda_1|=0$,于是 $\lambda_1=\lambda_2$,即实数 λ 唯一.

设 $\boldsymbol{a}$ 是一个非零向量,由数乘向量的定义可知,向量 $\dfrac{\boldsymbol{a}}{|\boldsymbol{a}|}$ 的模等于 1,且与 $\boldsymbol{a}$ 同方向,称为向量 $\boldsymbol{a}$ 的单位向量,记作 $\boldsymbol{e}_a$,即有

$$\boldsymbol{e}_a=\frac{\boldsymbol{a}}{|\boldsymbol{a}|}.$$

由此可见,一个非零向量除以它的模是一个与原向量同方向的单位向量,并且任一非零向量 $\boldsymbol{a}$ 都可表示为

$$\boldsymbol{a}=|\boldsymbol{a}|\boldsymbol{e}_a.$$

例5　已知向量 $\boldsymbol{a},\boldsymbol{b},\boldsymbol{c}$,设向量 $\boldsymbol{\alpha}=2\boldsymbol{a}-\boldsymbol{b}+\boldsymbol{c}$,向量 $\boldsymbol{\beta}=-\boldsymbol{a}+\boldsymbol{b}-3\boldsymbol{c}$,试用向量 $\boldsymbol{a},\boldsymbol{b},\boldsymbol{c}$ 表示向量 $\boldsymbol{\alpha}-3\boldsymbol{\beta}$.

解　由向量的运算性质可得

$$\begin{aligned}\boldsymbol{\alpha}-3\boldsymbol{\beta}&=(2\boldsymbol{a}-\boldsymbol{b}+\boldsymbol{c})-3(-\boldsymbol{a}+\boldsymbol{b}-3\boldsymbol{c})\\&=2\boldsymbol{a}-\boldsymbol{b}+\boldsymbol{c}+3\boldsymbol{a}-3\boldsymbol{b}+9\boldsymbol{c}\\&=5\boldsymbol{a}-4\boldsymbol{b}+10\boldsymbol{c}.\end{aligned}$$

例6　在平行四边形 $ABCD$ 内,设向量 $\overrightarrow{AB}=\boldsymbol{a}$,向量 $\overrightarrow{AD}=\boldsymbol{b}$,试用 $\boldsymbol{a},\boldsymbol{b}$ 表示向量 $\overrightarrow{MA},\overrightarrow{MB},\overrightarrow{MC},\overrightarrow{MD}$. 这里 M 是平行四边形对角线的交点(见图 8-1-12).

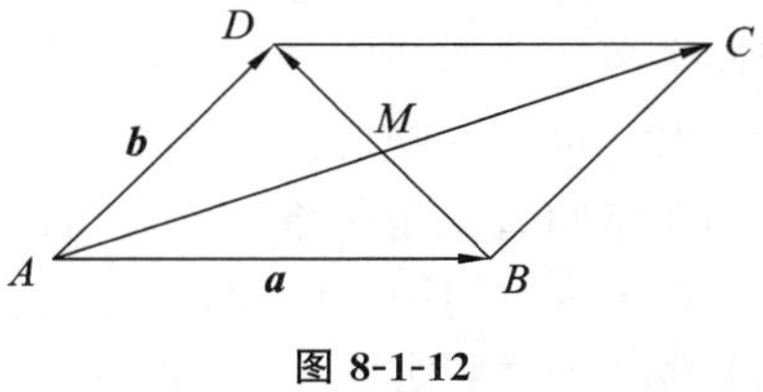

图 8-1-12

解　由于平行四边形的对角线相互平分,所以

$$\boldsymbol{a}+\boldsymbol{b}=2\overrightarrow{AM}=2\overrightarrow{MC},$$

所以

$$\overrightarrow{MC}=\frac{1}{2}(\boldsymbol{a}+\boldsymbol{b}),\overrightarrow{MA}=-\frac{1}{2}(\boldsymbol{a}+\boldsymbol{b}).$$

又因为

$$-\boldsymbol{a}+\boldsymbol{b}=2\overrightarrow{MD}=2\overrightarrow{BM},$$

所以

$$\overrightarrow{MD}=\frac{1}{2}(\boldsymbol{b}-\boldsymbol{a}),\overrightarrow{MB}=-\frac{1}{2}(\boldsymbol{b}-\boldsymbol{a}).$$

习　题　8.1

1. 在空间直角坐标系中,指出下列各点所在的卦限:

$A(1,-2,4)$,　$B(3,2,-5)$,　$C(1,-7,-4)$,　$D(-2,-3,4)$.

2. 已知点 $A(2,-2,1)$,则点 A 与 z 轴的距离是______,与 y 轴的距离是______,与 x 轴的距离是______.

3. 在 yOz 面上求与三个已知点 $A(3,1,2)$,$B(4,-2,-2)$和 $C(0,5,1)$等距离的点.

4. 试证明以三点 $A(4,1,9)$,$B(10,-1,6)$和 $C(2,4,3)$为顶点的三角形是等腰直角三角形.

5. 设有正六边形 $ABCDEF$(顶点字母顺序按逆时针方向排列),记 $\boldsymbol{a}=\overrightarrow{AB}$,$\boldsymbol{b}=\overrightarrow{BD}$,试用向量 $\boldsymbol{a}$,$\boldsymbol{b}$ 表示向量 $\overrightarrow{AF}$,$\overrightarrow{BC}$,$\overrightarrow{BF}$,$\overrightarrow{CF}$.

6. 已知 $\boldsymbol{a}$,$\boldsymbol{b}$ 为非零向量,试用有向线段表示向量 $\boldsymbol{a}+2\boldsymbol{b}$,$\boldsymbol{a}-\boldsymbol{b}$ 和 $\boldsymbol{b}-2\boldsymbol{a}$.

7. 已知 $\triangle ABC$,求证 $\overrightarrow{BC}+\overrightarrow{CA}+\overrightarrow{AB}=\mathbf{0}$.

8. 设向量 $\boldsymbol{a}$,$\boldsymbol{b}$,$\boldsymbol{c}$ 不共面,以向量 $\boldsymbol{a}$,$\boldsymbol{b}$,$\boldsymbol{c}$ 为棱作一平行六面体,求该平行六面体的对角线向量.

9. 已知平行四边形 $ABCD$ 的两条对角线 AC 与 BD 交于 E,O 是任意点,求证:

$$\overrightarrow{OA}+\overrightarrow{OB}+\overrightarrow{OC}+\overrightarrow{OD}=4\overrightarrow{OE}.$$

8.2　向量的坐标

8.2.1　向量的坐标

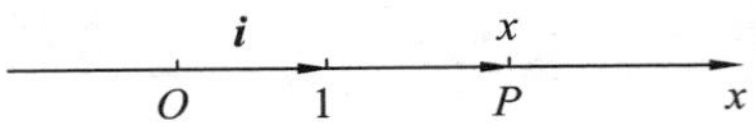

图 8-2-1

给一定点和一单位向量可以确定一条数轴.设点 O 及单位向量 $\boldsymbol{i}$ 确定了数轴 Ox(见图 8-2-1),对于数轴上任一点 P,对应一个向量 $\overrightarrow{OP}$,由 $\overrightarrow{OP}\parallel\boldsymbol{i}$,根据上节定理 1,存在唯一的实数 x,使得向量 $\overrightarrow{OP}=x\boldsymbol{i}$(实数 x 称为数轴上有向线段 $\overrightarrow{OP}$ 的值).显然向量 $\overrightarrow{OP}$ 与实数 x 一一对应,从而数轴上的点 P 与实数 x 一一对应.因此,定义实数 x 为数轴上点 P 的坐标.

由此可知,数轴上点 P 的坐标为 x 的充分必要条件是 $\overrightarrow{OP}=x\boldsymbol{i}$.

在空间直角坐标系中,与坐标轴 x 轴、y 轴、z 轴正向同方向的单位向量分别记作 $\boldsymbol{i}$,$\boldsymbol{j}$,$\boldsymbol{k}$.

设 $\boldsymbol{r}$ 为空间中任一向量,作向量 $\overrightarrow{OM}=\boldsymbol{r}$,点 M 在 x 轴、y 轴和 z 轴上的投影依次为 P,Q,R(见图 8-2-2),如果点 M 的坐标为(x,y,z),则有

$$\overrightarrow{OP}=x\boldsymbol{i},\overrightarrow{OQ}=y\boldsymbol{j},\overrightarrow{OR}=z\boldsymbol{k},$$

于是,由向量的加法,有

$$r = \overrightarrow{OM} = xi + yj + zk.$$

显然,给定向量 $\boldsymbol{r}$,向量$\overrightarrow{OM}$ 唯一确定,从而唯一确定有序数组(x,y,z);反之,给定有序数组(x,y,z),又能唯一确定向量$\overrightarrow{OM}$,从而也唯一确定一个与向量$\overrightarrow{OM}$ 大小相等、方向相同的向量 $\boldsymbol{r}$. 所以向量 $\boldsymbol{r}$ 与有序数组(x,y,z) 之间存在一一对应关系,这样用有序数组(x,y,z) 来表示向量 $\boldsymbol{r}$,记作

$$\boldsymbol{r} = x\boldsymbol{i} + y\boldsymbol{j} + z\boldsymbol{k} = (x,y,z).$$

向量 $\boldsymbol{r} = \overrightarrow{OM}$ 称为点 M 关于原点 O 的**向径**.

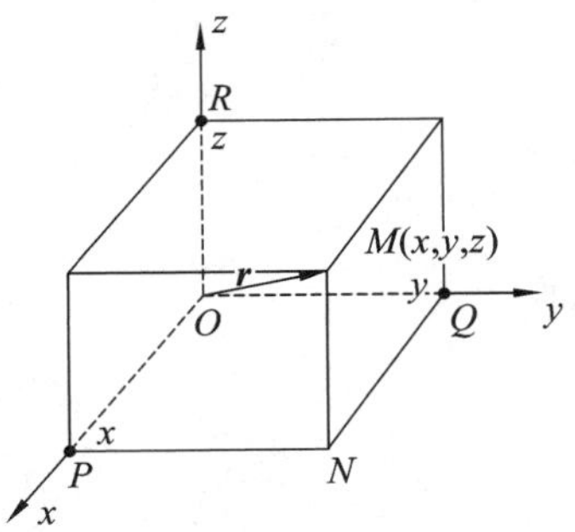

图 8-2-2

由于有序数组(x,y,z) 也是点 M 在直角坐标系 $Oxyz$ 中的坐标,即 $M(x,y,z)$,由此可见,点 M 与点 M 的向径有相同的坐标,实际问题中可根据上下文确定有序数组(x,y,z) 是向量的坐标还是点的坐标.

下面,我们利用坐标作向量的线性运算.

设向量 $\boldsymbol{a} = (a_x,a_y,a_z)$,$\boldsymbol{b} = (b_x,b_y,b_z)$,即

$$\boldsymbol{a} = a_x\boldsymbol{i} + a_y\boldsymbol{j} + a_z\boldsymbol{k},\boldsymbol{b} = b_x\boldsymbol{i} + b_y\boldsymbol{j} + b_z\boldsymbol{k},$$

则

$$\begin{aligned}\boldsymbol{a} + \boldsymbol{b} &= (a_x\boldsymbol{i} + a_y\boldsymbol{j} + a_z\boldsymbol{k}) + (b_x\boldsymbol{i} + b_y\boldsymbol{j} + b_z\boldsymbol{k})\\ &= (a_x + b_x)\boldsymbol{i} + (a_y + b_y)\boldsymbol{j} + (a_z + b_z)\boldsymbol{k}\\ &= (a_x + b_x,a_y + b_y,a_z + b_z).\end{aligned}$$

$$\begin{aligned}\lambda\boldsymbol{a} &= \lambda(a_x\boldsymbol{i} + a_y\boldsymbol{j} + a_z\boldsymbol{k})\\ &= (\lambda a_x)\boldsymbol{i} + (\lambda a_y)\boldsymbol{j} + (\lambda a_z)\boldsymbol{k}\\ &= (\lambda a_x,\lambda a_y,\lambda a_z).\end{aligned}$$

又若向量 $\boldsymbol{a} = (a_x,a_y,a_z) \neq \boldsymbol{0}$,向量 $\boldsymbol{b} = (b_x,b_y,b_z)$,且 $\boldsymbol{b} \parallel \boldsymbol{a}$,则存在实数 λ,使得 $\boldsymbol{b} = \lambda\boldsymbol{a}$,即

$$(b_x,b_y,b_z) = \lambda(a_x,a_y,a_z),$$

于是

$$\frac{b_x}{a_x} = \frac{b_y}{a_y} = \frac{b_z}{a_z}.$$

上式中,a_x,a_y,a_z 不全为零. 若其中一个为零,不妨设 $a_x = 0$,则一定有 $b_x = 0$.

例 1　设向量 $\boldsymbol{a} = (2,1,2)$,向量 $\boldsymbol{b} = (-1,1,-2)$,求解以向量 $\boldsymbol{x},\boldsymbol{y}$ 为未知元的线性方程组

$$\begin{cases}5\boldsymbol{x} - 3\boldsymbol{y} = \boldsymbol{a},\\ 3\boldsymbol{x} - 2\boldsymbol{y} = \boldsymbol{b}.\end{cases}$$

解　解方程组,可得

$$\boldsymbol{x} = 2\boldsymbol{a} - 3\boldsymbol{b},\boldsymbol{y} = 3\boldsymbol{a} - 5\boldsymbol{b}.$$

以 $\boldsymbol{a},\boldsymbol{b}$ 的坐标代入,得

$$\boldsymbol{x} = 2 \times (2,1,2) - 3 \times (-1,1,-2) = (7,-1,10),$$
$$\boldsymbol{y} = 3 \times (2,1,2) - 5 \times (-1,1,-2) = (11,-2,16).$$

例 2　已知两点 $A(x_1,y_1,z_1)$和 $B(x_2,y_2,z_2)$以及实数 $\lambda \neq -1$,在直线 AB 上求一点 M,使得$\overrightarrow{AM} = \lambda\overrightarrow{MB}$.

解 由于

$$\overrightarrow{AM}=\overrightarrow{OM}-\overrightarrow{OA},\overrightarrow{MB}=\overrightarrow{OB}-\overrightarrow{OM},$$

因此

$$\overrightarrow{OM}-\overrightarrow{OA}=\lambda(\overrightarrow{OB}-\overrightarrow{OM}),$$

从而

$$\begin{aligned}\overrightarrow{OM}&=\frac{1}{1+\lambda}(\overrightarrow{OA}+\lambda\overrightarrow{OB})\\&=\left(\frac{x_1+\lambda x_2}{1+\lambda},\frac{y_1+\lambda y_2}{1+\lambda},\frac{z_1+\lambda z_2}{1+\lambda}\right),\end{aligned}$$

所以点 M 的坐标为

$$x=\frac{x_1+\lambda x_2}{1+\lambda},y=\frac{y_1+\lambda y_2}{1+\lambda},z=\frac{z_1+\lambda z_2}{1+\lambda}.$$

点 M 称为有向线段 AB 的定比分点.特别地,当 $\lambda=1$ 时,点 M 为有向线段 AB 的中点,其坐标为

$$x=\frac{x_1+x_2}{2},y=\frac{y_1+y_2}{2},z=\frac{z_1+z_2}{2}.$$

8.2.2 向量的模、方向角与方向余弦

1. 向量的模

设向量 $\boldsymbol{r}=(x,y,z)$,作向量 $\overrightarrow{OM}=\boldsymbol{r}$,则点 M 的坐标为 (x,y,z),由两点间距离公式,得向量 $\boldsymbol{r}$ 的模

$$|\boldsymbol{r}|=|\overrightarrow{OM}|=\sqrt{x^2+y^2+z^2}.$$

设点 A,B 的坐标分别为 (x_1,y_1,z_1) 和 (x_2,y_2,z_2),则向量

$$\begin{aligned}\overrightarrow{AB}=\overrightarrow{OB}-\overrightarrow{OA}&=(x_2,y_2,z_2)-(x_1,y_1,z_1)\\&=(x_2-x_1,y_2-y_1,z_2-z_1),\end{aligned}$$

于是向量 $\overrightarrow{AB}$ 的模为

$$|\overrightarrow{AB}|=\sqrt{(x_2-x_1)^2+(y_2-y_1)^2+(z_2-z_1)^2}.$$

例 3 已知点 $A(4,0,5)$ 和点 $B(7,1,3)$,求向量 $\overrightarrow{AB}$ 的模及与向量 $\overrightarrow{AB}$ 同方向的单位向量 $\boldsymbol{e}$.

解 因为向量 $\overrightarrow{AB}$ 的坐标为

$$\overrightarrow{AB}=(3,1,-2),$$

所以 $\overrightarrow{AB}$ 的模为

$$|\overrightarrow{AB}|=\sqrt{3^2+1^2+(-2)^2}=\sqrt{14},$$

与 $\overrightarrow{AB}$ 同方向的单位向量

$$\boldsymbol{e}=\frac{1}{|\overrightarrow{AB}|}\overrightarrow{AB}=\frac{1}{\sqrt{14}}(3,1,-2).$$

2. 方向角与方向余弦

设非零向量 $\boldsymbol{r}=(x,y,z)$,作向量 $\overrightarrow{OM}=\boldsymbol{r}$(见图 8-2-3),向量 $\boldsymbol{r}$ 与三坐标轴正向的夹角为 α,β,γ(其中 $0\leqslant\alpha\leqslant\pi,0\leqslant\beta\leqslant\pi,0\leqslant\gamma\leqslant\pi$),称 α,β,γ 为向量 $\boldsymbol{r}$ 的**方向角**,称 $\cos\alpha,\cos\beta,\cos\gamma$

为向量 $\boldsymbol{r}$ 的**方向余弦**. 向量 $\boldsymbol{r}$ 的方向由方向角 α, β, γ 所确定.

由图 8-2-3 可知，向量 $\overrightarrow{OM}$ 在 x 轴上的投影向量为 $\overrightarrow{OP}$，所以点 M 的横坐标 x 是有向线段 $\overrightarrow{OP}$ 的值，因为 $MP \perp OP$，所以有

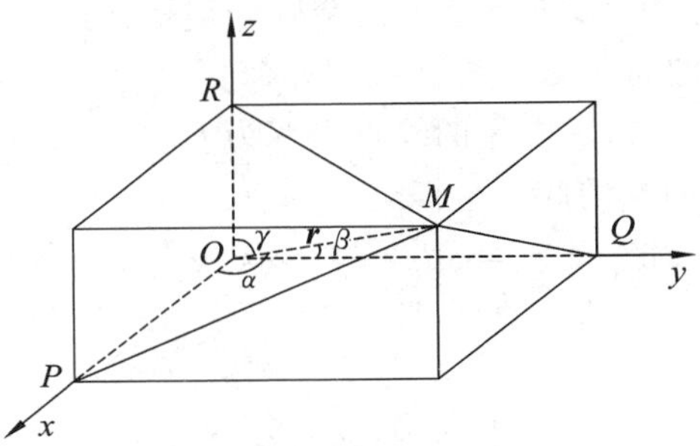

图 8-2-3

$$\cos\alpha = \frac{x}{|\overrightarrow{OM}|} = \frac{x}{|\boldsymbol{r}|} = \frac{x}{\sqrt{x^2+y^2+z^2}}.$$

类似地，有

$$\cos\beta = \frac{y}{|\boldsymbol{r}|} = \frac{y}{\sqrt{x^2+y^2+z^2}},$$

$$\cos\gamma = \frac{z}{|\boldsymbol{r}|} = \frac{z}{\sqrt{x^2+y^2+z^2}}.$$

同时有

$$\cos^2\alpha + \cos^2\beta + \cos^2\gamma = 1.$$

由此可见，任一非零向量的方向余弦的平方和等于 1.

当 $\boldsymbol{r}$ 为非零向量时，由 $\boldsymbol{e}_r = \dfrac{\boldsymbol{r}}{|\boldsymbol{r}|}$ 可得

$$\begin{aligned}\boldsymbol{e}_r &= \left(\frac{x}{\sqrt{x^2+y^2+z^2}}, \frac{y}{\sqrt{x^2+y^2+z^2}}, \frac{y}{\sqrt{x^2+y^2+z^2}}\right) \\ &= (\cos\alpha, \cos\beta, \cos\gamma).\end{aligned}$$

例 4　设向量 $\boldsymbol{r}$ 的两个方向余弦为 $\cos\alpha = \dfrac{1}{3}, \cos\beta = \dfrac{2}{3}$，又 $\boldsymbol{r}$ 的模 $|\boldsymbol{r}| = 6$，求向量 $\boldsymbol{r}$ 的坐标.

解　因为 $\cos\alpha = \dfrac{1}{3}, \cos\beta = \dfrac{2}{3}$，所以

$$\cos\gamma = \pm\sqrt{1-\cos^2\alpha-\cos^2\beta} = \pm\frac{2}{3}.$$

于是向量 $\boldsymbol{r}$ 的坐标分别为

$$x = |\boldsymbol{r}|\cos\alpha = 6 \times \frac{1}{3} = 2,$$

$$y = |\boldsymbol{r}|\cos\beta = 6 \times \frac{2}{3} = 4,$$

$$z = |\boldsymbol{r}|\cos\gamma = 6 \times \left(\pm\frac{2}{3}\right) = \pm 4,$$

所求向量 $\boldsymbol{r} = (2,4,4)$ 或 $\boldsymbol{r} = (2,4,-4)$.

习　题　8.2

1. 求点 $M(4,-3,5)$ 到各坐标轴的距离.
2. 已知两点 $M_1(0,1,2)$ 和 $M_2(1,-1,0)$，试用坐标表示向量 $\overrightarrow{M_1M_2}$ 和 $-2\overrightarrow{M_1M_2}$.
3. 已知两点 $M_1(4,\sqrt{2},1)$ 和 $M_2(3,0,2)$，计算向量 $\overrightarrow{M_1M_2}$ 的模、方向余弦和方向角.

4. 设向量的方向余弦分别是:(1)$\cos\alpha=0$;(2)$\cos\beta=1$;(3)$\cos\alpha=\cos\beta=0$. 问这些向量与坐标轴或坐标面关系如何?

5. 一向量的终点坐标为$B(3,-1,2)$,它在x轴、y轴和z轴上的投影依次为2,7,-1. 求此向量的起点坐标.

6. 设$\boldsymbol{m}=3\boldsymbol{i}+5\boldsymbol{j}+8\boldsymbol{k}$,$\boldsymbol{n}=2\boldsymbol{i}-4\boldsymbol{j}-7\boldsymbol{k}$和$\boldsymbol{p}=5\boldsymbol{i}+\boldsymbol{j}-4\boldsymbol{k}$. 求向量$\boldsymbol{a}=4\boldsymbol{m}+3\boldsymbol{n}-\boldsymbol{p}$在各坐标轴上的分量.

8.3 向量的数量积与向量积

8.3.1 两向量的数量积

设一物体在恒力$\boldsymbol{F}$的作用下沿直线从点M_1移动到点M_2,以$\boldsymbol{s}$表示位移$\overrightarrow{M_1M_2}$. 由物理学知道,恒力$\boldsymbol{F}$所做的功

$$W=|\boldsymbol{F}|\cdot|\boldsymbol{s}|\cos\theta,$$

其中θ为$\boldsymbol{F}$与$\boldsymbol{s}$的夹角.

定义1 设$\boldsymbol{a}$,$\boldsymbol{b}$为任意两个向量,它们的夹角为$\langle\boldsymbol{a},\boldsymbol{b}\rangle$,称$|\boldsymbol{a}||\boldsymbol{b}|\cos\langle\boldsymbol{a},\boldsymbol{b}\rangle$为向量$\boldsymbol{a}$和向量$\boldsymbol{b}$的**数量积**,记作$\boldsymbol{a}\cdot\boldsymbol{b}$,即

$$\boldsymbol{a}\cdot\boldsymbol{b}=|\boldsymbol{a}||\boldsymbol{b}|\cos\langle\boldsymbol{a},\boldsymbol{b}\rangle.$$

根据向量数量积的定义,上述例子中力$\boldsymbol{F}$所做的功

$$W=\boldsymbol{F}\cdot\boldsymbol{s}.$$

由数量积的定义可得下面的性质:

(1) $\boldsymbol{a}\cdot\boldsymbol{a}=|\boldsymbol{a}|^2$.

由此可得,

$$\boldsymbol{i}\cdot\boldsymbol{i}=\boldsymbol{j}\cdot\boldsymbol{j}=\boldsymbol{k}\cdot\boldsymbol{k}=1.$$

(2) 两个向量$\boldsymbol{a}$,$\boldsymbol{b}$垂直的充分必要条件是它们的数量积等于零.

事实上,当$\boldsymbol{a}$与$\boldsymbol{b}$为非零向量时,由数量积的定义可得,

$$\boldsymbol{a}\perp\boldsymbol{b}\Leftrightarrow\boldsymbol{a}\cdot\boldsymbol{b}=0;$$

当$\boldsymbol{a}$或$\boldsymbol{b}$为零向量时,结论显然成立.

由此可得,

$$\boldsymbol{i}\cdot\boldsymbol{j}=\boldsymbol{j}\cdot\boldsymbol{k}=\boldsymbol{k}\cdot\boldsymbol{i}=0.$$

向量的数量积满足下列运算律:

(1) 交换律:$\boldsymbol{a}\cdot\boldsymbol{b}=\boldsymbol{b}\cdot\boldsymbol{a}$.

(2) 分配律:$(\boldsymbol{a}+\boldsymbol{b})\cdot\boldsymbol{c}=\boldsymbol{a}\cdot\boldsymbol{c}+\boldsymbol{b}\cdot\boldsymbol{c}$.

(3) 结合律:$(\lambda\boldsymbol{a})\cdot\boldsymbol{b}=\lambda(\boldsymbol{a}\cdot\boldsymbol{b})$($\lambda$为常数).

由数量积的结合律和交换律,容易推得

$$\boldsymbol{a}\cdot(\lambda\boldsymbol{b})=\lambda(\boldsymbol{a}\cdot\boldsymbol{b}),$$

以及

$$(\lambda\boldsymbol{a})\cdot(\mu\boldsymbol{b})=\lambda\mu(\boldsymbol{a}\cdot\boldsymbol{b}),$$

其中λ,μ为常数.

例 1　试用向量证明三角形的余弦定理.

证明　设在 $\triangle ABC$(见图 8-3-1)中,$\angle BCA=\alpha$,$|CB|=a$,$|CA|=b$,$|AB|=c$,要证

$$c^2=a^2+b^2-2ab\cos\alpha.$$

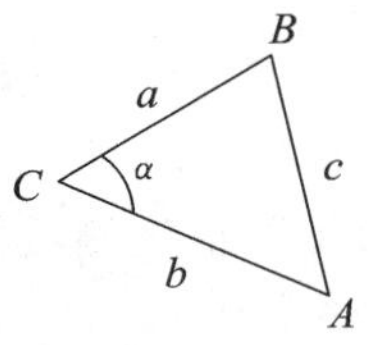

图 8-3-1

记向量 $\overrightarrow{CB}=\boldsymbol{a}$,$\overrightarrow{CA}=\boldsymbol{b}$,$\overrightarrow{AB}=\boldsymbol{c}$,则有 $\boldsymbol{c}=\boldsymbol{a}-\boldsymbol{b}$,从而

$$\begin{aligned}|\boldsymbol{c}|^2&=\boldsymbol{c}\cdot\boldsymbol{c}=(\boldsymbol{a}-\boldsymbol{b})\cdot(\boldsymbol{a}-\boldsymbol{b})\\&=\boldsymbol{a}\cdot\boldsymbol{a}+\boldsymbol{b}\cdot\boldsymbol{b}-2\boldsymbol{a}\cdot\boldsymbol{b}\\&=|\boldsymbol{a}|^2+|\boldsymbol{b}|^2-2|\boldsymbol{a}||\boldsymbol{b}|\cos\langle\boldsymbol{a},\boldsymbol{b}\rangle.\end{aligned}$$

由于 $|\boldsymbol{a}|=a$,$|\boldsymbol{b}|=b$,$|\boldsymbol{c}|=c$ 以及 $\langle\boldsymbol{a},\boldsymbol{b}\rangle=\alpha$,所以

$$c^2=a^2+b^2-2ab\cos\alpha.$$

数量积的坐标表示:设向量 $\boldsymbol{a}=(a_x,a_y,a_z)$,向量 $\boldsymbol{b}=(b_x,b_y,b_z)$,由数量积的运算律可得

$$\begin{aligned}\boldsymbol{a}\cdot\boldsymbol{b}&=(a_x\boldsymbol{i}+a_y\boldsymbol{j}+a_z\boldsymbol{k})\cdot(b_x\boldsymbol{i}+b_y\boldsymbol{j}+b_z\boldsymbol{k})\\&=a_x\boldsymbol{i}\cdot(b_x\boldsymbol{i}+b_y\boldsymbol{j}+b_z\boldsymbol{k})+a_y\boldsymbol{j}\cdot(b_x\boldsymbol{i}+b_y\boldsymbol{j}+b_z\boldsymbol{k})+a_z\boldsymbol{k}\cdot(b_x\boldsymbol{i}+b_y\boldsymbol{j}+b_z\boldsymbol{k})\\&=a_xb_x\boldsymbol{i}\cdot\boldsymbol{i}+a_xb_y\boldsymbol{i}\cdot\boldsymbol{j}+a_xb_z\boldsymbol{i}\cdot\boldsymbol{k}+a_yb_x\boldsymbol{j}\cdot\boldsymbol{i}+a_yb_y\boldsymbol{j}\cdot\boldsymbol{j}+a_yb_z\boldsymbol{j}\cdot\boldsymbol{k}+a_zb_x\boldsymbol{k}\cdot\boldsymbol{i}\\&\quad+a_zb_y\boldsymbol{k}\cdot\boldsymbol{j}+a_zb_z\boldsymbol{k}\cdot\boldsymbol{k}\\&=a_xb_x+a_yb_y+a_zb_z.\end{aligned}$$

所以数量积的坐标表示为

$$\boldsymbol{a}\cdot\boldsymbol{b}=a_xb_x+a_yb_y+a_zb_z.$$

由此可知,两个向量的数量积等于它们对应坐标乘积之和.

由于 $\boldsymbol{a}\cdot\boldsymbol{b}=|\boldsymbol{a}||\boldsymbol{b}|\cos\langle\boldsymbol{a},\boldsymbol{b}\rangle$,所以当向量 $\boldsymbol{a}\neq\boldsymbol{0}$,$\boldsymbol{b}\neq\boldsymbol{0}$ 时,有

$$\cos\langle\boldsymbol{a},\boldsymbol{b}\rangle=\frac{\boldsymbol{a}\cdot\boldsymbol{b}}{|\boldsymbol{a}|\cdot|\boldsymbol{b}|},$$

因此两向量夹角余弦的坐标表示为

$$\cos\langle\boldsymbol{a},\boldsymbol{b}\rangle=\frac{a_xb_x+a_yb_y+a_zb_z}{\sqrt{a_x^2+a_y^2+a_z^2}\cdot\sqrt{b_x^2+b_y^2+b_z^2}}.$$

由此可得,向量 $\boldsymbol{a}$ 和向量 $\boldsymbol{b}$ 垂直的充分必要条件是

$$a_xb_x+a_yb_y+a_zb_z=0.$$

例 2　已知三点 $M(1,1,1)$,$A(2,2,1)$ 和 $B(2,1,2)$,求 $\angle AMB$.

解　记向量 $\overrightarrow{MA}=\boldsymbol{a}$,$\overrightarrow{MB}=\boldsymbol{b}$,则 $\angle AMB$ 为向量 $\boldsymbol{a}$ 与向量 $\boldsymbol{b}$ 的夹角,又

$$\boldsymbol{a}=(1,1,0),\boldsymbol{b}=(1,0,1),$$

因为

$$\boldsymbol{a}\cdot\boldsymbol{b}=1\times1+1\times0+0\times1=1,$$

$$|\boldsymbol{a}|=\sqrt{1^2+1^2+0^2}=\sqrt{2},$$

$$|\boldsymbol{b}|=\sqrt{1^2+0^2+1^2}=\sqrt{2},$$

所以

$$\cos\angle AMB=\frac{\boldsymbol{a}\cdot\boldsymbol{b}}{|\boldsymbol{a}|\cdot|\boldsymbol{b}|}=\frac{1}{\sqrt{2}\times\sqrt{2}}=\frac{1}{2},$$

从而

$$\angle AMB=\frac{\pi}{3}.$$

例 3 设液体流过平面 S 上面积为 A 的一个区域,液体在该区域上各点处的流速均为 $\boldsymbol{v}$(常向量),设 $\boldsymbol{n}$ 为垂直于平面 S 的单位向量(见图 8-3-2(a)).计算单位时间内经过该区域流向 $\boldsymbol{n}$ 所指一侧液体的质量 M(液体的密度为 ρ).

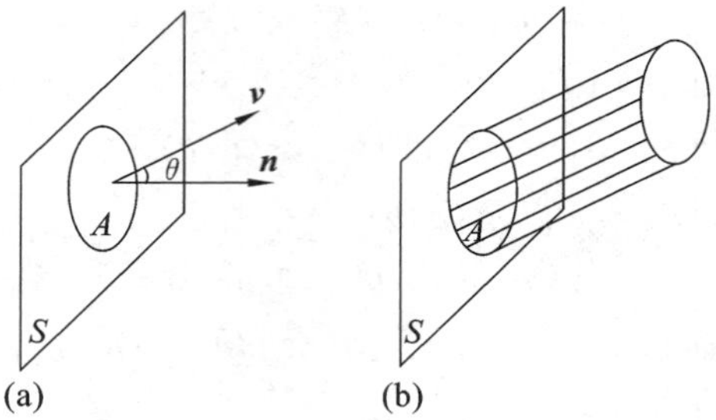

图 8-3-2

解 单位时间内流过该区域的液体组成一个底面积为 A、斜高为 $|\boldsymbol{v}|$ 的斜柱体(见图 8-3-2(b)),则柱体斜高与底面垂线的夹角为 $\boldsymbol{v}$ 与 $\boldsymbol{n}$ 的夹角,记作 θ,所以柱体的高为 $|\boldsymbol{v}|\cos\theta$,体积为

$$A|\boldsymbol{v}|\cos\theta=A\boldsymbol{v}\cdot\boldsymbol{n},$$

从而,单位时间内经过该区域流向 $\boldsymbol{n}$ 所指一侧液体的质量为

$$M=\rho A\boldsymbol{v}\cdot\boldsymbol{n}.$$

8.3.2 向量在数轴上的投影

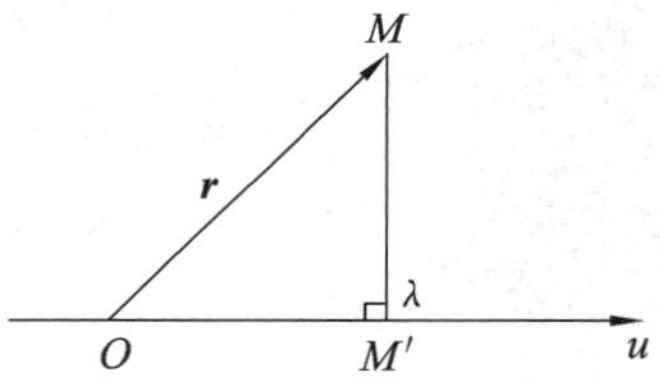

图 8-3-3

设点 O 及单位向量 $\boldsymbol{e}$ 确定数轴 u. 又任给向量 $\boldsymbol{r}$,作向量 $\overrightarrow{OM}=\boldsymbol{r}$,再过点 M 作与数轴 u 垂直的直线交数轴 u 于点 M'(点 M' 称为点 M 在数轴 u 上的投影),则向量 $\overrightarrow{OM'}$ 称为向量 $\boldsymbol{r}$ 在数轴 u 上的分向量(见图 8-3-3). 设 $\overrightarrow{OM'}=\lambda\boldsymbol{e}$,则数 λ 称为向量 $\boldsymbol{r}$ 在数轴 u 上的**投影**,记作 $\mathrm{Prj}_u\boldsymbol{r}$ 或 $(\boldsymbol{r})_u$.

向量在数轴上的投影具有以下性质:

(1) $\mathrm{Prj}_u\boldsymbol{a}=|\boldsymbol{a}|\cos\varphi$,其中 φ 为向量 $\boldsymbol{a}$ 与数轴 u 正向的夹角;

(2) $\mathrm{Prj}_u(\boldsymbol{a}+\boldsymbol{b})=\mathrm{Prj}_u\boldsymbol{a}+\mathrm{Prj}_u\boldsymbol{b}$;

(3) $\mathrm{Prj}_u(\lambda\boldsymbol{a})=\lambda\mathrm{Prj}_u\boldsymbol{a}$.

若向量 $\boldsymbol{a}$ 在直角坐标系 $Oxyz$ 中的坐标为 (a_x,a_y,a_z),由投影的定义可知,向量 $\boldsymbol{a}$ 的坐标是向量 $\boldsymbol{a}$ 在三坐标轴上的投影,即

$$a_x=\mathrm{Prj}_x\boldsymbol{a},a_y=\mathrm{Prj}_y\boldsymbol{a},a_z=\mathrm{Prj}_z\boldsymbol{a}.$$

又若 $\boldsymbol{b}$ 是一个非零向量,向量 $\boldsymbol{a}$ 在向量 $\boldsymbol{b}$ 上的投影就是把向量 $\boldsymbol{b}$ 当成是一个数轴的方向,然后进行投影. 由此有

$$\mathrm{Prj}_b\boldsymbol{a}=|\boldsymbol{a}|\cos\langle\boldsymbol{a},\boldsymbol{b}\rangle=\boldsymbol{a}\cdot\boldsymbol{e}_b.$$

因此当向量 $\boldsymbol{b}\neq\boldsymbol{0}$,向量 $\boldsymbol{a}$ 与 $\boldsymbol{b}$ 的数量积

$$\boldsymbol{a}\cdot\boldsymbol{b}=|\boldsymbol{b}|\mathrm{Prj}_b\boldsymbol{a},$$

同理，若向量 $\boldsymbol{a}\neq\boldsymbol{0}$，则有

$$\boldsymbol{a}\cdot\boldsymbol{b}=|\boldsymbol{a}|\mathrm{Prj}_{\boldsymbol{a}}\boldsymbol{b}.$$

8.3.3　两向量的向量积

在研究物体转动问题时，不但要考虑物体所受的力，还要分析力所产生的力矩. 设 O 为一杠杆 L 的支点，力 $\boldsymbol{F}$ 作用于杠杆上的 P 点处. 力 $\boldsymbol{F}$ 与向量 $\overrightarrow{OP}$（记为 $\boldsymbol{P}$）的夹角为 θ（见图 8-3-4）. 由力学可知，力 $\boldsymbol{F}$ 对支点 O 的力矩是一向量 $\boldsymbol{M}$，它的模

$$|\boldsymbol{M}|=|\overrightarrow{OQ}||\boldsymbol{F}|=|\boldsymbol{P}||\boldsymbol{F}|\sin\theta,$$

而向量 $\boldsymbol{M}$ 垂直于向量 $\boldsymbol{P},\boldsymbol{F}$ 所确定的平面，$\boldsymbol{P},\boldsymbol{F},\boldsymbol{M}$ 构成右手系（见图 8-3-5）.

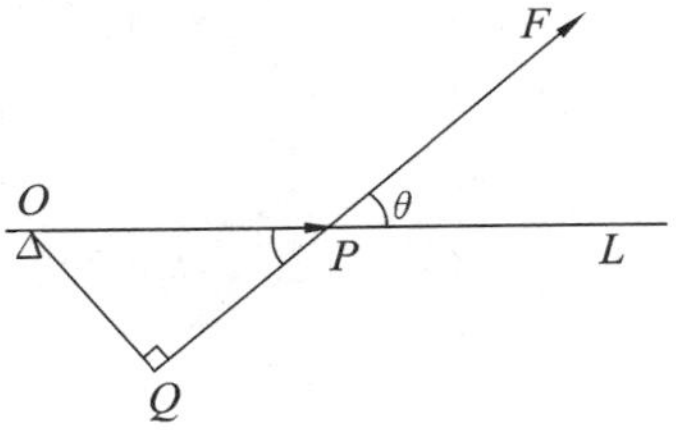

图 8-3-4

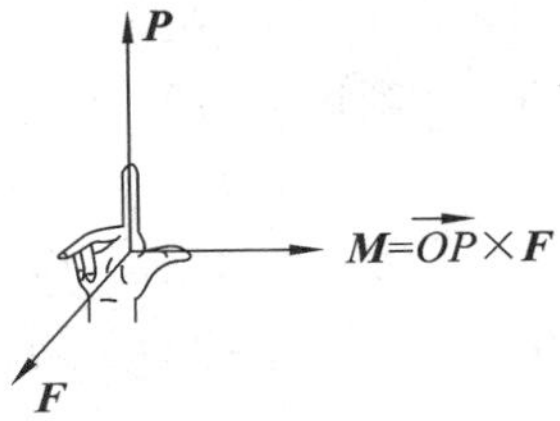

图 8-3-5

定义 2　设向量 $\boldsymbol{c}$ 由向量 $\boldsymbol{a}$ 与向量 $\boldsymbol{b}$ 按下面的方式所确定：

(1) 向量 $\boldsymbol{c}$ 的模 $|\boldsymbol{c}|=|\boldsymbol{a}||\boldsymbol{b}|\sin\langle\boldsymbol{a},\boldsymbol{b}\rangle$；

(2) 向量 $\boldsymbol{c}$ 垂直于向量 $\boldsymbol{a}$ 与向量 $\boldsymbol{b}$ 所确定的平面，且向量 $\boldsymbol{a},\boldsymbol{b},\boldsymbol{c}$ 构成右手系（见图 8-3-6）. 那么，称向量 $\boldsymbol{c}$ 为向量 $\boldsymbol{a}$ 与向量 $\boldsymbol{b}$ 的**向量积**，记作 $\boldsymbol{a}\times\boldsymbol{b}$，即

$$\boldsymbol{c}=\boldsymbol{a}\times\boldsymbol{b}.$$

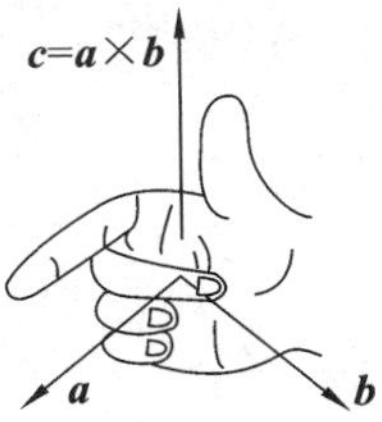

图 8-3-6

由向量积定义可知，$\boldsymbol{a}\times\boldsymbol{b}$ 的模是以向量 $\boldsymbol{a}$ 与向量 $\boldsymbol{b}$ 为边所构成的平行四边形的面积.

根据向量积的定义，力矩 $\boldsymbol{M}$ 等于力臂 $\boldsymbol{P}$ 与力 $\boldsymbol{F}$ 的向量积，即

$$\boldsymbol{M}=\boldsymbol{P}\times\boldsymbol{F}.$$

向量的向量积具有以下性质：

(1) $\boldsymbol{a}\times\boldsymbol{a}=\boldsymbol{0}$.

这是因为向量 $\boldsymbol{a}$ 与 $\boldsymbol{a}$ 的夹角为 0，所以 $|\boldsymbol{a}\times\boldsymbol{a}|=|\boldsymbol{a}|^2\sin 0=0$.

(2) 对于两个非零向量 $\boldsymbol{a},\boldsymbol{b}$，如果 $\boldsymbol{a}\times\boldsymbol{b}=\boldsymbol{0}$，则 $\boldsymbol{a}\,/\!/\,\boldsymbol{b}$；反之，如果 $\boldsymbol{a}\,/\!/\,\boldsymbol{b}$，则 $\boldsymbol{a}\times\boldsymbol{b}=\boldsymbol{0}$.

这是因为如果 $\boldsymbol{a}\times\boldsymbol{b}=\boldsymbol{0}$，由于 $|\boldsymbol{a}|\neq 0$，$|\boldsymbol{b}|\neq 0$，故必有 $\sin\theta=0$，于是 $\theta=0$ 或 π，即 $\boldsymbol{a}\,/\!/\,\boldsymbol{b}$；反之，如果 $\boldsymbol{a}\,/\!/\,\boldsymbol{b}$，那么 $\theta=0$ 或 π，于是 $\sin\theta=0$，从而 $|\boldsymbol{a}\times\boldsymbol{b}|=0$，即 $\boldsymbol{a}\times\boldsymbol{b}=\boldsymbol{0}$.

由于零向量与任何向量平行，因此上述结论可以叙述为：向量 $\boldsymbol{a}$ 与向量 $\boldsymbol{b}$ 平行的充分必要条件是向量 $\boldsymbol{a}$ 与向量 $\boldsymbol{b}$ 的向量积 $\boldsymbol{a}\times\boldsymbol{b}=\boldsymbol{0}$.

向量积的运算律：

(1) 反交换律：$\boldsymbol{a}\times\boldsymbol{b}=-\boldsymbol{b}\times\boldsymbol{a}$.

(2) 分配律：$(\boldsymbol{a}+\boldsymbol{b})\times\boldsymbol{c}=\boldsymbol{a}\times\boldsymbol{c}+\boldsymbol{b}\times\boldsymbol{c}$.

(3) 结合律：$\lambda(\boldsymbol{a}\times\boldsymbol{b})=(\lambda\boldsymbol{a})\times\boldsymbol{b}=\boldsymbol{a}\times(\lambda\boldsymbol{b})$（$\lambda$ 为常数）.

向量积的坐标表示：设向量 $\boldsymbol{a}=a_x\boldsymbol{i}+a_y\boldsymbol{j}+a_z\boldsymbol{k}$，$\boldsymbol{b}=b_x\boldsymbol{i}+b_y\boldsymbol{j}+b_z\boldsymbol{k}$，由向量积的运算律可

得

$$\begin{aligned}\boldsymbol{a}\times\boldsymbol{b}&=(a_x\boldsymbol{i}+a_y\boldsymbol{j}+a_z\boldsymbol{k})\times(b_x\boldsymbol{i}+b_y\boldsymbol{j}+b_z\boldsymbol{k})\\&=a_xb_x\boldsymbol{i}\times\boldsymbol{i}+a_xb_y\boldsymbol{i}\times\boldsymbol{j}+a_xb_z\boldsymbol{i}\times\boldsymbol{k}+a_yb_x\boldsymbol{j}\times\boldsymbol{i}+a_yb_y\boldsymbol{j}\times\boldsymbol{j}+a_yb_z\boldsymbol{j}\times\boldsymbol{k}\\&\quad+a_zb_x\boldsymbol{k}\times\boldsymbol{i}+a_zb_y\boldsymbol{k}\times\boldsymbol{j}+a_zb_z\boldsymbol{k}\times\boldsymbol{k}.\end{aligned}$$

由于

$$\begin{gathered}\boldsymbol{i}\times\boldsymbol{i}=\boldsymbol{j}\times\boldsymbol{j}=\boldsymbol{k}\times\boldsymbol{k}=\boldsymbol{0},\\\boldsymbol{i}\times\boldsymbol{j}=\boldsymbol{k},\boldsymbol{j}\times\boldsymbol{k}=\boldsymbol{i},\boldsymbol{k}\times\boldsymbol{i}=\boldsymbol{j},\\\boldsymbol{j}\times\boldsymbol{i}=-\boldsymbol{k},\boldsymbol{k}\times\boldsymbol{j}=-\boldsymbol{i},\boldsymbol{i}\times\boldsymbol{k}=-\boldsymbol{j},\end{gathered}$$

所以

$$\boldsymbol{a}\times\boldsymbol{b}=(a_yb_z-a_zb_y)\boldsymbol{i}+(a_zb_x-a_xb_z)\boldsymbol{j}+(a_xb_y-a_yb_x)\boldsymbol{k}.$$

为了帮助记忆,利用三阶行列式,上式可写成

$$\begin{aligned}\boldsymbol{a}\times\boldsymbol{b}&=\begin{vmatrix}\boldsymbol{i}&\boldsymbol{j}&\boldsymbol{k}\\a_x&a_y&a_z\\b_x&b_y&b_z\end{vmatrix}\\&=\begin{vmatrix}a_y&a_z\\b_y&b_z\end{vmatrix}\boldsymbol{i}-\begin{vmatrix}a_x&a_z\\b_x&b_z\end{vmatrix}\boldsymbol{j}+\begin{vmatrix}a_x&a_y\\b_x&b_y\end{vmatrix}\boldsymbol{k}\\&=(a_yb_z-a_zb_y)\boldsymbol{i}+(a_zb_x-a_xb_z)\boldsymbol{j}+(a_xb_y-a_yb_x)\boldsymbol{k}.\end{aligned}$$

例 4　设 $\boldsymbol{a}=(2,1,-1)$,$\boldsymbol{b}=(1,-1,2)$,计算 $\boldsymbol{a}\times\boldsymbol{b}$.

解　由向量积的坐标表示得

$$\begin{aligned}\boldsymbol{a}\times\boldsymbol{b}&=\begin{vmatrix}\boldsymbol{i}&\boldsymbol{j}&\boldsymbol{k}\\2&1&-1\\1&-1&2\end{vmatrix}\\&=\begin{vmatrix}1&-1\\-1&2\end{vmatrix}\boldsymbol{i}-\begin{vmatrix}2&-1\\1&2\end{vmatrix}\boldsymbol{j}+\begin{vmatrix}2&1\\1&-1\end{vmatrix}\boldsymbol{k}\\&=\boldsymbol{i}-5\boldsymbol{j}-3\boldsymbol{k}.\end{aligned}$$

例 5　已知 $\triangle ABC$ 的顶点坐标分别是 $A(1,2,3)$,$B(3,4,5)$,$C(2,4,7)$,求 $\triangle ABC$ 的面积.

解　根据向量积的定义可知,$\triangle ABC$ 的面积

$$\begin{aligned}S_{\triangle ABC}&=\frac{1}{2}|\overrightarrow{AB}||\overrightarrow{AC}|\sin\angle BAC\\&=\frac{1}{2}|\overrightarrow{AB}\times\overrightarrow{AC}|,\end{aligned}$$

由于 $\overrightarrow{AB}=(2,2,2)$,$\overrightarrow{AC}=(1,2,4)$,因此

$$\overrightarrow{AB}\times\overrightarrow{AC}=\begin{vmatrix}\boldsymbol{i}&\boldsymbol{j}&\boldsymbol{k}\\2&2&2\\1&2&4\end{vmatrix}=(4,-6,2),$$

于是

$$S_{\triangle ABC}=\frac{1}{2}|\overrightarrow{AB}\times\overrightarrow{AC}|=\frac{1}{2}\sqrt{4^2+(-6)^2+2^2}=\sqrt{14}.$$

例 6　已知向量 $\boldsymbol{a}=(2,1,1)$，$\boldsymbol{b}=(1,-1,1)$，求与向量 $\boldsymbol{a}$ 和向量 $\boldsymbol{b}$ 都垂直的单位向量.

解　设向量 $\boldsymbol{c}=\boldsymbol{a}\times\boldsymbol{b}$，则 $\boldsymbol{c}$ 同时垂直于向量 $\boldsymbol{a}$ 和向量 $\boldsymbol{b}$，于是与 $\boldsymbol{c}$ 平行的单位向量即为所求. 因为

$$\boldsymbol{c}=\boldsymbol{a}\times\boldsymbol{b}=\begin{vmatrix}\boldsymbol{i}&\boldsymbol{j}&\boldsymbol{k}\\2&1&1\\1&-1&1\end{vmatrix}=(2,-1,-3),$$

$$|\boldsymbol{c}|=\sqrt{2^2+(-1)^2+(-3)^2}=\sqrt{14},$$

所以与向量 $\boldsymbol{a}$ 和向量 $\boldsymbol{b}$ 都垂直的单位向量为

$$\boldsymbol{e}_c=\frac{\boldsymbol{c}}{|\boldsymbol{c}|}=\left(\frac{2}{\sqrt{14}},\frac{-1}{\sqrt{14}},\frac{-3}{\sqrt{14}}\right),$$

和

$$-\boldsymbol{e}_c=-\frac{\boldsymbol{c}}{|\boldsymbol{c}|}=\left(\frac{-2}{\sqrt{14}},\frac{1}{\sqrt{14}},\frac{3}{\sqrt{14}}\right).$$

例 7　设刚体以等角速度 $\boldsymbol{\omega}$ 绕轴 l 旋转，计算刚体上一点 M 的线速度.

解　刚体绕 l 轴旋转时，我们可以用在 l 轴上的一个向量 $\boldsymbol{\omega}$ 表示角速度，它的大小等于角速度的大小，它的方向由右手规则定出，即以右手握住 l 轴，当右手的四个手指的指向与刚体的旋转方向一致时，大拇指的指向就是 $\boldsymbol{\omega}$ 的方向(见图 8-3-7).

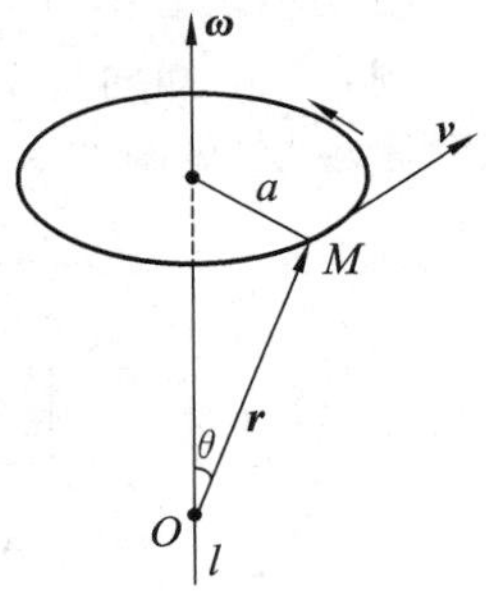

图 8-3-7

设刚体上的点 M 到旋转轴 l 的距离为 a，再在 l 轴上任取一点 O，作向量 $\boldsymbol{r}=\overrightarrow{OM}$，并以 θ 表示 $\boldsymbol{\omega}$ 与 $\boldsymbol{r}$ 的夹角，那么

$$a=|\boldsymbol{r}|\sin\theta,$$

设点 M 处的线速度为 $\boldsymbol{v}$，那么由线速度与角速度的关系可知，$\boldsymbol{v}$ 的大小为

$$|\boldsymbol{v}|=|\boldsymbol{\omega}|a=|\boldsymbol{\omega}||\boldsymbol{r}|\sin\theta,$$

$\boldsymbol{v}$ 垂直于过点 M 与 l 轴的平面，即 $\boldsymbol{v}$ 垂直于 $\boldsymbol{\omega}$ 与 $\boldsymbol{r}$，又 $\boldsymbol{v}$ 的指向使 $\boldsymbol{\omega},\boldsymbol{r},\boldsymbol{v}$ 符合右手规则，因此有

$$\boldsymbol{v}=\boldsymbol{\omega}\times\boldsymbol{r}.$$

*8.3.4　向量的混合积

已知向量 $\boldsymbol{a},\boldsymbol{b},\boldsymbol{c}$，取向量 $\boldsymbol{a},\boldsymbol{b}$ 作向量积 $\boldsymbol{a}\times\boldsymbol{b}$，再与向量 $\boldsymbol{c}$ 作数量积，所得结果 $(\boldsymbol{a}\times\boldsymbol{b})\cdot\boldsymbol{c}$ 是一个数量，称为向量 $\boldsymbol{a},\boldsymbol{b},\boldsymbol{c}$ 的**混合积**，记作 $[\boldsymbol{abc}]$.

设向量 $\boldsymbol{a}=(a_x,a_y,a_z)$，$\boldsymbol{b}=(b_x,b_y,b_z)$，$\boldsymbol{c}=(c_x,c_y,c_z)$，因为

$$\boldsymbol{a}\times\boldsymbol{b}=\begin{vmatrix}\boldsymbol{i}&\boldsymbol{j}&\boldsymbol{k}\\a_x&a_y&a_z\\b_x&b_y&b_z\end{vmatrix}=\begin{vmatrix}a_y&a_z\\b_y&b_z\end{vmatrix}\boldsymbol{i}-\begin{vmatrix}a_x&a_z\\b_x&b_z\end{vmatrix}\boldsymbol{j}+\begin{vmatrix}a_x&a_y\\b_x&b_y\end{vmatrix}\boldsymbol{k},$$

则向量 $\boldsymbol{a},\boldsymbol{b},\boldsymbol{c}$ 的混合积

$$[\boldsymbol{abc}]=(\boldsymbol{a}\times\boldsymbol{b})\cdot\boldsymbol{c}=\begin{vmatrix}a_y&a_z\\b_y&b_z\end{vmatrix}c_x-\begin{vmatrix}a_x&a_z\\b_x&b_z\end{vmatrix}c_y+\begin{vmatrix}a_x&a_y\\b_x&b_y\end{vmatrix}c_z$$

$$=\begin{vmatrix} a_x & a_y & a_z \\ b_x & b_y & b_z \\ c_x & c_y & c_z \end{vmatrix}.$$

三个不共面向量 $\boldsymbol{a},\boldsymbol{b},\boldsymbol{c}$ 的混合积 $(\boldsymbol{a}\times\boldsymbol{b})\cdot\boldsymbol{c}$ 的绝对值等于以它们为边的平行六面体体积 V. 如果 $\boldsymbol{a},\boldsymbol{b},\boldsymbol{c}$ 组成右手系,则 $(\boldsymbol{a}\times\boldsymbol{b})\cdot\boldsymbol{c}=V$;否则 $(\boldsymbol{a}\times\boldsymbol{b})\cdot\boldsymbol{c}=-V$.

事实上,设 $\overrightarrow{OA}=\boldsymbol{a},\overrightarrow{OB}=\boldsymbol{b},\overrightarrow{OC}=\boldsymbol{c}$,由向量积的定义,向量积 $\boldsymbol{a}\times\boldsymbol{b}=\boldsymbol{f}$ 是一个向量,它的模等于以向量 $\boldsymbol{a}$ 和向量 $\boldsymbol{b}$ 为邻边的平行四边形 $OADB$ 的面积,它的方向垂直于这个平行四边形所在的平面,且当 $\boldsymbol{a},\boldsymbol{b},\boldsymbol{c}$ 组成右手系时,向量 $\boldsymbol{f}$ 和向量 $\boldsymbol{c}$ 的方向指向这个平面的同一侧;否则向量 $\boldsymbol{f}$ 和向量 $\boldsymbol{c}$ 的方向指向这个平面的异侧(见图 8-3-8). 设向量 $\boldsymbol{f}$ 和向量 $\boldsymbol{c}$ 的夹角为 α,则当向量 $\boldsymbol{a},\boldsymbol{b},\boldsymbol{c}$ 组成右手系时,α 为锐角;否则,α 为钝角.

由于

$$[\boldsymbol{abc}]=(\boldsymbol{a}\times\boldsymbol{b})\cdot\boldsymbol{c}=|\boldsymbol{a}\times\boldsymbol{b}|\,|\boldsymbol{c}|\cos\alpha,$$

而 $|\boldsymbol{a}\times\boldsymbol{b}|$ 为平行四边形 $OADB$ 的面积,若 $\boldsymbol{a},\boldsymbol{b},\boldsymbol{c}$ 组成右手系,则 $|\boldsymbol{c}|\cos\alpha$ 为平行六面体的高,于是 $(\boldsymbol{a}\times\boldsymbol{b})\cdot\boldsymbol{c}=V$;否则 $(\boldsymbol{a}\times\boldsymbol{b})\cdot\boldsymbol{c}=-V$.

由此不难看出,向量 $\boldsymbol{a},\boldsymbol{b},\boldsymbol{c}$ 共面的充分必要条件是 $[\boldsymbol{abc}]=0$.

例 8 已知向量 $\boldsymbol{a}=(1,0,1),\boldsymbol{b}=(2,-1,3),\boldsymbol{c}=(4,3,0)$,求以向量 $\boldsymbol{a},\boldsymbol{b},\boldsymbol{c}$ 为棱的四面体的体积 V(见图 8-3-9).

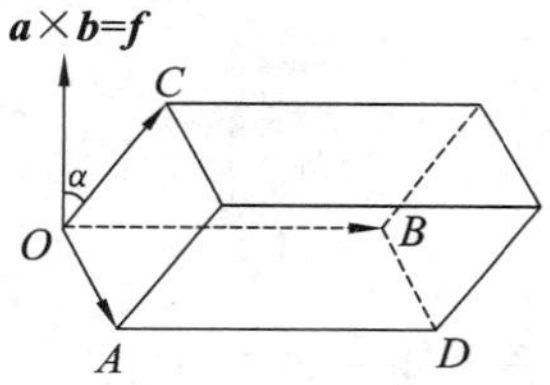

图 8-3-8

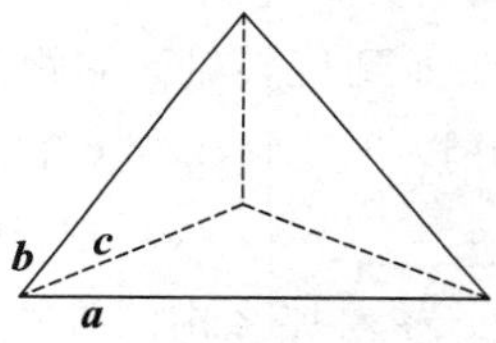

图 8-3-9

解 由立体几何知识,以向量 $\boldsymbol{a},\boldsymbol{b},\boldsymbol{c}$ 为棱的四面体的体积等于以向量 $\boldsymbol{a},\boldsymbol{b},\boldsymbol{c}$ 为棱的平行六面体体积的 $\frac{1}{6}$. 因为

$$[\boldsymbol{abc}]=\begin{vmatrix} 1 & 0 & 1 \\ 2 & -1 & 3 \\ 4 & 3 & 0 \end{vmatrix}=1,$$

所以四面体的体积为

$$V=\frac{1}{6}|[\boldsymbol{abc}]|=\frac{1}{6}.$$

习　题　8.3

1. 设向量 $\boldsymbol{a}=3\boldsymbol{i}-\boldsymbol{j}-2\boldsymbol{k},\boldsymbol{b}=\boldsymbol{i}+2\boldsymbol{j}-\boldsymbol{k}$,求:

(1) $\boldsymbol{a}\cdot\boldsymbol{b}$ 和 $\boldsymbol{a}\times\boldsymbol{b}$; (2) $(-3\boldsymbol{a})\cdot\boldsymbol{b}$ 和 $\boldsymbol{a}\times(3\boldsymbol{b})$; (3) 向量 $\boldsymbol{a},\boldsymbol{b}$ 夹角的余弦.

2. 设 $\boldsymbol{a},\boldsymbol{b},\boldsymbol{c}$ 为单位向量,且满足 $\boldsymbol{a}+\boldsymbol{b}+\boldsymbol{c}=\boldsymbol{0}$,求 $\boldsymbol{a}\cdot\boldsymbol{b}+\boldsymbol{b}\cdot\boldsymbol{c}+\boldsymbol{c}\cdot\boldsymbol{a}$.

3. 向量 $\boldsymbol{a}$ 的模为 10,且与数轴 u 的夹角为 30°,求 $\boldsymbol{a}$ 在数轴 u 上的投影.

4. 已知三点 $M_1(1,-1,2)$，$M_2(3,3,1)$和 $M_3(3,1,3)$. 求与向量$\overrightarrow{M_1M_2}$ 和$\overrightarrow{M_2M_3}$ 同时垂直的单位向量.

5. 已知向量 $\boldsymbol{a}=2\boldsymbol{i}-3\boldsymbol{j}+\boldsymbol{k}$，$\boldsymbol{b}=\boldsymbol{i}-\boldsymbol{j}+3\boldsymbol{k}$ 和 $\boldsymbol{c}=\boldsymbol{i}-2\boldsymbol{j}$，计算：

(1) $(\boldsymbol{a}\cdot\boldsymbol{b})\boldsymbol{c}-(\boldsymbol{a}\cdot\boldsymbol{c})\boldsymbol{b}$；

(2) $(\boldsymbol{a}+\boldsymbol{b})\times(\boldsymbol{c}+\boldsymbol{b})$；

(3) $(\boldsymbol{a}\times\boldsymbol{b})\cdot\boldsymbol{c}$.

6. 求向量 $\boldsymbol{a}=4\boldsymbol{i}-3\boldsymbol{j}-4\boldsymbol{k}$ 在向量 $\boldsymbol{b}=2\boldsymbol{i}+2\boldsymbol{j}+\boldsymbol{k}$ 上的投影.

7. 利用向量的数量积证明：

$$(a_1b_1+a_2b_2+a_3b_3)^2\leqslant(a_1^2+a_2^2+a_3^2)\cdot(b_1^2+b_2^2+b_3^2).$$

8. 证明：$[\boldsymbol{abc}]=[\boldsymbol{bca}]=[\boldsymbol{cab}]$.

8.4　平　　面

本节我们以向量为工具，在空间直角坐标系中建立平面方程.

8.4.1　平面及其方程

1. 平面的点法式方程

由立体几何知，过空间一点可作且只能作一个平面垂直于一条已知直线. 下面我们利用这个结论来建立平面方程.

设 $\boldsymbol{n}=(A,B,C)$ 为一非零向量，如果 $\boldsymbol{n}$ 垂直于平面 π，则称向量 $\boldsymbol{n}$ 为平面 π 的法向量. 容易知道，平面上任一向量与该平面的法向量垂直.

设 $M_0(x_0,y_0,z_0)$ 为平面 π 上一点，向量 $\boldsymbol{n}=(A,B,C)$ 为平面 π 的法向量，在平面 π 上任取一点 $M(x,y,z)$，那么向量$\overrightarrow{M_0M}$ 与平面 π 的法向量 $\boldsymbol{n}$ 垂直(见图 8-4-1)，则它们的数量积等于零，即

$$\boldsymbol{n}\cdot\overrightarrow{M_0M}=0.$$

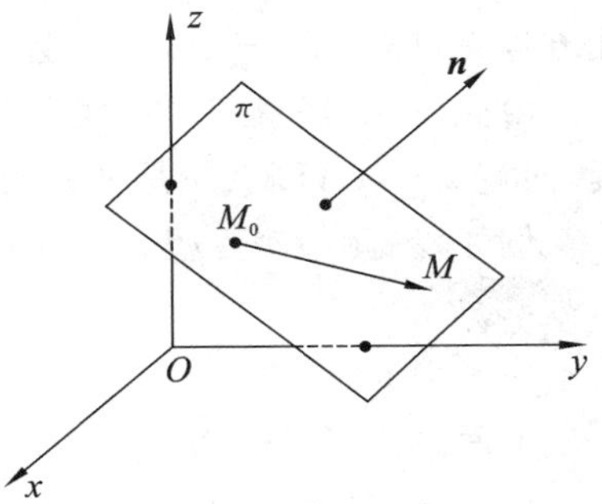

图 8-4-1

由于$\overrightarrow{M_0M}=(x-x_0,y-y_0,z-z_0)$，所以

$$A(x-x_0)+B(y-y_0)+C(z-z_0)=0. \tag{1}$$

由此可见，平面 π 上任一点 M 的坐标(x,y,z) 满足方程(1). 反过来，如果点 $M(x,y,z)$ 不在平面 π 上，那么向量$\overrightarrow{M_0M}$ 与法向量 $\boldsymbol{n}$ 不垂直，从而 $\boldsymbol{n}\cdot\overrightarrow{M_0M}\neq 0$，即不在平面 π 上的点 M 的坐标(x,y,z) 不满足方程(1). 因此方程(1) 是平面 π 的方程，而平面 π 是方程(1) 的图形. 由于方程(1) 是由平面 π 上的一点 $M_0(x_0,y_0,z_0)$ 及它的一个法向量 $\boldsymbol{n}=(A,B,C)$ 所确定的，所以方程(1) 称为平面的**点法式方程**.

例 1　求过点$(2,-3,0)$ 且以 $\boldsymbol{n}=(1,-2,3)$ 为法向量的平面方程.

解　根据平面的点法式方程，得所求平面的方程为

$$(x-2)-2(y+3)+3(z-0)=0,$$

整理得

$$x-2y+3z-8=0.$$

例 2　求过三点 $M_1(2,-1,4)$，$M_2(-1,3,-2)$ 和 $M_3(0,2,3)$ 的平面的方程.

解　显然点 M_1,M_2,M_3 不共线. 以 $\overrightarrow{M_1M_2}\times\overrightarrow{M_1M_3}$ 作为所求平面的法向量 $\boldsymbol{n}$. 因为

$$\overrightarrow{M_1M_2}=(-3,4-6),\quad \overrightarrow{M_1M_3}=(-2,3,-1),$$

所以

$$\boldsymbol{n}=\overrightarrow{M_1M_2}\times\overrightarrow{M_1M_3}=\begin{vmatrix}\boldsymbol{i} & \boldsymbol{j} & \boldsymbol{k}\\ -3 & 4 & -6\\ -2 & 3 & -1\end{vmatrix}=14\boldsymbol{i}+9\boldsymbol{j}-\boldsymbol{k}.$$

根据平面的点法式方程，所求平面的方程为

$$14(x-2)+9(y+1)-(z-4)=0,$$

整理得

$$14x+9y-z-15=0.$$

2. 平面的一般方程

平面可由平面上的一点及其法向量来确定，由于平面的点法式方程是关于 x,y,z 的一次方程，所以任一平面方程都可化为三元一次方程

$$Ax+By+Cz+D=0. \tag{2}$$

反过来，设有三元一次方程(2)，其中 A,B,C 不同时为零，任取满足方程(2) 的一组数 x_0,y_0,z_0，即有

$$Ax_0+By_0+Cz_0+D=0,$$

将上面两式相减，得方程

$$A(x-x_0)+B(y-y_0)+C(z-z_0)=0,$$

此方程是过点 $M_0(x_0,y_0,z_0)$ 且以 $\boldsymbol{n}=(A,B,C)$ 为法向量的平面方程.

由此可见，任意三元一次方程(2) 可以化为平面方程(1). 因此方程(2) 称为平面的**一般方程**，向量 $\boldsymbol{n}=(A,B,C)$ 是平面的法向量.

例如，三元一次方程

$$3x-4y+z-9=0$$

表示一个平面，$\boldsymbol{n}=(3,-4,1)$ 是这个平面的法向量.

下面讨论平面一般方程(2) 的一些特殊情形：

(ⅰ) 当 $D=0$ 时，一般方程为

$$Ax+By+Cz=0,$$

显然原点 $O(0,0,0)$ 的坐标满足此方程，因此方程表示一个过原点的平面.

(ⅱ) 当 $A=0$ 时，一般方程为

$$By+Cz+D=0,$$

平面的法向量 $\boldsymbol{n}=(0,B,C)$ 与 x 轴垂直，因此方程表示一个平行于 x 轴的平面；

同理，当 $B=0$ 时，方程

$$Ax+Cz+D=0$$

表示一个平行于 y 轴的平面；当 $C=0$ 时，方程

$$Ax+By+D=0$$

表示一个平行于 z 轴的平面.

（ⅲ）当 $A = D = 0$ 时,一般方程为

$$By + Cz = 0,$$

由于平面过原点且平行于 x 轴,因此方程表示一个过 x 轴的平面;

同理,当 $B = D = 0$ 时,方程

$$Ax + Cz = 0$$

表示一个过 y 轴的平面;当 $C = D = 0$ 时,方程

$$Ax + By = 0$$

表示一个过 z 轴的平面.

（ⅳ）当 $A = B = 0$ 时,一般方程为

$$Cz + D = 0,$$

法向量 $\boldsymbol{n} = (0,0,C)$ 同时垂直于 x 轴和 y 轴,因此方程表示一个过 z 轴上的点 $\left(0,0,-\dfrac{D}{C}\right)$ 且与 z 轴垂直的平面;

同理,当 $A = C = 0$ 时,方程

$$By + D = 0$$

表示一个过 y 轴上的点 $\left(0,-\dfrac{D}{B},0\right)$ 且与 y 轴垂直的平面;当 $B = C = 0$ 时,方程

$$Ax + D = 0$$

表示一个过 x 轴上的点 $\left(-\dfrac{D}{A},0,0\right)$ 且与 x 轴垂直的平面.

（ⅴ）当 $A = B = D = 0$ 时,一般方程为

$$z = 0,$$

方程表示一个过原点 $(0,0,0)$ 且与 z 轴垂直的平面,即 xOy 坐标平面;

同理,当 $A = C = D = 0$ 时,方程

$$y = 0$$

表示 zOx 坐标平面;当 $B = C = D = 0$ 时,方程

$$x = 0$$

表示 yOz 坐标平面.

例 3　求过 x 轴和点 $(4,-3,-1)$ 的平面方程.

解　因为平面过 x 轴,所以可设所求平面方程为

$$By + Cz = 0,$$

又平面过点 $(4,-3,-1)$,于是有

$$-3B - C = 0,$$

将 $C = -3B$ 代入所设方程,整理得所求平面方程为

$$y - 3z = 0.$$

3. 平面的截距式方程

例 4　设一平面与 x 轴、y 轴和 z 轴的交点依次为 $P(a,0,0)$,$Q(0,b,0)$,$R(0,0,c)$,求此平面方程(其中 $abc \neq 0$).

解 设所求平面的方程为

$$Ax+By+Cz+D=0.$$

因为点 $P(a,0,0)$,$Q(0,b,0)$,$R(0,0,c)$ 在此平面上,所以点 P,Q,R 的坐标满足所设方程,于是有

$$\begin{cases} aA+D=0, \\ bB+D=0, \\ cC+D=0, \end{cases}$$

由此得

$$A=-\frac{D}{a},\quad B=-\frac{D}{b},\quad C=-\frac{D}{c},$$

因为 A,B,C 不同时为零,所以 $D\neq 0$.将上式代入所设方程,得

$$-\frac{D}{a}x-\frac{D}{b}y-\frac{D}{c}z+D=0,$$

整理得所求平面方程为

$$\frac{x}{a}+\frac{y}{b}+\frac{z}{c}=1.$$

上述方程称为平面的**截距式方程**,a,b,c 依次称为平面在 x 轴、y 轴和 z 轴上的截距.

8.4.2 平面的有关问题

1. 点到平面的距离

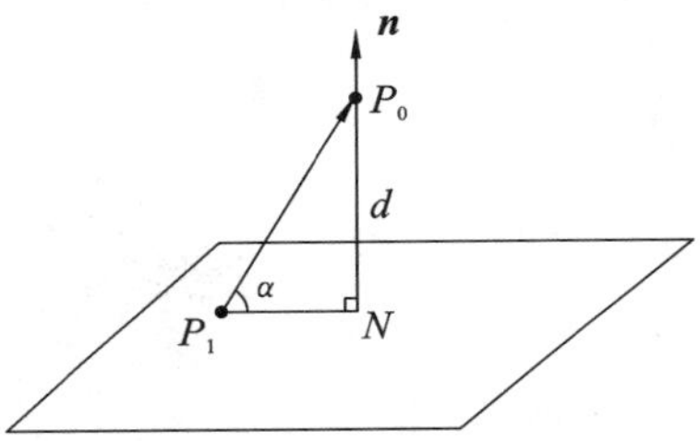

图 8-4-2

设 $P_0(x_0,y_0,z_0)$ 是平面 π:$Ax+By+Cz+D=0$ 外一点,下面我们求点 P_0 到平面 π 的距离(见图 8-4-2).

在平面 π 上任取一点 $P_1(x_1,y_1,z_1)$,并过点 P_0 作平面 π 的法向量 $\boldsymbol{n}=(A,B,C)$,考虑向量 $\overrightarrow{P_1P_0}$ 与法向量 $\boldsymbol{n}$ 的夹角可能为钝角,所以点 P_0 到平面 π 的距离

$$d=|\mathrm{Prj}_{\boldsymbol{n}}\overrightarrow{P_1P_0}|.$$

设 $\boldsymbol{e}_n$ 为与向量 $\boldsymbol{n}$ 同方向的单位向量,则有

$$\mathrm{Prj}_{\boldsymbol{n}}\overrightarrow{P_1P_0}=\overrightarrow{P_1P_0}\cdot\boldsymbol{e}_n.$$

又

$$\boldsymbol{e}_n=\left(\frac{A}{\sqrt{A^2+B^2+C^2}},\frac{B}{\sqrt{A^2+B^2+C^2}},\frac{C}{\sqrt{A^2+B^2+C^2}}\right),$$

$$\overrightarrow{P_1P_0}=(x_0-x_1,y_0-y_1,z_0-z_1),$$

所以

$$\begin{aligned}\mathrm{Prj}_{\boldsymbol{n}}\overrightarrow{P_1P_0}&=\frac{A(x_0-x_1)}{\sqrt{A^2+B^2+C^2}}+\frac{B(y_0-y_1)}{\sqrt{A^2+B^2+C^2}}+\frac{C(z_0-z_1)}{\sqrt{A^2+B^2+C^2}}\\&=\frac{Ax_0+By_0+Cz_0-(Ax_1+By_1+Cz_1)}{\sqrt{A^2+B^2+C^2}}.\end{aligned}$$

由于

$$Ax_1+By_1+Cz_1+D=0,$$

所以

$$\mathrm{Prj}_{\boldsymbol{n}}\overrightarrow{P_1P_0}=\frac{Ax_0+By_0+Cz_0+D}{\sqrt{A^2+B^2+C^2}}.$$

因此，点 P_0 到平面 π 的距离公式为

$$d=\frac{|Ax_0+By_0+Cz_0+D|}{\sqrt{A^2+B^2+C^2}}.$$

例 5　求点(2,1,1) 到平面 $x+y-z+1=0$ 的距离.

解　由点到平面的距离公式可得，点(2,1,1) 到平面 $x+y-z+1=0$ 的距离

$$d=\frac{|1\times2+1\times1+(-1)\times1+1|}{\sqrt{1^2+1^2+(-1)^2}}=\sqrt{3}.$$

2. 两平面的夹角

两平面法向量的夹角中，0 到 $\frac{\pi}{2}$ 之间的角称为两平面的夹角（见图 8-4-3）.

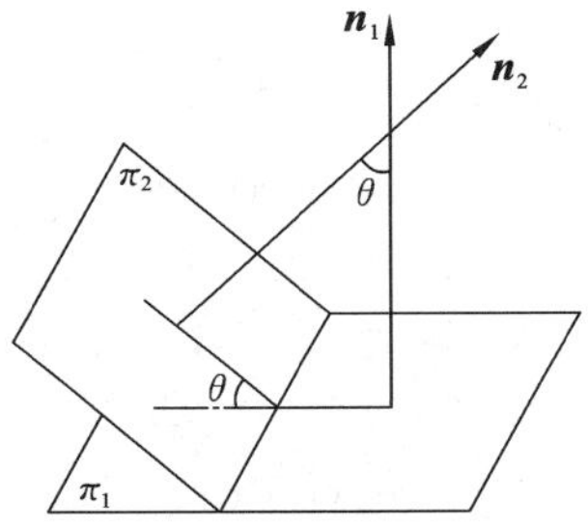

图 8-4-3

设两平面的方程为

$$\pi_1: A_1x+B_1y+C_1z+D_1=0,$$
$$\pi_2: A_2x+B_2y+C_2z+D_2=0,$$

则 $\boldsymbol{n}_1=(A_1,B_1,C_1)$，$\boldsymbol{n}_2=(A_2,B_2,C_2)$ 分别为平面 π_1 和平面 π_2 的法向量. 设两平面的夹角为 θ，那么当 $\langle\boldsymbol{n}_1,\boldsymbol{n}_2\rangle\in\left[0,\frac{\pi}{2}\right]$ 时，$\theta=\langle\boldsymbol{n}_1,\boldsymbol{n}_2\rangle$；当 $\langle\boldsymbol{n}_1,\boldsymbol{n}_2\rangle\in\left[\frac{\pi}{2},\pi\right]$ 时，$\theta=\pi-\langle\boldsymbol{n}_1,\boldsymbol{n}_2\rangle$，因此两平面夹角的余弦为

$$\cos\theta=|\cos\langle\boldsymbol{n}_1,\boldsymbol{n}_2\rangle|=\frac{|A_1A_2+B_1B_2+C_1C_2|}{\sqrt{A_1^2+B_1^2+C_1^2}\cdot\sqrt{A_2^2+B_2^2+C_2^2}}.$$

由两向量垂直、平行的充分必要条件可得下面的结论：

（ⅰ）平面 π_1,π_2 垂直的充分必要条件是 $A_1A_2+B_1B_2+C_1C_2=0$；

（ⅱ）平面 π_1,π_2 平行的充分必要条件是 $\frac{A_1}{A_2}=\frac{B_1}{B_2}=\frac{C_1}{C_2}$.

例 6　求两平面 $x-y+2z-6=0$ 和 $2x+y+z-5=0$ 的夹角.

解　两平面的法向量分别为

$$\boldsymbol{n}_1=(1,-1,2),\boldsymbol{n}_2=(2,1,1)$$

所以

$$\cos\theta=\frac{|A_1A_2+B_1B_2+C_1C_2|}{\sqrt{A_1^2+B_1^2+C_1^2}\cdot\sqrt{A_2^2+B_2^2+C_2^2}}$$
$$=\frac{|1\times2+(-1)\times1+2\times1|}{\sqrt{1^2+(-1)^2+2^2}\cdot\sqrt{2^2+1^2+1^2}}=\frac{1}{2},$$

因此，两平面的夹角为 $\theta=\frac{\pi}{3}$.

例 7　一平面通过点 $M_1(1,1,1)$ 和 $M_2(0,1,-1)$，且垂直于平面 $\pi_1: x+y+z=0$，求此

平面方程.

解 设所求平面的法向量为 $\boldsymbol{n}=(A,B,C)$,因为平面过点 M_1 和 M_2,所以向量 $\boldsymbol{n}$ 与向量 $\overrightarrow{M_1M_2}$ 垂直. 又所求平面与平面 π_1 垂直,所以向量 $\boldsymbol{n}$ 与向量 $\boldsymbol{n}_1=(1,1,1)$ 垂直. 因此,令 $\boldsymbol{n}=\overrightarrow{M_1M_2}\times\boldsymbol{n}_1$,由 $\overrightarrow{M_1M_2}=(-1,0,-2)$,得

$$\boldsymbol{n}=\overrightarrow{M_1M_2}\times\boldsymbol{n}_1=\begin{vmatrix}\boldsymbol{i} & \boldsymbol{j} & \boldsymbol{k}\\ -1 & 0 & -2\\ 1 & 1 & 1\end{vmatrix}=2\boldsymbol{i}-\boldsymbol{j}-\boldsymbol{k},$$

所以所求平面方程为

$$2(x-1)-(y-1)-(z-1)=0,$$

整理得

$$2x-y-z=0.$$

习 题 8.4

1. 求过点 $A(2,3,5)$ 且与向量 $\boldsymbol{a}=(-2,5,0)$ 垂直的平面方程.
2. 已知三点 $M_1(1,2,3)$,$M_2(2,4,6)$,$M_3(1,0,3)$,求过此三点的平面方程.
3. 求过 x 轴与点 $B(-2,5,1)$ 的平面方程.
4. 求过原点与点 $B(-2,5,0)$ 且与向量 $\boldsymbol{a}=(2,4,1)$ 平行的平面方程.
5. 求过点 $P(1,-1,-1)$,$Q(2,2,4)$ 且与平面 $x+y-z=0$ 垂直的平面方程.
6. 求点 $A(1,3,6)$ 到平面 $2x-2y+3z+5=0$ 的距离.
7. 求平面 $2x-y+2z+5=0$ 与各坐标面的夹角.
8. 求平面 $x-y+z-7=0$ 与 $3x-2y-12z+5=0$ 的夹角.

8.5 空间直线

8.5.1 空间直线的方程

1. 空间直线的点向式方程

在立体几何中,我们知道,过空间一点可作且仅能作一条直线与已知直线平行. 利用这一结论,我们建立空间直线的点向式方程.

若非零向量 $\boldsymbol{s}=(m,n,p)$ 与直线 L 平行,则称向量 $\boldsymbol{s}$ 为直线 L 的**方向向量**. 显然,直线的方向向量不唯一.

设 $M_0(x_0,y_0,z_0)$ 为空间直线 L 上的一点,向量 $\boldsymbol{s}=(m,n,p)$ 为其方向向量. 任取 L 上一点 $M(x,y,z)$,则向量 $\overrightarrow{M_0M}$ 与向量 $\boldsymbol{s}$ 平行,因此,向量

$$\overrightarrow{M_0M}=(x-x_0,y-y_0,z-z_0)$$

与向量 $\boldsymbol{s}=(m,n,p)$ 的坐标对应成比例,即

$$\frac{x-x_0}{m}=\frac{y-y_0}{n}=\frac{z-z_0}{p}. \tag{1}$$

显然空间直线 L 上点 $M(x,y,z)$ 的坐标满足方程组(1);反之,坐标不满足方程组(1)的点一定

不在直线 L 上. 因此直线 L 可用方程组(1) 表示，方程组(1) 称为空间直线 L 的**点向式方程**(或**对称式方程**).

注意:在直线的点向式方程中，当 m,n,p 中某个为零时，规定相应的分子也为零，如

$$\frac{x-1}{0}=\frac{y-2}{2}=\frac{z+1}{1}$$

可表示为

$$\begin{cases}x-1=0,\\ \dfrac{y-2}{2}=\dfrac{z+1}{1}.\end{cases}$$

例 1　求过点 $M(1,0,-2)$ 且与平面 $x-2y+3z=0$ 垂直的直线方程.

解　取平面的法向量 $\boldsymbol{n}=(1,-2,3)$ 为直线的方向向量，即 $\boldsymbol{s}=(1,-2,3)$，故所求直线方程为

$$\frac{x-1}{1}=\frac{y}{-2}=\frac{z+2}{3}.$$

例 2　求过点 $M_1(x_1,y_1,z_1)$ 和 $M_2(x_2,y_2,z_2)$ 的直线方程.

解　取直线的方向向量

$$\boldsymbol{s}=\overrightarrow{M_1M_2}=(x_2-x_1,y_2-y_1,z_2-z_1),$$

则所求直线方程为

$$\frac{x-x_1}{x_2-x_1}=\frac{y-y_1}{y_2-y_1}=\frac{z-z_1}{z_2-z_1}.$$

此方程称为空间直线的**两点式方程**.

2. 空间直线的参数方程

在直线的点向式方程中，令

$$\frac{x-x_0}{m}=\frac{y-y_0}{n}=\frac{z-z_0}{p}=t\quad(t\text{ 为参数}),$$

得直线的参数方程

$$\begin{cases}x=x_0+mt,\\ y=y_0+nt,\\ z=z_0+pt,\end{cases}$$

其中 $-\infty<t<+\infty$.

例 3　求直线 $\dfrac{x-2}{1}=\dfrac{y-3}{1}=\dfrac{z-4}{2}$ 与平面 $2x+y+z-6=0$ 的交点.

解　由 $\dfrac{x-2}{1}=\dfrac{y-3}{1}=\dfrac{z-4}{2}$ 得直线的参数方程为 $\begin{cases}x=2+t,\\ y=3+t,\\ z=4+2t,\end{cases}$ 将其代入 $2x+y+z-6=0$，有

$$2(2+t)+(3+t)+(4+2t)-6=0,$$

解得 $t=-1$，从而 $x=1,y=2,z=2$. 所以，交点为(1,2,2).

3. 空间直线的一般方程

空间直线 L 可以看作两个平面 π_1 与 π_2 的交线(见图 8-5-1)，其中

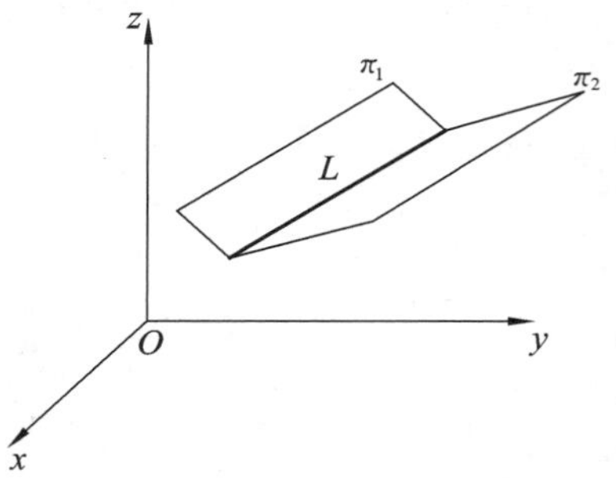

图 8-5-1

$$\pi_1: A_1x + B_1y + C_1z + D_1 = 0,$$
$$\pi_2: A_2x + B_2y + C_2z + D_2 = 0,$$

且 A_1, B_1, C_1 与 A_2, B_2, C_2 不成比例. 显然,直线 L 上点的坐标满足方程组

$$\begin{cases} A_1x + B_1y + C_1z + D_1 = 0, \\ A_2x + B_2y + C_2z + D_2 = 0. \end{cases} \tag{2}$$

反过来,不在直线 L 上点的坐标不满足方程组. 因此直线 L 可用方程组(2)表示,方程组(2)称为空间直线 L 的**一般方程**.

应当注意的是,通过空间直线 L 的平面有无穷多个,所以空间直线 L 的一般方程表示法不唯一. 例如,方程组

$$\begin{cases} 2x + y = 0, \\ x + y = 0 \end{cases}$$

与方程组

$$\begin{cases} 4x - y = 0, \\ 3x + 2y = 0 \end{cases}$$

都表示 z 轴.

例 4 设直线与平面 $\pi_1: x - 4z = 3$ 和 $\pi_2: 2x - y - 5z = 1$ 的交线平行,且过点 $(-3,2,5)$,求此直线方程.

解 所求直线的方向向量 $\boldsymbol{s}$ 与两平面的法向量 $\boldsymbol{n}_1 = (1,0,-4)$ 和 $\boldsymbol{n}_2 = (2,-1,-5)$ 垂直,所以可取 $\boldsymbol{s} = \boldsymbol{n}_1 \times \boldsymbol{n}_2$,得

$$\boldsymbol{s} = \begin{vmatrix} \boldsymbol{i} & \boldsymbol{j} & \boldsymbol{k} \\ 1 & 0 & -4 \\ 2 & -1 & -5 \end{vmatrix} = (-4, -3, -1),$$

于是所求直线方程为

$$\frac{x+3}{4} = \frac{y-2}{3} = \frac{z-5}{1}.$$

例 5 将直线的一般方程 $\begin{cases} x + y + z + 2 = 0, \\ 2x - y + 3z + 4 = 0 \end{cases}$ 化为点向式方程.

解 方法一 令 $z = 0$,代入方程组得

$$x = -2, y = 0,$$

于是点 $(-2,0,0)$ 在直线上. 又直线的方向向量 $\boldsymbol{s}$ 与两平面的法向量 $\boldsymbol{n}_1 = (1,1,1)$ 和 $\boldsymbol{n}_2 = (2,-1,3)$ 垂直,所以可取 $\boldsymbol{s} = \boldsymbol{n}_1 \times \boldsymbol{n}_2$,得

$$\boldsymbol{s} = \begin{vmatrix} \boldsymbol{i} & \boldsymbol{j} & \boldsymbol{k} \\ 1 & 1 & 1 \\ 2 & -1 & 3 \end{vmatrix} = (4, -1, -3),$$

故直线的点向式方程为

$$\frac{x+2}{4} = \frac{y}{-1} = \frac{z}{-3}.$$

方法二　两式相加消去 y,得 $3x+4z+6=0$,变形得

$$\frac{x+2}{4}=\frac{z}{-3};$$

又第一个式子的 2 倍减去第二个式子,消去 x,得 $3y-z=0$,变形得

$$\frac{y}{-1}=\frac{z}{-3},$$

故直线的点向式方程为

$$\frac{x+2}{4}=\frac{y}{-1}=\frac{z}{-3}.$$

事实上,化直线的一般方程为点向式方程还可以利用直线的两点式方程求得.

直线的点向式方程可以看成是两个独立的一次方程组成的方程组,因此,直线的点向式方程稍做改变即为直线的一般方程.

8.5.2　空间直线的有关问题

1. 两直线的夹角

两直线方向向量的夹角中,0 到$\frac{\pi}{2}$之间的角称为两直线的夹角.

设两直线的方程分别为

$$L_1:\frac{x-x_1}{m_1}=\frac{y-y_1}{n_1}=\frac{z-z_1}{p_1}$$

和

$$L_2:\frac{x-x_2}{m_2}=\frac{y-y_2}{n_2}=\frac{z-z_2}{p_2},$$

方向向量分别为 $\boldsymbol{s}_1=(m_1,n_1,p_1)$,$\boldsymbol{s}_2=(m_2,n_2,p_2)$,设直线 L_1 与直线 L_2 的夹角为 θ,那么当 $\langle\boldsymbol{s}_1,\boldsymbol{s}_2\rangle\in\left[0,\frac{\pi}{2}\right]$时,$\theta=\langle\boldsymbol{s}_1,\boldsymbol{s}_2\rangle$;当$\langle\boldsymbol{s}_1,\boldsymbol{s}_2\rangle\in\left[\frac{\pi}{2},\pi\right]$时,$\theta=\pi-\langle\boldsymbol{s}_1,\boldsymbol{s}_2\rangle$. 因此,直线 L_1 与直线 L_2 夹角的余弦为

$$\cos\theta=|\cos\langle\boldsymbol{s}_1,\boldsymbol{s}_2\rangle|=\frac{|m_1m_2+n_1n_2+p_1p_2|}{\sqrt{m_1^2+n_1^2+p_1^2}\cdot\sqrt{m_2^2+n_2^2+p_2^2}}.$$

由两向量垂直、平行的充分必要条件可得下面的结论:

(ⅰ) 直线 L_1 与直线 L_2 平行的充分必要条件是$\frac{m_1}{m_2}=\frac{n_1}{n_2}=\frac{p_1}{p_2}$;

(ⅱ) 直线 L_1 与直线 L_2 垂直的充分必要条件是 $m_1m_2+n_1n_2+p_1p_2=0$.

例 6　求直线 $L_1:\frac{x-3}{1}=\frac{y+2}{1}=\frac{z-1}{0}$ 与直线 $L_2:\frac{x}{1}=\frac{y-1}{0}=\frac{z+1}{-1}$ 的夹角.

解　直线 L_1 与直线 L_2 的方向向量分别为 $\boldsymbol{s}_1=(1,1,0)$,$\boldsymbol{s}_2=(1,0,-1)$. 所以直线 L_1 与直线 L_2 的夹角 θ 的余弦为

$$\cos\theta=\frac{|1\times1+1\times0+0\times(-1)|}{\sqrt{1^2+1^2+0^2}\times\sqrt{1^2+0^2+(-1)^2}}=\frac{1}{2},$$

于是直线 L_1 与直线 L_2 的夹角 $\theta=\frac{\pi}{3}$.

2. 直线与平面的夹角

直线与它在平面上的投影直线的夹角称为直线与平面的夹角.

设直线 L 的方程为

$$\frac{x-x_0}{m}=\frac{y-y_0}{n}=\frac{z-z_0}{p},$$

平面 π 的方程为

$$Ax+By+Cz+D=0,$$

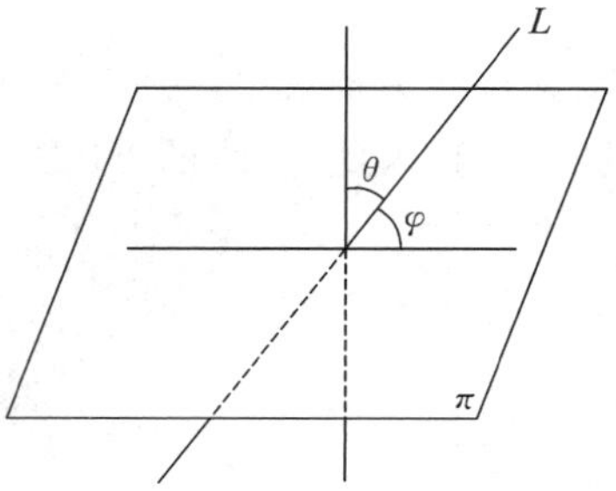

图 8-5-2

则直线 L 的方向向量 $\boldsymbol{s}=(m,n,p)$,平面 π 的法向量 $\boldsymbol{n}=(A,B,C)$. 再设 φ 为直线 L 与平面 π 的夹角,所以 $\varphi=\left|\frac{\pi}{2}-\langle\boldsymbol{s},\boldsymbol{n}\rangle\right|$(见图 8-5-2),所以直线 L 与平面 π 夹角的正弦为

$$\sin\varphi=|\cos\langle\boldsymbol{s},\boldsymbol{n}\rangle|=\frac{|mA+nB+pC|}{\sqrt{m^2+n^2+p^2}\cdot\sqrt{A^2+B^2+C^2}}.$$

由两向量垂直、平行的充分必要条件立即可得下面的结论:

(ⅰ)直线 L 与平面 π 平行的充分必要条件是 $mA+nB+pC=0$.

(ⅱ)直线 L 与平面 π 垂直的充分必要条件是 $\frac{A}{m}=\frac{B}{n}=\frac{C}{p}$.

例 7 求直线 $\frac{x+1}{2}=\frac{y}{3}=\frac{z-3}{6}$ 与平面 $10x+2y-11z-3=0$ 的夹角.

解 直线的方向向量 $\boldsymbol{s}=(2,3,6)$,平面的法向量 $\boldsymbol{n}=(10,2,-11)$,由直线与平面的夹角公式,有

$$\sin\varphi=|\cos\langle\boldsymbol{s},\boldsymbol{n}\rangle|=\frac{8}{21},$$

所以直线与平面的夹角

$$\varphi=\arcsin\frac{8}{21}.$$

3. 平面束方程

过一条直线的平面有无穷多个,过该直线的平面的全体称为平面束.

设直线 L 由两个不平行的平面 π_1 和 π_2 所确定,且平面 π_1 和 π_2 的方程分别为

$$\pi_1:A_1x+B_1y+C_1z+D_1=0,$$
$$\pi_2:A_2x+B_2y+C_2z+D_2=0.$$

可以证明过直线 L 的平面束方程为

$$\lambda(A_1x+B_1y+C_1z+D_1)+\mu(A_2x+B_2y+C_2z+D_2)=0,$$

其中 λ,μ 是不同时为零的参数.

例 8 求过点 $M(1,2,3)$ 和直线 $\begin{cases}x+2y-z+1=0,\\2x-3y+z=0\end{cases}$ 的平面方程.

解 过直线的平面束方程为

$$\lambda(x+2y-z+1)+\mu(2x-3y+z)=0,$$

将点 $M(1,2,3)$ 代入上面方程，得

$$3\lambda-\mu=0,$$

取 $\lambda=1$，则 $\mu=3$，从而所求平面方程为

$$7x-7y+2z+1=0.$$

8.5.3　杂例

例 9　求点 $P(1,1,4)$ 到直线 $L:\dfrac{x-2}{1}=\dfrac{y-3}{1}=\dfrac{z-4}{2}$ 的距离.

解　过点 P 作平面 π 与直线 L 垂直，平面 π 与直线 L 相交于点 P_1（见图 8-5-3），则点 P 到直线 L 的距离 $d=|\overrightarrow{PP_1}|$.

因为平面 π 与直线 L 垂直，则平面 π 的法向量取 $\boldsymbol{n}=(1,1,2)$，于是平面 π 的方程为

$$x+y+2z-10=0.$$

将直线 L 化为参数方程，得

$$\begin{cases}x=2+t,\\ y=3+t,\\ z=4+2t,\end{cases}$$

将其代入平面 π 的方程，解得 $t=-\dfrac{1}{2}$，于是直线 L 与平面 π 的交点 P_1 的坐标为 $\left(\dfrac{3}{2},\dfrac{5}{2},3\right)$. 由两点间距离公式，得点 P 到直线 L 的距离

$$d=|\overrightarrow{PP_1}|=\sqrt{\left(1-\frac{3}{2}\right)^2+\left(1-\frac{5}{2}\right)^2+(4-3)^2}=\frac{\sqrt{14}}{2}.$$

事实上，点 P 到直线 L 的距离有下面的公式

$$d=\frac{|\overrightarrow{PP_1}\times\boldsymbol{s}|}{|\boldsymbol{s}|},$$

其中 $\boldsymbol{s}$ 是直线 L 的方向向量（见图 8-5-4）.

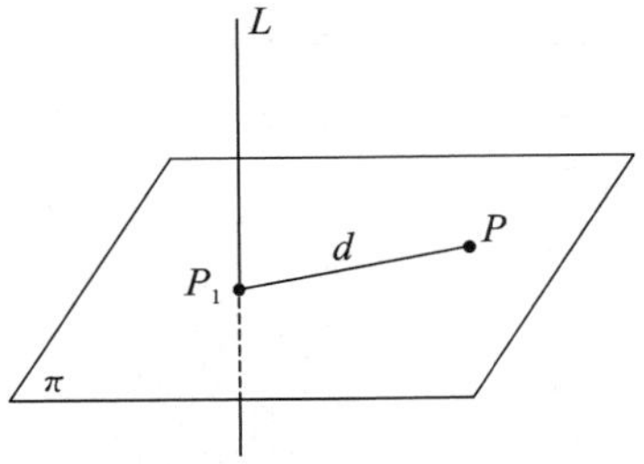

图 8-5-3

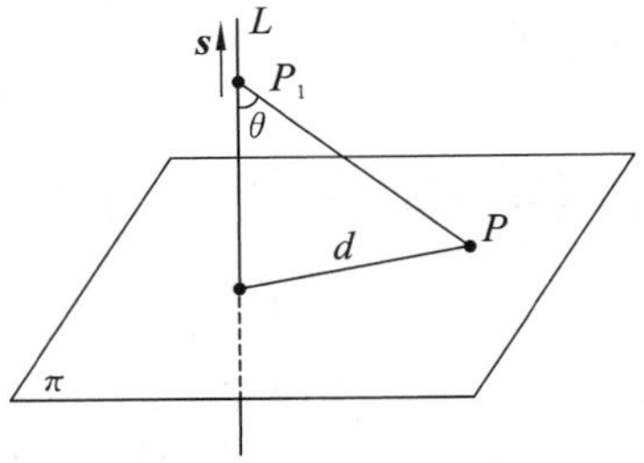

图 8-5-4

例 10　求过点 $(2,1,3)$ 且与直线 $L:\dfrac{x+1}{3}=\dfrac{y-1}{2}=\dfrac{z}{-1}$ 垂直相交的直线方程.

解　过点 $(2,1,3)$ 与直线 L 垂直的平面 π 的方程为

$$3(x-2)+2(y-1)-(z-3)=0,$$

即

$$3x+2y-z=5,$$

又直线 L 与平面 π 的交点坐标为$\left(\frac{2}{7},\frac{13}{7},-\frac{3}{7}\right)$. 以点(2,1,3)为起点，以点$\left(\frac{2}{7},\frac{13}{7},-\frac{3}{7}\right)$为终点的向量为

$$\boldsymbol{s}=\left(\frac{2}{7}-2,\frac{13}{7}-1,-\frac{3}{7}-3\right)=-\frac{6}{7}(2,-1,4).$$

所以所求直线的方程为

$$\frac{x-2}{2}=\frac{y-1}{-1}=\frac{z-3}{4}.$$

思考：可否用点到直线的距离求此直线方程？

例 11 平面 π 过直线 $L_1:\frac{x-1}{1}=\frac{y-2}{0}=\frac{z-3}{-1}$，且与直线 $L_2:\frac{x+2}{2}=\frac{y-1}{1}=\frac{z}{1}$ 平行，求平面 π 的方程.

解 直线 L_1 和 L_2 的方向向量分别为

$$\boldsymbol{s}_1=(1,0,-1),\boldsymbol{s}_2=(2,1,1),$$

则所求平面 π 的法向量

$$\boldsymbol{n}=\boldsymbol{s}_1\times\boldsymbol{s}_2=(1,-3,1),$$

因为平面 π 过直线 L_1，故平面 π 过点(1,2,3)，由平面的点法式方程，得所求平面 π 的方程为

$$x-3y+z+2=0.$$

例 12 求直线 $L:\begin{cases}x+y-z-1=0,\\x-y+z+1=0\end{cases}$ 在平面 $\pi:x+y+z=0$ 上的投影直线方程.

解 设过直线 L 的平面束方程为

$$(x+y-z-1)+\lambda(x-y+z+1)=0,$$

即

$$(1+\lambda)x+(1-\lambda)y+(-1+\lambda)z+(-1+\lambda)=0,$$

其中 λ 为待定常数. 取平面束中与平面 π 垂直的平面，则有

$$(1+\lambda)\times 1+(1-\lambda)\times 1+(-1+\lambda)\times 1=0,$$

解得 $\lambda=-1$. 将 $\lambda=-1$ 代入平面束方程，得平面束中与平面 π 垂直的平面

$$y-z-1=0,$$

所以投影直线的方程为

$$\begin{cases}y-z-1=0,\\x+y+z=0.\end{cases}$$

习　题　8.5

1. 求过点 $M(2,-2,2)$ 且与直线$\frac{x-3}{3}=\frac{y-4}{4}=\frac{z-5}{5}$平行的直线方程.

2. 求过两点 $M_1(3,2,1)$ 和 $M_2(1,2,3)$ 的直线方程.

3. 化直线的一般方程为对称式及参数方程

$$\begin{cases}x-y+z=1,\\2x+y+z=4.\end{cases}$$

4. 求过点 $M(1,2,4)$ 且平行于两平面 $x+2z=1$ 与 $y-3z=2$ 的直线方程.

5. 求过点 $M(3,1,-2)$ 且通过直线$\dfrac{x-4}{5}=\dfrac{y+3}{2}=\dfrac{z}{1}$ 的平面方程.

6. 求过点 $M(1,2,1)$ 而与两直线$\dfrac{x}{1}=\dfrac{y}{-2}=\dfrac{z-1}{-3}$与$\dfrac{x}{0}=\dfrac{y}{1}=\dfrac{z}{1}$ 平行的平面方程.

7. 求直线$\begin{cases}x+y+3z=1,\\x-y-z=4\end{cases}$与平面 $x-y-z+1=0$ 的夹角.

8. 求直线$\dfrac{x-1}{3}=\dfrac{y-1}{1}=\dfrac{z-1}{5}$ 与直线$\begin{cases}2x+2y-z+23=0,\\3x+8y+z-18=0\end{cases}$夹角的余弦.

9. 求直线$\begin{cases}2y+3z=5,\\x-2y-z=7\end{cases}$在$xOy$ 面上的投影方程.

10. 求点 $M(-1,2,0)$ 在平面 $x+2y-z+1=0$ 上的投影.

11. 求点 $M(3,-1,2)$ 在直线$\begin{cases}x+y-z+1=0,\\2x-y+z-4=0\end{cases}$上的投影.

8.6　曲面及其方程

8.6.1　曲面方程的概念

在平面解析几何中,我们把平面曲线看作动点的轨迹,同样,在空间解析几何中,我们也把曲面看作动点的轨迹. 在这样的意义下,如果曲面 S 与三元方程

$$F(x,y,z)=0 \tag{1}$$

有下述关系:

(ⅰ) 曲面 S 上任一点的坐标都满足方程(1);

(ⅱ) 不在曲面 S 上的点的坐标都不满足方程(1).

那么,方程(1) 就称为曲面 S 的方程,而曲面 S 就称为方程(1) 的图形(见图 8-6-1).

例 1　建立球心在点 $M_0(x_0,y_0,z_0)$,半径为 R 的球面的方程.

解　设 $M(x,y,z)$是球面上的任一点,那么

$$|M_0M|=R,$$

即

$$\sqrt{(x-x_0)^2+(y-y_0)^2+(z-z_0)^2}=R,$$

或

$$(x-x_0)^2+(y-y_0)^2+(z-z_0)^2=R^2. \tag{2}$$

显然球面上的点的坐标满足方程(2),而不在球面上的点的坐标都不满足方程(2),所以称方程(2) 是球心在点 $M_0(x_0,y_0,z_0)$,半径为 R 的球面的方程(见图 8-6-2).

特别地,球心在原点 $O(0,0,0)$、半径为 R 的球面的方程为

$$x^2+y^2+z^2=R^2.$$

一般地,方程(2) 可以化为三元二次方程

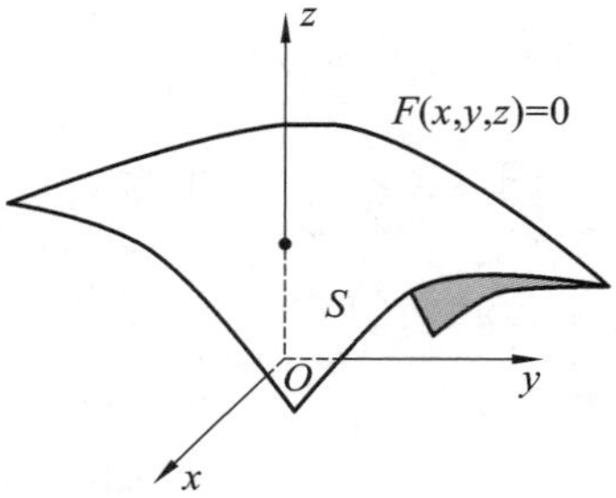

图 8-6-1

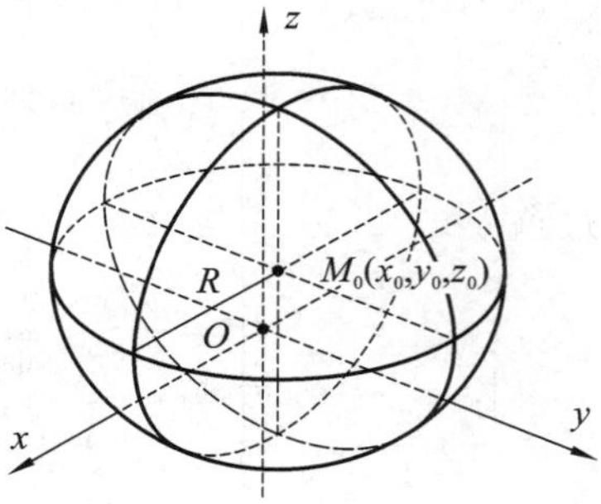

图 8-6-2

$$x^2+y^2+z^2+Dx+Ey+Fz+G=0. \tag{3}$$

方程(3) 的特点是平方项系数为 1,缺交叉项 xy,yz,zx;反过来,将方程(3) 配方可得

$$\left(x+\frac{D}{2}\right)^2+\left(y+\frac{E}{2}\right)^2+\left(z+\frac{F}{2}\right)^2=\frac{1}{4}(D^2+E^2+F^2-4G).$$

(ⅰ) 若$\frac{1}{4}(D^2+E^2+F^2-4G)>0$,那么方程(3) 表示球心在点$\left(-\frac{D}{2},-\frac{E}{2},-\frac{F}{2}\right)$,半径为$\frac{1}{2}\sqrt{D^2+E^2+F^2-4G}$的球面;

(ⅱ) 若$\frac{1}{4}(D^2+E^2+F^2-4G)=0$,那么方程(3) 表示点$\left(-\frac{D}{2},-\frac{E}{2},-\frac{F}{2}\right)$;

(ⅲ) 若$\frac{1}{4}(D^2+E^2+F^2-4G)<0$,那么方程(3) 表示一个虚球面,图形为空集.

例 2 已知线段 AB 两端点的坐标为 $A(1,2,3)$ 和 $B(2,-1,4)$,求线段 AB 的垂直平分面方程.

解 由题意知,所求平面就是与点 A 和 B 等距离的点的几何轨迹. 设 $M(x,y,z)$ 为所求平面上的任一点,则有

$$|AM|=|BM|,$$

即

$$\sqrt{(x-1)^2+(y-2)^2+(z-3)^2}=\sqrt{(x-2)^2+(y+1)^2+(z-4)^2},$$

等式两边平方,化简得

$$2x-6y+2z-7=0,$$

显然,所求平面上点的坐标满足此方程,而不在平面上点的坐标都不满足这个方程,所以这个方程就是所求平面的方程.

例 3 方程 $x^2+y^2+z^2-2x+4y=0$ 表示怎样的曲面?

解 通过配方,原方程可以改写成

$$(x-1)^2+(y+2)^2+z^2=5,$$

由方程(3) 的讨论知,这是一个球面方程,球心在点 $M_0(1,-2,0)$,半径 $R=\sqrt{5}$.

上述例子告诉我们,讨论曲面时需要面对两个基本问题:

(ⅰ) 已知一曲面作为点的几何轨迹时,建立这个曲面的方程,如例 1 和例 2;

(ⅱ) 已知点的坐标 (x,y,z) 满足某个方程时,研究该方程所表示曲面的形状,如例 3.

8.6.2 旋转曲面

以一条平面曲线绕其平面上的一条定直线旋转一周所成的曲面称为**旋转曲面**,平面曲线称为旋转曲面的母线,定直线称为旋转曲面的轴.

已知yOz坐标面上曲线C,其方程为

$$f(y,z)=0,$$

将曲线C绕z轴旋转一周,得到一个以曲线C为母线、以z轴为轴的旋转曲面.下面建立该旋转曲面的方程.

设$M(x,y,z)$为曲面上任一点,过点M作平面垂直于z轴,交z轴于点O_1,交yOz坐标面上曲线C于点M_1,显然,点M是由曲线C上的点M_1绕z轴旋转而得到的.设M_1的坐标为$(0,y_1,z_1)$,于是有

$$f(y_1,z_1)=0.$$

又点O_1的坐标为$(0,0,z)$,$|O_1M_1|=|O_1M|$,因此

$$z_1=z,|y_1|=\sqrt{x^2+y^2},$$

代入方程$f(y_1,z_1)=0$,得

$$f\left(\pm\sqrt{x^2+y^2},z\right)=0,$$

此即为所求旋转曲面的方程(见图 8-6-3).

同理,曲线C绕y轴旋转所得到的旋转曲面的方程为

$$f\left(y,\pm\sqrt{x^2+z^2}\right)=0.$$

例 4　直线L绕另一条与L相交的直线旋转一周,所得旋转曲面称为圆锥面,两直线的交点称为圆锥面的顶点,两直线的夹角$\alpha\left(0<\alpha<\frac{\pi}{2}\right)$称为圆锥面的半顶角.试建立顶点在坐标原点$O$,旋转轴为$z$轴,半顶角为$\alpha$的圆锥面方程.

解　设直线L在yOz坐标面内,其方程为

$$z=y\cot\alpha,$$

由前面讨论知,将上式中y改写成$\pm\sqrt{x^2+y^2}$,得

$$z=\pm\sqrt{x^2+y^2}\cot\alpha,$$

两边平方,并令$a=\cot\alpha$,得所求圆锥面方程(见图 8-6-4)为

$$z^2=a^2(x^2+y^2).$$

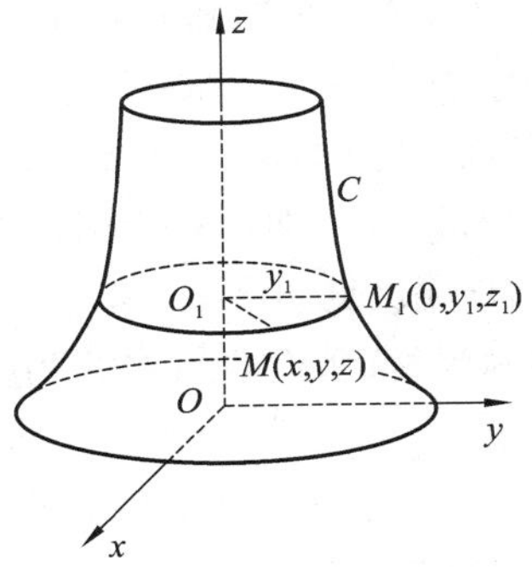

图 8-6-3

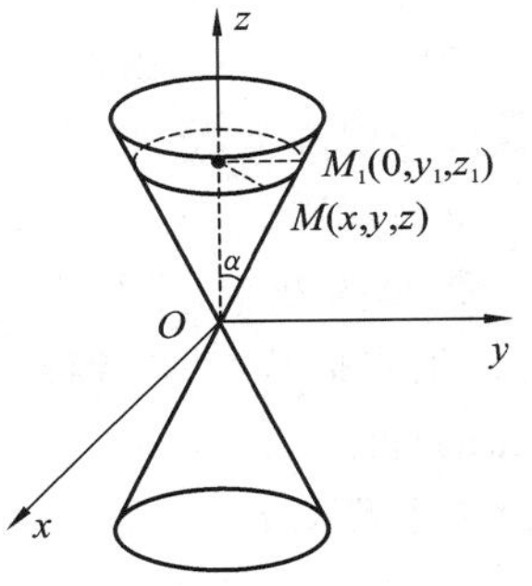

图 8-6-4

例 5　将 zOx 坐标面上的双曲线 $\frac{x^2}{a^2}-\frac{z^2}{c^2}=1$ 分别绕 x 轴和 z 轴旋转一周,求所生成的旋转曲面方程.

解　绕 z 轴旋转一周,得旋转曲面的方程为

$$\frac{x^2+y^2}{a^2}-\frac{z^2}{c^2}=1.$$

此曲面称为单叶旋转双曲面(见图 8-6-5);绕 x 轴旋转一周,得旋转曲面方程为

$$\frac{x^2}{a^2}-\frac{y^2+z^2}{c^2}=1,$$

此曲面称为双叶旋转双曲面(见图 8-6-6).

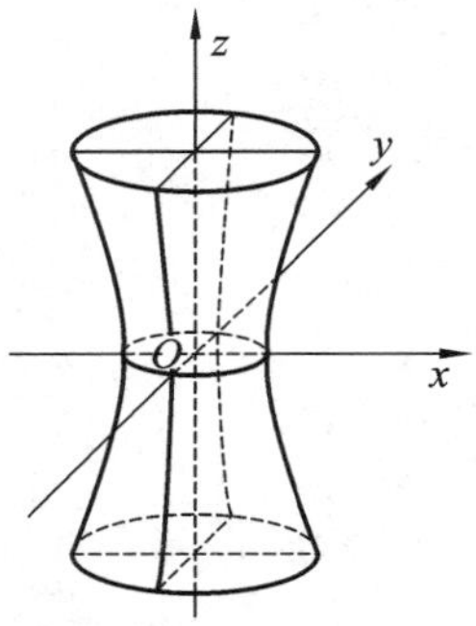

图 8-6-5

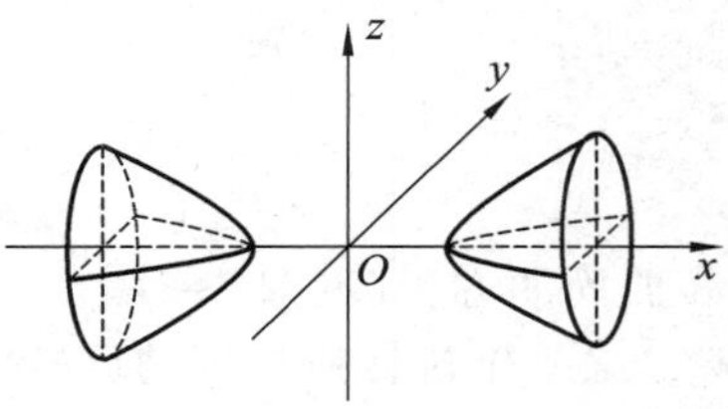

图 8-6-6

8.6.3　柱面

例 6　方程

$$x^2+y^2=R^2 \tag{4}$$

表示怎样的曲面?

解　方程(4) 在 xOy 面上表示圆心在原点,半径为 R 的圆. 在空间直角坐标系中,若点 $M(x,y,z)$ 在方程(4) 所表示的曲面上,则点 M 的坐标 (x,y,z) 满足方程(4). 由于方程(4) 不含有竖坐标 z,所以无论点 M 的竖坐标 z 取何值,只要横坐标 x 和纵坐标 y 满足方程(4) 即可. 又点 M 在 xOy 面上的投影点 M_1 的坐标为 $(x,y,0)$,且点 M_1 在 xOy 面的圆周 $x^2+y^2=R^2$ 上. 又过点 M_1 和 M 的直线平行于 z 轴,且直线上任一点在 xOy 面上的投影点都是点 M_1,所以该直线在方程(4) 所表示的曲面上. 由此可见,过 xOy 面的圆周 $x^2+y^2=R^2$ 上任一点 $(x,y,0)$,且平行于 z 轴的直线一定在方程(4) 所表示的曲面上. 所以,这个曲面可以看成是由平行于 z 轴的直线 l 沿 xOy 面的圆周 $x^2+y^2=R^2$ 平行移动而形成的. 这个曲面称为圆柱面,xOy 面上的圆周 $x^2+y^2=R^2$ 称为准线,平行于 z 轴的直线 l 称为母线(见图 8-6-7).

柱面:直线 L 沿定曲线 C 平行移动而形成的轨迹称为柱面,定曲线 C 称为柱面的准线,动直线 L 称为柱面的母线.

在上面的讨论中我们看到,不含 z 的方程 $x^2+y^2=R^2$ 在空间直角坐标系中表示圆柱面,它的母线平行于 z 轴,它的准线是 xOy 面上的圆周 $x^2+y^2=R^2$.

一般地,只含 x,y 而缺 z 的方程 $F(x,y)=0$,在空间直角坐标系中表示母线平行于 z 轴的

柱面，其准线是xOy面上的曲线$C:F(x,y)=0$.

例如，方程$y^2=2x$表示母线平行于z轴的柱面，它的准线是xOy面上的抛物线$y^2=2x$，该柱面称为抛物柱面(见图8-6-8).

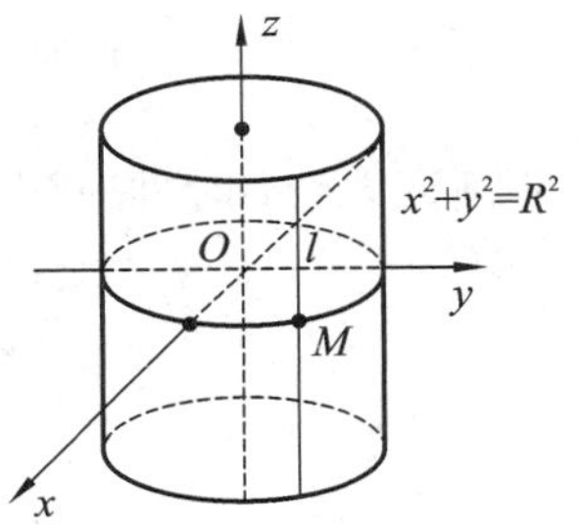

图 8-6-7

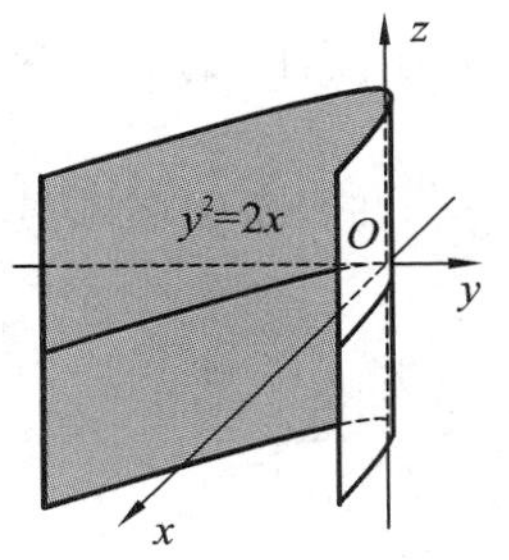

图 8-6-8

类似地，只含x,z而缺y的方程$G(x,z)=0$表示母线平行于y轴的柱面；只含y,z而缺x的方程$H(y,z)=0$表示母线平行于x轴的柱面.

例如，方程$x-z=0$表示母线平行于y轴的柱面，其准线是zOx面上的直线$x-z=0$，所以它是过y轴的平面.

8.6.4　二次曲面

与平面解析几何中规定的二次曲线相类似，在空间直角坐标系中，我们把三元二次方程所表示的曲面称为二次曲面，把平面称为一次曲面.

怎样了解三元二次方程所表示的曲面的形状呢？方法之一是用坐标面和平行于坐标面的平面与曲面相截，考察其交线的形状，然后加以综合，从而了解曲面的立体形状. 这种方法称为截痕法.

1. 椭球面

方程

$$\frac{x^2}{a^2}+\frac{y^2}{b^2}+\frac{z^2}{c^2}=1 \tag{5}$$

所表示的曲面称为**椭球面**，称a,b,c为椭球面的半轴(a,b,c大于零).

由方程(5)知，椭球面具有以下性质.

(ⅰ) 对称性：椭球面关于三个坐标轴、三个坐标面及坐标原点对称.

(ⅱ) 有界性：对于椭球面上的任意点$M(x,y,z)$，有

$$|x|\leqslant a,\quad |y|\leqslant b,\quad |z|\leqslant c,$$

所以椭球面在由平面$x=\pm a,y=\pm b,z=\pm c$所界定的长方体内.

用平面$z=z_1(|z_1|<c)$去截椭球面(5)，其截痕为

$$\begin{cases}\dfrac{x^2}{a^2}+\dfrac{y^2}{b^2}+\dfrac{z^2}{c^2}=1,\\ z=z_1,\end{cases}$$

或

$$\begin{cases}\dfrac{x^2}{\dfrac{a^2}{c^2}(c^2-z_1^2)}+\dfrac{y^2}{\dfrac{b^2}{c^2}(c^2-z_1^2)}=1,\\ z=z_1,\end{cases}$$

由此可见，当 $|z_1|<c$ 时，截痕为平面 $z=z_1$ 上的椭圆，两轴长分别为 $\frac{2a}{c}\sqrt{c^2-z_1^2}$ 和 $\frac{2b}{c}\sqrt{c^2-z_1^2}$. 当 $z=0$ 时，所截椭圆最大；当 $|z_1|$ 由 0 逐渐变大到 c 时，椭圆由大变小；当 $|z|=c$ 时，截痕为

$$\begin{cases}\dfrac{x^2}{a^2}+\dfrac{y^2}{b^2}=0,\\ z=\pm c,\end{cases}$$

此为点 $(0,0,\pm c)$.

同样，以平面 $y=y_1(|y_1|\leqslant b)$ 或以平面 $x=x_1(|x_1|\leqslant a)$ 去截椭球面(5)，分别可得与上述类似的结果.

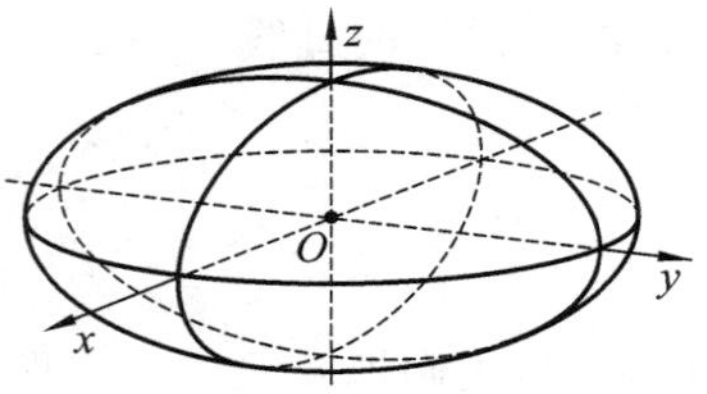

图 8-6-9

综上所述，椭球面的形状如图 8-6-9 所示.

研究曲面的另一种方法是伸缩变形法.

设 S 是一个曲面，其方程为

$$F(x,y,z)=0,$$

S' 是将曲面 S 沿 x 轴方向伸缩 λ 倍所得的曲面. 显然，若坐标为 (x,y,z) 的点在曲面 S 上，则坐标为 $(\lambda x,y,z)$ 的点在曲面 S' 上；反之，若坐标为 (x,y,z) 的点在曲面 S' 上，则坐标为 $\left(\frac{1}{\lambda}x,y,z\right)$ 的点在曲面 S 上. 因此，若曲面 S' 上任一点的坐标为 (x,y,z)，则有

$$F\left(\frac{1}{\lambda}x,y,z\right)=0,$$

所以此方程是曲面 S' 的方程.

2. 椭圆锥面

方程

$$\frac{x^2}{a^2}+\frac{y^2}{b^2}=z^2 \tag{6}$$

所表示的曲面称为**椭圆锥面**(见图 8-6-4).

把圆锥面 $x^2+y^2=a^2z^2$ 沿 y 轴方向伸缩 $\frac{b}{a}$ 倍，所得曲面的方程为

$$x^2+\left(\frac{a}{b}y\right)^2=a^2z^2,$$

整理得

$$\frac{x^2}{a^2}+\frac{y^2}{b^2}=z^2.$$

因此，椭圆锥面(6) 是由圆锥面 $x^2+y^2=a^2z^2$ 沿 y 轴方向伸缩 $\frac{b}{a}$ 倍而生成.

3. **椭圆柱面**

方程

$$\frac{x^2}{a^2}+\frac{y^2}{b^2}=1$$

所表示的曲面称为**椭圆柱面**(见图 8-6-7).

4. **双曲柱面**

方程

$$\frac{x^2}{a^2}-\frac{y^2}{b^2}=1$$

所表示的曲面称为**双曲柱面**(见图 8-6-10).

5. **抛物柱面**

方程

$$y^2=ax\ (a>0)$$

所表示的曲面称为**抛物柱面**(见图 8-6-8).

6. **椭圆抛物面**

方程

$$\frac{x^2}{a^2}+\frac{y^2}{b^2}=z$$

所表示的曲面称为**椭圆抛物面**(见图 8-6-11).

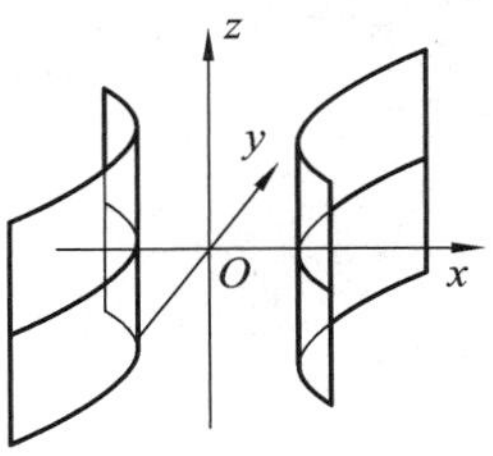

图 8-6-10

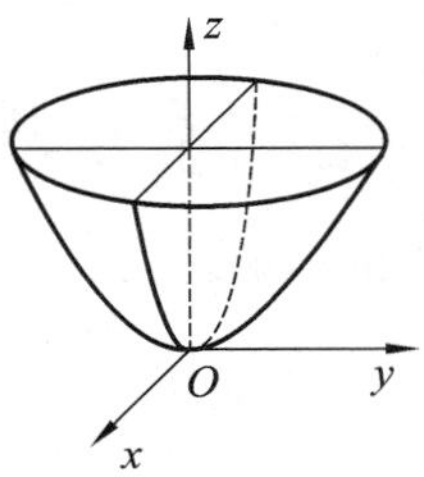

图 8-6-11

7. **单叶双曲面**

方程

$$\frac{x^2}{a^2}+\frac{y^2}{b^2}-\frac{z^2}{c^2}=1$$

所表示的曲面称为**单叶双曲面**(参见图 8-6-5).

8. **双叶双曲面**

方程

$$\frac{x^2}{a^2}-\frac{y^2}{b^2}-\frac{z^2}{c^2}=1$$

所表示的曲面称为**双叶双曲面**(参见图 8-6-6).

9. **双曲抛物面**

方程

$$\frac{x^2}{a^2}-\frac{y^2}{b^2}=z$$

所表示的曲面称为**双曲抛物面**(见图 8-6-12),双曲抛物面又称马鞍面.

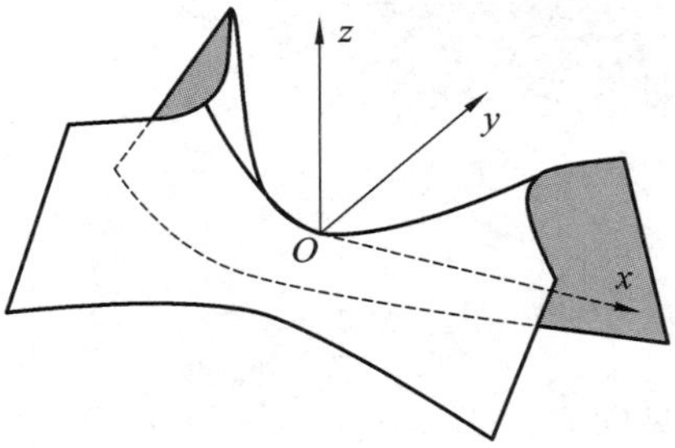

图 8-6-12

习　题　8.6

1. 求球心在 $M_0(1,3,1)$,通过坐标原点的球面方程.

2. 研究方程 $x^2+y^2+z^2+2x-4y+2z=0$ 所表示的曲面.

3. 一动点 $M(x,y,z)$ 与两定点 $M_1(2,3,1)$ 和 $M_2(4,5,6)$ 等距,求此动点 $M(x,y,z)$ 的轨迹方程.

4. 求母线平行于 z 轴,准线为 $\begin{cases}x^2+4y^2=4,\\ z=25\end{cases}$ 的柱面方程.

5. 求曲线 $\begin{cases}\dfrac{x^2}{4}+\dfrac{y^2}{9}=1,\\ z=0\end{cases}$ 绕 x 轴旋转所得曲面的方程.

6. 指出下列曲面的名称:

(1) $(x-x_0)^2+(y-y_0)^2+(z-z_0)^2=R^2$;　(2) $\dfrac{x^2}{a^2}+\dfrac{y^2}{b^2}+\dfrac{z^2}{c^2}=1$;

(3) $z^2=a^2(x^2+y^2)$;　(4) $\dfrac{x^2+y^2}{a^2}=z^2$;

(5) $\dfrac{x^2}{a^2}+\dfrac{y^2}{b^2}-\dfrac{z^2}{c^2}=1$;　(6) $\dfrac{x^2}{a^2}-\dfrac{y^2}{b^2}-\dfrac{z^2}{c^2}=1$;

(7) $\dfrac{x^2}{a^2}-\dfrac{y^2}{b^2}=z$;　(8) $(x-x_0)^2+(y-y_0)^2=R^2$;

(9) $\dfrac{x^2}{a^2}+\dfrac{y^2}{b^2}=1$;　(10) $\dfrac{x^2}{a^2}-\dfrac{y^2}{b^2}=1$;

(11) $x^2=ay$.

8.7　空间曲线及其方程

8.7.1　空间曲线的一般方程

空间曲线可以看作两个曲面的交线(见图 8-7-1).设空间曲线 C 为曲面

$$S_1:F(x,y,z)=0$$

和曲面

$$S_2:G(x,y,z)=0$$

的交线，显然空间曲线 C 上任一点的坐标同时满足曲面 S_1 的方程和曲面 S_2 的方程，所以空间曲线 C 上的任一点的坐标满足方程组

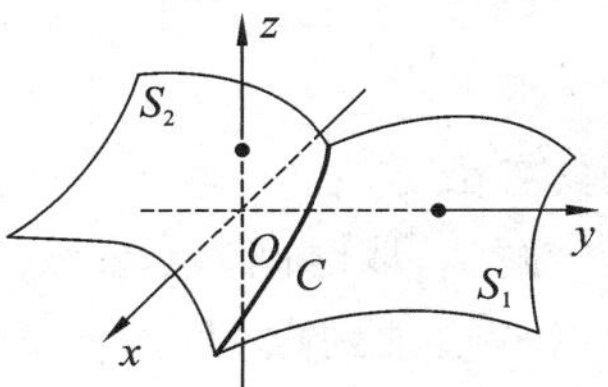

图 8-7-1

$$\begin{cases} F(x,y,z)=0, \\ G(x,y,z)=0. \end{cases} \tag{1}$$

反过来，如果点不在空间曲线 C 上，那么它不可能同时在曲面 S_1 和 S_2 上，所以它的坐标不满足方程组(1). 因此，空间曲线 C 可以用方程组(1) 来表示. 空间曲线 C 称为方程组(1) 的曲线，方程组(1) 称为空间曲线 C 的一般方程.

例 1　方程组$\begin{cases} x^2+y^2=1, \\ 2x+3z=6 \end{cases}$表示怎样的曲线？

解　方程组中第一个方程表示母线平行于 z 轴的圆柱面，其准线是 xOy 面上的圆，圆心在原点 O，半径为 1. 方程组中第二个方程表示一个与 y 轴平行的平面. 方程组就表示上述平面与圆柱面的交线(见图 8-7-2).

例 2　方程组$\begin{cases} z=\sqrt{4a^2-x^2-y^2}, \\ (x-a)^2+y^2=a^2 \end{cases}$表示怎样的曲线？

解　方程组中第一个方程表示球心在原点 O，半径为 $2a$ 的上半球面. 第二个方程表示母线平行于 z 轴的圆柱面，它的准线是 xOy 面上的圆，圆心为点 $(a,0)$，半径为 a. 方程组就表示上述半球面与圆柱面的交线(见图 8-7-3).

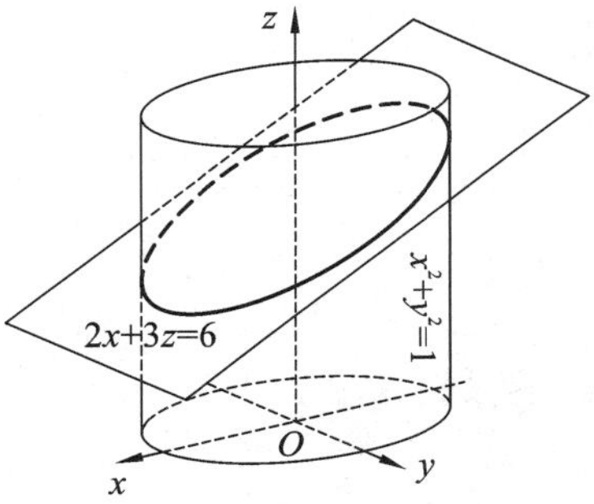

图 8-7-2

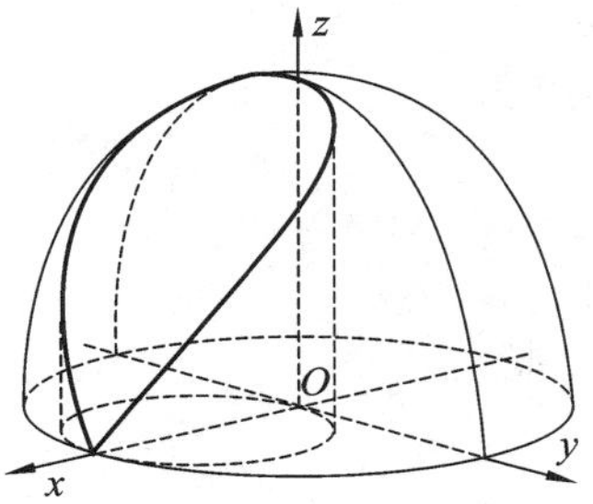

图 8-7-3

8.7.2　空间曲线的参数方程

如果将空间曲线 C 看作动点的轨迹，则动点的坐标 x,y,z 就可用一个参数 t 的函数来表示，即

$$\begin{cases} x=x(t), \\ y=y(t), \\ z=z(t), \end{cases} \tag{2}$$

其中 t 为参数，我们把方程组(2) 称为空间曲线的参数方程.

例 3 如果空间一点 M 在圆柱面 $x^2+y^2=a^2$ 上以角速度 ω 绕 z 轴旋转，同时又以线速度 v 沿平行于 z 轴的正方向上升(其中 ω, v 都是常数)，那么点 M 构成的图形称为螺旋线. 试建立其参数方程.

解 取时间 t 为参数. 设当 $t=0$ 时，动点位于 x 轴上的点 $A(a,0,0)$ 处. 经过时间 t，动点由点 A 运动到点 $M(x,y,z)$(见图 8-7-4). 记点 M 在 xOy 面上的投影为点 M'，则点 M' 的坐标为 $(x,y,0)$. 由于动点在圆柱面上以角速度 ω 绕 z 轴旋转，所以经过时间 t，$\angle AOM'=\omega t$. 从而

$$x=|OM'|\cos\angle AOM'=a\cos\omega t,$$
$$y=|OM'|\sin\angle AOM'=a\sin\omega t.$$

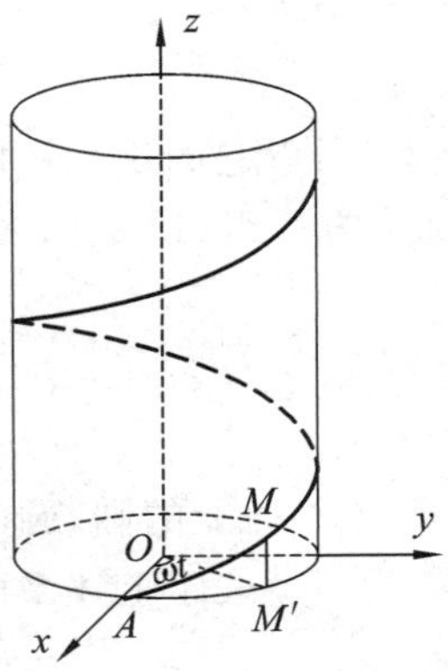

图 8-7-4

由于动点同时以线速度 v 沿平行于 z 轴的正方向上升，所以

$$z=M'M=vt,$$

因此螺旋线的参数方程为

$$\begin{cases}x=a\cos\omega t,\\ y=a\sin\omega t,\\ z=vt.\end{cases}$$

螺旋线也可以用其他变量做参数，例如令 $\theta=\omega t$，则螺旋线的参数方程可写为

$$\begin{cases}x=a\cos\theta,\\ y=a\sin\theta,\\ z=b\theta,\end{cases}$$

其中 $b=\dfrac{v}{\omega}$，而参数为 θ.

这里，我们顺便介绍一下曲面的参数方程. 曲面的参数方程通常是含两个参数的方程，形如

$$\begin{cases}x=x(s,t),\\ y=y(s,t),\\ z=z(s,t).\end{cases}$$

例如，空间曲线 Γ $\begin{cases}x=\varphi(t),\\ y=\psi(t),\quad(\alpha\leqslant t\leqslant\beta)\\ z=\omega(t)\end{cases}$

绕 z 轴旋转，所得旋转曲面的方程为

$$\begin{cases}x=\sqrt{[\varphi(t)]^2+[\psi(t)]^2}\cos\theta,\\ y=\sqrt{[\varphi(t)]^2+[\psi(t)]^2}\sin\theta,\\ z=\omega(t),\end{cases}\tag{3}$$

其中 $\alpha\leqslant t\leqslant\beta, 0\leqslant\theta\leqslant 2\pi$. 这是因为，固定一个 t，得空间曲线 Γ 上一点 $M_1(\varphi(t),\psi(t),\omega(t))$，点 M_1 绕 z 轴旋转，得空间的一个圆，该圆在平面 $z=\omega(t)$ 上，其半径为点 M_1 到 z 轴的距离 $\sqrt{[\varphi(t)]^2+[\psi(t)]^2}$. 因此，固定 t 的方程(3)就是该圆的参数方程. 当 t 在 $[\alpha,\beta]$ 内变动时，方程(3)便是旋转曲面的方程.

例如，直线

$$\begin{cases} x = 1, \\ y = t, \\ z = 2t \end{cases}$$

绕 z 轴旋转所得旋转曲面的方程为

$$\begin{cases} x = \sqrt{1+t^2}\cos\theta, \\ y = \sqrt{1+t^2}\sin\theta, \\ z = 2t. \end{cases}$$

事实上，上式中消去 t 和 θ，得曲面在直角坐标系下的方程为

$$x^2 + y^2 = 1 + \frac{z^2}{4},$$

所表示的曲面为单叶双曲面.

又球面 $x^2 + y^2 + z^2 = a^2$ 可看作zOx 面上的半圆周

$$\begin{cases} x = a\sin\varphi, \\ y = 0, \qquad (0 \leqslant \varphi \leqslant \pi) \\ z = a\cos\varphi \end{cases}$$

绕 z 轴旋转所得，故球面方程为

$$\begin{cases} x = a\sin\varphi\cos\theta, \\ y = a\sin\varphi\sin\theta, \\ z = a\cos\varphi, \end{cases}$$

其中 $0 \leqslant \varphi \leqslant \pi, 0 \leqslant \theta \leqslant 2\pi$.

8.7.3　空间曲线在坐标面上的投影

以曲线 C 为准线、母线平行于 z 轴的柱面称为曲线 C 关于xOy 面的投影柱面，投影柱面与 xOy 面的交线称为空间曲线 C 在xOy 面上的**投影曲线**，或简称**投影**.

类似地，可以定义曲线 C 在yOz 面和zOx 面上的投影.

在空间曲线 C 的一般方程(1) 中，消去变量 z 后，得方程

$$H(x,y) = 0. \tag{4}$$

方程(4) 是曲线 C 关于xOy 面的投影柱面.

这是因为，一方面方程(4) 表示一个母线平行于 z 轴的柱面，另一方面方程(4) 是由曲线 C 的一般方程(1) 消去变量 z 后得到的方程. 因此，当 x,y,z 满足一般方程(1) 时，x,y 必满足方程(4)，由此可见，曲线 C 上的点都在方程(4) 所表示的曲面上，所以曲线 C 在方程(4) 表示的柱面上，方程(4) 表示的柱面就是曲线 C 关于xOy 面的投影柱面.

曲线 C 在xOy 面上的投影曲线的方程为

$$\begin{cases} H(x,y) = 0, \\ z = 0. \end{cases}$$

例 4　已知两球面的方程为 $x^2 + y^2 + z^2 = 1$ 和 $x^2 + (y-1)^2 + (z-1)^2 = 1$，求它们的交线 C 在xOy 面上的投影方程.

解　先将方程 $x^2 + (y-1)^2 + (z-1)^2 = 1$ 化为

$$x^2 + y^2 + z^2 - 2y - 2z = -1,$$

然后与方程 $x^2+y^2+z^2=1$ 相减,得

$$y+z=1.$$

将 $z=1-y$ 代入 $x^2+y^2+z^2=1$,得

$$x^2+2y^2-2y=0.$$

这就是交线 C 关于xOy 面的投影柱面方程.两球面的交线 C 在xOy 面上的投影方程为

$$\begin{cases}x^2+2y^2-2y=0,\\ z=0.\end{cases}$$

例 5　设一立体由上半球面 $z=\sqrt{4-x^2-y^2}$ 和锥面 $z=\sqrt{3(x^2+y^2)}$ 所围成,求该立体在xOy 面上的投影.

解　由方程 $z=\sqrt{4-x^2-y^2}$ 和 $z=\sqrt{3(x^2+y^2)}$ 消去 z 得到 $x^2+y^2=1$.这是一个母线平行于 z 轴的圆柱面,容易看出,这恰好是半球面与锥面的交线 C 关于xOy 面的投影柱面,因此交线 C 在xOy 面上的投影曲线为

$$\begin{cases}x^2+y^2=1,\\ z=0,\end{cases}$$

这是xOy 面上的一个圆.于是所求立体在xOy 面上的投影,就是该圆在xOy 面上所围的部分

$$\begin{cases}x^2+y^2\leqslant 1,\\ z=0.\end{cases}$$

习　题　8.7

1. 求下列曲线的参数方程:

(1) $\begin{cases}x^2+y^2=1,\\ 2x+3z=6.\end{cases}$　　(2) $\begin{cases}z=\sqrt{4a^2-x^2-y^2},\\ (x-a)^2+y^2=a^2.\end{cases}$

(3) $\begin{cases}x^2+y^2+z^2=9,\\ x=y.\end{cases}$

2. 求曲线 $\begin{cases}x^2+y^2+z^2=1,\\ x+z=1\end{cases}$ 在xOy 面上的投影.

3. 求直线 $\begin{cases}2y+3z=5,\\ x-2y-z=-7\end{cases}$ 在平面 $x-y+3z=8$ 上的投影.

4. 分别求母线平行于 x 轴、y 轴以及 z 轴,准线为 $\begin{cases}2x^2+y^2+z^2=16,\\ x^2-y^2+z^2=0\end{cases}$ 的柱面方程.

小　　结

一、基本要求

(1) 理解空间直角坐标系,理解向量的概念及其表示.

(2) 掌握向量的运算(线性运算、数量积、向量积),了解两个向量垂直、平行的条件.

(3) 理解单位向量、方向角与方向余弦、向量的坐标表达式,掌握用坐标表达式进行向量运算的方法.

(4) 掌握平面方程和直线方程及其求法.

(5) 会求平面与平面、平面与直线、直线与直线之间的夹角,并会利用平面、直线的相互关系(平行、垂直、相交等)解决有关问题.

(6) 会求点到直线以及点到平面的距离.

(7) 了解曲面方程和空间曲线方程的概念.

(8) 了解常用二次曲面的方程及其图形,会求简单的柱面和旋转曲面的方程.

(9) 了解空间曲线的参数方程和一般方程.了解空间曲线在坐标平面上的投影,并会求该投影曲线的方程.

二、基本内容

(一) 向量与空间直角坐标系

1. 向量的概念

向量,向量的模,单位向量,零向量,负向量,向量平行.

2. 向量的线性运算

向量的加法,三角形法则,平行四边形法则,向量的减法.

三角不等式.

向量与数的乘法,向量的单位化.

设向量 $\boldsymbol{a} \neq \boldsymbol{0}$,则向量 $\boldsymbol{b}$ 平行于 $\boldsymbol{a}$ 的充分必要条件是存在唯一的实数 λ,使 $\boldsymbol{b} = \lambda\boldsymbol{a}$.

数轴上的点与向量:$\overrightarrow{OP} = x\boldsymbol{i}$.

3. 空间直角坐标系

① 直角坐标系与右手法则;② 坐标面与八卦限;③ 空间中点的坐标.

(二) 向量的坐标

向量的坐标　任给向量 $\boldsymbol{r}$,将其起点放到坐标原点,终点为 $M(x,y,z)$,则 $\boldsymbol{r}=(x,y,z)$.对于空间中任一点 M,向量 $\boldsymbol{r} = \overrightarrow{OM}$ 称为点 M 关于原点 O 的向径.在向量的坐标表示下,向量的运算公式为:

$(a_x,a_y,a_z)+(b_x,b_y,b_z)=(a_x+b_x,a_y+b_y,a_z+b_z)$.

$(a_x,a_y,a_z)-(b_x,b_y,b_z)=(a_x-b_x,a_y-b_y,a_z-b_z)$.

$\lambda(a_x,a_y,a_z)=(\lambda a_x,\lambda a_y,\lambda a_z)$.

$(a_x,a_y,a_z) \mathbin{/\!/} (b_x,b_y,b_z)$ 等价于 $\dfrac{b_x}{a_x}=\dfrac{b_y}{a_y}=\dfrac{b_z}{a_z}$.

向量的模　向量 $\boldsymbol{r}=(x, y, z)$ 的模 $|\boldsymbol{r}|=\sqrt{x^2+y^2+z^2}$.

设有点 $A(x_1,y_1,z_1)$,$B(x_2,y_2,z_2)$,则两点间的距离为

$$|AB| = \sqrt{(x_2-x_1)^2+(y_2-y_1)^2+(z_2-z_1)^2}.$$

方向角与方向余弦　当把两个非零向量 $\boldsymbol{a}$ 与 $\boldsymbol{b}$ 的起点放到同一点时,两个向量之间的不超过 π 的夹角称为向量 $\boldsymbol{a}$ 与 $\boldsymbol{b}$ 的夹角,记作 $\langle\boldsymbol{a},\boldsymbol{b}\rangle$ 或 $\langle\boldsymbol{b},\boldsymbol{a}\rangle$.非零向量 $\boldsymbol{r}$ 与三条坐标轴的夹角 α,β,γ 称为向量 $\boldsymbol{r}$ 的方向角,方向角的余弦 $\cos\alpha$,$\cos\beta$,$\cos\gamma$ 称为向量的方向余弦.显然有:$\cos\alpha=\dfrac{x}{|\boldsymbol{r}|}$,$\cos\beta=\dfrac{y}{|\boldsymbol{r}|}$,$\cos\gamma=\dfrac{z}{|\boldsymbol{r}|}$,以及 $\cos^2\alpha+\cos^2\beta+\cos^2\gamma=1$.

(三)向量的数量积与向量积

(1)两向量的数量积:

$$\boldsymbol{a}\cdot\boldsymbol{b}=|\boldsymbol{a}||\boldsymbol{b}|\cos\theta.$$

① $\boldsymbol{a}\cdot\boldsymbol{a}=|\boldsymbol{a}|^2$.

② 对于两个非零向量 $\boldsymbol{a},\boldsymbol{b}$,如果 $\boldsymbol{a}\cdot\boldsymbol{b}=0$,则 $\boldsymbol{a}\perp\boldsymbol{b}$;反之,如果 $\boldsymbol{a}\perp\boldsymbol{b}$,则 $\boldsymbol{a}\cdot\boldsymbol{b}=0$.

③ 交换律:$\boldsymbol{a}\cdot\boldsymbol{b}=\boldsymbol{b}\cdot\boldsymbol{a}$.

④ 分配律:$(\boldsymbol{a}+\boldsymbol{b})\cdot\boldsymbol{c}=\boldsymbol{a}\cdot\boldsymbol{c}+\boldsymbol{b}\cdot\boldsymbol{c}$.

⑤ $(\lambda\boldsymbol{a})\cdot\boldsymbol{b}=\boldsymbol{a}\cdot(\lambda\boldsymbol{b})=\lambda(\boldsymbol{a}\cdot\boldsymbol{b}),(\lambda\boldsymbol{a})\cdot(\mu\boldsymbol{b})=\lambda\mu(\boldsymbol{a}\cdot\boldsymbol{b})$,$\lambda,\mu$ 为常数.

数量积的坐标计算公式:设 $\boldsymbol{a}=(a_x,a_y,a_z),\boldsymbol{b}=(b_x,b_y,b_z),\boldsymbol{a}\cdot\boldsymbol{b}=a_xb_x+a_yb_y+a_zb_z$.

两向量夹角的余弦的坐标公式:$\cos\langle\boldsymbol{a},\boldsymbol{b}\rangle=\dfrac{a_xb_x+a_yb_y+a_zb_z}{\sqrt{a_x^2+a_y^2+a_z^2}\cdot\sqrt{b_x^2+b_y^2+b_z^2}}$.

(2)向量在数轴上的投影.

(3)两向量的向量积.

设向量 $\boldsymbol{c}$ 是由两个向量 $\boldsymbol{a}$ 与 $\boldsymbol{b}$ 按下列方式定出:

① $\boldsymbol{c}$ 的模 $|\boldsymbol{c}|=|\boldsymbol{a}||\boldsymbol{b}|\sin\theta$,其中 θ 为 $\boldsymbol{a}$ 与 $\boldsymbol{b}$ 间的夹角.

② $\boldsymbol{c}$ 的方向垂直于 $\boldsymbol{a}$ 与 $\boldsymbol{b}$ 所决定的平面,$\boldsymbol{c}$ 的指向按右手规则从 $\boldsymbol{a}$ 转向 $\boldsymbol{b}$ 来确定.向量 $\boldsymbol{c}$ 叫作向量 $\boldsymbol{a}$ 与 $\boldsymbol{b}$ 的向量积,记作 $\boldsymbol{a}\times\boldsymbol{b}$,即 $\boldsymbol{c}=\boldsymbol{a}\times\boldsymbol{b}$.

向量积的性质:

① $\boldsymbol{a}\times\boldsymbol{a}=\boldsymbol{0}$.

② 对于两个非零向量 $\boldsymbol{a},\boldsymbol{b}$,如果 $\boldsymbol{a}\times\boldsymbol{b}=\boldsymbol{0}$,则 $\boldsymbol{a}\parallel\boldsymbol{b}$;反之,如果 $\boldsymbol{a}\parallel\boldsymbol{b}$,则 $\boldsymbol{a}\times\boldsymbol{b}=\boldsymbol{0}$.

向量积的运算律:

① 反交换律:$\boldsymbol{a}\times\boldsymbol{b}=-\boldsymbol{b}\times\boldsymbol{a}$.

② 分配律:$(\boldsymbol{a}+\boldsymbol{b})\times\boldsymbol{c}=\boldsymbol{a}\times\boldsymbol{c}+\boldsymbol{b}\times\boldsymbol{c}$.

③ 结合律:$(\lambda\boldsymbol{a})\times\boldsymbol{b}=\boldsymbol{a}\times(\lambda\boldsymbol{b})=\lambda(\boldsymbol{a}\times\boldsymbol{b})$ (λ 为常数).

向量积的坐标表示:

$$\boldsymbol{a}\times\boldsymbol{b}=(a_yb_z-a_zb_y)\boldsymbol{i}+(a_zb_x-a_xb_z)\boldsymbol{j}+(a_xb_y-a_yb_x)\boldsymbol{k}=\begin{vmatrix}\boldsymbol{i}&\boldsymbol{j}&\boldsymbol{k}\\a_x&a_y&a_z\\b_x&b_y&b_z\end{vmatrix}.$$

(四)平面

平面的点法式方程:$A(x-x_0)+B(y-y_0)+C(z-z_0)=0$.

平面的一般方程:$Ax+By+Cz+D=0$.

平面的截距式方程:$\dfrac{x}{a}+\dfrac{y}{b}+\dfrac{z}{c}=1$.

点到平面的距离:设 $P_0(x_0,y_0,z_0)$ 是平面 π:$Ax+By+Cz+D=0$ 外一点,P_0 到该平面的距离为 $d=\dfrac{|Ax_0+By_0+Cz_0+D|}{\sqrt{A^2+B^2+C^2}}$.

两平面的夹角:两平面的法向量的夹角(通常指锐角)称为两平面的夹角.设平面 π_1 和 π_2 的法向量分别为 $\boldsymbol{n}_1=(A_1,B_1,C_1)$ 和 $\boldsymbol{n}_2=(A_2,B_2,C_2)$,平面 π_1 和 π_2 的夹角 θ 的余弦为

$$\cos\theta = |\cos\langle \boldsymbol{n}_1, \boldsymbol{n}_2\rangle| = \frac{|A_1A_2 + B_1B_2 + C_1C_2|}{\sqrt{A_1^2 + B_1^2 + C_1^2} \cdot \sqrt{A_2^2 + B_2^2 + C_2^2}}.$$

（五）空间直线

一般式方程：$\begin{cases} A_1x + B_1y + C_1z + D_1 = 0, \\ A_2x + B_2y + C_2z + D_2 = 0. \end{cases}$

点向式方程：如果已知直线 L 上的一点 $M_0(x_0, y_0, z_0)$ 以及与 L 平行的非零向量 $\boldsymbol{s} = (m, n, p)$，则直线 L 的方程为 $\frac{x - x_0}{m} = \frac{y - y_0}{n} = \frac{z - z_0}{p}$.

两直线的夹角：设两直线的方程为 $L_1: \frac{x - x_1}{m_1} = \frac{y - y_1}{n_1} = \frac{z - z_1}{p_1}$ 与 $L_2: \frac{x - x_2}{m_2} = \frac{y - y_2}{n_2} = \frac{z - z_2}{p_2}$，$L_1$ 与 L_2 夹角的余弦为

$$\cos\langle \boldsymbol{s}_1, \boldsymbol{s}_2\rangle = \frac{|\boldsymbol{s}_1 \cdot \boldsymbol{s}_2|}{|\boldsymbol{s}_1| \cdot |\boldsymbol{s}_2|} = \frac{|m_1m_2 + n_1n_2 + p_1p_2|}{\sqrt{m_1^2 + n_1^2 + p_1^2} \cdot \sqrt{m_2^2 + n_2^2 + p_2^2}}.$$

直线与平面的夹角：设直线方程为 $L: \frac{x - x_0}{m} = \frac{y - y_0}{n} = \frac{z - z_0}{p}$，平面方程为 $\pi: Ax + By + Cz + D = 0$，$\varphi$ 是 L 与 π 的夹角，则 $\sin\varphi = \frac{|mA + nB + pC|}{\sqrt{m^2 + n^2 + p^2} \cdot \sqrt{A^2 + B^2 + C^2}}$.

平面束方程：过直线的平面的全体叫作平面束，设直线 $\begin{cases} A_1x + B_1y + C_1z + D_1 = 0, \\ A_2x + B_2y + C_2z + D_2 = 0, \end{cases}$ 则平面束方程为 $\lambda(A_1x + B_1y + C_1z + D_1) + \mu(A_2x + B_2y + C_2z + D_2) = 0$.

（六）曲面及其方程

曲面的一般方程：$F(x, y, z) = 0$.

球面的一般方程：$(x - x_0)^2 + (y - y_0)^2 + (z - z_0)^2 = R^2$.

旋转曲面：设在 yOz 坐标面上有一已知曲线 C，它的方程为 $f(y, z) = 0$，绕 z 轴旋转一周，就得 $f(\pm\sqrt{x^2 + y^2}, z) = 0$；同理，曲线 C 绕 y 轴旋转得到的曲面的方程为

$$f(y, \pm\sqrt{x^2 + z^2}) = 0.$$

圆锥面的方程：$z^2 = a^2(x^2 + y^2)$.

双叶旋转双曲面：$\frac{x^2}{a^2} - \frac{y^2 + z^2}{c^2} = 1$.

单叶旋转双曲面：$\frac{x^2 + y^2}{a^2} - \frac{z^2}{c^2} = 1$.

柱面：$F(x, y) = 0$，为母线平行于 z 轴，准线是 xOy 面上的曲线 $C: F(x, y) = 0$ 的柱面. $G(x, z) = 0$ 与 $H(y, z) = 0$ 分别表示母线平行于 y 轴和 x 轴的柱面.

椭圆锥面：$\frac{x^2}{a^2} + \frac{y^2}{b^2} = z^2$.　　椭球面：$\frac{x^2}{a^2} + \frac{y^2}{b^2} + \frac{z^2}{c^2} = 1$.

单叶双曲面：$\frac{x^2}{a^2} + \frac{y^2}{b^2} - \frac{z^2}{c^2} = 1$.　　双叶双曲面：$\frac{x^2}{a^2} - \frac{y^2}{b^2} - \frac{z^2}{c^2} = 1$.

椭圆抛物面：$\frac{x^2}{a^2} + \frac{y^2}{b^2} = z$.　　双曲抛物面：$\frac{x^2}{a^2} - \frac{y^2}{b^2} = z$.

(七)空间曲线及其方程

空间曲线的一般方程：$\begin{cases} F(x,y,z)=0, \\ G(x,y,z)=0. \end{cases}$ 空间曲线的参数方程：$\begin{cases} x=x(t), \\ y=y(t), \\ z=z(t). \end{cases}$

设空间曲线 C 的一般方程为 $\begin{cases} F(x,y,z)=0, \\ G(x,y,z)=0, \end{cases}$ 方程组消去变量 z 后所得的方程 $H(x,y)=0$，就是曲线 C 关于 xOy 面的投影柱面. 曲线 C 在 xOy 面上的投影曲线的方程为：$\begin{cases} H(x,y)=0, \\ z=0. \end{cases}$

自　测　题

一、选择题

1. 将下列向量的起点移到同一点，终点构成一个球面的是(　　).

A. 平行于同一平面的所有向量　　B. 平行于同一平面的所有单位向量

C. 空间中所有向量　　D. 空间中所有单位向量

2. 下列叙述中不是向量 $\boldsymbol{a}$ 与 $\boldsymbol{b}$ 平行的充分条件的是(　　).

A. $\boldsymbol{a}$ 与 $\boldsymbol{b}$ 的数量积为 0　　B. $\boldsymbol{a}$ 与 $\boldsymbol{b}$ 的向量积为 $\mathbf{0}$

C. $\boldsymbol{a}$ 与 $\boldsymbol{b}$ 都是单位向量　　D. $\boldsymbol{a}$ 与 $\boldsymbol{b}$ 都不是单位向量

3. 行列式 $\begin{vmatrix} 1 & 4 & 7 \\ 2 & 5 & 8 \\ 3 & 6 & 9 \end{vmatrix}$ 的值为(　　).

A. 0　　B. 1　　C. 3　　D. -3

4. 下列向量中与平面 $x-y+2z-11=0$ 平行的是(　　).

A. $(1,-1,2)$　　B. $(-1,1,-2)$　　C. $(1,5,2)$　　D. $(-1,5,-2)$.

5. 下面两平面相互垂直的是(　　).

A. $x-y-3z-6=0$ 与 $2x-2y-6z+12=0$

B. $x-y-3z-6=0$ 与 $x-8y+z+1=0$

C. $x-y-3z-6=0$ 与 $x-2y+z+1=0$

D. $x-y-3z-6=0$ 与 $\frac{x}{6}-\frac{y}{6}-\frac{z}{2}=1$

6. 原点 $O(0,0,0)$ 到平面 $x=2$ 的距离是(　　).

A. 2　　B. 4　　C. $2\sqrt{2}$　　D. $\frac{\sqrt{2}}{2}$

7. 下列平面中与直线 $\frac{x+1}{3}=\frac{y+2}{-1}=\frac{z-3}{-2}$ 垂直的是(　　).

A. $x-5y+4z-12=0$　　B. $2x-y-z-6=0$

C. $3x+y+2z-17=0$　　D. $\frac{x}{2}-\frac{y}{6}-\frac{z}{3}=1$

8. 直线$\begin{cases}3x+5y-z+11=0,\\x+8y-11z-17=0\end{cases}$与直线$\dfrac{x}{6}=\dfrac{y}{-2}=\dfrac{z}{-3}$的位置关系是(　　).

A. 垂直　　B. 平行　　C. 相交　　D. 异面

9. 下列曲面中不是关于原点中心对称的是(　　).

A. 旋转椭球面$\dfrac{y^2}{a^2}+\dfrac{x^2+z^2}{b^2}=1$　　B. 椭圆抛物面 $z=x^2+y^2$

C. 双叶旋转双曲面$\dfrac{y^2}{a^2}-\dfrac{x^2+z^2}{b^2}=1$　　D. 单叶旋转双曲面$\dfrac{y^2+x^2}{a^2}-\dfrac{z^2}{b^2}=1$

10. 曲面$\dfrac{x^2}{4}+\dfrac{y^2}{25}-\dfrac{z^2}{9}=1$与平面 $z=3$ 的交线是(　　).

A. 椭圆　　B. 双曲线　　C. 抛物线　　D. 两条相交的直线

二、填空题

1. 在平行四边形 $ABCD$ 中，对角线 AC 与 BD 交于点 O，记$\overrightarrow{AO}=\boldsymbol{p}$，$\overrightarrow{BO}=\boldsymbol{q}$，则$\overrightarrow{AB}=$__________，$\overrightarrow{AD}=$__________.

2. 已知三角形 ABC 三顶点的坐标分别为 $A(0,0,2)$，$B(8,0,0)$，$C(0,8,6)$，则 BC 边上的高的长度为__________.

3. 力 $\boldsymbol{F}=-2\boldsymbol{i}+3\boldsymbol{j}+\boldsymbol{k}$ 将一质点从 $A(-1,1,3)$ 移到 $B(-3,0,1)$ 所做的功为______.

4. 平面 $x-2y-3z+6=0$ 与三坐标面围成的四面体的体积为__________.

5. 作用在原点的力 $\boldsymbol{F}=-\boldsymbol{i}+3\boldsymbol{j}-2\boldsymbol{k}$ 对点 $B(-2,0,1)$ 的力矩的大小为__________.

6. 已知 $-2x+my-z+11=0$ 与 $mx-y-z=1$ 垂直，则 $m=$__________.

7. 已知直线$\begin{cases}x-2y+z-1=0,\\\lambda x+2y+3z+1=0\end{cases}$与 x 轴相交，则 $\lambda=$__________.

8. 已知 $A(0,1,4)$ 与 $B(-2,3,0)$，则线段 AB 的中垂面的方程为__________.

9. 球面 $x^2+y^2+z^2+2x-6y-2z-100=0$ 的半径是__________.

10. 母线平行于 y 轴，准线为$\begin{cases}z=x^2+y^2,\\y=2\end{cases}$的柱面方程为__________.

三、计算题

1. 已知 $|\boldsymbol{a}|=2$，$|\boldsymbol{b}|=7$，$|\boldsymbol{c}|=5$，且 $\boldsymbol{a}+\boldsymbol{b}+\boldsymbol{c}=\boldsymbol{0}$，计算 $\boldsymbol{a}\cdot\boldsymbol{b}+\boldsymbol{b}\cdot\boldsymbol{c}+\boldsymbol{c}\cdot\boldsymbol{a}$.

2. 求通过 x 轴且到点 $P(3,1,4)$ 的距离为 1 的平面方程.

3. 求过原点 $O(0,0,0)$ 且与直线$\dfrac{x-1}{-1}=\dfrac{y}{1}=\dfrac{z+2}{-1}$和$\dfrac{x}{1}=\dfrac{y-1}{-1}=\dfrac{z+1}{0}$都垂直的直线方程.

4. 求过点$(2,-1,0)$，且与平面 $x-y+z-1=0$ 和 $2x+y+z+1=0$ 垂直的平面方程.

5. 求过点 $A(3,2,1)$ 和 $B(-1,2,-3)$ 且垂直于zOx 坐标面的平面方程.

6. 求经过直线$\begin{cases}2x-3y+z-6=0,\\x+y+14=0\end{cases}$与点 $A(1,1,-1)$ 的平面方程.

7. 求过直线$\begin{cases}x=0,\\y=6\end{cases}$与$\dfrac{x+8}{0}=\dfrac{y}{0}=\dfrac{z-10}{2}$以及 z 轴的圆柱面的方程.

8. 求曲线$\begin{cases}x^2+y^2+4z^2=1,\\3z=x^2+y^2\end{cases}$关于$xOy$ 面的投影柱面方程.

第九章　多元函数微分学

在《高等数学（Ⅰ）》册我们讨论了一元函数的微分与积分. 实际工作中许多问题往往牵涉到多方面的因素，反映到数学上，就是一个多元函数的问题，因此我们还需要研究多元函数的微分与积分. 本章将以二元函数为主讨论多元函数的微分学（二元以上的多元函数类推），后面两章讨论多元函数的积分学.

9.1　多元函数的基本概念

讨论一元函数时，很多概念都是基于一维空间（$\mathbf{R}^1$）中的点集，如区间、邻域等. 在多元函数的讨论中，首先需要将点集有关的概念加以推广.

9.1.1　平面点集

坐标平面上具有某种性质 Q 的点的集合，称为**平面点集**，记作

$$E=\{(x,y)\,|\,(x,y)\text{具有性质 }Q\}.$$

例如，平面上到原点的距离小于 r 的点的集合是

$$C=\{(x,y)\,|\,x^2+y^2<r^2\}.$$

如果我们用 P 表示点 (x,y)，那么集合 C 可表示成

$$C=\{P\,|\,|OP|<r\}.$$

xOy 平面上所有点构成的集合记作 $\mathbf{R}^2$，即

$$\mathbf{R}^2=\{(x,y)\,|\,x,y\in\mathbf{R}\}.$$

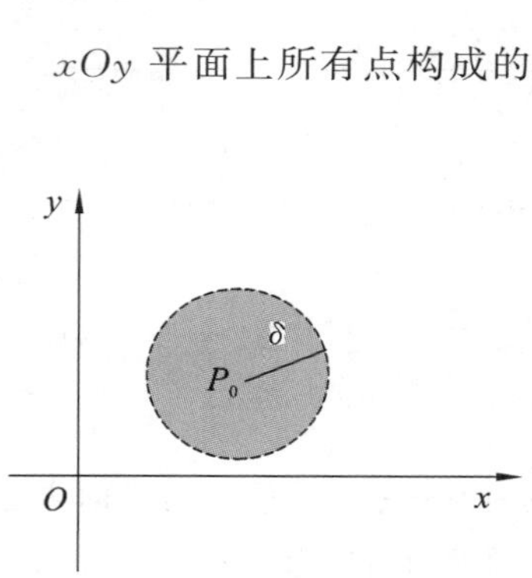

图 9-1-1

设 $P_0(x_0,y_0)$ 是 xOy 平面上的一个点，δ 为一正数，与点 $P_0(x_0,y_0)$ 距离小于 δ 的点 $P(x,y)$ 的全体构成的集合，称为以点 P_0 为中心，以 δ 为半径的**邻域**（见图 9-1-1），记作 $U(P_0,\delta)$，即

$$U(P_0,\delta)=\{P\,|\,|PP_0|<\delta\},$$

或

$$U(P_0,\delta)=\left\{(x,y)\,|\,\sqrt{(x-x_0)^2+(y-y_0)^2}<\delta\right\}.$$

同样，以点 P_0 为中心，以 δ 为半径的邻域去掉中心 P_0 后，称为以点 P_0 为中心，以 δ 为半径的**去心邻域**，记作 $\mathring{U}(P_0,\delta)$，即

$$\mathring{U}(P_0,\delta)=\{P\,|\,0<|P_0P|<\delta\},$$

或

$$\mathring{U}(P_0,\delta)=\left\{(x,y)\mid 0<\sqrt{(x-x_0)^2+(y-y_0)^2}<\delta\right\}.$$

注意:如果不需要强调邻域的半径 δ,通常用 $U(P_0)$ 表示点 P_0 的某个邻域,$\mathring{U}(P_0)$ 表示点 P_0 的某个去心邻域.

设 E 为平面点集,对平面上的点 P,如果存在 P 的某邻域 $U(P)$,满足 $U(P)\subset E$,则称 P 为 E 的**内点**(见图 9-1-2).

例如,集合

$$E_1=\{(x,y)\,|\,x^2+y^2<1\}$$

的点都是 E_1 的内点.

设 E 为平面点集,对平面上的点 P,如果存在 P 的某邻域 $U(P)$,使得 $U(P)\cap E=\varnothing$,则称 P 为 E 的**外点**(见图 9-1-3).

例如,对于点集

$$E_2=\{(x,y)\,|\,x^2+y^2\leqslant 1\},$$

点集

$$E_3=\{(x,y)\,|\,x^2+y^2>1\}$$

中所有点 (x,y) 都是 E_2 的外点.

设 E 为平面点集,对平面上的点 P,如果 P 的任何邻域既含有属于 E 的点,又含有不属于 E 的点,则 P 称为 E 的**边界点**(见图 9-1-4).点集 E 中边界点的全体构成的集合称为 E 的**边界**,记作 ∂E.

例如,对平面点集

$$E_4=\{(x,y)\,|\,1<x^2+y^2\leqslant 2\},$$

满足 $x^2+y^2=1$ 的点 (x,y) 是 E_4 的边界点,但不属于 E_4;满足 $x^2+y^2=2$ 的点 (x,y) 也是 E_4 的边界点,且属于 E_4.

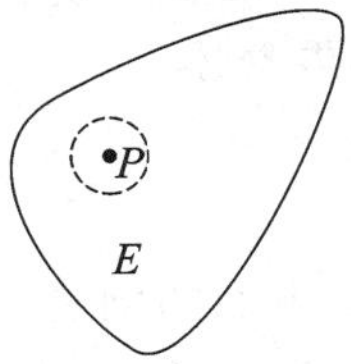

图 9-1-2

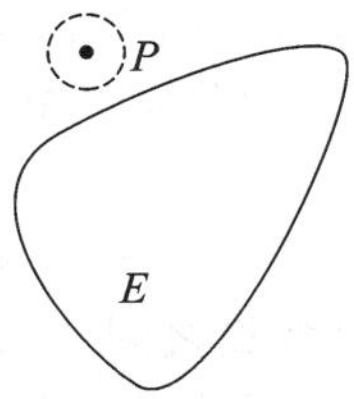

图 9-1-3

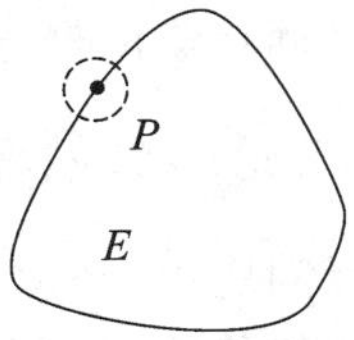

图 9-1-4

注意:E 的内点一定属于 E;E 的外点一定不属于 E;E 的边界点可能属于 E,也可能不属于 E.

如果点集 E 的所有点都是 E 的内点,则称 E 为**开集**.

如果点集 E 的余集 E^{C} 是开集,则称 E 为**闭集**.

例如,点集

$$E_1=\{(x,y)\,|\,x^2+y^2<1\}$$

为开集;点集

$$E_2=\{(x,y)\,|\,x^2+y^2\leqslant 1\}$$

为闭集;点集

$$E_4=\{(x,y)\,|\,1<x^2+y^2\leqslant 2\}$$

既不是开集,也不是闭集.

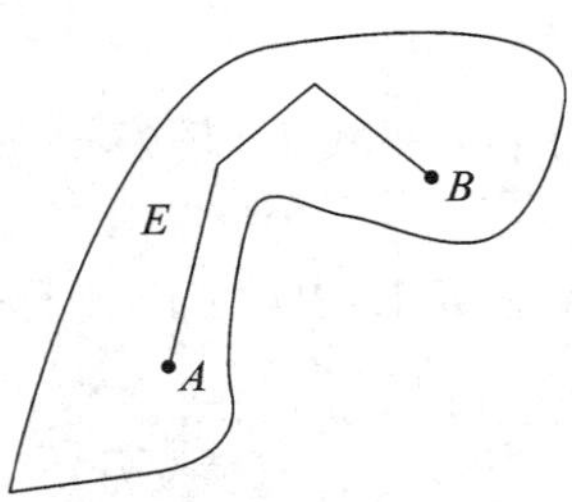

图 9-1-5

如果点集 E 中的任何两点总可用完全属于 E 的折线连接,则称 E 为**连通集**(见图 9-1-5).

连通的开集称为**开区域**(简称为**区域**). 开区域连同其边界构成的集合称为**闭区域**.

例如,点集

$$E_1 = \{(x,y) \mid x^2 + y^2 < 1\}$$

为开区域;点集

$$E_2 = \{(x,y) \mid x^2 + y^2 \leqslant 1\}$$

为闭区域;点集

$$E_4 = \{(x,y) \mid 1 < x^2 + y^2 \leqslant 2\}$$

既不是开区域,也不是闭区域.

对于平面点集 E,如果存在某一正数 r,使得 $E \subset U(O,r)$,则称 E 为**有界集**;否则,称 E 为**无界集**.

例如,点集

$$E_4 = \{(x,y) \mid 1 < x^2 + y^2 \leqslant 2\}$$

为有界集;点集

$$E_5 = \{(x,y) \mid x + y > 0\}$$

为无界集.

对于平面(闭) 区域 E,称 $d = \max\limits_{A,B \in E \cup \partial E} |AB|$ 为(闭) 区域 E 的**直径**.

例如,点集

$$E_1 = \{(x,y) \mid x^2 + y^2 < 1\}$$

的直径是 1;矩形(闭) 区域的直径是其对角线的长.

由有界集的定义以及平面区域的直径的定义,我们可得如下结论:

定理 1　平面(闭) 区域 E 是有界的当且仅当平面(闭) 区域 E 的直径是有限值.

以上关于平面点集的概念可推广至三维及以上空间,在此不再赘述.

9.1.2　二元函数的概念

在许多实际问题中,经常会遇到多个变量之间的依赖关系,如下面的例子.

例 1　圆锥体的体积 V 依赖于圆锥体的底面半径 R 和高 H 两个变量,其对应规律是

$$V = \frac{1}{3}\pi R^2 H.$$

例 2　物体运动的动能 W 依赖于物体的质量 m 和运动的速度 v 两个变量,其对应规律是

$$W = \frac{1}{2}mv^2.$$

上面的两个例子的具体意义虽各不相同,但它们却有共同的性质,抽出它们的共性,类似于一元函数的定义就可以定义以下二元函数的概念.

定义 1　设 D 是 xOy 平面的一个非空点集,如果对于 D 内的任一点 (x,y),按照某种法则 f,存在唯一确定的实数 z 与之对应,则称 f 是 D 上的**二元函数**,它在点 (x,y) 处的函数值记为 $f(x,y)$,即

$$z = f(x,y),$$

其中 x,y 称为**自变量**，z 称为**因变量**，点集 D 称为函数的**定义域**，点集

$$\{z \mid z=f(x,y),(x,y)\in D\}$$

称为函数的**值域**.

关于二元函数的定义域，与一元函数相类似，我们作如下的约定：对于用解析表达式表示的二元函数 $z=f(x,y)$，使得 $f(x,y)$ 有意义的自变量 x,y 的所有取值所构成的点集称为这个函数的自然定义域，简称为定义域.

例 3　求函数 $z=\dfrac{\ln(2-x^2-y^2)}{\sqrt{y-x^2}}$ 的定义域.

解　要使函数有意义，自变量 x,y 必须同时满足条件

$$\begin{cases}2-x^2-y^2>0,\\ y-x^2>0,\end{cases}$$

即

$$\begin{cases}x^2+y^2<2,\\ y>x^2,\end{cases}$$

于是所求的定义域为

$$D=\{(x,y)\mid x^2+y^2<2,y>x^2\}.$$

例 4　设函数

$$f(x+y,x-y)=\frac{x^2+y^2}{x^2-y^2},$$

求 $f(x,y)$.

解　设 $u=x+y,v=x-y$，则

$$x=\frac{u+v}{2},y=\frac{u-v}{2},$$

所以

$$f(u,v)=\frac{\left(\frac{u+v}{2}\right)^2+\left(\frac{u-v}{2}\right)^2}{\left(\frac{u+v}{2}\right)^2-\left(\frac{u-v}{2}\right)^2}=\frac{u^2+v^2}{2uv},$$

即

$$f(x,y)=\frac{x^2+y^2}{2xy}.$$

显然，函数 $f(x,y)$ 的定义域是

$$D=\{(x,y)\mid xy\neq 0\},$$

即平面上除去两个坐标轴以外的所有点构成的点集.

一般来说，一元函数 $y=f(x)$ 的图形是平面上的一条曲线，二元函数 $z=f(x,y)$ 的图形是空间中的曲面.

设函数 $z=f(x,y)$ 的定义域为 xOy 面上的某区域 D，对于 D 中的每一点 $P(x,y)$，由 $z=f(x,y)$，存在空间中一确定点 $M(x,y,f(x,y))$ 与之对应，当点 $P(x,y)$ 在 D 中变动时，点 $M(x,y,f(x,y))$ 在空间中相应地变动，一般来说，它的轨迹是空间曲面（见图 9-1-6），这个曲面称为二元函数 $z=f(x,y)$ 的图形. 因此，二元函数可用曲面作为它的几何表示.

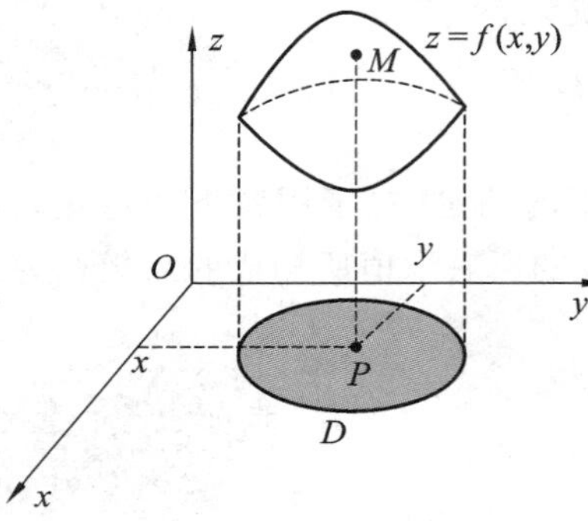

图 9-1-6

例如,由第 8 章可知,线性函数
$$z = ax + by + c$$
的图形是一个平面;二元函数
$$z = \sqrt{x^2 + y^2}$$
的图形是顶点在原点的上半圆锥面;而函数
$$z = \sqrt{a^2 - x^2 - y^2}$$
的图形是球心在原点、半径为 a 的上半球面,它的定义域是圆形闭区域
$$D = \{(x,y) \mid x^2 + y^2 \leqslant a^2\}.$$

9.1.3 二元函数的极限

与一元函数的极限类似,二元函数的极限也反映了函数值随自变量变化而变化的趋势.

定义 2 设函数 $z = f(x,y)$ 在 $\mathring{U}(P_0)$ 内有定义,如果存在常数 A,当点 $P(x,y)(\in \mathring{U}(P_0))$ 以任意方式无限趋于点 $P_0(x_0,y_0)$ 时,函数 $z = f(x,y)$ 的值都无限趋于常数 A,则称 A 为函数 $z = f(x,y)$ 当点 $P(x,y)$ 无限趋于点 $P_0(x_0,y_0)$ 时的极限,记作
$$\lim_{\substack{x\to x_0\\ y\to y_0}} f(x,y) = A,$$
或
$$f(x,y) \to A \quad ((x,y) \to (x_0,y_0)).$$

为了区别于一元函数的极限,我们把二元函数的极限叫作**二重极限**.

注意:所谓二重极限存在,是指当点 $P(x,y)$ 以任何方式趋于点 $P_0(x_0,y_0)$ 时,函数都无限趋于 A. 因此,如果当点 $P(x,y)$ 以某一特殊方式趋于点 $P_0(x_0,y_0)$(如沿一定直线或定曲线趋于点 $P_0(x_0,y_0)$),函数值无限趋于某一定值,这并不能断定函数的极限存在. 但是反过来,如果当点 $P(x,y)$ 以不同方式趋于点 $P_0(x_0,y_0)$,函数趋于不同的值,那么可以断定函数在点 $P_0(x_0,y_0)$ 处的极限不存在.

例 5 设函数 $f(x,y) = \begin{cases} \dfrac{xy}{x^2+y^2}, & x^2+y^2 \neq 0, \\ 0, & x^2+y^2 = 0, \end{cases}$ 讨论极限 $\lim\limits_{\substack{x\to 0\\ y\to 0}} f(x,y)$.

解 显然,若点 $P(x,y)$ 沿 x 轴趋于点(0,0),则
$$\lim_{\substack{x\to 0\\ y=0}} f(x,y) = \lim_{x\to 0} f(x,0) = 0;$$
若点 $P(x,y)$ 沿直线 $y = x$ 趋于点(0,0),则
$$\lim_{\substack{x\to 0\\ y=x}} f(x,y) = \lim_{x\to 0} \frac{x^2}{x^2+x^2} = \frac{1}{2},$$
因此,极限 $\lim\limits_{\substack{x\to 0\\ y\to 0}} f(x,y)$ 不存在.

实际上,考虑点 $P(x,y)$ 沿直线 $y = kx$ 无限趋于点(0,0),极限
$$\lim_{\substack{x\to 0\\ y=kx}} f(x,y) = \lim_{x\to 0} \frac{kx^2}{x^2+k^2x^2} = \frac{k}{1+k^2},$$

随着 k 的取值不同，$\dfrac{k}{1+k^2}$ 的值不同，所以 $\lim\limits_{\substack{x\to 0\\ y\to 0}}\dfrac{xy}{x^2+y^2}$ 不存在.

一元函数极限的运算法则可以推广到二元函数极限的运算法则中去，这里我们不再赘述.

例 6　求下列极限：

(1) $\lim\limits_{\substack{x\to 0\\ y\to 0}}(x^2+y^2)\sin\dfrac{1}{x^2+y^2}$；　(2) $\lim\limits_{\substack{x\to 0\\ y\to 0}}\dfrac{\sin(x^2+y^2)}{x^2+y^2}$；

(3) $\lim\limits_{\substack{x\to 0\\ y\to 2}}\dfrac{\sqrt{1+xy}-1}{xy}$；　(4) $\lim\limits_{\substack{x\to 0\\ y\to 0}}\dfrac{xy}{\sqrt{x^2+y^2}}$.

解　(1) 令 $u=x^2+y^2$，当 $x\to 0,y\to 0$ 时，$u=x^2+y^2\to 0$，故

$$\lim_{\substack{x\to 0\\ y\to 0}}(x^2+y^2)\sin\frac{1}{x^2+y^2}=\lim_{u\to 0}u\sin\frac{1}{u}=0.$$

(2) 令 $u=x^2+y^2$，当 $x\to 0,y\to 0$ 时，$u=x^2+y^2\to 0$，故

$$\lim_{\substack{x\to 0\\ y\to 0}}\frac{\sin(x^2+y^2)}{x^2+y^2}=\lim_{u\to 0}\frac{\sin u}{u}=1.$$

(3) $\lim\limits_{\substack{x\to 0\\ y\to 2}}\dfrac{\sqrt{1+xy}-1}{xy}=\lim\limits_{\substack{x\to 0\\ y\to 2}}\dfrac{\frac{1}{2}xy}{xy}=\dfrac{1}{2}.$

此题也可通过分子有理化进行求解

$$\lim_{\substack{x\to 0\\ y\to 2}}\frac{\sqrt{1+xy}-1}{xy}=\lim_{\substack{x\to 0\\ y\to 2}}\frac{xy}{xy(\sqrt{1+xy}+1)}=\lim_{\substack{x\to 0\\ y\to 2}}\frac{1}{\sqrt{1+xy}+1}=\frac{1}{2}.$$

(4) 当 $xy\neq 0$ 时，有

$$0\leqslant\left|\frac{xy}{\sqrt{x^2+y^2}}\right|\leqslant|y|\to 0(x\to 0,y\to 0),$$

由夹逼定理可得

$$\lim_{\substack{x\to 0\\ y\to 0}}\frac{xy}{\sqrt{x^2+y^2}}=0.$$

9.1.4　二元函数的连续性

对于函数 $z=f(x,y)$，当自变量 x,y 在某一点 (x_0,y_0) 处的变化很微小时，所引起的函数值的变化也很微小，我们就说函数在点 (x_0,y_0) 处连续，为了描述这种微小变化的关系，引入概念：

设函数 $z=f(x,y)$ 在点 (x_0,y_0) 的某邻域内有定义，若在点 (x_0,y_0) 处给 x 一个增量 Δx 和给 y 一个增量 Δy，且 $(x_0+\Delta x,y_0+\Delta y)\in U(P_0)$，相应地函数 z 的增量记为

$$\Delta z=f(x_0+\Delta x,y_0+\Delta y)-f(x_0,y_0),$$

称其为函数 $z=f(x,y)$ 在点 (x_0,y_0) 处的全增量.

类似一元函数连续性的定义，可以给出二元函数连续性的定义.

定义 3　设函数 $z=f(x,y)$ 在 $U(P_0)$ 内有定义，若自变量在点 $P_0(x_0,y_0)$ 处的增量 Δx 和增量 Δy（$(x_0+\Delta x,y_0+\Delta y)\in U(P_0)$）都趋于零时，函数的全增量 Δz 也趋于零，即

$$\lim_{\substack{\Delta x\to 0\\ \Delta y\to 0}}\Delta z=0$$

或

$$\lim_{\substack{\Delta x \to 0 \\ \Delta y \to 0}} [f(x_0 + \Delta x, y_0 + \Delta y) - f(x_0, y_0)] = 0$$

则称函数 $z = f(x,y)$ 在点 $P_0(x_0, y_0)$ 处**连续**. 点 $P_0(x_0, y_0)$ 称为函数 $f(x,y)$ 的**连续点**.

在定义 3 中,若设 $x = x_0 + \Delta x, y = y_0 + \Delta y$,则定义 3 又可叙述为:

定义 4 设函数 $z = f(x,y)$ 在 $U(P_0)$ 内有定义,如果

$$\lim_{\substack{x \to x_0 \\ y \to y_0}} f(x,y) = f(x_0, y_0),$$

则称函数 $z = f(x,y)$ 在点 $P_0(x_0, y_0)$ 处连续. 点 $P_0(x_0, y_0)$ 称为函数 $f(x,y)$ 的连续点.

由定义可知,函数 $z = f(x,y)$ 在点 $P_0(x_0, y_0)$ 处连续必须满足以下三个条件:

(1) 函数 $z = f(x,y)$ 在点 $P_0(x_0, y_0)$ 处有定义;

(2) 函数 $z = f(x,y)$ 在点 $P_0(x_0, y_0)$ 处的极限存在,即 $\lim\limits_{\substack{x \to x_0 \\ y \to y_0}} f(x,y)$ 存在;

(3) 函数 $z = f(x,y)$ 在点 $P_0(x_0, y_0)$ 处的极限值等于点 $P_0(x_0, y_0)$ 处的函数值,即

$$\lim_{\substack{x \to x_0 \\ y \to y_0}} f(x,y) = f(x_0, y_0).$$

上述三个条件只要有一个不满足,则函数在点 $P_0(x_0, y_0)$ 处不连续. 函数不连续的点称为函数的**间断点**. 例如,函数

$$f(x,y) = \begin{cases} \dfrac{xy}{x^2 + y^2}, & x^2 + y^2 \neq 0, \\ 0, & x^2 + y^2 = 0, \end{cases}$$

的定义域为 $D = \mathbf{R}^2$, $O(0,0)$ 是 D 的聚点. 由前面的讨论知 $f(x,y)$ 在点 $O(0,0)$ 处的极限不存在,所以函数在点 $O(0,0)$ 处不连续,点 $O(0,0)$ 是函数的一个间断点.

如果二元函数 $z = f(x,y)$ 在区域 D 内的每个点处都连续,那么就称函数**在区域 D 内连续**.

前面我们已经指出:一元函数中关于极限的运算法则,对于二元函数仍然适用. 根据二元函数极限的运算法则,可以证明二元连续函数的和、差、积、商(分母不为零)仍为连续函数;二元连续函数的复合函数也是连续函数.

由连续函数的和、差、积、商的连续性以及连续函数的复合函数的连续性,再利用基本初等函数的连续性,我们可以得到结论:

一切二元初等函数(二元初等函数是指由常数及其自变量的一元基本初等函数经过有限次四则运算和复合运算得到的可用一个式子表示的二元函数)在其定义区域内是连续性的. 所谓定义区域是指包含在定义域内的区域或闭区域.

由初等函数的连续性可知,计算初等函数在定义区域内某点处的极限时,只需计算函数在该点的函数值即可.

例 7 求极限 $\lim\limits_{\substack{x \to 1 \\ y \to 2}} \left[\ln(x + y) - \dfrac{y - x}{\sqrt{x^2 + y^2}}\right]$.

解 显然函数的定义域为

$$D = \{(x,y) \mid x + y > 0\},$$

而点 $(1,2) \in D$,所以

$$\begin{aligned}&\lim_{\substack{x\to 1\\ y\to 2}}\left[\ln(x+y)-\frac{y-x}{\sqrt{x^2+y^2}}\right]\\ &=\ln(1+2)-\frac{2-1}{\sqrt{1^2+2^2}}=\ln 3-\frac{1}{\sqrt{5}}.\end{aligned}$$

与闭区间上连续的一元函数的性质相类似，在有界闭区域上连续的二元函数也有如下的性质：

性质1（最大值和最小值定理）　若二元函数 $z=f(x,y)$ 在有界闭区域 D 上连续，则它在 D 上必可以取得最大值和最小值．

这就是说，对于在有界闭区域 D 上连续的函数 $f(x,y)$，存在区域 D 上的点 $P_1(x_1,y_1)$，$P_2(x_2,y_2)$，使得 $f(x_1,y_1)$ 和 $f(x_2,y_2)$ 分别为 $f(x,y)$ 在区域 D 上的最大值和最小值，即 $\forall(x,y)\in D$，有

$$f(x_2,y_2)\leqslant f(x,y)\leqslant f(x_1,y_1).$$

性质2（有界性定理）　若二元函数 $z=f(x,y)$ 在有界闭区域 D 上连续，则它在区域 D 上必定有界．

性质3（介值定理）　若二元函数 $z=f(x,y)$ 在有界闭区域 D 上连续，则它必可取得介于最大值和最小值之间的任何值．

类似于二元函数，可定义三元函数 $u=f(x,y,z)$ 及三元以上的函数．例如，长方体的体积 V 是长方体的长 x、宽 y、高 z 的函数，体积

$$V=xyz.$$

二元以及二元以上的函数统称为**多元函数**．

对于三元及三元以上多元函数的极限与连续性，有类似于上面关于二元函数的讨论，这里不再赘述．

习　题　9.1

1．设函数 $f(x,y)=x^2+y^2-xy\tan\dfrac{x}{y}$，求 $f(2,2)$，$f(tx,ty)$．

2．设函数 $F(x,y)=\ln x\cdot\ln y$，试证：

$$F(xy,uv)=F(x,u)+F(x,v)+F(y,u)+F(y,v).$$

3．求下列各函数的定义域：

(1) $z=\ln(y^2-2x+1)$；　(2) $z=\dfrac{1}{\sqrt{x+y}}+\dfrac{1}{\sqrt{x-y}}$；

(3) $z=\sqrt{4-x^2-y^2}$；　(4) $z=\arcsin\dfrac{y}{x}$；

(5) $z=\ln(y-x)+\dfrac{\sqrt{x}}{\sqrt{1-x^2-y^2}}$；　(6) $u=\sqrt{9-x^2-y^2-z^2}+\dfrac{1}{\sqrt{x^2+y^2+z^2-4}}$．

4．求下列各极限：

(1) $\lim\limits_{\substack{x\to 1\\ y\to 0}}\dfrac{1-xy}{\sqrt{x^2+y^2}}$；　(2) $\lim\limits_{\substack{x\to 3\\ y\to 0}}\dfrac{\ln(x-e^y)}{\sqrt{x^2+y^2}-2}$；

(3) $\lim\limits_{\substack{x\to\infty\\ y\to\infty}}\dfrac{1}{x+y}\sin(x+y)$；　(4) $\lim\limits_{\substack{x\to 0\\ y\to 0}}\dfrac{2-\sqrt{xy+4}}{xy}$；

(5) $\lim\limits_{\substack{x\to 0\\ y\to 0}}\dfrac{\sqrt{x^2y+1}-1}{x^3y^2}\sin(xy)$;　　(6) $\lim\limits_{\substack{x\to 0\\ y\to 1}}\dfrac{\sin xy}{x}$;

(7) $\lim\limits_{\substack{x\to 0\\ y\to 0}}\dfrac{xy}{\sqrt{x^2+y^2}}$;　　(8) $\lim\limits_{\substack{x\to 0\\ y\to 0}}\dfrac{\sqrt{x^2+y^2}-\sin\sqrt{x^2+y^2}}{\sqrt{(x^2+y^2)^3}}$.

5. 证明下列极限不存在：

(1) $\lim\limits_{\substack{x\to 0\\ y\to 0}}\dfrac{x+y}{x-y}$;　　(2) $\lim\limits_{\substack{x\to 0\\ y\to 0}}\dfrac{x^2y}{x^4+y^2}$.

6. 讨论函数 $f(x,y)=\begin{cases}\dfrac{x^2y}{x^2+y^2}, & x^2+y^2\neq 0\\ 0, & x^2+y^2=0\end{cases}$ 在(0,0)处的连续性.

9.2　偏　导　数

9.2.1　多元函数的偏导数及计算

在研究一元函数时，我们从函数的变化率入手，引入了导数的概念. 对于多元函数，同样需要讨论它的变化率，但多元函数的自变量不止一个，因变量与自变量的关系要比一元函数复杂很多. 在本节里，我们要考虑多元函数关于其中一个自变量的变化率. 以二元函数 $z=f(x,y)$ 为例，如果只有自变量 x 变化，而将自变量 y 固定(即将 y 看作常数)，这时函数 $z=f(x,y)$ 就是 x 的一元函数，函数对 x 的导数，就称为二元函数 $z=f(x,y)$ 对于 x 的偏导数. 为研究偏导数的定义，我们先给出偏增量的概念.

设函数 $z=f(x,y)$ 在点 (x_0,y_0) 的某邻域内有定义，若在点 (x_0,y_0) 处给 x 一个增量 Δx，y 固定在 y_0 处保持不变(也即 $\Delta y=0$)，则称函数的增量

$$f(x_0+\Delta x,y_0)-f(x_0,y_0)$$

为函数 $z=f(x,y)$ 在点 (x_0,y_0) 处对 x 的**偏增量**，记作 $\Delta_x z$，即

$$\Delta_x z=f(x_0+\Delta x,y_0)-f(x_0,y_0).$$

类似地，若在点 (x_0,y_0) 处 x 固定在 x_0 处保持不变(也即 $\Delta x=0$)，给 y 一个增量 Δy，则函数 $z=f(x,y)$ 在点 (x_0,y_0) 处对 y 的偏增量为

$$\Delta_y z=f(x_0,y_0+\Delta y)-f(x_0,y_0).$$

定义 1　设函数 $z=f(x,y)$ 在点 (x_0,y_0) 的某邻域内有定义，在点 (x_0,y_0) 处对 x 的偏增量

$$\Delta_x z=f(x_0+\Delta x,y_0)-f(x_0,y_0),$$

如果极限

$$\lim_{\Delta x\to 0}\frac{\Delta_x z}{\Delta x}=\lim_{\Delta x\to 0}\frac{f(x_0+\Delta x,y_0)-f(x_0,y_0)}{\Delta x}$$

存在，则称此极限为函数 $z=f(x,y)$ 在点 (x_0,y_0) 处对 x 的**偏导数**，记作

$$\left.\frac{\partial z}{\partial x}\right|_{\substack{x=x_0\\ y=y_0}},\left.\frac{\partial f}{\partial x}\right|_{\substack{x=x_0\\ y=y_0}},z_x(x_0,y_0)\text{ 或 }f_x(x_0,y_0),$$

即

$$f_x(x_0,y_0)=\lim_{\Delta x\to 0}\frac{f(x_0+\Delta x,y_0)-f(x_0,y_0)}{\Delta x}.$$

类似地，函数 $z=f(x,y)$ 在点 (x_0,y_0) 处对 y 的偏导数为

$$\lim_{\Delta y\to 0}\frac{\Delta_y z}{\Delta y}=\lim_{\Delta y\to 0}\frac{f(x_0,y_0+\Delta y)-f(x_0,y_0)}{\Delta y},$$

记作

$$\left.\frac{\partial z}{\partial y}\right|_{\substack{x=x_0\\y=y_0}},\left.\frac{\partial f}{\partial y}\right|_{\substack{x=x_0\\y=y_0}},z_y(x_0,y_0)\text{ 或 }f_y(x_0,y_0).$$

如果函数 $z=f(x,y)$ 在区域 D 内每一点 (x,y) 处，对 x 的偏导数都存在，那么这个偏导数是点 (x,y) 的函数，称其为函数 $z=f(x,y)$ 对自变量 x 的**偏导函数**，记作

$$\frac{\partial z}{\partial x},\frac{\partial f}{\partial x},z_x\text{ 或 }f_x(x,y),$$

此时，

$$f_x(x,y)=\lim_{\Delta x\to 0}\frac{f(x+\Delta x,y)-f(x,y)}{\Delta x}.$$

类似地，函数 $z=f(x,y)$ 对 y 的偏导函数记作

$$\frac{\partial z}{\partial y},\frac{\partial f}{\partial y},z_y\text{ 或 }f_y(x,y),$$

且

$$f_y(x,y)=\lim_{\Delta y\to 0}\frac{f(x,y+\Delta y)-f(x,y)}{\Delta y}.$$

如一元函数的导数，以后在不至于混淆的地方也把偏导函数简称为偏导数.

根据偏导数的定义，计算 $z=f(x,y)$ 的偏导数，并不需要用新的方法，只需利用一元函数的微分法即可. 在计算偏导数 $f_x(x,y)$ 时，只要把 y 看作常数再对 x 求导数；同样，在计算偏导数 $f_y(x,y)$ 时，只要把 x 看作常数再对 y 求导数.

求函数 $z=f(x,y)$ 在点 (x_0,y_0) 处对 x 的偏导数 $f_x(x_0,y_0)$，由于偏导数 $f_x(x_0,y_0)$ 是偏导数 $f_x(x,y)$ 在点 (x_0,y_0) 处的函数值，所以我们通常是先求偏导数 $f_x(x,y)$，再将点 (x_0,y_0) 代入，即可得偏导数 $f_x(x_0,y_0)$. 求偏导数 $f_x(x_0,y_0)$，有时也可以先将 $y=y_0$ 代入函数 $z=f(x,y)$，使函数成为一元函数 $z=f(x,y_0)$，再对自变量 x 求导数，最后将 $x=x_0$ 代入，即得偏导数 $f_x(x_0,y_0)$. 求函数 $z=f(x,y)$ 在点 (x_0,y_0) 处对 y 的偏导数 $f_y(x_0,y_0)$ 的情况类似.

偏导数的概念还可以推广到二元以上的多元函数，例如三元函数 $u=f(x,y,z)$ 在点 (x,y,z) 处对 x 的偏导数定义为

$$f_x(x,y,z)=\lim_{\Delta x\to 0}\frac{f(x+\Delta x,y,z)-f(x,y,z)}{\Delta x}.$$

其中 (x,y,z) 是函数 $u=f(x,y,z)$ 的定义域的内点. 它们的求法也仍旧是一元函数的微分法.

例 1　求函数 $z=x^2+3xy+y^2$ 在点 $(1,2)$ 处的偏导数.

解　把 y 看成常量，得

$$\frac{\partial z}{\partial x}=2x+3y,$$

把 x 看成常量，得

$$\frac{\partial z}{\partial y}=3x+2y,$$

将点(1,2)代入，得

$$\left.\frac{\partial z}{\partial x}\right|_{\substack{x=1\\y=2}}=2\times1+3\times2=8,$$

$$\left.\frac{\partial z}{\partial y}\right|_{\substack{x=1\\y=2}}=3\times1+2\times2=7.$$

由前面的讨论可知，在点(1,2)处对 x 求偏导数时，也可以先把 $y=2$ 代入函数，将其变为关于 x 的一元函数，即

$$z(x,2)=x^2+6x+4,$$

则

$$z_x(x,2)=2x+6,$$

所以

$$\left.\frac{\partial z}{\partial x}\right|_{\substack{x=1\\y=2}}=(2x+6)\big|_{x=1}=8.$$

类似地，也可求得函数在点(1,2)处对 y 的偏导数.

例 2　求函数 $z=x^2\sin 2y$ 的偏导数$\frac{\partial z}{\partial x},\frac{\partial z}{\partial y}$.

解　把 y 看作常量，对 x 求导得

$$\frac{\partial z}{\partial x}=2x\sin 2y,$$

把 x 看作常量，对 y 求导得

$$\frac{\partial z}{\partial y}=2x^2\cos 2y.$$

例 3　求函数 $z=x^y$($x>0,x\neq1,y$ 为任意实数)的偏导数$\frac{\partial z}{\partial x},\frac{\partial z}{\partial y}$.

解　$\frac{\partial z}{\partial x}=yx^{y-1},\frac{\partial z}{\partial y}=x^y\ln x$.

例 4　求函数 $r=\sqrt{x^2+y^2+z^2}$ 的偏导数$\frac{\partial r}{\partial x},\frac{\partial r}{\partial y}$ 和$\frac{\partial r}{\partial z}$.

解　把 y 和 z 都看作常量，对 x 求导得

$$\frac{\partial r}{\partial x}=\frac{x}{\sqrt{x^2+y^2+z^2}}=\frac{x}{r},$$

同理可得

$$\frac{\partial r}{\partial y}=\frac{y}{r},\quad \frac{\partial r}{\partial z}=\frac{z}{r}.$$

例 5　已知理想气体的状态方程 $p=\frac{RT}{V}$(R 为常数)，证明：

$$\frac{\partial p}{\partial V}\cdot\frac{\partial V}{\partial T}\cdot\frac{\partial T}{\partial p}=-1.$$

证明　因为

$$p=\frac{RT}{V},\frac{\partial p}{\partial V}=-\frac{RT}{V^2};$$

$$V=\frac{RT}{p},\frac{\partial V}{\partial T}=\frac{R}{p};$$

$$T=\frac{pV}{R},\frac{\partial T}{\partial p}=\frac{V}{R},$$

所以

$$\frac{\partial p}{\partial V}\cdot\frac{\partial V}{\partial T}\cdot\frac{\partial T}{\partial p}=-\frac{RT}{V^2}\cdot\frac{R}{p}\cdot\frac{V}{R}=-\frac{RT}{pV}=-1.$$

在第 3 章，我们知道，对一元函数来说，$\frac{\mathrm{d}y}{\mathrm{d}x}$ 可看作函数的微分 $\mathrm{d}y$ 与自变量的微分 $\mathrm{d}x$ 之商，而例 5 表明，偏导数的记号是一个整体记号，不能看作分子与分母之商.

例 6　求函数 $f(x,y)=\begin{cases}\frac{xy}{x^2+y^2}, & x^2+y^2\neq 0,\\ 0, & x^2+y^2=0\end{cases}$ 在点 $(0,0)$ 处的偏导数.

解　函数在点 $(0,0)$ 处的两个偏导数分别为

$$f_x(0,0)=\lim_{\Delta x\to 0}\frac{f(0+\Delta x,0)-f(0,0)}{\Delta x}=\lim_{\Delta x\to 0}\frac{0}{\Delta x}=0,$$

和

$$f_y(0,0)=\lim_{\Delta y\to 0}\frac{f(0,0+\Delta y)-f(0,0)}{\Delta y}=\lim_{\Delta y\to 0}\frac{0}{\Delta y}=0,$$

所以函数在点 $(0,0)$ 处对 x 和 y 的两个偏导数均存在. 然而由本章 9.1 节知道，此函数在点 $(0,0)$ 处的极限不存在，从而函数在点 $(0,0)$ 处不连续.

由一元函数微分学可知，如果一元函数在某点可导，则该函数在此点必定连续. 然而例 6 告诉我们，对于二元函数 $f(x,y)$，即使在某点处对 x 和 y 的偏导数都存在，但在该点处不一定连续.

下面给出二元函数 $z=f(x,y)$ 在点 (x_0,y_0) 处偏导数的几何意义.

设 $M_0(x_0,y_0,f(x_0,y_0))$ 为曲面 $z=f(x,y)$ 上的一点，过点 M_0 作平面 $y=y_0$，截此曲面得一条曲线，显然所截曲线的方程为

$$\begin{cases}z=f(x,y_0),\\ y=y_0.\end{cases}$$

根据偏导数的定义，偏导数 $f_x(x_0,y_0)$ 即为一元函数 $f(x,y_0)$ 在点 x_0 处的导数，在几何上，它表示该曲线在点 M_0 处的切线 M_0T_x 对 x 轴的斜率（见图 9-2-1）. 同样，偏导数 $f_y(x_0,y_0)$ 的几何意义就是曲面 $z=f(x,y)$ 被平面 $x=x_0$ 所截得的曲线

$$\begin{cases}z=f(x_0,y),\\ x=x_0\end{cases}$$

在点 M_0 处的切线 M_0T_y 对 y 轴的斜率.

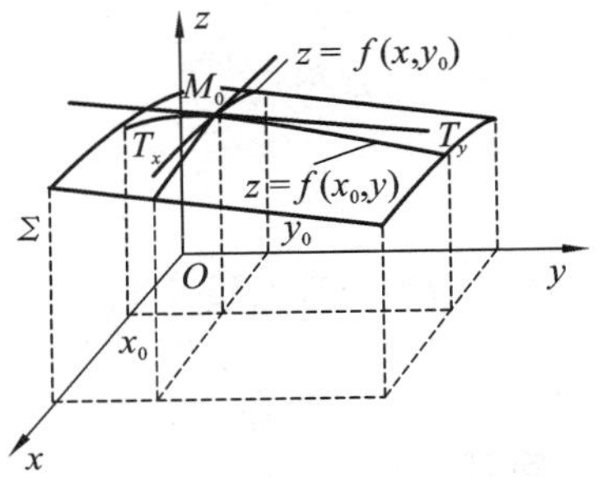

图 9-2-1

我们知道一元函数的导数反映的是函数在某点处的瞬间变化率. 类似地，二元函数 $z=f(x,y)$ 在点 (x_0,y_0) 处对 x 的偏导数，反映的是函数 $z=f(x,y)$ 在点 (x_0,y_0) 处，随 x 变化的瞬间变化率，即函数 $z=f(x,y)$ 在点 (x_0,y_0) 处沿 x 轴变化的快慢程度；同理，二元函数 $z=f(x,y)$ 在点 (x_0,y_0) 处对 y 的偏导数，反映的是函数 $z=f(x,y)$ 在点 (x_0,y_0) 处沿 y 轴变化的快慢程度. 在后面我们还将讨论函数 $z=f(x,y)$ 在点 (x_0,y_0) 处沿其他方向变化的快慢程度.

9.2.2 高阶偏导数

设函数 $z = f(x,y)$ 在区域 D 内具有偏导数

$$\frac{\partial z}{\partial x} = f_x(x,y), \frac{\partial z}{\partial y} = f_y(x,y),$$

则在区域 D 内 $f_x(x,y)$ 和 $f_y(x,y)$ 都是 x,y 的函数.如果这两个函数的偏导数也存在,则称它们是函数 $z = f(x,y)$ 的**二阶偏导数**.根据对变量求导的次序不同,有下列四个二阶偏导数,

$$\frac{\partial}{\partial x}\left(\frac{\partial z}{\partial x}\right) = \frac{\partial^2 z}{\partial x^2} = f_{xx}(x,y),$$

$$\frac{\partial}{\partial y}\left(\frac{\partial z}{\partial x}\right) = \frac{\partial^2 z}{\partial x \partial y} = f_{xy}(x,y),$$

$$\frac{\partial}{\partial x}\left(\frac{\partial z}{\partial y}\right) = \frac{\partial^2 z}{\partial y \partial x} = f_{yx}(x,y),$$

$$\frac{\partial}{\partial y}\left(\frac{\partial z}{\partial y}\right) = \frac{\partial^2 z}{\partial y^2} = f_{yy}(x,y).$$

其中第二、三两个偏导数称为**混合偏导数**.

类似地,可定义三阶、四阶 …… 以及 n 阶偏导数.二阶及二阶以上的偏导数统称为**高阶偏导数**.

例 7 设函数 $z = 2x^3 + y^4 - xy^2 + 3y + 1$,求$\frac{\partial^2 z}{\partial x^2}, \frac{\partial^2 z}{\partial y^2}, \frac{\partial^2 z}{\partial x \partial y}, \frac{\partial^2 z}{\partial y \partial x}$ 及$\frac{\partial^3 z}{\partial y^2 \partial x}$.

解 由

$$\frac{\partial z}{\partial x} = 6x^2 - y^2, \quad \frac{\partial z}{\partial y} = 4y^3 - 2xy + 3,$$

得

$$\frac{\partial^2 z}{\partial x^2} = 12x, \quad \frac{\partial^2 z}{\partial y^2} = 12y^2 - 2x,$$

$$\frac{\partial^2 z}{\partial x \partial y} = -2y, \quad \frac{\partial^2 z}{\partial y \partial x} = -2y,$$

$$\frac{\partial^3 z}{\partial y^2 \partial x} = -2.$$

在例 7 中,两个混合偏导数相等,即$\frac{\partial^2 z}{\partial x \partial y} = \frac{\partial^2 z}{\partial y \partial x}$,这不是偶然的,事实上,我们有下面的结论:

定理 1 如果函数 $z = f(x,y)$ 的两个混合偏导数$\frac{\partial^2 z}{\partial x \partial y}$ 和$\frac{\partial^2 z}{\partial y \partial x}$ 在区域 D 内连续,则在该区域内这两个混合偏导数必相等.

换句话说,二阶混合偏导数在连续的条件下与求导的次序无关,这给混合偏导数的计算带来了方便.

例 8 验证函数 $z = \ln \sqrt{x^2 + y^2}$ 满足方程

$$\frac{\partial^2 z}{\partial x^2} + \frac{\partial^2 z}{\partial y^2} = 0.$$

证明 因为

$$z=\ln\sqrt{x^2+y^2}=\frac{1}{2}\ln(x^2+y^2),$$

所以

$$\frac{\partial z}{\partial x}=\frac{x}{x^2+y^2},\quad \frac{\partial z}{\partial y}=\frac{y}{x^2+y^2},$$

故

$$\frac{\partial^2 z}{\partial x^2}=\frac{x^2+y^2-2x^2}{(x^2+y^2)^2}=\frac{y^2-x^2}{(x^2+y^2)^2},$$

$$\frac{\partial^2 z}{\partial y^2}=\frac{x^2+y^2-2y^2}{(x^2+y^2)^2}=\frac{x^2-y^2}{(x^2+y^2)^2},$$

因此

$$\frac{\partial^2 z}{\partial x^2}+\frac{\partial^2 z}{\partial y^2}=\frac{y^2-x^2}{(x^2+y^2)^2}+\frac{x^2-y^2}{(x^2+y^2)^2}=0.$$

例 9 验证函数 $u=\frac{1}{r}$,其中 $r=\sqrt{x^2+y^2+z^2}$ 满足方程

$$\frac{\partial^2 u}{\partial x^2}+\frac{\partial^2 u}{\partial y^2}+\frac{\partial^2 u}{\partial z^2}=0.$$

证明 容易算出

$$\frac{\partial u}{\partial x}=-\frac{1}{r^2}\frac{\partial r}{\partial x}=-\frac{1}{r^2}\frac{x}{r}=-\frac{x}{r^3},$$

$$\frac{\partial^2 u}{\partial x^2}=-\frac{1}{r^3}+\frac{3x}{r^4}\frac{\partial r}{\partial x}=-\frac{1}{r^3}+\frac{3x^2}{r^5},$$

由对称性可得

$$\frac{\partial^2 u}{\partial y^2}=-\frac{1}{r^3}+\frac{3y^2}{r^5},\quad \frac{\partial^2 u}{\partial z^2}=-\frac{1}{r^3}+\frac{3z^2}{r^5},$$

因此

$$\frac{\partial^2 u}{\partial x^2}+\frac{\partial^2 u}{\partial y^2}+\frac{\partial^2 u}{\partial z^2}=-\frac{3}{r^3}+\frac{3(x^2+y^2+z^2)}{r^5}=0.$$

例 8 和例 9 中的两个方程称为拉普拉斯方程,它在数学物理方程中是一种很重要的方程.

习 题 9.2

1. 求下列函数的偏导数:

(1) $z=x^5-6x^4y^2+y^6$;

(2) $z=\frac{x^2+y^2}{xy}$;

(3) $z=\sqrt{\ln(xy)}$;

(4) $z=\sin(xy)+\cos^2(xy)$;

(5) $z=\frac{x}{\sqrt{x^2+y^2}}$;

(6) $z=\ln\tan\frac{x}{y}$;

(7) $u=\arctan(x+y)^z$;

(8) $u=x^{\frac{y}{z}}$.

2. 设 $T=2\pi\sqrt{\frac{l}{g}}$,试证:$l\frac{\partial T}{\partial l}+g\frac{\partial T}{\partial g}=0$.

3. 设 $z=e^{\frac{x}{y^2}}$,试证:$2x\frac{\partial z}{\partial x}+y\frac{\partial z}{\partial y}=0$.

4. 设 $f(x,y)=x+(y-1)\arcsin\sqrt{\dfrac{x}{y}}$,求 $f'_x(x,1)$.

5. 曲线 $\begin{cases} z=\dfrac{x^2+y^2}{4}, \\ y=4 \end{cases}$ 在点(2,4,5)处的切线对于 x 轴的倾角是多少?

6. 求下列函数的二阶偏导数:

(1) $z=x^4+y^4-4x^2y^2$;

(2) $z=x^2e^y+y^3\sin x$;

(3) $z=\cos^2(2x+3y)$;

(4) $z=\arcsin(xy)$.

7. 设 $z=x\ln(xy)$,求 $\dfrac{\partial^3 z}{\partial x^2\partial y}$ 和 $\dfrac{\partial^3 z}{\partial x\partial y^2}$.

8. 验证:

(1) $z=\ln(e^x+e^y)$ 满足 $\dfrac{\partial^2 z}{\partial x^2}\cdot\dfrac{\partial^2 z}{\partial y^2}-\left(\dfrac{\partial^2 z}{\partial y\partial x}\right)^2=0$;

(2) $u=z\arctan\dfrac{x}{y}$ 满足 $\dfrac{\partial^2 u}{\partial x^2}+\dfrac{\partial^2 u}{\partial y^2}+\dfrac{\partial^2 u}{\partial z^2}=0$.

9.3 全 微 分

在这一节,我们将首先介绍全微分的概念以及可微的必要条件和充分条件,然后介绍全微分在近似计算中的应用.

9.3.1 全微分的定义

设函数 $z=f(x,y)$ 在点 (x,y) 的某邻域内有定义,给增量 Δx 和 Δy,则函数在点 (x,y) 处的全增量

$$\Delta z=f(x+\Delta x,y+\Delta y)-f(x,y). \tag{1}$$

一般来说,计算全增量 Δz 比较复杂,与一元函数的情形类似,我们希望用自变量增量 Δx,Δy 的线性函数来近似代替函数的全增量 Δz,由此引入关于二元函数全微分的定义.

定义 1 如果函数 $z=f(x,y)$ 在点 (x,y) 处的全增量

$$\Delta z=f(x+\Delta x,y+\Delta y)-f(x,y)$$

可以表示为

$$\Delta z=A\Delta x+B\Delta y+o(\rho), \tag{2}$$

其中 A,B 不依赖于 $\Delta x,\Delta y$,仅与 x,y 有关,$\rho=\sqrt{(\Delta x)^2+(\Delta y)^2}$,则称函数 $z=f(x,y)$ 在点 (x,y) 处**可微分**,$A\Delta x+B\Delta y$ 称为函数 $z=f(x,y)$ 在点 (x,y) 处的**全微分**,记作 dz,即

$$dz=A\Delta x+B\Delta y.$$

如果函数 $z=f(x,y)$ 在区域 D 内各点处都可微分,则称函数 $z=f(x,y)$ **在 D 内可微分**.

由上一节知道,多元函数在某点的偏导数存在,并不能保证函数在该点连续.但是,由定义 1 可知,如果函数 $z=f(x,y)$ 在点 (x,y) 处可微分,则函数在该点必定连续.事实上,由

$$\lim_{\substack{\Delta x\to 0\\ \Delta y\to 0}}\Delta z=\lim_{\substack{\Delta x\to 0\\ \Delta y\to 0}}[A\Delta x+B\Delta y+o(\rho)]=0,$$

有

$$\lim_{\substack{\Delta x\to 0\\ \Delta y\to 0}} f(x+\Delta x,y+\Delta y)=\lim_{\substack{\Delta x\to 0\\ \Delta y\to 0}}[f(x,y)+\Delta z]=f(x,y),$$

即函数 $z=f(x,y)$ 在点(x,y) 处连续.

下面我们根据全微分与偏导数的定义来讨论函数在点(x,y) 处可微分的必要条件和充分条件.

定理 1(必要条件)　如果函数 $z=f(x,y)$ 在点(x,y) 处可微分,则函数在点(x,y) 处的两个偏导数$\dfrac{\partial z}{\partial x}$,$\dfrac{\partial z}{\partial y}$ 存在,且

$$A=\frac{\partial z}{\partial x},B=\frac{\partial z}{\partial y},$$

即函数 $z=f(x,y)$ 在点(x,y) 处的全微分为

$$\mathrm{d}z=\frac{\partial z}{\partial x}\Delta x+\frac{\partial z}{\partial y}\Delta y. \tag{3}$$

证明　设函数 $z=f(x,y)$ 在点(x,y) 处可微分,则函数 $z=f(x,y)$ 在点(x,y) 处的全增量

$$\begin{aligned}\Delta z&=f(x+\Delta x,y+\Delta y)-f(x,y)\\&=A\Delta x+B\Delta y+o(\rho),\end{aligned}$$

当 $\Delta y=0$ 时,$\rho=|\Delta x|$,上式成为

$$f(x+\Delta x,y)-f(x,y)=A\Delta x+o(\Delta x),$$

等式两端除以 Δx,取极限得

$$\lim_{\Delta x\to 0}\frac{f(x+\Delta x,y)-f(x,y)}{\Delta x}=A,$$

因而函数 $z=f(x,y)$ 在点(x,y) 处对 x 的偏导数存在,且

$$\frac{\partial z}{\partial x}=A.$$

同理可证,

$$\frac{\partial z}{\partial y}=B.$$

所以,结论成立.

我们知道,一元函数在某点的导数存在是可微分的充分必要条件. 但对于多元函数来说,情形就不同了. 当函数在某点的各偏导数都存在时,虽然能形式地写出$\dfrac{\partial z}{\partial x}\Delta x+\dfrac{\partial z}{\partial y}\Delta y$,但它与$\Delta z$之差并不一定是较$\rho$高阶的无穷小,因此它不一定是函数在该点的全微分,即函数在该点处不一定可微分. 换句话说,函数在某点各偏导数存在是可微分的必要条件而不是充分条件. 例如,函数

$$f(x,y)=\begin{cases}\dfrac{xy}{\sqrt{x^2+y^2}}, & x^2+y^2\neq 0,\\ 0, & x^2+y^2=0\end{cases}$$

在点$(0,0)$ 处有 $f_x(0,0)=0$ 及 $f_y(0,0)=0$,所以

$$\Delta z-[f_x(0,0)\Delta x+f_y(0,0)\Delta y]=\frac{\Delta x\cdot\Delta y}{\sqrt{(\Delta x)^2+(\Delta y)^2}}.$$

如果考虑点$(\Delta x,\Delta y)$沿着直线$y=x$趋近于点$(0,0)$,此时$\Delta y=\Delta x$,则

$$\frac{\dfrac{\Delta x\cdot\Delta y}{\sqrt{(\Delta x)^2+(\Delta y)^2}}}{\rho}=\frac{\Delta x\cdot\Delta y}{(\Delta x)^2+(\Delta y)^2}=\frac{\Delta x\cdot\Delta x}{(\Delta x)^2+(\Delta x)^2}=\frac{1}{2}.$$

这表示当$\rho\to 0$时,

$$\Delta z-[f_x(0,0)\Delta x+f_y(0,0)\Delta y]$$

不是一个较ρ高阶的无穷小,因此,函数在点$(0,0)$处是不可微分的.

定理 2(充分条件) 如果函数$z=f(x,y)$在点(x,y)处的偏导数$\frac{\partial z}{\partial x},\frac{\partial z}{\partial y}$存在且连续,则函数$z=f(x,y)$在点$(x,y)$处可微分.

证明 在点(x,y)处给增量$\Delta x,\Delta y$,则函数的全增量

$$\begin{aligned}\Delta z&=f(x+\Delta x,y+\Delta y)-f(x,y)\\&=[f(x+\Delta x,y+\Delta y)-f(x,y+\Delta y)]+[f(x,y+\Delta y)-f(x,y)],\end{aligned}$$

上式中,第一个方括号内,由于$y+\Delta y$不变,因而可将

$$f(x+\Delta x,y+\Delta y)-f(x,y+\Delta y)$$

看作是x的一元函数$f(x,y+\Delta y)$由增量Δx引起的函数的增量,应用拉格朗日中值定理得

$$f(x+\Delta x,y+\Delta y)-f(x,y+\Delta y)=f_x(x+\theta_1\Delta x,y+\Delta y)\Delta x\quad(0<\theta_1<1).$$

又由于偏导数$f_x(x,y)$在点(x,y)处连续,所以上式可写成

$$f(x+\Delta x,y+\Delta y)-f(x,y+\Delta y)=f_x(x,y)\Delta x+\varepsilon_1\Delta x,\tag{4}$$

其中ε_1为$\Delta x,\Delta y$的函数,且当$\Delta x\to 0,\Delta y\to 0$时,$\varepsilon_1\to 0$.

同理可证第二个方括号内的表达式可写成

$$f(x,y+\Delta y)-f(x,y)=f_y(x,y)\Delta y+\varepsilon_2\Delta y,\tag{5}$$

其中ε_2为$\Delta x,\Delta y$的函数,且当$\Delta x\to 0,\Delta y\to 0$时,$\varepsilon_2\to 0$.

因此,在偏导数连续的情况下,全增量Δz可以表示为

$$\Delta z=f'_x(x,y)\Delta x+f'_y(x,y)\Delta y+\varepsilon_1\Delta x+\varepsilon_2\Delta y,\tag{6}$$

容易看出

$$0\leqslant\left|\frac{\varepsilon_1\Delta x+\varepsilon_2\Delta y}{\rho}\right|\leqslant|\varepsilon_1|+|\varepsilon_2|,$$

则

$$\lim_{\substack{\Delta x\to 0\\ \Delta y\to 0}}\frac{\varepsilon_1\Delta x+\varepsilon_2\Delta y}{\rho}=0,$$

即$\varepsilon_1\Delta x+\varepsilon_2\Delta y$是关于$\rho$的高阶无穷小,所以$z=f(x,y)$在点$(x,y)$处可微分.

要注意的是该定理只是给出了可微分的一个充分条件,而非必要条件.事实上,由函数$z=f(x,y)$在点(x_0,y_0)处可微分,不能得到偏导数$f_x(x,y),f_y(x,y)$在点(x_0,y_0)处连续.如函数

$$f(x,y)=\begin{cases}(x^2+y^2)\sin\dfrac{1}{x^2+y^2}, & x^2+y^2\neq 0,\\ 0, & x^2+y^2=0\end{cases}$$

在点$(0,0)$处偏导数存在,且可微分,但偏导数不连续,有兴趣的读者可以验证一下.

以上关于二元函数全微分的定义及全微分存在的必要条件和充分条件,可以完全类似地

推广到三元和三元以上的多元函数.

习惯上,我们将自变量的增量 $\Delta x,\Delta y$ 分别记作 dx,dy,并分别称为自变量 x,y 的微分,这样,函数 $z=f(x,y)$ 的全微分就可写为

$$dz=\frac{\partial z}{\partial x}dx+\frac{\partial z}{\partial y}dy. \tag{7}$$

通常我们称$\frac{\partial z}{\partial x}dx$ 和$\frac{\partial z}{\partial y}dy$ 为二元函数的**偏微分**.二元函数的全微分等于它的两个偏微分之和称为二元函数的**微分叠加原理**.

微分叠加原理也适用于二元以上函数的情形.例如,如果函数 $u=f(x,y,z)$ 的全微分存在,那么三元函数 $u=f(x,y,z)$ 的全微分就等于它的三个偏微分之和,即

$$du=\frac{\partial u}{\partial x}dx+\frac{\partial u}{\partial y}dy+\frac{\partial u}{\partial z}dz.$$

例 1　计算函数 $z=2x^2y+3y^2$ 的全微分.

解　因为

$$\frac{\partial z}{\partial x}=4xy,\frac{\partial z}{\partial y}=2x^2+6y,$$

所以

$$dz=4xy\,dx+(2x^2+6y)dy.$$

例 2　计算函数 $z=x^2y+\tan(x+y)$ 的全微分.

解　因为

$$\frac{\partial z}{\partial x}=2xy+\sec^2(x+y),$$

$$\frac{\partial z}{\partial y}=x^2+\sec^2(x+y),$$

所以

$$dz=[2xy+\sec^2(x+y)]dx+[x^2+\sec^2(x+y)]dy.$$

例 3　计算函数 $z=e^{xy}$ 在点(2,1)处的全微分.

解　因为

$$\frac{\partial z}{\partial x}=ye^{xy},\quad \frac{\partial z}{\partial y}=xe^{xy},$$

所以

$$\left.\frac{\partial z}{\partial x}\right|_{\substack{x=2\\y=1}}=e^2,\quad \left.\frac{\partial z}{\partial y}\right|_{\substack{x=2\\y=1}}=2e^2,$$

因此

$$dz\big|_{\substack{x=2\\y=1}}=e^2dx+2e^2dy.$$

例 4　计算函数 $u=z\cot(xy)$ 的全微分.

解　因为

$$\frac{\partial u}{\partial x}=-yz\csc^2(xy),\quad \frac{\partial u}{\partial y}=-xz\csc^2(xy),\quad \frac{\partial u}{\partial z}=\cot(xy),$$

所以

$$du=-yz\csc^2(xy)dx-xz\csc^2(xy)dy+\cot(xy)dz.$$

9.3.2　全微分在近似计算中的应用

设二元函数 $z=f(x,y)$ 的偏导数 $f_x(x,y),f_y(x,y)$ 在点 (x,y) 处连续，且 $|\Delta x|$，$|\Delta y|$ 都充分小，则由二元函数全微分的定义以及可微分的充分条件，有

(1) 函数增量的近似计算公式

$$\Delta z\approx \mathrm{d}z=f_x(x,y)\Delta x+f_y(x,y)\Delta y;\tag{8}$$

(2) 函数值的近似计算公式

$$f(x+\Delta x,y+\Delta y)\approx f(x,y)+f_x(x,y)\Delta x+f_y(x,y)\Delta y.\tag{9}$$

例 5　有一圆柱体，受压后发生形变，它的半径由 20 cm 增大到 20.05 cm，高度由 100 cm 减小到 99 cm，求此圆柱体体积变化的近似值.

解　设圆柱体的半径、高和体积依次为 r,h 和 V，则体积

$$V=\pi r^2h,$$

根据近似公式，体积的增量

$$\Delta V\approx \mathrm{d}V=V_r\Delta r+V_h\Delta h,$$

已知 $r=20,h=100,\Delta r=0.05,\Delta h=-1$，代入上式得

$$\Delta V\approx[2\pi\times 20\times 100\times 0.05+\pi\times 20^2\times(-1)]\ \mathrm{cm}^3=-200\pi\ \mathrm{cm}^3,$$

即此圆柱体在受压后体积约减小了 $200\pi\ \mathrm{cm}^3$.

例 6　计算 $\mathrm{e}^{0.02}+(1.01)^4$ 的近似值.

解　设函数

$$f(x,y)=\mathrm{e}^x+y^4,$$

显然，要计算的值就是函数在 $x=0.02,y=1.01$ 时的函数值 $f(0.02,1.01)$.

取 $x=0,y=1,\Delta x=0.02,\Delta y=0.01$，由于 $f(0,1)=2$，且

$$f_x(x,y)=\mathrm{e}^x,\quad f_y(x,y)=4y^3,$$
$$f_x(0,1)=1,\quad f_y(0,1)=4,$$

所以由函数值的近似计算公式得

$$\mathrm{e}^{0.02}+(1.01)^4\approx 2+1\times 0.02+4\times 0.01=2.06.$$

习　题　9.3

1. 求下列函数的全微分：

(1) $z=xy+\dfrac{x}{y}$；　　(2) $z=2x\mathrm{e}^{-y}-3\sqrt{x}+\ln 2$；

(3) $z=\dfrac{y}{\sqrt{x^2+y^2}}$；　　(4) $z=\cos(y\sin x)$；

(5) $u=x^{yz}$；　　(6) $u=\sqrt{x^2+y^2+z^2}$.

2. 求函数 $z=\sqrt{\dfrac{y}{x}}$ 当 $x=1,y=4$ 时的全微分.

3. 设 $f(x,y,z)=\sqrt[z]{\dfrac{x}{y}}$，求函数在点 $(1,1,1)$ 处的全微分.

4. 求函数 $z=\mathrm{e}^{xy}$ 当 $x=1,y=1,\Delta x=0.15,\Delta y=0.1$ 时的全微分.

5. 计算 $(10.1)^{2.03}$ 的近似值.

6. 计算 $\sqrt{(1.02)^3+(1.97)^3}$ 的近似值.

7. 有一用水泥做成的无盖长方体水池，它的外形长 5 m，宽 4 m，高 3 m，又它的四壁及底的厚度为 20 cm，试求所用水泥量的近似值.

9.4　多元复合函数求导法则

在这一节，我们将一元复合函数求导的链式法则推广到多元复合函数的情形. 下面分三种情况来讨论.

9.4.1　复合函数的中间变量均为一元函数的情形

定理 1　如果函数 $u=u(t)$ 和 $v=v(t)$ 在点 t 处可导，函数 $z=f(u,v)$ 在对应点 (u,v) 处具有连续偏导数，则复合函数 $z=f[u(t),v(t)]$ 在点 t 处也可导，且

$$\frac{\mathrm{d}z}{\mathrm{d}t}=\frac{\partial z}{\partial u}\cdot\frac{\mathrm{d}u}{\mathrm{d}t}+\frac{\partial z}{\partial v}\cdot\frac{\mathrm{d}v}{\mathrm{d}t}. \tag{1}$$

证明　在点 t 处给增量 Δt，则函数 u 和 v 相应得到增量

$$\Delta u=u(t+\Delta t)-u(t),\quad \Delta v=v(t+\Delta t)-v(t),$$

因为函数 $z=f(u,v)$ 在点 (u,v) 处有连续偏导数，于是由 9.3 节式(6)，有

$$\Delta z=\frac{\partial z}{\partial u}\Delta u+\frac{\partial z}{\partial v}\Delta v+\varepsilon_1\Delta u+\varepsilon_2\Delta v,$$

这里，当 $\Delta u\to 0,\Delta v\to 0$ 时，$\varepsilon_1\to 0,\varepsilon_2\to 0$.

在上式两端除以 Δt，得

$$\frac{\Delta z}{\Delta t}=\frac{\partial z}{\partial u}\frac{\Delta u}{\Delta t}+\frac{\partial z}{\partial v}\frac{\Delta v}{\Delta t}+\varepsilon_1\frac{\Delta u}{\Delta t}+\varepsilon_2\frac{\Delta v}{\Delta t},$$

因为当 $\Delta t\to 0$ 时，$\Delta u\to 0,\Delta v\to 0$，所以 $\varepsilon_1\to 0,\varepsilon_2\to 0$，由

$$\lim_{\Delta t\to 0}\frac{\Delta u}{\Delta t}=\frac{\mathrm{d}u}{\mathrm{d}t},\lim_{\Delta t\to 0}\frac{\Delta v}{\Delta t}=\frac{\mathrm{d}v}{\mathrm{d}t},$$

有

$$\lim_{\Delta t\to 0}\frac{\Delta z}{\Delta t}=\frac{\partial z}{\partial u}\cdot\frac{\mathrm{d}u}{\mathrm{d}t}+\frac{\partial z}{\partial v}\cdot\frac{\mathrm{d}v}{\mathrm{d}t},$$

即

$$\frac{\mathrm{d}z}{\mathrm{d}t}=\frac{\partial z}{\partial u}\cdot\frac{\mathrm{d}u}{\mathrm{d}t}+\frac{\partial z}{\partial v}\cdot\frac{\mathrm{d}v}{\mathrm{d}t}.$$

以上链式法则可以用图 9-4-1 所示的该函数的复合结构图帮助记忆.

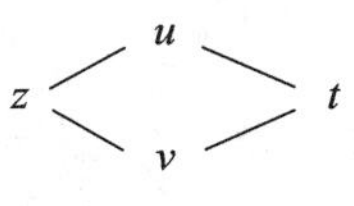

图 9-4-1

定理 1 的结论可推广到中间变量多于两个的情形. 例如，设 $z=f(u,v,w)$ 具有连续的偏导数，而 $u=u(t),v=v(t)$ 和 $w=w(t)$ 都可导，则复合函数 $z=f[u(t),v(t),w(t)]$ 也可导，且

$$\frac{\mathrm{d}z}{\mathrm{d}t}=\frac{\partial z}{\partial u}\cdot\frac{\mathrm{d}u}{\mathrm{d}t}+\frac{\partial z}{\partial v}\cdot\frac{\mathrm{d}v}{\mathrm{d}t}+\frac{\partial z}{\partial w}\cdot\frac{\mathrm{d}w}{\mathrm{d}t}. \tag{2}$$

在公式(1) 和公式(2) 中，导数 $\frac{\mathrm{d}z}{\mathrm{d}t}$ 称为全导数.

例 1　设 $z=\mathrm{e}^{uv}$，而 $u=\sin t,v=\cos t$，求 $\frac{\mathrm{d}z}{\mathrm{d}t}$.

解 由公式(1)得

$$\frac{\mathrm{d}z}{\mathrm{d}t}=\frac{\partial z}{\partial u}\cdot\frac{\mathrm{d}u}{\mathrm{d}t}+\frac{\partial z}{\partial v}\cdot\frac{\mathrm{d}v}{\mathrm{d}t}$$

$$=v\mathrm{e}^{uv}\cos t+u\mathrm{e}^{uv}(-\sin t)=\mathrm{e}^{\frac{1}{2}\sin 2t}\cos 2t.$$

例 2 设 $u=\ln(x+y)+\arctan z$,而 $x=2t,y=2t^3,z=t$,求$\frac{\mathrm{d}u}{\mathrm{d}t}$.

解 由公式(2)得

$$\frac{\mathrm{d}u}{\mathrm{d}t}=\frac{\partial u}{\partial x}\cdot\frac{\mathrm{d}x}{\mathrm{d}t}+\frac{\partial u}{\partial y}\cdot\frac{\mathrm{d}y}{\mathrm{d}t}+\frac{\partial u}{\partial z}\cdot\frac{\mathrm{d}z}{\mathrm{d}t}$$

$$=\frac{1}{x+y}\cdot 2+\frac{1}{x+y}\cdot 6t^2+\frac{1}{1+z^2}\cdot 1$$

$$=\frac{3t^2+t+1}{t(1+t^2)}.$$

9.4.2 复合函数的中间变量均为多元函数的情形

定理1可推广到自变量为多元函数的情形.例如,对由二元函数 $z=f(u,v),u=u(x,y)$,$v=v(x,y)$ 构成的复合函数 $z=f[u(x,y),v(x,y)]$,我们有下面的结论:

定理 2 如果函数 $u=u(x,y)$ 和 $v=v(x,y)$ 在点(x,y)处偏导数存在,函数 $z=f(u,v)$ 在对应的点(u,v)处具有连续偏导数,则复合函数 $z=f[u(x,y),v(x,y)]$ 在点(x,y)处对 x 及 y 的偏导数存在,且

$$\frac{\partial z}{\partial x}=\frac{\partial z}{\partial u}\cdot\frac{\partial u}{\partial x}+\frac{\partial z}{\partial v}\cdot\frac{\partial v}{\partial x},\tag{3}$$

$$\frac{\partial z}{\partial y}=\frac{\partial z}{\partial u}\cdot\frac{\partial u}{\partial y}+\frac{\partial z}{\partial v}\cdot\frac{\partial v}{\partial y}.\tag{4}$$

例 3 设函数 $z=f(u,v)$具有连续偏导数,而 $u=x^2-y^2,v=xy$,求$\frac{\partial z}{\partial x}$和$\frac{\partial z}{\partial y}$.

解 由公式(3)和公式(4)可得

$$\frac{\partial z}{\partial x}=\frac{\partial z}{\partial u}\cdot\frac{\partial u}{\partial x}+\frac{\partial z}{\partial v}\cdot\frac{\partial v}{\partial x}=\frac{\partial z}{\partial u}\cdot 2x+\frac{\partial z}{\partial v}\cdot y,$$

$$\frac{\partial z}{\partial y}=\frac{\partial z}{\partial u}\cdot\frac{\partial u}{\partial y}+\frac{\partial z}{\partial v}\cdot\frac{\partial v}{\partial y}=\frac{\partial z}{\partial u}\cdot(-2y)+\frac{\partial z}{\partial v}\cdot x.$$

定理2的结论可推广到中间变量多于两个的情形.例如,设 $z=f(u,v,w)$ 具有连续的偏导数,而 $u=u(x,y),v=v(x,y)$ 和 $w=w(x,y)$ 的偏导数存在,则复合函数

$$z=f[u(x,y),v(x,y),w(x,y)]$$

对 x 及 y 的偏导数存在,且

$$\frac{\partial z}{\partial x}=\frac{\partial z}{\partial u}\cdot\frac{\partial u}{\partial x}+\frac{\partial z}{\partial v}\cdot\frac{\partial v}{\partial x}+\frac{\partial z}{\partial w}\cdot\frac{\partial w}{\partial x},\tag{5}$$

$$\frac{\partial z}{\partial y}=\frac{\partial z}{\partial u}\cdot\frac{\partial u}{\partial y}+\frac{\partial z}{\partial v}\cdot\frac{\partial v}{\partial y}+\frac{\partial z}{\partial w}\cdot\frac{\partial w}{\partial y}.\tag{6}$$

例 4 设 $z=f(u,v,w)$,而 $u=x+y,v=xy,w=\frac{x}{y}$,其中 f 具有连续偏导数,求$\frac{\partial z}{\partial x}$及$\frac{\partial z}{\partial y}$.

解　由公式(5)和公式(6)可得

$$\frac{\partial z}{\partial x}=\frac{\partial z}{\partial u}\cdot\frac{\partial u}{\partial x}+\frac{\partial z}{\partial v}\cdot\frac{\partial v}{\partial x}+\frac{\partial z}{\partial w}\cdot\frac{\partial w}{\partial x}=\frac{\partial z}{\partial u}+y\frac{\partial z}{\partial v}+\frac{1}{y}\frac{\partial z}{\partial w},$$

$$\begin{aligned}\frac{\partial z}{\partial y}&=\frac{\partial z}{\partial u}\cdot\frac{\partial u}{\partial y}+\frac{\partial z}{\partial v}\cdot\frac{\partial v}{\partial y}+\frac{\partial z}{\partial w}\cdot\frac{\partial w}{\partial y}\\&=\frac{\partial z}{\partial u}+x\frac{\partial z}{\partial v}-\frac{x}{y^2}\frac{\partial z}{\partial w}.\end{aligned}$$

9.4.3　复合函数的中间变量既有一元函数又有多元函数的情形

定理 3　如果函数 $u=\varphi(x,y)$ 在点 (x,y) 处对 x 及 y 的偏导数存在，函数 $v=\psi(y)$ 在点 y 处可导，函数 $z=f(u,v)$ 在对应点 (u,v) 处具有连续偏导数，则复合函数 $z=f[\varphi(x,y),\psi(y)]$ 在点 (x,y) 处的两个偏导数存在，且

$$\frac{\partial z}{\partial x}=\frac{\partial z}{\partial u}\cdot\frac{\partial u}{\partial x},\tag{7}$$

$$\frac{\partial z}{\partial y}=\frac{\partial z}{\partial u}\cdot\frac{\partial u}{\partial y}+\frac{\partial z}{\partial v}\cdot\frac{\mathrm{d}v}{\mathrm{d}y}.\tag{8}$$

例 5　设 $z=f(u,v)$ 具有连续偏导数，其中 $u=x^2+y^2$，$v=\ln y$，求 $\frac{\partial z}{\partial x}$，$\frac{\partial z}{\partial y}$.

解　由公式(7)和公式(8)可得

$$\frac{\partial z}{\partial x}=\frac{\partial z}{\partial u}\cdot\frac{\partial u}{\partial x}=2x\frac{\partial z}{\partial u},$$

$$\frac{\partial z}{\partial y}=\frac{\partial z}{\partial u}\cdot\frac{\partial u}{\partial y}+\frac{\partial z}{\partial v}\cdot\frac{\mathrm{d}v}{\mathrm{d}y}=2y\cdot\frac{\partial z}{\partial u}+\frac{1}{y}\cdot\frac{\partial z}{\partial v}.$$

复合函数的偏导数，在记号上很容易产生歧义，初学者要加以注意. 例如，如果函数 $y=y(x)$ 点 x 处可导，函数 $z=f(x,y)$ 在点 (x,y) 处具有连续偏导数，则复合函数 $z=f[x,y(x)]$ 在点 x 处也可导，且

$$\frac{\mathrm{d}z}{\mathrm{d}x}=\frac{\partial z}{\partial x}+\frac{\partial z}{\partial y}\cdot\frac{\mathrm{d}y}{\mathrm{d}x}.$$

上式中，$\frac{\mathrm{d}z}{\mathrm{d}x}$ 是函数对 x 求导数，而 $\frac{\partial z}{\partial x}$ 是函数对第一个变量求偏导数. 为避免歧义，上式也可以写成

$$\frac{\mathrm{d}z}{\mathrm{d}x}=\frac{\partial f}{\partial x}+\frac{\partial f}{\partial y}\cdot\frac{\mathrm{d}y}{\mathrm{d}x}.$$

例 6　设 $z=x\mathrm{e}^y$，$y=\sin x$，求 $\frac{\mathrm{d}z}{\mathrm{d}x}$.

解　由公式可得

$$\begin{aligned}\frac{\mathrm{d}z}{\mathrm{d}x}&=\frac{\partial z}{\partial x}+\frac{\partial z}{\partial y}\cdot\frac{\mathrm{d}y}{\mathrm{d}x}\\&=\mathrm{e}^y+x\mathrm{e}^y\cos x=\mathrm{e}^{\sin x}(1+x\cos x).\end{aligned}$$

思考：设 $u=f(x,y,z)$，$y=y(x)$，$z=z(x,y)$ 均可微，则 $\frac{\mathrm{d}u}{\mathrm{d}x}=?$

例 7　设 $z=yf(x^2-y^2)+xy$，求偏导数 $\frac{\partial z}{\partial x}$ 和 $\frac{\partial z}{\partial y}$.

解 引入中间变量,设 $u = x^2 - y^2$,则

$$z = yf(u) + xy,$$

于是

$$\frac{\partial z}{\partial x} = y\frac{\mathrm{d}f}{\mathrm{d}u}\cdot\frac{\partial u}{\partial x} + y = 2xy\frac{\mathrm{d}f}{\mathrm{d}u} + y,$$

$$\frac{\partial z}{\partial y} = f(u) + y\frac{\mathrm{d}f}{\mathrm{d}u}\cdot\frac{\partial u}{\partial y} + x = f(u) - 2y^2\frac{\mathrm{d}f}{\mathrm{d}u} + x.$$

例 8 设 $z = f(x+y, xy)$,f 具有二阶连续偏导数,求$\frac{\partial z}{\partial x}$ 及$\frac{\partial^2 z}{\partial x\partial y}$.

解 引入中间变量,令 $u = x + y, v = xy$,则

$$z = f(u,v).$$

为了表达简便,引入记号

$$f_1 = \frac{\partial f}{\partial u}, f_{12} = \frac{\partial^2 f}{\partial u\partial v},$$

这里下标 1 表示 f 对第一个变量 u 求偏导数,下标 2 表示 f 对第二个变量 v 求偏导数;同理有 f_2, f_{11}, f_{22} 等. 于是有

$$\frac{\partial z}{\partial x} = \frac{\partial z}{\partial u}\cdot\frac{\partial u}{\partial x} + \frac{\partial z}{\partial v}\cdot\frac{\partial v}{\partial x} = f_1 + yf_2,$$

因为 f_1 和 f_2 仍然是以 u,v 为中间变量的 x,y 的函数,所以

$$\begin{aligned}\frac{\partial^2 z}{\partial x\partial y} &= \frac{\partial f_1}{\partial y} + \frac{\partial(yf_2)}{\partial y}\\ &= \frac{\partial f_1}{\partial u}\cdot\frac{\partial u}{\partial y} + \frac{\partial f_1}{\partial v}\cdot\frac{\partial v}{\partial y} + f_2 + y\left(\frac{\partial f_2}{\partial u}\cdot\frac{\partial u}{\partial y} + \frac{\partial f_2}{\partial v}\cdot\frac{\partial v}{\partial y}\right)\\ &= f_{11} + f_{12}\cdot x + f_2 + y(f_{21} + f_{22}\cdot x)\\ &= f_{11} + (x+y)f_{12} + f_2 + xyf_{22}.\end{aligned}$$

9.4.4 一阶微分形式不变性

我们知道,一元函数的微分具有一阶微分形式的不变性,即不论 x 是自变量还是中间变量,对 $y = f(x)$ 都有 $\mathrm{d}y = f'(x)\mathrm{d}x$. 多元函数的一阶全微分也具有同样的性质.

设函数 $z = f(u,v)$ 具有连续的偏导数,如果 u,v 是自变量,则全微分为

$$\mathrm{d}z = \frac{\partial z}{\partial u}\mathrm{d}u + \frac{\partial z}{\partial v}\mathrm{d}v.$$

如果 u,v 是中间变量 $u = \varphi(x,y), v = \psi(x,y)$,且它们具有连续偏导数,则复合函数 $z = f[\varphi(x,y),\psi(x,y)]$ 的全微分为

$$\mathrm{d}z = \frac{\partial z}{\partial x}\mathrm{d}x + \frac{\partial z}{\partial y}\mathrm{d}y.$$

将多元复合函数求导公式(3) 和公式(4) 代入上式,则有

$$\begin{aligned}\mathrm{d}z &= \left(\frac{\partial z}{\partial u}\frac{\partial u}{\partial x} + \frac{\partial z}{\partial v}\frac{\partial v}{\partial x}\right)\mathrm{d}x + \left(\frac{\partial z}{\partial u}\frac{\partial u}{\partial y} + \frac{\partial z}{\partial v}\frac{\partial v}{\partial y}\right)\mathrm{d}y\\ &= \frac{\partial z}{\partial u}\left(\frac{\partial u}{\partial x}\mathrm{d}x + \frac{\partial u}{\partial y}\mathrm{d}y\right) + \frac{\partial z}{\partial v}\left(\frac{\partial v}{\partial x}\mathrm{d}x + \frac{\partial v}{\partial y}\mathrm{d}y\right)\end{aligned} \tag{9}$$

注意到 $u = \varphi(x,y), v = \psi(x,y)$ 具有连续偏导数,则有

$$du=\frac{\partial u}{\partial x}dx+\frac{\partial u}{\partial y}dy,\quad dv=\frac{\partial v}{\partial x}dx+\frac{\partial v}{\partial y}dy. \tag{10}$$

将式(10)代入式(9),得

$$dz=\frac{\partial z}{\partial u}du+\frac{\partial z}{\partial v}dv.$$

由此可见,无论 z 是自变量 u,v 的函数还是中间变量 u,v 的函数,其全微分的形式是一样的,这个性质称为**一阶全微分形式的不变性**,类似地可以证明三元及三元以上的函数的全微分也具有这一性质.

关于全微分的运算性质,应用全微分形式的不变性容易证明,它与一元函数微分法则相同,即

$$d(u\pm v)=du\pm dv;$$
$$d(uv)=vdu+udv;$$
$$d\left(\frac{u}{v}\right)=\frac{vdu-udv}{v^2};$$
$$d(f(u))=f'(u)du.$$

利用全微分形式的不变性,可得求复合函数偏导数的另一途径.

例 9　设 $u=f(x,y,t),x=\varphi(s,t),y=\psi(s,t)$,利用全微分形式的不变性,求$\frac{\partial u}{\partial s},\frac{\partial u}{\partial t}$.

解　由全微分形式的不变性,有

$$du=\frac{\partial f}{\partial x}dx+\frac{\partial f}{\partial y}dy+\frac{\partial f}{\partial t}dt,$$

又因为

$$dx=\frac{\partial \varphi}{\partial s}ds+\frac{\partial \varphi}{\partial t}dt,\quad dy=\frac{\partial \psi}{\partial s}ds+\frac{\partial \psi}{\partial t}dt,$$

所以

$$\begin{aligned}du&=\frac{\partial f}{\partial x}\left(\frac{\partial \varphi}{\partial s}ds+\frac{\partial \varphi}{\partial t}dt\right)+\frac{\partial f}{\partial y}\left(\frac{\partial \psi}{\partial s}ds+\frac{\partial \psi}{\partial t}dt\right)+\frac{\partial f}{\partial t}dt\\&=\left(\frac{\partial f}{\partial x}\frac{\partial \varphi}{\partial s}+\frac{\partial f}{\partial y}\frac{\partial \psi}{\partial s}\right)ds+\left(\frac{\partial f}{\partial x}\frac{\partial \varphi}{\partial t}+\frac{\partial f}{\partial y}\frac{\partial \psi}{\partial t}+\frac{\partial f}{\partial t}\right)dt.\end{aligned}$$

从而

$$\frac{\partial u}{\partial s}=\frac{\partial f}{\partial x}\frac{\partial \varphi}{\partial s}+\frac{\partial f}{\partial y}\frac{\partial \psi}{\partial s},$$
$$\frac{\partial u}{\partial t}=\frac{\partial f}{\partial x}\frac{\partial \varphi}{\partial t}+\frac{\partial f}{\partial y}\frac{\partial \psi}{\partial t}+\frac{\partial f}{\partial t}.$$

习　题　9.4

1. 设 $z=\frac{y}{x}$,而 $x=e^t,y=1-e^{2t}$,求$\frac{dz}{dt}$.

2. 设 $z=e^{x-2y}$,而 $x=\sin t,y=t^3$,求$\frac{dz}{dt}$.

3. 设 $z=u^2\ln v$,而 $u=\frac{x}{y},v=3x-2y$,求$\frac{\partial z}{\partial x},\frac{\partial z}{\partial y}$.

4. 设 $z=u^2v-uv^2$,而 $u=x\cos y, v=x\sin y$,求$\frac{\partial z}{\partial x},\frac{\partial z}{\partial y}$.

5. 设 $u=f(x,y,z)=e^{x^2+y^2+z^2}$,而 $z=x^2\sin y$,求$\frac{\partial u}{\partial x},\frac{\partial u}{\partial y}$.

6. 设 $z=\arctan\frac{x}{y}$,而 $x=u+v, y=u-v$,求证:$\frac{\partial z}{\partial u}+\frac{\partial z}{\partial v}=\frac{u-v}{u^2+v^2}$.

7. 求下列函数的一阶偏导数(其中 f 具有一阶连续偏导数):

(1) $u=f(x^2+y^2,e^{xy})$; (2) $u=f\left(\frac{x}{y},\frac{y}{z}\right)$;

(3) $u=f(x,xy,xyz)$.

8. 设 $z=xy+xF(u)$,而 $u=\frac{y}{x}$,$F(u)$ 为可导函数,求证

$$x\frac{\partial z}{\partial x}+y\frac{\partial z}{\partial y}=z+xy.$$

9. 求下列函数的二阶偏导数$\frac{\partial^2 z}{\partial x^2},\frac{\partial^2 z}{\partial x\partial y},\frac{\partial^2 z}{\partial y^2}$(其中 f 具有二阶连续偏导数):

(1) $z=f(x+y,xy)$; (2) $z=f\left(xy,\frac{x}{y}\right)$.

10. 设 $u=x\varphi(x+y)+y\psi(x+y)$,其中 φ,ψ 具有二阶连续导数,求证

$$\frac{\partial^2 u}{\partial x^2}-2\frac{\partial^2 u}{\partial x\partial y}+\frac{\partial^2 u}{\partial y^2}=0.$$

9.5 隐函数的求导法则

9.5.1 一个方程的情形

在第三章中我们给出了由方程

$$F(x,y)=0 \tag{1}$$

所确定的隐函数的求导方法,下面介绍隐函数存在定理,并利用多元复合函数的求导法则导出隐函数的导数公式.

定理 1 设函数 $F(x,y)$ 在点 (x_0,y_0) 的某邻域内具有连续偏导数,且 $F(x_0,y_0)=0$,$F_y(x_0,y_0)\neq 0$,则在点 (x_0,y_0) 的该邻域内,由方程 $F(x,y)=0$ 能唯一确定一个连续函数 $y=f(x)$,它具有连续导数,满足条件 $y_0=f(x_0)$,并有

$$\frac{dy}{dx}=-\frac{F_x}{F_y}. \tag{2}$$

隐函数的存在性我们不予证明,仅对隐函数的导数公式予以推导.

将 $y=f(x)$ 代入 $F(x,y)=0$,得恒等式

$$F[x,f(x)]\equiv 0,$$

上式两边对 x 求导,得

$$\frac{\partial F}{\partial x}+\frac{\partial F}{\partial y}\cdot\frac{dy}{dx}=0,$$

由于 F_y 连续,且 $F_y(x_0,y_0)\neq 0$,所以存在点 (x_0,y_0) 的某邻域,在该邻域内 $F_y\neq 0$,于是得

$$\frac{\mathrm{d}y}{\mathrm{d}x}=-\frac{F_x}{F_y}.$$

如果 $F(x,y)$ 的二阶偏导数也连续，我们可以把公式(2)的右端看作 x 的复合函数，再对 x 求导，于是有

$$\begin{aligned}\frac{\mathrm{d}^2y}{\mathrm{d}x^2}&=\frac{\partial}{\partial x}\left(-\frac{F_x}{F_y}\right)+\frac{\partial}{\partial y}\left(-\frac{F_x}{F_y}\right)\cdot\frac{\mathrm{d}y}{\mathrm{d}x}\\&=-\frac{F_yF_{xx}-F_xF_{yx}}{F_y^2}-\frac{F_yF_{xy}-F_xF_{yy}}{F_y^2}\cdot\left(-\frac{F_x}{F_y}\right)\\&=-\frac{F_{xx}F_y^2-2F_{xy}F_xF_y+F_{yy}F_x^2}{F_y^3}.\end{aligned}$$

上面的二阶导数中，函数 $-\frac{F_x}{F_y}$ 对 x 求导数，我们是把 $-\frac{F_x}{F_y}$ 看作一个整体记号，作为 x,y 的函数，利用复合函数的求导法则再对 x 求导. 事实上，二阶导数也可以利用商的导数公式求得，即

$$\begin{aligned}\frac{\mathrm{d}^2y}{\mathrm{d}x^2}&=-\frac{(F_x)_x\cdot F_y-F_x\cdot(F_y)_x}{F_y^2}\\&=-\frac{\left(F_{xx}+F_{xy}\frac{\mathrm{d}y}{\mathrm{d}x}\right)\cdot F_y-F_x\cdot\left(F_{xy}+F_{yy}\frac{\mathrm{d}y}{\mathrm{d}x}\right)}{F_y^2},\end{aligned}$$

将 $\frac{\mathrm{d}y}{\mathrm{d}x}=-\frac{F_x}{F_y}$ 代入上式，并整理得

$$\frac{\mathrm{d}^2y}{\mathrm{d}x^2}=-\frac{F_{xx}F_y^2-2F_{xy}F_xF_y+F_{yy}F_x^2}{F_y^3}.$$

对初学者而言，求 x 的二阶导数时，一定要弄清自己的思路.

例 1　设函数 $y=f(x)$ 由方程 $\sin y+\mathrm{e}^x-xy^2=0$ 所确定，求 $\frac{\mathrm{d}y}{\mathrm{d}x}$.

解　设

$$F(x,y)=\sin y+\mathrm{e}^x-xy^2,$$

则

$$F_x(x,y)=\mathrm{e}^x-y^2,\quad F_y(x,y)=\cos y-2xy,$$

所以

$$\frac{\mathrm{d}y}{\mathrm{d}x}=-\frac{F_x}{F_y}=-\frac{\mathrm{e}^x-y^2}{\cos y-2xy}=\frac{y^2-\mathrm{e}^x}{\cos y-2xy}.$$

例 2　设方程 $x^2+y^2-1=0$ 在点(0,1)的某邻域内确定函数 $y=y(x)$，求 $\left.\frac{\mathrm{d}^2y}{\mathrm{d}x^2}\right|_{x=0}$.

解　设

$$F(x,y)=x^2+y^2-1,$$

则 $F_x=2x,F_y=2y$，所以

$$\frac{\mathrm{d}y}{\mathrm{d}x}=-\frac{2x}{2y}=-\frac{x}{y},$$

于是

$$\frac{d^2y}{dx^2}=\frac{\partial}{\partial x}\left(-\frac{x}{y}\right)+\frac{\partial}{\partial y}\left(-\frac{x}{y}\right)\cdot\frac{dy}{dx}$$
$$=-\frac{1}{y}+\frac{x}{y^2}\cdot\left(-\frac{x}{y}\right)=-\frac{1}{y^3},$$

由 $x=0$ 时 $y=1$,得

$$\left.\frac{d^2y}{dx^2}\right|_{x=0}=-1.$$

事实上,二阶导数也可以利用商的求导法则求得,即

$$\frac{d^2y}{dx^2}=\frac{d}{dx}\left(-\frac{x}{y}\right)=-\frac{y-x\cdot\frac{dy}{dx}}{y^2}=-\frac{y-x\cdot\left(-\frac{x}{y}\right)}{y^2}$$
$$=-\frac{y^2+x^2}{y^3}=-\frac{1}{y^3},$$

同样可得

$$\left.\frac{d^2y}{dx^2}\right|_{x=0}=-1.$$

定理1还可以推广到多元函数的情形.

定理2 设函数 $F(x,y,z)$ 在点 (x_0,y_0,z_0) 的某邻域内具有连续的偏导数,且 $F(x_0,y_0,z_0)=0$,$F_z(x_0,y_0,z_0)\neq 0$,则在点 (x_0,y_0,z_0) 的该邻域内,方程 $F(x,y,z)=0$ 能唯一确定一个连续函数 $z=f(x,y)$,它具有连续偏导数,满足条件 $z_0=f(x_0,y_0)$,并有

$$\frac{\partial z}{\partial x}=-\frac{F_x}{F_z},\frac{\partial z}{\partial y}=-\frac{F_y}{F_z}. \tag{3}$$

与定理1类似,定理中隐函数的存在性不予证明,仅对偏导数公式作推导.

将 $z=f(x,y)$ 代入 $F(x,y,z)=0$,得恒等式

$$F[x,y,f(x,y)]\equiv 0,$$

将上式两端分别对 x 和 y 求导,得

$$F_x+F_z\cdot\frac{\partial z}{\partial x}=0,\quad F_y+F_z\cdot\frac{\partial z}{\partial y}=0,$$

因为 F_z 连续,且 $F_z(x_0,y_0,z_0)\neq 0$,所以存在点 (x_0,y_0,z_0) 的某邻域,使得 $F_z\neq 0$. 于是得

$$\frac{\partial z}{\partial x}=-\frac{F_x}{F_z},\quad \frac{\partial z}{\partial y}=-\frac{F_y}{F_z}.$$

例3 求由方程 $x^2+y^2+z^2-4z=0$ 所确定的隐函数 z 的二阶偏导数 $\frac{\partial^2 z}{\partial x^2}$.

解 设函数 $z=z(x,y)$ 由方程 $x^2+y^2+z^2-4z=0$ 所确定,则

$$x^2+y^2+z^2(x,y)-4z(x,y)=0,$$

上式两端对 x 求偏导数,得

$$2x+2z\frac{\partial z}{\partial x}-4\frac{\partial z}{\partial x}=0,$$

于是

$$\frac{\partial z}{\partial x}=\frac{x}{2-z},$$

再对 x 求偏导数,得

$$\frac{\partial^2 z}{\partial x^2}=\frac{\partial}{\partial x}\left(\frac{x}{2-z}\right)=\frac{(2-z)+x\dfrac{\partial z}{\partial x}}{(2-z)^2}$$

$$=\frac{(2-z)+x\left(\dfrac{x}{2-z}\right)}{(2-z)^2}=\frac{(2-z)^2+x^2}{(2-z)^3}.$$

9.5.2　方程组的情形

下面我们来讨论由方程组

$$\begin{cases}F(x,y,z)=0,\\G(x,y,z)=0\end{cases}\tag{4}$$

所确定的两个一元隐函数 $y=y(x)$ 和 $z=z(x)$ 的导数问题.

定理 3　设函数 $F(x,y,z),G(x,y,z)$ 在点 (x_0,y_0,z_0) 的某邻域内具有连续偏导数，$F(x_0,y_0,z_0)=0,G(x_0,y_0,z_0)=0$，且偏导数组成的函数行列式(也称为雅可比(Jacobi) 行列式)

$$J=\frac{\partial(F,G)}{\partial(y,z)}=\begin{vmatrix}F_y & F_z\\G_y & G_z\end{vmatrix}$$

在点 (x_0,y_0,z_0) 处不等于零，则方程组(4) 在点 (x_0,y_0,z_0) 的该邻域内能唯一确定一组连续函数 $y=y(x),z=z(x)$，它们具有连续导数，满足 $y_0=y(x_0),z_0=z(x_0)$，并有

$$\begin{cases}\dfrac{\mathrm{d}y}{\mathrm{d}x}=-\dfrac{1}{J}\dfrac{\partial(F,G)}{\partial(x,z)}=-\dfrac{1}{J}\begin{vmatrix}F_x & F_z\\G_x & G_z\end{vmatrix},\\[2ex]\dfrac{\mathrm{d}z}{\mathrm{d}x}=-\dfrac{1}{J}\dfrac{\partial(F,G)}{\partial(y,x)}=-\dfrac{1}{J}\begin{vmatrix}F_y & F_x\\G_y & G_x\end{vmatrix}.\end{cases}\tag{5}$$

下面我们只推导公式(5). 由于

$$\begin{cases}F[x,y(x),z(x)]\equiv 0,\\G[x,y(x),z(x)]\equiv 0,\end{cases}$$

将恒等式两边分别对 x 求偏导数，得

$$\begin{cases}F_x+F_y\dfrac{\mathrm{d}y}{\mathrm{d}x}+F_z\dfrac{\mathrm{d}z}{\mathrm{d}x}=0,\\[2ex]G_x+G_y\dfrac{\mathrm{d}y}{\mathrm{d}x}+G_z\dfrac{\mathrm{d}z}{\mathrm{d}x}=0,\end{cases}$$

这是关于$\dfrac{\mathrm{d}y}{\mathrm{d}x},\dfrac{\mathrm{d}z}{\mathrm{d}x}$ 的线性方程组，由假设知在点 (x_0,y_0,z_0) 的某邻域内，系数行列式 $J\neq 0$，从而可以解出$\dfrac{\mathrm{d}y}{\mathrm{d}x}$ 及$\dfrac{\mathrm{d}z}{\mathrm{d}x}$，得

$$\frac{\mathrm{d}y}{\mathrm{d}x}=-\frac{1}{J}\frac{\partial(F,G)}{\partial(x,z)}=-\frac{1}{J}\begin{vmatrix}F_x & F_z\\G_x & G_z\end{vmatrix},$$

$$\frac{\mathrm{d}z}{\mathrm{d}x}=-\frac{1}{J}\frac{\partial(F,G)}{\partial(y,x)}=-\frac{1}{J}\begin{vmatrix}F_y & F_x\\G_y & G_x\end{vmatrix}.$$

例 4　方程组 $z=x^2+y^2,x^2+2y^2+3z^2=20$，求$\dfrac{\mathrm{d}y}{\mathrm{d}x},\dfrac{\mathrm{d}z}{\mathrm{d}x}$.

解　方法一　设

$$F(x,y,z)=x^2+y^2-z,$$
$$G(x,y,z)=x^2+2y^2+3z^2-20,$$

则

$$F_x=2x,F_y=2y,F_z=-1,$$
$$G_x=2x,G_y=4y,G_z=6z.$$

于是

$$J=\begin{vmatrix} F_y & F_z \\ G_y & G_z \end{vmatrix}=\begin{vmatrix} 2y & -1 \\ 4y & 6z \end{vmatrix}=12yz+4y,$$
$$\frac{\partial(F,G)}{\partial(x,z)}=\begin{vmatrix} 2x & -1 \\ 2x & 6z \end{vmatrix}=12xz+2x,$$
$$\frac{\partial(F,G)}{\partial(y,x)}=\begin{vmatrix} 2y & 2x \\ 4y & 2x \end{vmatrix}=-4xy.$$

当 $J\neq 0$ 时,由定理 3 的求导公式,得

$$\frac{\mathrm{d}y}{\mathrm{d}x}=-\frac{x(6z+1)}{2y(3z+1)},$$
$$\frac{\mathrm{d}z}{\mathrm{d}x}=\frac{x}{3z+1}.$$

方法二　把 y,z 看成 x 的函数,将方程 $z=x^2+y^2$ 和 $x^2+2y^2+3z^2=20$ 两边对 x 求导,得

$$\begin{cases} \dfrac{\mathrm{d}z}{\mathrm{d}x}=2x+2y\dfrac{\mathrm{d}y}{\mathrm{d}x}, \\ 2x+4y\dfrac{\mathrm{d}y}{\mathrm{d}x}+6z\dfrac{\mathrm{d}z}{\mathrm{d}x}=0, \end{cases}$$

用消元法解方程组,解出$\frac{\mathrm{d}y}{\mathrm{d}x}$和$\frac{\mathrm{d}z}{\mathrm{d}x}$,得

$$\frac{\mathrm{d}y}{\mathrm{d}x}=-\frac{x(6z+1)}{2y(3z+1)},$$
$$\frac{\mathrm{d}z}{\mathrm{d}x}=\frac{x}{3z+1}.$$

注意:求隐函数的导数时,不必死记公式,只需利用复合函数求导法则,求导后,再解方程组即可.

类似地,定理 3 可以推广到两个二元隐函数的情形.

定理 4　设函数 $F(x,y,u,v)$,$G(x,y,u,v)$ 在点(x_0,y_0,u_0,v_0)的某邻域内具有连续偏导数,$F(x_0,y_0,u_0,v_0)=0$,$G(x_0,y_0,u_0,v_0)=0$,且偏导数组成的函数行列式

$$J=\frac{\partial(F,G)}{\partial(u,v)}=\begin{vmatrix} F_u & F_v \\ G_u & G_v \end{vmatrix}$$

在点(x_0,y_0,u_0,v_0)处不等于零,则方程组

$$\begin{cases} F(x,y,u,v)=0, \\ G(x,y,u,v)=0 \end{cases}$$

在点(x_0,y_0,u_0,v_0)的该邻域内能唯一确定一组连续函数$u=u(x,y)$，$v=v(x,y)$，它们具有连续偏导数，满足$u_0=u(x_0,y_0)$，$v_0=v(x_0,y_0)$，且

$$\begin{cases}\dfrac{\partial u}{\partial x}=-\dfrac{1}{J}\dfrac{\partial(F,G)}{\partial(x,v)}=-\dfrac{1}{J}\begin{vmatrix}F_x & F_v\\ G_x & G_v\end{vmatrix},\\ \dfrac{\partial u}{\partial y}=-\dfrac{1}{J}\dfrac{\partial(F,G)}{\partial(y,v)}=-\dfrac{1}{J}\begin{vmatrix}F_y & F_v\\ G_y & G_v\end{vmatrix},\\ \dfrac{\partial v}{\partial x}=-\dfrac{1}{J}\dfrac{\partial(F,G)}{\partial(u,x)}=-\dfrac{1}{J}\begin{vmatrix}F_u & F_x\\ G_u & G_x\end{vmatrix},\\ \dfrac{\partial v}{\partial y}=-\dfrac{1}{J}\dfrac{\partial(F,G)}{\partial(u,y)}=-\dfrac{1}{J}\begin{vmatrix}F_u & F_y\\ G_u & G_y\end{vmatrix}.\end{cases}\tag{6}$$

公式(6)的推导和公式(5)的推导完全一样.

例 5　方程组

$$\begin{cases}x^2+y^2-uv=0,\\ xy-u^2+v^2=0\end{cases}$$

确定了函数$u=u(x,y)$，$v=v(x,y)$，试求$\dfrac{\partial u}{\partial x}$，$\dfrac{\partial u}{\partial y}$，$\dfrac{\partial v}{\partial x}$，$\dfrac{\partial v}{\partial y}$.

解　把u,v看成x,y的函数，将方程组两边对x求偏导，得

$$\begin{cases}2x-v\dfrac{\partial u}{\partial x}-u\dfrac{\partial v}{\partial x}=0,\\ y-2u\dfrac{\partial u}{\partial x}+2v\dfrac{\partial v}{\partial x}=0,\end{cases}$$

解出$\dfrac{\partial u}{\partial x}$，$\dfrac{\partial v}{\partial x}$，得

$$\frac{\partial u}{\partial x}=\frac{4xv+yu}{2(u^2+v^2)},\ \frac{\partial v}{\partial x}=\frac{4xu-yv}{2(u^2+v^2)}.$$

同样可得

$$\frac{\partial u}{\partial y}=\frac{4yv+xu}{2(u^2+v^2)},\ \frac{\partial v}{\partial y}=\frac{4yu-xv}{2(u^2+v^2)}.$$

例 6　设函数$x=x(u,v)$，$y=y(u,v)$在点(u,v)的某邻域内连续，且有连续偏导数. 又

$$\frac{\partial(x,y)}{\partial(u,v)}\neq 0.$$

(1) 证明方程组

$$\begin{cases}x=x(u,v),\\ y=y(u,v)\end{cases}\tag{7}$$

在点(x,y,u,v)的某邻域内唯一确定一组连续且有连续偏导数的反函数

$$u=u(x,y),\quad v=v(x,y);$$

(2) 求反函数$u=u(x,y)$，$v=v(x,y)$对x,y的偏导数.

解　(1) 设

$$\begin{cases}F(x,y,u,v)=x-x(u,v)=0,\\ G(x,y,u,v)=y-y(u,v)=0.\end{cases}$$

由假设

$$J=\frac{\partial(F,G)}{\partial(u,v)}=\frac{\partial(x,y)}{\partial(u,v)}\neq 0,$$

于是,由定理 4 即得结论.

(2) 将方程组(7)所确定的反函数 $u=u(x,y),v=v(x,y)$ 代入式(7),即得

$$\begin{cases}x\equiv x[u(x,y),v(x,y)],\\ y\equiv y[u(x,y),v(x,y)].\end{cases}$$

将上式两边分别对 x 求偏导数,得

$$\begin{cases}1=\dfrac{\partial x}{\partial u}\cdot\dfrac{\partial u}{\partial x}+\dfrac{\partial x}{\partial v}\cdot\dfrac{\partial v}{\partial x},\\ 0=\dfrac{\partial y}{\partial u}\cdot\dfrac{\partial u}{\partial x}+\dfrac{\partial y}{\partial v}\cdot\dfrac{\partial v}{\partial x}.\end{cases}$$

由于 $J\neq 0$,可解得

$$\frac{\partial u}{\partial x}=\frac{1}{J}\frac{\partial y}{\partial v},\frac{\partial v}{\partial x}=-\frac{1}{J}\frac{\partial y}{\partial u}.$$

同理可得

$$\frac{\partial u}{\partial y}=-\frac{1}{J}\frac{\partial x}{\partial v},\frac{\partial v}{\partial y}=\frac{1}{J}\frac{\partial x}{\partial u}.$$

习　题　9.5

1. 设 $\ln\sqrt{x^2+y^2}=\arctan\dfrac{y}{x}$,求$\dfrac{\mathrm{d}y}{\mathrm{d}x}$.

2. 设 $\mathrm{e}^{xy}-xy^2=\sin y$,求$\dfrac{\mathrm{d}y}{\mathrm{d}x}$.

3. 设 $x+2y+z-2\sqrt{xyz}=0$,求$\dfrac{\partial z}{\partial x},\dfrac{\partial z}{\partial y}$.

4. 设 $x^3+y^3+z^3-2xyz+1=0$,求$\dfrac{\partial z}{\partial x},\dfrac{\partial z}{\partial y}$.

5. 设 $2\sin(x-2y-3z)=x+2y-3z$,求证:$\dfrac{\partial z}{\partial x}+\dfrac{\partial z}{\partial y}=1$.

6. 设 $x^2+y^2+z^2=yf\left(\dfrac{z}{y}\right)$,其中 f 具有连续导数,求证:

$$(x^2-y^2-z^2)\frac{\partial z}{\partial x}+2xy\frac{\partial z}{\partial y}=2xz.$$

7. 设 $\Phi(u,v)$ 具有连续偏导数,证明由方程 $\Phi(cx-az,cy-bz)=0$ 确定的隐函数 $z=f(x,y)$ 满足 $a\dfrac{\partial z}{\partial x}+b\dfrac{\partial z}{\partial y}=c$.

8. 设 $\mathrm{e}^z-xyz=0$,求$\dfrac{\partial^2 z}{\partial x^2}$.

9. 设 $z^3-2xz+y=0$,求$\dfrac{\partial^2 z}{\partial x^2},\dfrac{\partial^2 z}{\partial y^2}$ 及$\dfrac{\partial^2 z}{\partial x\partial y}$.

10. 求下列方程组确定的隐函数的导数或偏导数.

(1) $\begin{cases} xyz = 1, \\ z = x^2 + y^2, \end{cases}$ 求 $\frac{dy}{dx}, \frac{dz}{dx}$;

(2) $\begin{cases} xu - yv = 0, \\ yu + xv = 1, \end{cases}$ 求 $\frac{\partial u}{\partial x}, \frac{\partial u}{\partial y}, \frac{\partial v}{\partial x}, \frac{\partial v}{\partial y}$;

(3) $\begin{cases} x = e^u + u\sin v, \\ y = e^u - u\cos v, \end{cases}$ 求 $\frac{\partial u}{\partial x}, \frac{\partial u}{\partial y}, \frac{\partial v}{\partial x}, \frac{\partial v}{\partial y}$.

9.6　多元函数微分学的几何应用

9.6.1　空间曲线的切线与法平面

设空间曲线 Γ 的参数方程为

$$\begin{cases} x = \varphi(t), \\ y = \psi(t), \quad (\alpha \leqslant t \leqslant \beta) \\ z = \omega(t), \end{cases} \tag{1}$$

这里,假定式(1) 中的三个函数都可导.

考虑曲线 Γ 上对应于参数 $t = t_0$ 的点 $M(x_0, y_0, z_0)$ 及对应于参数 $t = t_0 + \Delta t$ 的点 $M'(x_0 + \Delta x, y_0 + \Delta y, z_0 + \Delta z)$,根据空间解析几何知识可知,曲线的割线 MM'(见图 9-6-1) 的方程是

$$\frac{x - x_0}{\Delta x} = \frac{y - y_0}{\Delta y} = \frac{z - z_0}{\Delta z},$$

当点 M' 沿曲线 Γ 趋于点 M 时,割线 MM' 的极限位置 MT 就是曲线 Γ 在点 M 处的切线(见图 9-6-1). 上式各分母除以 Δt,得

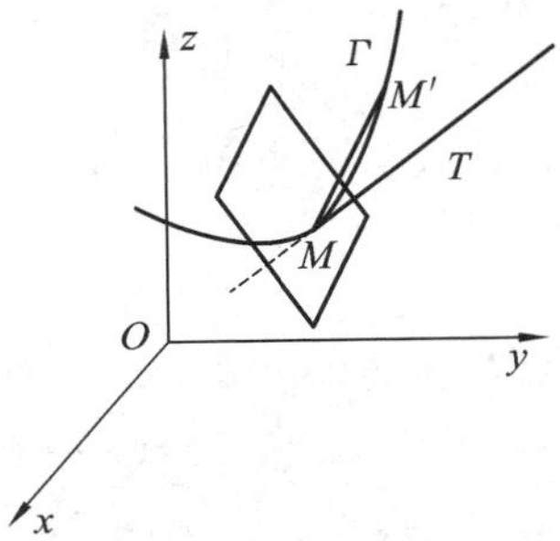

图 9-6-1

$$\frac{x - x_0}{\frac{\Delta x}{\Delta t}} = \frac{y - y_0}{\frac{\Delta y}{\Delta t}} = \frac{z - z_0}{\frac{\Delta z}{\Delta t}},$$

取极限,令 $\Delta t \to 0$(这时 $M' \to M$),当 $\varphi'(t_0), \psi'(t_0)$ 及 $\omega'(t_0)$ 不同时为零时,可得曲线在点 $M(x_0, y_0, z_0)$ 处的切线方程为

$$\frac{x - x_0}{\varphi'(t_0)} = \frac{y - y_0}{\psi'(t_0)} = \frac{z - z_0}{\omega'(t_0)}. \tag{2}$$

曲线切线的方向向量称为**曲线的切向量**. 向量

$$s = (\varphi'(t_0), \psi'(t_0), \omega'(t_0))$$

就是曲线 Γ 在点 M 处的一个切向量,它的指向与参数 t 增大时点 M 移动的走向一致.

过切点 M 且与切线垂直的平面称为曲线 Γ 在点 M 处的法平面. 故曲线 Γ 在点 M 处的法平面的方程为

$$\varphi'(t_0)(x - x_0) + \psi'(t_0)(y - y_0) + \omega'(t_0)(z - z_0) = 0. \tag{3}$$

例 1　求曲线 $x = t, y = t^2, z = t^3$ 在点(1,1,1) 处的切线与法平面的方程.

解　因为

$$x' = 1, y' = 2t, z' = 3t^2,$$

点(1,1,1) 对应 $t=1$,所以曲线在点(1,1,1) 处的切向量为

$$\boldsymbol{s}=(1,2,3),$$

故切线方程为

$$\frac{x-1}{1}=\frac{y-1}{2}=\frac{z-1}{3}.$$

法平面方程为

$$(x-1)+2(y-1)+3(z-1)=0,$$

即

$$x+2y+3z-6=0.$$

如果空间曲线 Γ 的方程为

$$\Gamma:\begin{cases}y=\varphi(x),\\ z=\psi(x),\end{cases}$$

取 x 为参数,空间曲线 Γ 的参数方程形式为

$$\Gamma:\begin{cases}x=x,\\ y=\varphi(x),\\ z=\psi(x),\end{cases}$$

若 $\varphi(x)$,$\psi(x)$ 在 $x=x_0$ 处可导,由前面讨论知,曲线 Γ 在点 $M(x_0,y_0,z_0)$ 处的切向量为

$$\boldsymbol{s}=(1,\varphi'(x_0),\psi'(x_0)),$$

因此曲线 Γ 在点 $M(x_0,y_0,z_0)$ 处的切线方程为

$$\frac{x-x_0}{1}=\frac{y-y_0}{\varphi'(x_0)}=\frac{z-z_0}{\psi'(x_0)},\tag{4}$$

在点 (x_0,y_0,z_0) 处的法平面方程为

$$(x-x_0)+\varphi'(x_0)(y-y_0)+\psi'(x_0)(z-z_0)=0.\tag{5}$$

例 2　求曲线 $\begin{cases}y=x^2,\\ z=2x-1\end{cases}$ 在点 $M(2,4,3)$ 处的切线与法平面的方程.

解　曲线可以看成以 x 为参数的参数方程,即

$$x=x,y=x^2,z=2x-1.$$

且点 $M(2,4,3)$ 对应 $x=2$. 因为

$$x'=1,y'=2x,z'=2,$$

所以曲线在点 $M(2,4,3)$ 处的切向量为

$$\boldsymbol{s}=(1,4,2),$$

故所求切线方程为

$$\frac{x-2}{1}=\frac{y-4}{4}=\frac{z-3}{2}.$$

法平面方程为

$$(x-2)+4(y-4)+2(z-3)=0,$$

即

$$x+4y+2z-24=0.$$

如果空间曲线 Γ 由方程

$$\Gamma:\begin{cases}F(x,y,z)=0,\\ G(x,y,z)=0\end{cases}\tag{6}$$

给出，F,G 对各个变量具有连续偏导数，且

$$J=\left.\frac{\partial(F,G)}{\partial(y,z)}\right|_{(x_0,y_0,z_0)}\neq 0,$$

则曲线 Γ 的方程等价于

$$\Gamma:\begin{cases}y=\varphi(x),\\ z=\psi(x),\end{cases}$$

其中 $y=\varphi(x),z=\psi(x)$ 是由方程组(6)所确定的隐函数，因此

$$\begin{cases}F[x,\varphi(x),\psi(x)]\equiv 0,\\ G[x,\varphi(x),\psi(x)]\equiv 0,\end{cases}$$

于是，方程组两边对 x 求导，得

$$\begin{cases}F_x+F_y\cdot\varphi'(x)+F_z\cdot\psi'(x)=0,\\ G_x+G_y\cdot\varphi'(x)+G_z\cdot\psi'(x)=0,\end{cases}$$

由假设可知，在点 $M(x_0,y_0,z_0)$ 的某邻域内

$$J=\frac{\partial(F,G)}{\partial(y,z)}\neq 0,$$

因此可解得

$$\varphi'(x)=\frac{\begin{vmatrix}F_z & F_x\\ G_z & G_x\end{vmatrix}}{\begin{vmatrix}F_y & F_z\\ G_y & G_z\end{vmatrix}},\quad \psi'(x)=\frac{\begin{vmatrix}F_x & F_y\\ G_x & G_y\end{vmatrix}}{\begin{vmatrix}F_y & F_z\\ G_y & G_z\end{vmatrix}},$$

曲线 Γ 在点 $M(x_0,y_0,z_0)$ 处的切向量

$$\boldsymbol{s}=(1,\varphi'(x_0),\psi'(x_0)),$$

其中

$$\varphi'(x_0)=\frac{\begin{vmatrix}F_z & F_x\\ G_z & G_x\end{vmatrix}_0}{\begin{vmatrix}F_y & F_z\\ G_y & G_z\end{vmatrix}_0},\quad \psi'(x_0)=\frac{\begin{vmatrix}F_x & F_y\\ G_x & G_y\end{vmatrix}_0}{\begin{vmatrix}F_y & F_z\\ G_y & G_z\end{vmatrix}_0},$$

显然，切向量可以等价地取成

$$\boldsymbol{s}=\left(\begin{vmatrix}F_y & F_z\\ G_y & G_z\end{vmatrix}_0,\begin{vmatrix}F_z & F_x\\ G_z & G_x\end{vmatrix}_0,\begin{vmatrix}F_x & F_y\\ G_x & G_y\end{vmatrix}_0\right),$$

这样，点 $M(x_0,y_0,z_0)$ 处的切线方程为

$$\frac{x-x_0}{\begin{vmatrix}F_y & F_z\\ G_y & G_z\end{vmatrix}_0}=\frac{y-y_0}{\begin{vmatrix}F_z & F_x\\ G_z & G_x\end{vmatrix}_0}=\frac{z-z_0}{\begin{vmatrix}F_x & F_y\\ G_x & G_y\end{vmatrix}_0}.\tag{7}$$

点 $M(x_0,y_0,z_0)$ 处的法平面方程为

$$\begin{vmatrix}F_y & F_z\\ G_y & G_z\end{vmatrix}_0(x-x_0)+\begin{vmatrix}F_z & F_x\\ G_z & G_x\end{vmatrix}_0(y-y_0)+\begin{vmatrix}F_x & F_y\\ G_x & G_y\end{vmatrix}_0(z-z_0)=0.\tag{8}$$

注意：上面的讨论中，下标 0 表示在点 (x_0,y_0,z_0) 处取值.

例 3　求曲线 $x^2+y^2+z^2=6, x+y+z=0$ 在点(1，−2,1) 处的切线及法平面的方程.

解　把 x 作为参数,将所给方程的两边对 x 求导,得

$$\begin{cases} y\cdot\dfrac{dy}{dx}+z\cdot\dfrac{dz}{dx}=-x, \\ \dfrac{dy}{dx}+\dfrac{dz}{dx}=-1, \end{cases}$$

解得

$$\frac{dy}{dx}=\frac{\begin{vmatrix}-x & z\\ -1 & 1\end{vmatrix}}{\begin{vmatrix}y & z\\ 1 & 1\end{vmatrix}}=\frac{z-x}{y-z},\quad \frac{dz}{dx}=\frac{\begin{vmatrix}y & -x\\ 1 & -1\end{vmatrix}}{\begin{vmatrix}y & z\\ 1 & 1\end{vmatrix}}=\frac{x-y}{y-z},$$

因此

$$\left.\frac{dy}{dx}\right|_{(1,-2,1)}=0,\quad \left.\frac{dz}{dx}\right|_{(1,-2,1)}=-1$$

从而,曲线在点(1，−2,1) 处的切向量为

$$\boldsymbol{s}=(1,0,-1),$$

故曲线在点(1，−2,1) 处的切线方程为

$$\frac{x-1}{1}=\frac{y+2}{0}=\frac{z-1}{-1}.$$

在点(1，−2,1) 处的法平面方程为

$$(x-1)+0\cdot(y+2)-(z-1)=0,$$

即

$$x-z=0.$$

例 4　求曲线 $2x^2+3y^2+z^2=9, z^2=3x^2+y^2$ 在点(1，−1,2) 处的切线及法平面的方程.

解　设

$$F(x,y,z)=2x^2+3y^2+z^2-9,$$
$$G(x,y,z)=3x^2+y^2-z^2,$$

于是

$$F_x=4x, F_y=6y, F_z=2z,$$
$$G_x=6x, G_y=2y, G_z=-2z,$$

则点(1，−1,2) 处的切向量为

$$\begin{aligned}\boldsymbol{s}&=\left(\begin{vmatrix}F_y & F_z\\ G_y & G_z\end{vmatrix}_0, \begin{vmatrix}F_z & F_x\\ G_z & G_x\end{vmatrix}_0, \begin{vmatrix}F_x & F_y\\ G_x & G_y\end{vmatrix}_0\right)\\ &=\left(\begin{vmatrix}-6 & 4\\ -2 & -4\end{vmatrix}, \begin{vmatrix}4 & 4\\ -4 & 6\end{vmatrix}, \begin{vmatrix}4 & -6\\ 6 & -2\end{vmatrix}\right)\\ &=(32,40,28),\end{aligned}$$

所以曲线在点(1，−1,2) 处的切线方程为

$$\frac{x-1}{8}=\frac{y+1}{10}=\frac{z-2}{7},$$

法平面方程为

$$8(x-1)+10(y+1)+7(z-2)=0,$$

即

$$8x+10y+7z-12=0.$$

9.6.2　曲面的切平面与法线

设曲面 Σ 的方程为

$$F(x,y,z)=0, \tag{9}$$

$M(x_0,y_0,z_0)$ 为曲面 Σ 上一点，且 $F(x,y,z)$ 在 M 点处存在连续偏导数. Γ 为曲面 Σ 上过点 $M(x_0,y_0,z_0)$ 的任一条曲线(见图 9-6-2)，设 Γ 的方程为

$$x=\varphi(t),y=\psi(t),z=\omega(t)\quad(\alpha\leqslant t\leqslant\beta),$$

且 $t=t_0$ 对应于 $M(x_0,y_0,z_0)$，即

$$x_0=\varphi(t_0),y_0=\psi(t_0),z_0=\omega(t_0).$$

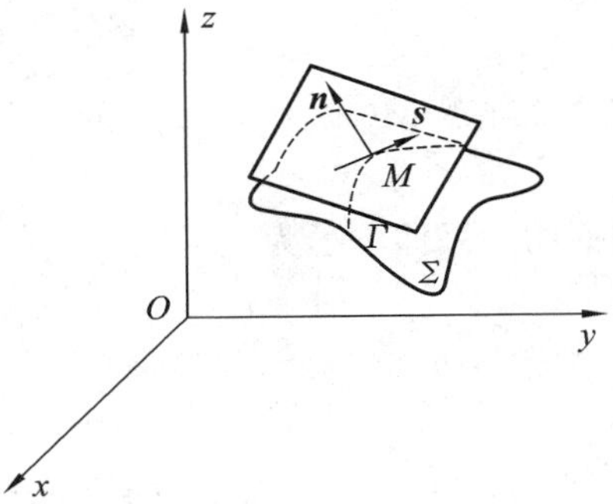

图 9-6-2

由于曲线 Γ 在曲面 Σ 上，故

$$F[\varphi(t),\psi(t),\omega(t)]\equiv 0,$$

两边对 t 求导数，并在 $t=t_0$ 处取值，得

$$F_x(x_0,y_0,z_0)\varphi'(t_0)+F_y(x_0,y_0,z_0)\psi'(t_0)+F_z(x_0,y_0,z_0)\omega'(t_0)=0,$$

引入向量

$$\boldsymbol{n}=(F_x(x_0,y_0,z_0),F_y(x_0,y_0,z_0),F_z(x_0,y_0,z_0)),$$

则向量 $\boldsymbol{n}$ 垂直于曲线 Γ 的切向量 $\boldsymbol{s}=(\varphi'(t_0),\psi'(t_0),\omega'(t_0))$. 又曲线 Γ 是曲面 Σ 上过点 $M(x_0,y_0,z_0)$ 的任一曲线，所以向量 $\boldsymbol{n}$ 垂直于曲面 Σ 上过点 $M(x_0,y_0,z_0)$ 的任一曲线的切向量，则曲面 Σ 上过点 $M(x_0,y_0,z_0)$ 的所有曲线的切线在同一平面内，这个平面称为曲面 Σ 在点 $M(x_0,y_0,z_0)$ 处的切平面. 显然，切平面的法向量为

$$\boldsymbol{n}=(F_x(x_0,y_0,z_0),F_y(x_0,y_0,z_0),F_z(x_0,y_0,z_0))$$

向量 $\boldsymbol{n}$ 称为曲面 Σ 在点 $M(x_0,y_0,z_0)$ 处的**法向量**. 因此，切平面的方程为

$$F_x(x_0,y_0,z_0)(x-x_0)+F_y(x_0,y_0,z_0)(y-y_0)+F_z(x_0,y_0,z_0)(z-z_0)=0, \tag{10}$$

过点 $M(x_0,y_0,z_0)$ 且垂直于切平面的直线称为曲面在该点的**法线**，法线方程为

$$\frac{x-x_0}{F_x(x_0,y_0,z_0)}=\frac{y-y_0}{F_y(x_0,y_0,z_0)}=\frac{z-z_0}{F_z(x_0,y_0,z_0)}. \tag{11}$$

例 5　求球面 $x^2+y^2+z^2=14$ 在点(1,2,3) 处的切平面及法线方程.

解　设

$$F(x,y,z)=x^2+y^2+z^2-14,$$

由

$$F_x=2x,F_y=2y,F_z=2z,$$

得曲面在点(1,2,3) 处切平面的法向量

$$\boldsymbol{n}=(2,4,6),$$

故切平面方程为

$$2(x-1)+4(y-2)+6(z-3)=0,$$

或

$$x + 2y + 3z - 14 = 0,$$

法线方程为

$$\frac{x-1}{1} = \frac{y-2}{2} = \frac{z-3}{3}.$$

特别地,如果曲面 Σ 的方程为

$$\Sigma: z = f(x,y), \tag{12}$$

设

$$F(x,y,z) = f(x,y) - z,$$

则曲面在点 $M(x_0,y_0,z_0)$ 处的法向量为

$$\boldsymbol{n} = (f_x(x_0,y_0), f_y(x_0,y_0), -1),$$

曲面的切平面方程为

$$f_x(x_0,y_0)(x-x_0) + f_y(x_0,y_0)(y-y_0) - (z-z_0) = 0,$$

其中 $z_0 = f(x_0,y_0)$,移项得

$$z - z_0 = f_x(x_0,y_0)(x-x_0) + f_y(x_0,y_0)(y-y_0), \tag{13}$$

曲面在点 $M(x_0,y_0,z_0)$ 处的法线方程为

$$\frac{x-x_0}{f_x(x_0,y_0)} = \frac{y-y_0}{f_y(x_0,y_0)} = \frac{z-z_0}{-1}. \tag{14}$$

这里顺便指出,在公式(13)中,右边恰好是函数 $z = f(x,y)$ 在点 (x_0,y_0) 处的全微分,而左边是函数的增量.因此,函数 $z = f(x,y)$ 在点 (x_0,y_0) 处的全微分,在几何上表示曲面 $z = f(x,y)$ 在点 (x_0,y_0,z_0) 处的切平面上竖坐标的增量.

如果用 α,β,γ 表示曲面法向量的方向角,并假定法向量的方向是向上的,即法向量与 z 轴的正向所成的角 γ 为锐角,则法向量的方向余弦为

$$\cos\alpha = \frac{-f_x}{\sqrt{1+f_x^2+f_y^2}}, \quad \cos\beta = \frac{-f_y}{\sqrt{1+f_x^2+f_y^2}},$$

$$\cos\gamma = \frac{1}{\sqrt{1+f_x^2+f_y^2}},$$

这里,把 $f_x(x_0,y_0)$,$f_y(x_0,y_0)$ 分别简记为 f_x,f_y.

例 6 求旋转抛物面 $z = x^2 + y^2 - 1$ 在点(2,1,4)处的切平面及法线方程.

解 因为

$$z_x = 2x, z_y = 2y,$$

所以在点(2,1,4)处切平面的法向量

$$\boldsymbol{n} = (4,2,-1),$$

点(2,1,4)处的切平面方程为

$$4(x-2) + 2(y-1) - (z-4) = 0,$$

即

$$4x + 2y - z - 6 = 0,$$

点(2,1,4)处的法线方程为

$$\frac{x-2}{4} = \frac{y-1}{2} = \frac{z-4}{-1}.$$

例 7　求曲线 $\begin{cases} z = xy, \\ x + y + z = 3 \end{cases}$ 在点(1,1,1)处的切线方程.

解　曲面 $z = xy$ 在点(1,1,1)处的切平面方程为

$$x + y - z - 1 = 0,$$

由前面讨论知所求切线在切平面 $x + y - z - 1 = 0$ 上,又切线在平面 $x + y + z = 3$ 上,故所求切线方程为

$$\begin{cases} x + y - z - 1 = 0, \\ x + y + z = 3. \end{cases}$$

习　题　9.6

1. 求曲线 $x = \cos t, y = \sin t, z = t$ 在点(1,0,0)处的切线与法平面的方程.

2. 求曲线 $x = t - \sin t, y = 1 - \cos t, z = 4\sin\frac{t}{2}$ 在对应于 $t = \frac{\pi}{2}$ 的点处的切线与法平面方程.

3. 求曲线 $\begin{cases} y = x^2 - 1, \\ z = x^3 + x \end{cases}$ 在点(1,0,2)处的切线与法平面的方程.

4. 求曲线 $\begin{cases} x^2 + y^2 + z^2 - 3x = 0, \\ 2x - 3y + 5z - 4 = 0 \end{cases}$ 在点(1,1,1)处的切线与法平面的方程.

5. 求出曲线 $x = t, y = t^2, z = t^3$ 上的点,使在该点的切线平行于平面 $x + 2y + z = 4$.

6. 求曲面 $\ln(x + y) - z + xy = 1$ 在点(1,0,−1)处的切平面与法线方程.

7. 求曲面 $z = x^2 + y^2$ 的切平面,使该切平面与平面 $x - y + 2z = 0$ 平行.

8. 在曲面 $z = xy$ 上求一点,使该点处的法线垂直于平面 $x + 3y + z + 9 = 0$,并写出该法线的方程.

9. 求旋转椭球面 $3x^2 + y^2 + z^2 = 16$ 上点(−1,−2,3)处的切平面与 xOy 面的夹角的余弦.

10. 求曲线 $\begin{cases} y^2 = 2x, \\ z^2 = 1 - x \end{cases}$ 在点(0,0,1)处的切线与法平面的方程.

9.7　方向导数与梯度

9.7.1　方向导数

前面我们讨论了函数 $z = f(x,y)$ 的偏导数. 在点 $P(x_0, y_0)$ 处,z 对 x 的偏导数是函数沿 x 轴方向的变化率,z 对 y 的偏导数是函数沿 y 轴方向的变化率. 下面我们来讨论函数 $z = f(x,y)$ 在点 $P(x_0, y_0)$ 处沿任一方向的变化率,即**方向导数**.

定义 1　设函数 $z = f(x,y)$ 在点 $P(x_0, y_0)$ 的某邻域 $U(P_0)$ 内有定义,l 是以 $P(x_0, y_0)$ 为起点的一条射线(见图 9-7-1),$\boldsymbol{e}_l = (\cos\alpha, \cos\beta)$ 是与 l 同方向的单位向量,射线 l 的参数方程为

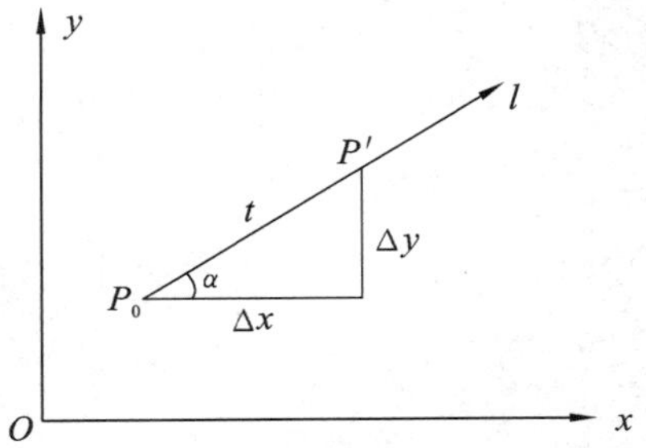

图 9-7-1

$$\begin{cases} x = x_0 + t\cos\alpha, \\ y = y_0 + t\cos\beta, \end{cases} \quad (t \geqslant 0)$$

$P'(x_0 + t\cos\alpha, y_0 + t\cos\beta)$ 为射线 l 上另一点，且 $P' \in U(P_0)$，如果函数增量

$$f(x_0 + t\cos\alpha, y_0 + t\cos\beta) - f(x_0, y_0)$$

与 P' 到 P_0 的距离 $|P'P_0| = t$ 的比值

$$\frac{f(x_0 + t\cos\alpha, y_0 + t\cos\beta) - f(x_0, y_0)}{t}$$

当 $t \to 0^+$（即 P' 沿着 l 趋于 P_0）时的极限存在，则称此极限为函数 $f(x,y)$ 在点 P_0 处沿方向 l 的方向导数，记作 $\left.\dfrac{\partial f}{\partial l}\right|_{(x_0,y_0)}$，即

$$\left.\frac{\partial f}{\partial l}\right|_{(x_0,y_0)} = \lim_{t\to 0^+} \frac{f(x_0 + t\cos\alpha, y_0 + t\cos\beta) - f(x_0, y_0)}{t}. \tag{1}$$

从方向导数的定义可知，方向导数 $\left.\dfrac{\partial f}{\partial l}\right|_{(x_0,y_0)}$ 就是函数 $f(x,y)$ 在点 $P_0(x_0,y_0)$ 处沿方向 l 的变化率.

如果函数 $z = f(x,y)$ 在点 $P_0(x_0,y_0)$ 处的偏导数存在，若射线 l 的方向 $\boldsymbol{e}_l = \boldsymbol{i} = (1,0)$，则方向导数

$$\left.\frac{\partial f}{\partial l}\right|_{(x_0,y_0)} = \lim_{t\to 0^+} \frac{f(x_0 + t, y_0) - f(x_0, y_0)}{t} = f_x(x_0, y_0);$$

又若射线 l 的方向 $\boldsymbol{e}_l = \boldsymbol{j} = (0,1)$，则方向导数

$$\left.\frac{\partial f}{\partial l}\right|_{(x_0,y_0)} = \lim_{t\to 0^+} \frac{f(x_0, y_0 + t) - f(x_0, y_0)}{t} = f_y(x_0, y_0).$$

需要注意的是，沿方向 $\boldsymbol{e}_l = \boldsymbol{i} = (1,0)$ 的方向导数 $\left.\dfrac{\partial f}{\partial l}\right|_{(x_0,y_0)}$ 存在，而偏导数 $\left.\dfrac{\partial f}{\partial x}\right|_{(x_0,y_0)}$ 未必存在；同样，沿方向 $\boldsymbol{e}_l = \boldsymbol{j} = (0,1)$ 的方向导数 $\left.\dfrac{\partial f}{\partial l}\right|_{(x_0,y_0)}$ 存在，而偏导数 $\left.\dfrac{\partial f}{\partial y}\right|_{(x_0,y_0)}$ 未必存在.

例如，函数 $z = f(x,y) = \sqrt{x^2 + y^2}$ 在点 $O(0,0)$ 处，射线 l 的方向 $\boldsymbol{e}_l = \boldsymbol{i} = (1,0)$，则方向导数 $\left.\dfrac{\partial f}{\partial l}\right|_{(0,0)} = 1$，而偏导数 $\left.\dfrac{\partial f}{\partial x}\right|_{(0,0)}$ 不存在.

关于方向导数 $\dfrac{\partial f}{\partial l}$ 的存在性及其计算，我们有下面的定理.

定理 1　如果函数 $z = f(x,y)$ 在点 $P(x_0,y_0)$ 处可微分，那么函数在该点处沿任一方向 $\boldsymbol{e}_l = (\cos\alpha, \cos\beta)$ 的方向导数都存在，且

$$\left.\frac{\partial f}{\partial l}\right|_{(x_0,y_0)} = f_x(x_0,y_0)\cos\alpha + f_y(x_0,y_0)\cos\beta. \tag{2}$$

证明　因为函数 $z = f(x,y)$ 在点 $P(x_0,y_0)$ 处可微分，函数的增量可以表示为

$$\begin{aligned} &f(x_0 + \Delta x, y_0 + \Delta y) - f(x_0, y_0) \\ &= f_x(x_0,y_0)\Delta x + f_y(x_0,y_0)\Delta y + o(\rho), \end{aligned}$$

其中 $\rho = \sqrt{(\Delta x)^2 + (\Delta y)^2}$. 由于点 $P'(x_0 + \Delta x, y_0 + \Delta y)$ 在以点 $P(x_0,y_0)$ 为起点的射线 l

上，所以 $\Delta x = t\cos\alpha, \Delta y = t\cos\beta$，则 $\rho = t$，于是

$$\begin{aligned}&\lim_{t\to 0^+}\frac{f(x_0+t\cos\alpha, y_0+t\cos\beta)-f(x_0,y_0)}{t}\\=&\lim_{t\to 0^+}\frac{f_x(x_0,y_0)\Delta x+f_y(x_0,y_0)\Delta y+o(t)}{t}\\=&f_x(x_0,y_0)\cos\alpha+f_y(x_0,y_0)\cos\beta,\end{aligned}$$

即有

$$\left.\frac{\partial f}{\partial l}\right|_{(x_0,y_0)}=f_x(x_0,y_0)\cos\alpha+f_y(x_0,y_0)\cos\beta.$$

例 1　求函数 $z=x^2e^{2y}$ 在点 $P(1,0)$ 处的方向导数，方向为点 $P(1,0)$ 到点 $Q(2,2)$.

解　因为 l 的方向向量为 $\overrightarrow{PQ}=(1,2)$，与 l 同方向的单位向量为 $\boldsymbol{e}_l=\left(\frac{1}{\sqrt{5}},\frac{2}{\sqrt{5}}\right)$，所以 l 的方向余弦为

$$\cos\alpha=\frac{1}{\sqrt{5}}, \cos\beta=\frac{2}{\sqrt{5}},$$

又由于

$$\left.\frac{\partial z}{\partial x}\right|_{(1,0)}=2x\,e^{2y}\big|_{(1,0)}=2,$$

$$\left.\frac{\partial z}{\partial y}\right|_{(1,0)}=2x^2\,e^{2y}\big|_{(1,0)}=2,$$

因此

$$\left.\frac{\partial z}{\partial l}\right|_{(1,0)}=2\times\frac{1}{\sqrt{5}}+2\times\frac{2}{\sqrt{5}}=\frac{6\sqrt{5}}{5}.$$

类似地，对于三元函数 $u=f(x,y,z)$，在空间一点 $P(x_0,y_0,z_0)$ 处沿方向 $\boldsymbol{e}_l=(\cos\alpha,\cos\beta,\cos\gamma)$ 的方向导数定义为

$$\left.\frac{\partial f}{\partial l}\right|_{(x_0,y_0,z_0)}=\lim_{t\to 0^+}\frac{f(x_0+t\cos\alpha, y_0+t\cos\beta, z_0+t\cos\gamma)-f(x_0,y_0,z_0)}{t}.$$

可以证明：如果 $f(x,y,z)$ 在点 $P_0(x_0,y_0,z_0)$ 处可微分，则函数在该点沿方向 $\boldsymbol{e}_l=(\cos\alpha,\cos\beta,\cos\gamma)$ 的方向导数为

$$\left.\frac{\partial f}{\partial l}\right|_{(x_0,y_0,z_0)}=f_x(x_0,y_0,z_0)\cos\alpha+f_y(x_0,y_0,z_0)\cos\beta+f_z(x_0,y_0,z_0)\cos\gamma.$$

例 2　求 $f(x,y,z)=xy+yz+zx$ 在点(1,1,2)沿射线 l 的方向导数，其中 l 的方向角分别为60°,45°,60°.

解　由题设知，与 l 同方向的单位向量为

$$\boldsymbol{e}_l=(\cos 60°,\cos 45°,\cos 60°)=\left(\frac{1}{2},\frac{\sqrt{2}}{2},\frac{1}{2}\right),$$

又

$$f_x(1,1,2)=3, f_y(1,1,2)=3, f_z(1,1,2)=2,$$

所以

$$\left.\frac{\partial f}{\partial l}\right|_{(1,1,2)}=3\times\frac{1}{2}+3\times\frac{\sqrt{2}}{2}+2\times\frac{1}{2}=\frac{1}{2}(5+3\sqrt{2}).$$

9.7.2　梯度

与方向导数相关联的一个概念是函数的梯度.先讨论二元函数的情形.

定义 2　设函数 $z=f(x,y)$ 在平面区域 D 内具有一阶连续偏导数,则对于平面区域 D 内的每一点 $P(x,y)$,都可以定义一个向量

$$\frac{\partial f}{\partial x}\boldsymbol{i}+\frac{\partial f}{\partial y}\boldsymbol{j},$$

称此向量为函数 $z=f(x,y)$ 在点 $P(x,y)$ 的**梯度**,记为 $\mathbf{grad}f(x,y)$,即

$$\mathbf{grad}f(x,y)=\frac{\partial f}{\partial x}\boldsymbol{i}+\frac{\partial f}{\partial y}\boldsymbol{j}=\left(\frac{\partial f}{\partial x},\frac{\partial f}{\partial y}\right).$$

下面研究梯度与方向导数的关系.

若函数 $z=f(x,y)$ 在点 $P(x,y)$ 处可微分,由前面讨论知,函数 $z=f(x,y)$ 在点 $P(x,y)$ 处沿方向 $\boldsymbol{e}_l=(\cos\alpha,\cos\beta)$ 的方向导数为

$$\begin{aligned}\frac{\partial f}{\partial l}&=\frac{\partial f}{\partial x}\cos\alpha+\frac{\partial f}{\partial y}\cos\beta,\\&=\left(\frac{\partial f}{\partial x},\frac{\partial f}{\partial y}\right)\cdot(\cos\alpha,\cos\beta)\\&=\mathbf{grad}f(x,y)\cdot\boldsymbol{e}_l\\&=|\mathbf{grad}f(x,y)|\cos\theta,\end{aligned}$$

其中,θ 为向量 $\mathbf{grad}f(x,y)$ 与$\boldsymbol{e}_l$ 的夹角.由此可以看出,当向量 $\boldsymbol{e}_l$ 的方向与梯度的方向一致时,有

$$\cos\theta=1,$$

此时方向导数$\frac{\partial f}{\partial l}$ 取得最大值,且为梯度的模 $|\mathbf{grad}f(x,y)|$.即方向导数沿梯度方向达到最大值,也就是说,梯度的方向是函数 $f(x,y)$ 在该点增长最快的方向,因此,我们可得到如下结论:

函数在某点的梯度是这样一个向量,它的方向与方向导数取得最大值的方向一致,而它的模为方向导数的最大值.

我们知道,二元函数 $z=f(x,y)$ 在几何上表示一个曲面,该曲面被平面 $z=c$(c 为常数)截得曲线 L,其方程为

$$\begin{cases}z=f(x,y),\\z=c.\end{cases}$$

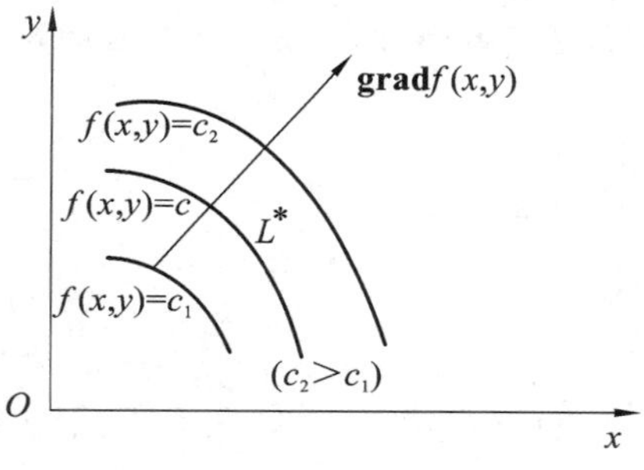

图 9-7-2

曲线 L 在xOy 面上的投影是一条平面曲线 L^*(见图 9-7-2),它在xOy 平面中的方程为

$$f(x,y)=c.$$

对于曲线 L^* 上的一切点,其函数值都是 c,所以我们称平面曲线 L^* 为函数 $z=f(x,y)$ 的一条**等值线**.

由于等值线 $f(x,y)=c$ 上的任一点 $P(x,y)$ 处的法线的斜率为

$$-\frac{1}{\frac{\mathrm{d}y}{\mathrm{d}x}}=-\frac{1}{\left(-\frac{f_x}{f_y}\right)}=\frac{f_y}{f_x},$$

所以梯度

$$\frac{\partial f}{\partial x}\boldsymbol{i}+\frac{\partial f}{\partial y}\boldsymbol{j}$$

为等值线上点 P 处的法线向量.因此,我们可得到梯度与等值线的下述关系:函数 $z=f(x,y)$ 在点 $P(x,y)$ 的梯度方向与过点 P 的等值线 $f(x,y)=c$ 在该点的法线的一个方向相同,且从数值较低的等值线指向数值较高的等值线(见图 9-7-2),而梯度的模等于函数在这个法线方向的方向导数,这个法线方向就是方向导数取得最大值的方向.

梯度的概念可以类似地推广到三元函数的情形.

定义 3　设函数 $u=f(x,y,z)$ 在空间某区域 Ω 具有一阶连续偏导数,则对于空间区域 Ω 内的每一点 $P(x,y,z)$,都可以定义一个向量

$$\frac{\partial f}{\partial x}\boldsymbol{i}+\frac{\partial f}{\partial y}\boldsymbol{j}+\frac{\partial f}{\partial z}\boldsymbol{k},$$

称此向量为函数 $u=f(x,y,z)$ 在点 $P(x,y,z)$ 的**梯度**,记为 $\mathbf{grad}f(x,y,z)$,即

$$\mathbf{grad}f(x,y,z)=\frac{\partial f}{\partial x}\boldsymbol{i}+\frac{\partial f}{\partial y}\boldsymbol{j}+\frac{\partial f}{\partial z}\boldsymbol{k}.$$

与二元函数的情形完全类似,三元函数的梯度也是这样一个向量,它的方向与方向导数取得最大值的方向一致,而它的模为方向导数的最大值.

如果我们引进曲面

$$f(x,y,z)=c,$$

则此曲面为函数 $u=f(x,y,z)$ 的**等值面**,同样可以得到,函数 $u=f(x,y,z)$ 在点 $P(x,y,z)$ 处的梯度方向与过点 P 的等值面 $f(x,y,z)=c$ 在该点的法线的一个方向相同,且从数值较低的等值面指向数值较高的等值面,而梯度的模等于函数在这个法线方向的方向导数.

例 3　求 $\mathbf{grad}\,\frac{1}{x^2+y^2}$.

解　因为

$$f(x,y)=\frac{1}{x^2+y^2},$$

所以

$$\frac{\partial f}{\partial x}=-\frac{2x}{(x^2+y^2)^2},\frac{\partial f}{\partial y}=-\frac{2y}{(x^2+y^2)^2},$$

于是

$$\mathbf{grad}\,\frac{1}{x^2+y^2}=-\frac{2x}{(x^2+y^2)^2}\boldsymbol{i}-\frac{2y}{(x^2+y^2)^2}\boldsymbol{j}.$$

例 4　设 $f(x,y,z)=3x^2-2y+xz$,求 $\mathbf{grad}f(1,2,-1)$.

解　因为

$$\frac{\partial f}{\partial x}=6x+z,\frac{\partial f}{\partial y}=-2,\frac{\partial f}{\partial z}=x,$$

所以在点$(1,2,-1)$处

$$\frac{\partial f}{\partial x}=5,\frac{\partial f}{\partial y}=-2,\frac{\partial f}{\partial z}=1,$$

于是

$$\mathbf{grad}f(1,2,-1)=5\boldsymbol{i}-2\boldsymbol{j}+\boldsymbol{k}.$$

习 题 9.7

1. 求函数 $u=x^2+y^2$ 在点(1,2)处沿从点(1,2)到点$(2,2+\sqrt{3})$的方向的方向导数.

2. 求函数 $u=xy^2+z^3-xyz$ 在点(1,1,2)处沿方向角为 $\alpha=\frac{\pi}{3},\beta=\frac{\pi}{4},\gamma=\frac{\pi}{3}$ 的方向的方向导数.

3. 求函数 $u=xy^3z$ 在点(5,1,2)处沿点 $A(5,1,2)$ 到点 $B(9,4,14)$ 的方向导数.

4. 求函数 $z=1-\left(\frac{x^2}{a^2}+\frac{y^2}{b^2}\right)$在点$\left(\frac{a}{\sqrt{2}},\frac{b}{\sqrt{2}}\right)$处沿曲线$\frac{x^2}{a^2}+\frac{y^2}{b^2}=1$在该点的内法线方向的方向导数.

5. 设 $f(x,y,z)=x^2+2y^2+3z^2+xy-2y-6z$,求 $\mathbf{grad}f(0,0,0)$ 及 $\mathbf{grad}f(1,1,1)$.

6. 求函数 $z=x^2-xy+y^2$ 在点(1,1)处沿方向余弦为 $\cos\alpha,\cos\beta$ 的方向的方向导数,并指出:

(1) 沿什么方向的方向导数最大?

(2) 沿什么方向的方向导数最小?

(3) 沿什么方向的方向导数为零?

7. 设函数 $u(x,y,z),v(x,y,z)$ 在任一点处都存在连续的偏导数,证明:

(1) $\mathbf{grad}(u+v)=\mathbf{grad}u+\mathbf{grad}v$;

(2) $\mathbf{grad}(uv)=v\mathbf{grad}u+u\mathbf{grad}v$;

(3) $\mathbf{grad}(u^2)=2u\mathbf{grad}u$.

9.8 多元函数的极值

在实际问题中,往往会遇到多元函数的最大值、最小值问题.与一元函数的情形相类似,多元函数的最大值、最小值与极大值、极小值有着密切的联系,因此本节中我们以二元函数为例,先讨论多元函数的极值,再讨论多元函数的最大值和最小值,最后介绍拉格朗日乘数法并利用拉格朗日乘数法求条件极值.

9.8.1 多元函数的极值

定义 1 设函数 $z=f(x,y)$ 在点(x_0,y_0)的某邻域内有定义,如果对于该邻域内任意异于(x_0,y_0)的点(x,y),有

$$f(x,y)<f(x_0,y_0),$$

则称 $f(x_0,y_0)$为函数的**极大值**,点(x_0,y_0)为函数的极大值点;如果

$$f(x,y)>f(x_0,y_0),$$

则称 $f(x_0,y_0)$为函数的**极小值**,点(x_0,y_0)为函数的极小值点.极大值与极小值统称为函数的

极值. 极大值点与极小值点统称为函数的**极值点**.

例 1　设函数 $z=2x^2+3y^2$，显然在点 $(0,0)$ 处函数值为零，而在点 $(0,0)$ 的任一邻域内，对异于 $(0,0)$ 的点，函数值都大于零，所以函数 $z=2x^2+3y^2$ 在点 $(0,0)$ 处取得极小值，且极小值为零. 从几何上看结论显然成立，因为点 $(0,0,0)$ 是开口向上的椭圆抛物面 $z=2x^2+3y^2$ 的顶点(见图 9-8-1).

例 2　设函数 $z=-\sqrt{x^2+y^2}$，显然在点 $(0,0)$ 处函数值为零，而在点 $(0,0)$ 的任一邻域内，对异于 $(0,0)$ 的点，函数值都小于零，所以函数 $z=-\sqrt{x^2+y^2}$ 在点 $(0,0)$ 处取得极大值，且极大值为零. 从几何上看这也是显然的，因为半锥面 $z=-\sqrt{x^2+y^2}$ 的图形位于 xOy 面下方，而点 $(0,0,0)$ 是半锥面的顶点(见图 9-8-2).

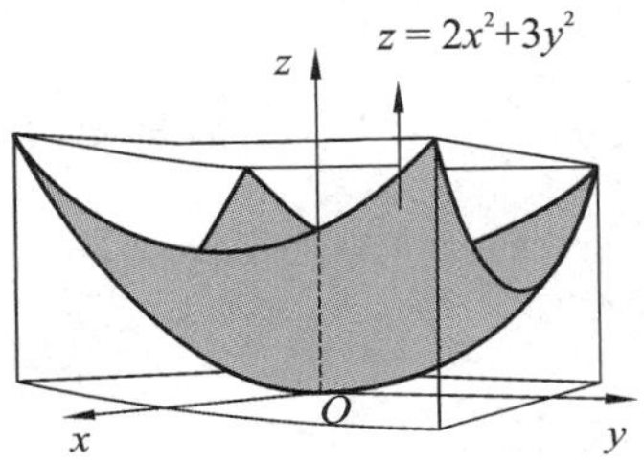

图 9-8-1

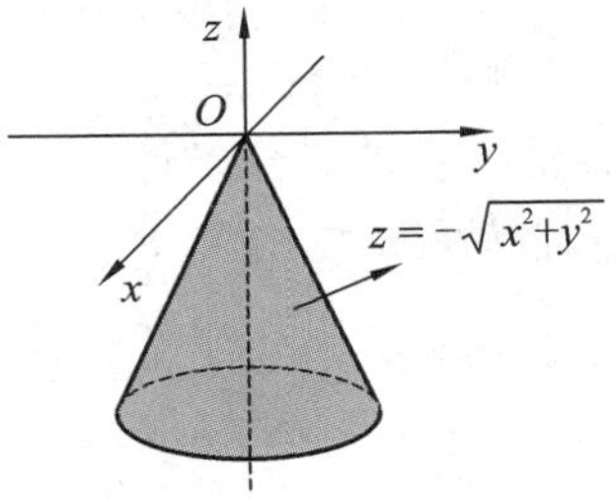

图 9-8-2

例 3　设函数 $z=y^2-x^2$，显然在点 $(0,0)$ 处函数值为零，而在点 $(0,0)$ 的任一邻域内，对异于 $(0,0)$ 的点函数值可正可负，所以函数 $z=y^2-x^2$ 在点 $(0,0)$ 处无极值. 从几何上看结论显然成立，因为点 $(0,0,0)$ 是双曲抛物面 $z=y^2-x^2$ 的顶点(见图 9-8-3).

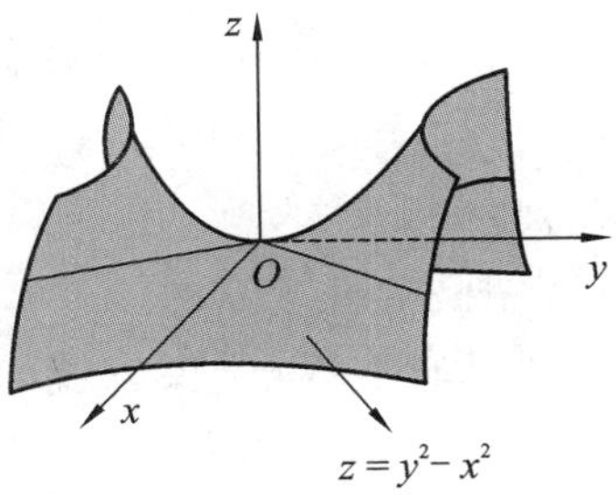

图 9-8-3

前面我们利用导数求一元函数的极值，类似地，我们也可以利用偏导数来求二元函数的极值.

设二元函数 $z=f(x,y)$ 在点 (x_0,y_0) 处取得极值，固定 $y=y_0$，则一元函数 $z=f(x,y_0)$ 在 $x=x_0$ 处也取得相同的极值；同理，固定 $x=x_0$，一元函数 $z=f(x_0,y)$ 在 $y=y_0$ 处也取得相同的极值. 因此，由一元函数极值存在的必要条件，我们可以得到二元函数极值存在的必要条件.

定理 1(极值存在的必要条件)　设函数 $z=f(x,y)$ 在点 (x_0,y_0) 处具有偏导数，且在 (x_0,y_0) 处有极值，则在该点的偏导数必然为零，即

$$f_x(x_0,y_0)=0,\quad f_y(x_0,y_0)=0.$$

此时曲面 $z=f(x,y)$ 在点 (x_0,y_0,z_0) 处的切平面

$$z-z_0=0$$

与 xOy 面平行.

类似地，如果三元函数 $u=f(x,y,z)$ 在点 (x_0,y_0,z_0) 处具有偏导数，且在 (x_0,y_0,z_0) 处取得极值，则

$$f_x(x_0,y_0,z_0)=0,\quad f_y(x_0,y_0,z_0)=0,\quad f_z(x_0,y_0,z_0)=0.$$

和一元函数类似，若点 (x_0,y_0) 为方程组

$$\begin{cases} f_x(x,y)=0, \\ f_y(x,y)=0 \end{cases}$$

的解，则称点(x_0,y_0)为函数$z=f(x,y)$的**驻点**.

例1中，函数$z=2x^2+3y^2$在点$(0,0)$处的偏导数存在，且取得极值，由定理1知，点$(0,0)$为函数的驻点.

例2中，函数$z=-\sqrt{x^2+y^2}$在点$(0,0)$处的偏导数不存在，但函数取得极大值，因此，偏导数不存在的点也可能是极值点.

例3中，点$(0,0)$为函数$z=y^2-x^2$的驻点，但函数在该点处无极值，因此，驻点只是可能极值点.

由上面的讨论可知，驻点可能是函数的极值点，也可能不是函数的极值点，那么如何判别一个驻点是否为函数的极值点呢？

定理2(**极值存在的充分条件**) 设函数$z=f(x,y)$在点(x_0,y_0)的某邻域内连续，且具有一阶和二阶连续偏导数，又

$$f_x(x_0,y_0)=0, \quad f_y(x_0,y_0)=0,$$

记

$$f_{xx}(x_0,y_0)=A, \quad f_{xy}(x_0,y_0)=B, \quad f_{yy}(x_0,y_0)=C.$$

(1) 若$B^2-AC<0$，则函数$z=f(x,y)$在点(x_0,y_0)处取得极值，且当$A<0$时为极大值，当$A>0$时为极小值；

(2) 若$B^2-AC>0$，则函数$z=f(x,y)$在点(x_0,y_0)处没有极值；

(3) 若$B^2-AC=0$，则函数$z=f(x,y)$在点(x_0,y_0)处可能有极值，也可能没有极值，需另作判断.

定理2的证明从略.

利用定理1和定理2，我们可以得到函数$z=f(x,y)$求极值步骤：

第1步 求函数$z=f(x,y)$的偏导数，解方程组

$$f_x(x,y)=0, \quad f_y(x,y)=0,$$

求得驻点；

第2步 求函数$z=f(x,y)$的二阶偏导数，对每个驻点(x_0,y_0)，求出二阶偏导数的值A，B和C；

第3步 确定B^2-AC的符号，按定理2判别$f(x_0,y_0)$是否为极值，若为极值，是极大值还是极小值，并计算出它的值.

例4 求函数$z=x^3-y^3+3x^2+3y^2-9x$的极值.

解 求函数的偏导数，解方程组

$$\begin{cases} f_x(x,y)=3x^2+6x-9=0, \\ f_y(x,y)=-3y^2+6y=0, \end{cases}$$

求得驻点$(1,0)$，$(1,2)$，$(-3,0)$，$(-3,2)$.

再求二阶导数

$$f_{xx}(x,y)=6x+6, \quad f_{xy}(x,y)=0, \quad f_{yy}(x,y)=-6y+6.$$

在点$(1,0)$处，

$$A = 12, B = 0, C = 6, \quad B^2 - AC = -12 \times 6 < 0,$$

又 $A = 12 > 0$，所以函数在 $(1,0)$ 处有极小值 $f(1,0) = -5$；

在点 $(1,2)$ 处，

$$A = 12, B = 0, C = -6, \quad B^2 - AC = -12 \times (-6) > 0,$$

所以函数在 $(1,2)$ 处没有极值；

在点 $(-3,0)$ 处，

$$A = -12, B = 0, C = 6, \quad B^2 - AC = -(-12) \times 6 > 0,$$

所以函数在 $(-3,0)$ 处没有极值；

在点 $(-3,2)$ 处，

$$A = -12, B = 0, C = -6, \quad B^2 - AC = -(-12) \times (-6) < 0,$$

又 $A = -12 < 0$，所以函数在 $(-3,2)$ 处有极大值 $f(-3,2) = 31$.

9.8.2 多元函数的最大值和最小值

与一元函数相类似，我们可以利用函数的极值来求函数的最大值和最小值.

在本章 9.1 节我们已经指出，如果函数 $z = f(x,y)$ 在有界闭区域 D 上连续，则函数在区域 D 上必能取得最大值和最小值，取得函数最大值和最小值的点可能在区域 D 的内部，也可能在区域 D 的边界上. 与一元函数的最值问题一样，求函数 $z = f(x,y)$ 在 D 上的最大值与最小值的步骤是：

(1) 求出函数 $z = f(x,y)$ 在 D 内的所有驻点及偏导数不存在的点处的函数值；

(2) 求出函数 $z = f(x,y)$ 在 D 的边界上的最大值与最小值；

(3) 将上述函数值与边界上的最大值及最小值进行比较，最大者即为最大值，最小者即为最小值.

特别地，如果可微函数 $f(x,y)$ 在 D 内只有唯一的驻点，又根据问题的实际意义知其最大值或最小值存在且在 D 内取得，则该驻点处的函数值就是所求的最大值或最小值.

例 5 求 $f(x,y) = 3x^2 + 3y^2 - 2x^3$ 在区域 $D = \{(x,y) \mid x^2 + y^2 \leqslant 2\}$ 上的最大值与最小值.

解 解方程组

$$\begin{cases} f_x(x,y) = 6x - 6x^2 = 0, \\ f_y(x,y) = 6y = 0, \end{cases}$$

得驻点 $(0,0)$ 与 $(1,0)$，两驻点在 D 的内部，且 $f(0,0) = 0, f(1,0) = 1$.

下面求函数 $f(x,y) = 3x^2 + 3y^2 - 2x^3$ 在边界 $x^2 + y^2 = 2$ 上的最大值与最小值. 由方程 $x^2 + y^2 = 2$ 解出 $y^2 = 2 - x^2 (-\sqrt{2} \leqslant x \leqslant \sqrt{2})$，代入 $f(x,y)$ 可得

$$g(x) = 6 - 2x^3, \quad -\sqrt{2} \leqslant x \leqslant \sqrt{2}.$$

因为 $g'(x) = -6x^2 \leqslant 0$，于是 $g(x) = 6 - 2x^3$ 在 $[-\sqrt{2}, \sqrt{2}]$ 上单调减少，所以 $g(x)$ 在 $x = -\sqrt{2}$（此时 $y = 0$）处有最大值 $g(-\sqrt{2}) = 6 + 4\sqrt{2}$，$g(x)$ 在 $x = \sqrt{2}$（此时 $y = 0$）处有最小值 $g(\sqrt{2}) = 6 - 4\sqrt{2}$，即 $f(x,y)$ 在边界上有最大值 $f(-\sqrt{2}, 0) = 6 + 4\sqrt{2}$，最小值 $f(\sqrt{2}, 0) = 6 - 4\sqrt{2}$.

将 $f(x,y)$ 在 D 内驻点处的函数值与边界上的最大值及最小值比较，得 $f(x,y)$ 在区域 D 上的最大值为 $f(-\sqrt{2}, 0) = 6 + 4\sqrt{2}$，最小值为 $f(0,0) = 0$.

例 6 某厂要用铁板做成一个体积为 2 m^3 的有盖长方体水箱,问当长、宽、高各取怎样的尺寸时,才能用料最省.

解 设水箱的长为 x,宽为 y,则其高为$\frac{2}{xy}$,此时水箱所用材料的面积

$$A=2\left(xy+y\cdot\frac{2}{xy}+x\cdot\frac{2}{xy}\right)$$
$$=2\left(xy+\frac{2}{x}+\frac{2}{y}\right),$$

其中 $x>0,y>0$,可见材料的面积 A 是 x 和 y 的二元函数. 于是,问题归结为求这个函数的最小值. 解方程组

$$\begin{cases}A_x=2\left(y-\dfrac{2}{x^2}\right)=0,\\A_y=2\left(x-\dfrac{2}{y^2}\right)=0,\end{cases}$$

得驻点 $(\sqrt[3]{2},\sqrt[3]{2})$.

根据题意可知,在区域 $D=\{(x,y)\mid x>0,y>0\}$ 内,水箱所用材料面积的最小值一定存在,又函数在 D 内驻点唯一,因此当 $x=\sqrt[3]{2}$ m,$y=\sqrt[3]{2}$ m 时,所用材料面积 A 取得最小值,此时高为$\frac{2}{\sqrt[3]{2}\times\sqrt[3]{2}}$ m $=\sqrt[3]{2}$ m.

从这个例子可以看出,在体积一定的长方体中,以立方体的表面积为最小.

例 7 设 q_1 为商品 A 的需求量,q_2 为商品 B 的需求量,其需求函数分别为

$$q_1=16-2p_1+4p_2,q_2=20+4p_1-10p_2,$$

总成本函数

$$C=3q_1+2q_2,$$

其中 p_1,p_2 分别为商品 A 和 B 的价格,试问价格 p_1,p_2 取何值时利润最大?

解 依题意可得总成本函数为

$$C=88+2p_1-8p_2,$$

总收益函数

$$R=p_1q_1+p_2q_2$$
$$=-2p_1^2+8p_1p_2-10p_2^2+16p_1+20p_2,$$

所以总利润函数

$$L=R-C$$
$$=-2p_1^2+8p_1p_2-10p_2^2+14p_1+28p_2-88,$$

显然 $p_1>0,p_2>0$. 解方程组

$$\begin{cases}L_{p_1}=14-4p_1+8p_2=0,\\L_{p_2}=28+8p_1-20p_2=0,\end{cases}$$

得驻点 $p_1=31.5,p_2=14$. 依题意,在区域 $D=\{(p_1,p_2)\mid p_1>0,p_2>0\}$ 内利润可取得最大值,又函数在 D 内只有唯一的驻点,因此该驻点即为所求利润的最大值点,从而当价格 $p_1=31.5,p_2=14$ 时,利润可取得最大值,而此时的产量为

$$q_1=9,\quad q_2=6.$$

9.8.3 条件极值

上面我们讨论了函数的极值，对于函数的自变量，除了限制在函数的定义域内以外，并无其他条件约束，这类极值我们称为**无条件极值**. 但在实际问题中，有时还要对函数的自变量加以限制，给出附加条件，这类极值称为**条件极值**.

例如，求表面积为 a^2 而体积最大的长方体的体积问题. 设长方体的长、宽、高分别为 x,y,z，则体积

$$V = xyz,$$

因为表面积为 a^2，所以自变量 x,y,z 还满足附加条件

$$2(xy + yz + zx) = a^2.$$

像这种对自变量有附加条件的极值问题就是条件极值. 对于有些实际问题，可以把条件极值化为无条件极值，再加以解决. 例如上述问题，可由条件 $2(xy + yz + zx) = a^2$，将 z 用 x,y 表示成

$$z = \frac{a^2 - 2xy}{2(x+y)},$$

再代入 $V = xyz$ 中，于是问题转化为

$$V = \frac{xy(a^2 - 2xy)}{2(x+y)}$$

的无条件极值. 但在很多情况下，希望将条件极值转化为无条件极值，问题常常并不这样简单，于是就有我们下面要介绍的利用拉格朗日乘数法求条件极值.

首先给出函数(称为目标函数)

$$z = f(x,y) \tag{1}$$

在

$$\varphi(x,y) = 0 \tag{2}$$

的条件(称为约束条件)下取得极值的必要条件.

设点 (x_0,y_0) 是条件极值点，即在满足

$$\varphi(x_0,y_0) = 0 \tag{3}$$

的条件下，函数 $z = f(x,y)$ 在点 (x_0,y_0) 处取得极值. 又设函数 $f(x,y)$，$\varphi(x,y)$ 在点 (x_0,y_0) 的某邻域内一阶偏导数连续，且 $\varphi_y(x_0,y_0) \neq 0$，则由隐函数存在定理可知，方程 $\varphi(x,y) = 0$ 确定一个单值可导且具有连续导数的函数 $y = \psi(x)$，将其代入函数 $z = f(x,y)$，得

$$z = f[x,\psi(x)]. \tag{4}$$

由于函数 $z = f(x,y)$ 在点 (x_0,y_0) 取得极值，所以函数 $z = f[x,\psi(x)]$ 在 $x = x_0$ 处也取得极值. 又由一元函数取得极值的必要条件，有

$$\left.\frac{\mathrm{d}z}{\mathrm{d}x}\right|_{x=x_0} = f_x(x_0,y_0) + f_y(x_0,y_0)\cdot\left.\frac{\mathrm{d}y}{\mathrm{d}x}\right|_{x=x_0} = 0. \tag{5}$$

而由 $\varphi(x,y) = 0$，用隐函数求导公式，有

$$\left.\frac{\mathrm{d}y}{\mathrm{d}x}\right|_{x=x_0} = -\frac{\varphi_x(x_0,y_0)}{\varphi_y(x_0,y_0)},$$

代入式(5)，得

$$f_x(x_0,y_0)-f_y(x_0,y_0)\frac{\varphi_x(x_0,y_0)}{\varphi_y(x_0,y_0)}=0. \tag{6}$$

设

$$\frac{f_y(x_0,y_0)}{\varphi_y(x_0,y_0)}=-\lambda,$$

则有函数 $z=f(x,y)$ 在 $\varphi(x,y)=0$ 的条件下取得极值的必要条件

$$\begin{cases}f_x(x_0,y_0)+\lambda\varphi_x(x_0,y_0)=0,\\ f_y(x_0,y_0)+\lambda\varphi_y(x_0,y_0)=0,\\ \varphi(x_0,y_0)=0.\end{cases} \tag{7}$$

容易看出，式(7)中的前两式的左端正是函数

$$F(x,y)=f(x,y)+\lambda\varphi(x,y)$$

的两个偏导数在点 (x_0,y_0) 处的值，其中 λ 是一个待定常数.

由以上讨论，我们得到以下结论：

拉格朗日乘数法 要找函数 $z=f(x,y)$ 在条件 $\varphi(x,y)=0$ 下的可能极值点，可以先构造函数（**拉格朗日函数**）

$$F(x,y)=f(x,y)+\lambda\varphi(x,y),$$

其中 λ 为待定参数. 对 x,y 与 λ 求一阶偏导数，并使之为零，得

$$\begin{cases}f_x(x,y)+\lambda\varphi_x(x,y)=0,\\ f_y(x,y)+\lambda\varphi_y(x,y)=0,\\ \varphi(x,y)=0.\end{cases} \tag{8}$$

解联立方程，若点 (x_0,y_0) 满足方程，则点 (x_0,y_0) 就是函数 $z=f(x,y)$ 在满足 $\varphi(x,y)=0$ 的条件下的可能极值点.

这种方法还可以推广到自变量多于两个而条件多于一个的情形. 例如，要求函数

$$u=f(x,y,z)$$

在

$$\varphi(x,y,z)=0,\quad \psi(x,y,z)=0 \tag{9}$$

的条件下的极值，可以先构造拉格朗日函数

$$F(x,y,z)=f(x,y,z)+\lambda\varphi(x,y,z)+\mu\psi(x,y,z),$$

其中 λ,μ 均为参数，求其一阶偏导数，并使之为零，解联立方程，这样得出的 x,y,z 就是可能极值点的坐标.

至于所求得的点是否为极值点，在实际问题中往往可根据问题本身的性质来判定.

例 8 设销售收入 R（单位：万元）与花费在两种广告宣传上的费用 x,y（单位：万元）之间的关系为

$$R=\frac{200x}{x+5}+\frac{100y}{y+10},$$

利润额相当于五分之一的销售收入，并要扣除广告费用，已知广告费用总预算金是 25 万元，试问如何分配两种广告费用才能使利润最大？

解 依题意，问题就是在条件

$$\varphi(x,y)=x+y-25=0$$

下,求函数

$$L=\frac{1}{5}R-x-y=\frac{40x}{x+5}+\frac{20y}{y+10}-x-y$$

的最大值.构造拉格朗日函数

$$F(x,y)=\frac{40x}{x+5}+\frac{20y}{10+y}-x-y+\lambda(x+y-25),$$

令

$$F_x=\frac{200}{(5+x)^2}-1+\lambda=0,$$

$$F_y=\frac{200}{(10+y)^2}-1+\lambda=0,$$

$$F_\lambda=x+y-25=0.$$

解联立方程组,得 $x=15,y=10$.根据问题本身的性质及驻点的唯一性可知,当投入两种广告的费用分别为 15 万元和 10 万元时,可使利润最大.

例 9 求表面积为 a^2 而体积最大的长方体的体积.

解 设长方体的长、宽、高分别为 x,y,z,则问题就是在

$$\varphi(x,y,z)=2(xy+yz+zx)-a^2=0$$

的条件下,求函数

$$V=xyz(x>0,y>0,z>0)$$

的最大值.构造拉格朗日函数

$$F(x,y,z)=xyz+\lambda(2xy+2yz+2zx-a^2),$$

令

$$F_x=yz+2\lambda(y+z)=0,$$

$$F_y=xz+2\lambda(x+z)=0,$$

$$F_z=xy+2\lambda(x+y)=0,$$

$$F_\lambda=2(xy+yz+zx)-a^2=0.$$

解方程组,由前三式可得

$$\frac{x}{y}=\frac{x+z}{y+z},\frac{y}{z}=\frac{x+y}{x+z},$$

于是有

$$x=y=z,$$

将上式代入第四式,得

$$x=y=z=\frac{\sqrt{6}}{6}a,$$

这是唯一驻点,因为由问题本身可知最大值一定存在,所以这个驻点就是最大值点.于是有结论:在表面积为 a^2 的长方体中,以棱长为$\frac{\sqrt{6}}{6}a$ 的正方体的体积最大,且最大体积为

$$V=\frac{\sqrt{6}}{36}a^3.$$

例 10 求函数 $z=x^2y(5-x-y)$在闭区域

$$D=\{(x,y)\mid x\geqslant 0,y\geqslant 0,x+y\leqslant 4\}$$

上的最大值和最小值.

解 求函数的一阶偏导数,且令

$$z_x=10xy-3x^2y-2xy^2=xy(10-3x-2y)=0,$$
$$z_y=5x^2-x^3-2x^2y=x^2(5-x-2y)=0,$$

得函数在闭区域 D 内的驻点$\left(\frac{5}{2},\frac{5}{4}\right)$.

再考虑闭区域 D 边界上的情况.在边界 $x=0(0\leqslant y\leqslant 4)$ 和 $y=0(0\leqslant x\leqslant 4)$ 上,函数 z 的值等于零;在边界 $x+y=4$ 上,构造拉格朗日函数

$$F(x,y)=x^2y(5-x-y)+\lambda(x+y-4),$$

$x>0,y>0$,令

$$F_x=10xy-3x^2y-2xy^2+\lambda=0,$$
$$F_y=5x^2-x^3-2x^2y+\lambda=0,$$
$$F_\lambda=x+y-4=0,$$

解得 $x=\frac{8}{3},y=\frac{4}{3}$,点$\left(\frac{8}{3},\frac{4}{3}\right)$在闭区域 D 的边界上.比较以上各函数值,得函数最大值在点$\left(\frac{5}{2},\frac{5}{4}\right)$处取得,且最大值为 $z=\frac{625}{64}$;函数最小值在边界 $x=0(0\leqslant y\leqslant 4)$ 和 $y=0(0\leqslant x\leqslant 4)$ 上取得,且最小值为 $z=0$.

习 题 9.8

1. 求下列函数的极值:

(1) $f(x,y)=x^2+y^2-xy-2x-y+3$;
(2) $f(x,y)=4(x-y)-x^2-y^2$;
(3) $f(x,y)=(6x-x^2)(4y-y^2)$;
(4) $f(x,y)=e^{2x}(x+y^2+2y)$.

2. 求函数 $z=xy$ 在条件 $x+y=1$ 下的极大值.

3. 从斜边之长为 l 的一切直角三角形中,求有最大周长的直角三角形.

4. 要造一个容积等于定数 k 的长方形无盖水池,应如何选择水池的尺寸,才能使它的表面积最小?

5. 将周长为 $2p$ 的矩形绕它的一边旋转而构成一个圆柱体,问矩形的边长各为多少时,才能使圆柱体的体积最大.

6. 某工厂生产两种产品 A 与 B,出售单价分别为 10 元和 9 元,生产 x 单位的产品 A 与生产 y 单位的产品 B 的总费用是:

$$400+2x+3y+0.01(3x^2+xy+3y^2),$$

求取得最大利润时,两种产品的产量各为多少.

7. 设生产某种产品的数量与所用两种原料 A,B 的数量 x,y 间有关系式

$$P(x,y)=0.005x^2y,$$

欲用 150 元购料,已知 A,B 原料的单价分别为 1 元、2 元,问购进两种原料各为多少,可使生产的数量最大?

小　　结

一、基本要求

(1) 理解多元函数的概念,会求多元函数的定义域.

(2) 了解二元函数的极限与连续性的概念,以及有界闭区域上连续函数的性质.

(3) 掌握二元函数偏导数和全微分的概念,会求偏导数及全微分,了解全微分存在的必要条件和充分条件,了解全微分形式的不变性.

(4) 理解方向导数与梯度的概念并掌握其计算方法.

(5) 掌握多元复合函数一阶、二阶偏导数的求法.

(6) 会求隐函数(包括由方程组确定的隐函数)的偏导数.

(7) 了解曲线的切线和法平面及曲面的切平面和法线的概念,会求它们的方程.

(8) 理解多元函数极值和条件极值的概念,掌握多元函数极值存在的必要条件,了解二元函数极值存在的充分条件,会求二元函数的极值,会用拉格朗日乘数法求条件极值,会求简单多元函数的最大值和最小值,并会解决一些简单的应用问题.

二、基本内容

(一) 基本概念

1. 二元函数的概念

设 D 是 $\mathbf{R}^2$ 的一个非空点集,如果对于 D 内的任意一点 (x,y),按照某种法则 f,都有唯一确定的实数 z 与之对应,则称 f 是 D 上的二元函数,它在 (x,y) 处的函数值记为 $f(x,y)$,即

$$z=f(x,y),$$

其中 x,y 称为自变量,z 称为因变量,点集 D 称为函数的定义域,点集 $\{z\,|\,z=f(x,y),(x,y)\in D\}$ 称为函数的值域.

2. 二元函数的极限

设函数 $z=f(x,y)$ 的定义域为 D,点 $P_0(x_0,y_0)$ 为 D 的内点或边界点.如果点 $P(x,y)\in D$ 且 $x\to x_0,y\to y_0$(即点 $P(x,y)$ 无限趋近于点 $P_0(x_0,y_0)$)时,函数 $z=f(x,y)$ 无限趋近于一个确定的常数 A,则称 A 为函数 $z=f(x,y)$ 在 $(x,y)\to(x_0,y_0)$ 时的极限,记为

$$\lim_{\substack{x\to x_0\\ y\to y_0}} f(x,y)=A.$$

3. 二元函数的连续性

设函数 $z=f(x,y)$ 在 D 中有定义,如果

(1) $f(x,y)$ 在 $P_0(x_0,y_0)$ 处有定义;

(2) 当点 $P(x,y)\in D$ 且 $x\to x_0,y\to y_0$ 时,函数的极限存在,即 $\lim\limits_{\substack{x\to x_0\\ y\to y_0}} f(x,y)$ 存在;

(3) $\lim\limits_{\substack{x\to x_0\\ y\to y_0}} f(x,y)=f(x_0,y_0)$,

则称函数 $z=f(x,y)$ 在点 $P_0(x_0,y_0)$ 处连续.

4. 二元函数的偏导数

设函数 $z=f(x,y)$ 在点 (x_0,y_0) 的某一邻域内有定义,如果

$$\lim_{\Delta x \to 0} \frac{f(x_0 + \Delta x, y_0) - f(x_0, y_0)}{\Delta x}$$

存在，则称此极限为函数 $z = f(x,y)$ 在点(x_0, y_0) 对 x 的偏导数，记作

$$\left.\frac{\partial z}{\partial x}\right|_{\substack{x=x_0\\y=y_0}}, \left.\frac{\partial f}{\partial x}\right|_{\substack{x=x_0\\y=y_0}}, \left.z_x\right|_{\substack{x=x_0\\y=y_0}} \text{ 或 } f_x(x_0, y_0),$$

即

$$f_x(x_0, y_0) = \lim_{\Delta x \to 0} \frac{f(x_0 + \Delta x, y_0) - f(x_0, y_0)}{\Delta x}.$$

类似地，函数 $z = f(x,y)$ 在点(x_0, y_0) 处对 y 的偏导数定义为

$$\lim_{\Delta y \to 0} \frac{f(x_0, y_0 + \Delta y) - f(x_0, y_0)}{\Delta y},$$

记作 $\left.\frac{\partial z}{\partial y}\right|_{\substack{x=x_0\\y=y_0}}, \left.\frac{\partial f}{\partial y}\right|_{\substack{x=x_0\\y=y_0}}, \left.z_y\right|_{\substack{x=x_0\\y=y_0}}$ 或 $f_y(x_0, y_0)$.

5. 二元函数的全微分

如果函数 $z = f(x,y)$ 在点(x,y) 处的全增量

$$\Delta z = f(x + \Delta x, y + \Delta y) - f(x,y)$$

可以表示为

$$\Delta z = A\Delta x + B\Delta y + o(\rho),$$

其中 A,B 不依赖于 $\Delta x,\Delta y$,仅与 x,y 有关,$\rho = \sqrt{(\Delta x)^2 + (\Delta y)^2}$,此时称函数 $z = f(x,y)$ 在点(x,y) 处可微分,$A\Delta x + B\Delta y$ 称为函数 $z = f(x,y)$ 在点(x,y) 处的全微分,记为 $\mathrm{d}z$,即

$$\mathrm{d}z = A\Delta x + B\Delta y = A\mathrm{d}x + B\mathrm{d}y.$$

函数 $z = f(x,y)$ 在点(x,y) 处可微分,则 $\mathrm{d}z = \frac{\partial z}{\partial x}\Delta x + \frac{\partial z}{\partial y}\Delta y$.

6. 二元函数的方向导数

设函数 $z = f(x,y)$ 在点 $P(x_0, y_0)$ 的某个邻域内有定义,则函数 $f(x,y)$ 在点 P_0 沿方向 l 的方向导数定义为

$$\left.\frac{\partial f}{\partial l}\right|_{(x_0, y_0)} = \lim_{t \to 0^+} \frac{f(x_0 + t\cos\alpha, y_0 + t\cos\beta) - f(x_0, y_0)}{t}.$$

其中 $t = \sqrt{(\Delta x)^2 + (\Delta y)^2}$,$\Delta x = t\cos\alpha$,$\Delta y = t\cos\beta$.

当函数 $z = f(x,y)$ 在点 $P(x,y)$ 可微分,有

$$\frac{\partial f}{\partial l} = \frac{\partial f}{\partial x}\cos\alpha + \frac{\partial f}{\partial y}\cos\beta,$$

其中 $\cos\alpha,\cos\beta$ 是方向 l 的方向余弦.

7. 二元函数的梯度

设函数 $z = f(x,y)$ 在xOy 平面(或平面的某一部分) 具有一阶连续偏导数,则对于平面(或平面的已知部分) 的每一点 $P(x,y)$ 都可定义一个向量

$$\frac{\partial f}{\partial x}\boldsymbol{i} + \frac{\partial f}{\partial y}\boldsymbol{j},$$

这个向量称为函数 $z = f(x,y)$ 在点 $P(x,y)$ 的梯度,记为 $\mathbf{grad}f(x,y)$,即

$$\mathbf{grad} f(x,y)=\frac{\partial f}{\partial x}\boldsymbol{i}+\frac{\partial f}{\partial y}\boldsymbol{j}.$$

梯度与方向导数的关系：

$$\begin{aligned}\frac{\partial f}{\partial l}&=\frac{\partial f}{\partial x}\cos\alpha+\frac{\partial f}{\partial y}\cos\beta\\&=\left(\frac{\partial f}{\partial x},\frac{\partial f}{\partial y}\right)\cdot(\cos\alpha,\cos\beta)\\&=\mathbf{grad} f(x,y)\cdot\boldsymbol{e}_l\\&=|\mathbf{grad} f(x,y)|\cos\langle\mathbf{grad} f(x,y),\boldsymbol{e}_l\rangle\end{aligned}$$

这里，$\langle\mathbf{grad} f(x,y),\boldsymbol{e}_l\rangle$ 表示向量 $\mathbf{grad} f(x,y)$ 与 $\boldsymbol{e}_l$ 的夹角. 由此可以看出，当方向 l 与梯度的方向一致时，有

$$\cos\langle\mathbf{grad} f(x,y),\boldsymbol{e}_l\rangle=1.$$

（二）复合函数与隐函数微分法

1. 多元复合函数微分法则

（1）如果函数 $u=u(t)$ 和 $v=v(t)$ 都在点 t 处可导，函数 $z=f(u,v)$ 在点 (u,v) 处具有连续偏导数，则复合函数 $z=f[u(t),v(t)]$ 在对应点 t 处也可导，并且它的导数可用下列公式计算：

$$\frac{\mathrm{d}z}{\mathrm{d}t}=\frac{\partial z}{\partial u}\frac{\mathrm{d}u}{\mathrm{d}t}+\frac{\partial z}{\partial v}\frac{\mathrm{d}v}{\mathrm{d}t}.$$

（2）如果函数 $u=u(x,y)$ 和 $v=v(x,y)$ 都在点 (x,y) 处有偏导数，函数 $z=f(u,v)$ 在点 (u,v) 处具有连续偏导数，则复合函数 $z=f[u(x,y),v(x,y)]$ 在对应点 (x,y) 处有对 x 及 y 的偏导数，且有

$$\frac{\partial z}{\partial x}=\frac{\partial z}{\partial u}\frac{\partial u}{\partial x}+\frac{\partial z}{\partial v}\frac{\partial v}{\partial x},$$

$$\frac{\partial z}{\partial y}=\frac{\partial z}{\partial u}\frac{\partial u}{\partial y}+\frac{\partial z}{\partial v}\frac{\partial v}{\partial y}.$$

（3）如果函数 $u=\varphi(x,y)$ 在点 (x,y) 具有对 x 及对 y 的偏导数，函数 $v=\psi(y)$ 在点 y 可导，函数 $z=f(u,v)$ 在对应点 (u,v) 具有连续偏导数，则复合函数 $z=f[\varphi(x,y),\psi(y)]$ 在点 (x,y) 的两个偏导数存在，且有

$$\frac{\partial z}{\partial x}=\frac{\partial z}{\partial u}\cdot\frac{\partial u}{\partial x},$$

$$\frac{\partial z}{\partial y}=\frac{\partial z}{\partial u}\cdot\frac{\partial u}{\partial y}+\frac{\partial z}{\partial v}\cdot\frac{\mathrm{d}v}{\mathrm{d}y}.$$

2. 隐函数的求导法则

（1）由一个方程确定的隐函数.

设函数 $F(x,y,z)$ 在点 $P(x,y,z)$ 处可微，由方程 $F(x,y,z)=0$ 确定的隐函数 $z=f(x,y)$，当 $F_z(x,y,z)\neq 0$ 时，有

$$\frac{\partial z}{\partial x}=-\frac{F_x}{F_z},\quad \frac{\partial z}{\partial y}=-\frac{F_y}{F_z}.$$

（2）由方程组确定的隐函数（略）.

（三）多元函数微分学的应用

1. 空间曲线的切线与法平面

（1）设空间曲线 Γ 的参数方程为

$$x=\varphi(t),y=\psi(t),z=\omega(t)\quad(\alpha\leqslant t\leqslant\beta),$$

曲线在 $t=t_0$ 对应的点 $M(x_0,y_0,z_0)$ 处的切线方程和法平面方程分别为：

$$\frac{x-x_0}{\varphi'(t_0)}=\frac{y-y_0}{\psi'(t_0)}=\frac{z-z_0}{\omega'(t_0)},$$

$$\varphi'(t_0)(x-x_0)+\psi'(t_0)(y-y_0)+\omega'(t_0)(z-z_0)=0.$$

（2）空间曲线 Γ 的方程为

$$\Gamma:\begin{cases}y=\varphi(x),\\z=\psi(x),\end{cases}$$

曲线 Γ 在点 $M(x_0,y_0,z_0)$ 处的切线方程为

$$\frac{x-x_0}{1}=\frac{y-y_0}{\varphi'(x_0)}=\frac{z-z_0}{\psi'(x_0)};$$

法平面方程为

$$(x-x_0)+\varphi'(x_0)(y-y_0)+\psi'(x_0)(z-z_0)=0.$$

（3）空间曲线 Γ 的方程为

$$\Gamma:\begin{cases}F(x,y,z)=0,\\G(x,y,z)=0,\end{cases}$$

并假设

$$J=\left.\frac{\partial(F,G)}{\partial(y,z)}\right|_{(x_0,y_0,z_0)}\neq0,$$

曲线 Γ 在点 (x_0,y_0,z_0) 处的切线方程为

$$\frac{x-x_0}{\begin{vmatrix}F_y&F_z\\G_y&G_z\end{vmatrix}_0}=\frac{y-y_0}{\begin{vmatrix}F_z&F_x\\G_z&G_x\end{vmatrix}_0}=\frac{z-z_0}{\begin{vmatrix}F_x&F_y\\G_x&G_y\end{vmatrix}_0};$$

法平面方程为

$$\begin{vmatrix}F_y&F_z\\G_y&G_z\end{vmatrix}_0(x-x_0)+\begin{vmatrix}F_z&F_x\\G_z&G_x\end{vmatrix}_0(y-y_0)+\begin{vmatrix}F_x&F_y\\G_x&G_y\end{vmatrix}_0(z-z_0)=0.$$

2. 曲面的切平面与法线

（1）曲面 Σ 为

$$\Sigma:F(x,y,z)=0,$$

曲面 Σ 在点 $M(x_0,y_0,z_0)$ 的切平面和法线方程分别为

$$F_x(x_0,y_0,z_0)(x-x_0)+F_y(x_0,y_0,z_0)(y-y_0)+F_z(x_0,y_0,z_0)(z-z_0)=0,$$

$$\frac{x-x_0}{F_x(x_0,y_0,z_0)}=\frac{y-y_0}{F_y(x_0,y_0,z_0)}=\frac{z-z_0}{F_z(x_0,y_0,z_0)}.$$

（2）曲面 Σ 的方程为

$$\Sigma:z=f(x,y),$$

曲面 Σ 在点 $M(x_0,y_0,z_0)$ 的切平面和法线方程分别为

$$f_x(x_0,y_0)(x-x_0)+f_y(x_0,y_0)(y-y_0)-(z-z_0)=0,$$

$$\frac{x-x_0}{f_x(x_0,y_0)}=\frac{y-y_0}{f_y(x_0,y_0)}=\frac{z-z_0}{-1},$$

其中 $z_0=f(x_0,y_0)$.

3. 多元函数的极值.

(1) 多元函数的极值的定义.

设函数 $z=f(x,y)$ 在点 (x_0,y_0) 的某个邻域内有定义，对于该邻域内异于 (x_0,y_0) 的任意一点 (x,y)，如果

$$f(x,y)<f(x_0,y_0),$$

则称函数在点 (x_0,y_0) 有极大值 $f(x_0,y_0)$，点 (x_0,y_0) 称为极大值点；如果

$$f(x,y)>f(x_0,y_0),$$

则称函数在点 (x_0,y_0) 有极小值 $f(x_0,y_0)$，点 (x_0,y_0) 称为极小值点. 极大值与极小值统称为极值. 使函数取得极值的点称为极值点.

(2) 二元函数取得极值的必要条件.

设函数 $z=f(x,y)$ 在点 (x_0,y_0) 具有偏导数，且在 (x_0,y_0) 处有极值，则在该点的偏导数必然为零，即

$$f_x(x_0,y_0)=0,f_y(x_0,y_0)=0.$$

(3) 二元函数取得极值的充分条件.

设函数 $z=f(x,y)$ 在点 (x_0,y_0) 的某个邻域内连续且有一阶和二阶连续偏导数，又 $f_x(x_0,y_0)=0,f_y(x_0,y_0)=0$，令

$$f_{xx}(x_0,y_0)=A,\quad f_{xy}(x_0,y_0)=B,\quad f_{yy}(x_0,y_0)=C,$$

则 $f(x,y)$ 在 (x_0,y_0) 处是否取得极值的条件如下：

① $B^2-AC<0$ 时具有极值，且当 $A<0$ 时有极大值，当 $A>0$ 时有极小值；

② $B^2-AC>0$ 时没有极值；

③ $B^2-AC=0$ 时可能有极值，也可能没有极值，还需另作讨论.

(4) 条件极值.

函数 $z=f(x,y)$ 在条件 $\varphi(x,y)=0$ 下取得极值的必要条件

$$\begin{cases}f_x(x,y)+\lambda\varphi_x(x,y)=0,\\ f_y(x,y)+\lambda\varphi_y(x,y)=0,\\ \varphi(x,y)=0,\end{cases}$$

其中，$F(x,y)=f(x,y)+\lambda\varphi(x,y)$.

(5) 多元函数的最大值和最小值.

如果函数 $z=f(x,y)$ 在有界闭区域 D 上连续，则 $f(x,y)$ 在 D 上必定能取得最大值和最小值.

自　测　题

一、填空题

1. $\lim\limits_{\substack{x\to 0\\ y\to 0}}\dfrac{\sqrt{xy+1}-1}{xy}=$ ________.

2. 设 $z = xyf\left(\dfrac{y}{x}\right)$，$f(u)$ 可导，则 $x\dfrac{\partial z}{\partial x} + y\dfrac{\partial z}{\partial y} =$ ________.

3. 曲面 $z = x^2 + y^2$ 与平面 $2x + 4y - z = 0$ 平行的切平面方程是________.

4. 设 $z = x^3 y e^y$，则$\dfrac{\partial^2 z}{\partial x^2} =$ ________.

5. 设 $z = \dfrac{\cos(x - 2y)}{\cos(x + 2y)}$，则$\left.\dfrac{\partial z}{\partial y}\right|_{x=\pi, y=\frac{\pi}{6}} =$ ________.

6. 设 $f(v)$ 具有二阶连续导数，则复合函数 $u = f(x^2 + y^2 + z^2)$ 的二阶偏导数$\dfrac{\partial^2 z}{\partial x \partial y} =$ ________.

二、选择题

1. $z = f(x,y)$ 在点(x,y) 连续是 $f(x,y)$ 在该点可微的(　　).

A. 充分条件而非必要条件　　B. 必要条件而非充分条件

C. 充分必要条件　　D. 既非充分条件又非必要条件

2. 二元函数 $f(x,y) = \begin{cases} \dfrac{xy}{x^2 + y^2}, & x^2 + y^2 \neq 0, \\ 0, & x^2 + y^2 = 0 \end{cases}$ 在点$(0,0)$ 处(　　).

A. 连续，偏导数存在　　B. 连续，偏导数不存在

C. 不连续，偏导数存在　　D. 不连续，偏导数不存在

3. 已知函数 $f(x,y) = xy$，则(　　).

A. 点$(0,0)$ 不是 $f(x,y)$ 的极值点　　B. 点$(0,0)$ 是 $f(x,y)$ 的极大值点

C. 点$(0,0)$ 是 $f(x,y)$ 的极小值点　　D. 无法判断$(0,0)$ 是否为 $f(x,y)$ 的极值点

4. 已知曲面 $z = 4 - x^2 - y^2$ 上的点 P 处的切平面平行于平面 $2x + 2y + z - 1 = 0$，则点 P 的坐标是(　　).

A. $(1,-1,2)$　　B. $(-1,1,2)$　　C. $(1,1,2)$　　D. $(-1,-1,2)$

三、计算题

1. 求下列极限：

(1) $\lim\limits_{\substack{x\to\infty \\ y\to a}}\left(1 + \dfrac{1}{x}\right)^{\frac{x^2}{x+y}}$；　　(2) $\lim\limits_{\substack{x\to\infty \\ y\to\infty}} \dfrac{x + y}{x^2 - xy + y^2}$.

2. 求极限$\lim\limits_{\substack{x\to 0 \\ y\to 0}} \dfrac{x^2 y}{x^4 + y^2}$.

3. 设函数

$$f(x,y) = \begin{cases} \dfrac{x^2 + y^2}{(x^2 + y^2)^{3/2}}, & x^2 + y^2 \neq 0, \\ 0, & x^2 + y^2 = 0, \end{cases}$$

证明：$f(x,y)$ 在$(0,0)$ 处连续且偏导数存在，但不可微.

4. 求下列函数的偏导数：

(1) $z = \displaystyle\int_0^{xy} e^{-t^2} dt$；　　(2) $u = \arctan(x - y)^z$.

5. 设 $r = \sqrt{x^2 + y^2 + z^2}$，试证明$\dfrac{\partial^2 r}{\partial x^2} + \dfrac{\partial^2 r}{\partial y^2} + \dfrac{\partial^2 r}{\partial z^2} = \dfrac{2}{r}$.

6. 求 $u(x,y,z)=\sin(x^2+y^2+z^2)$ 的全微分.

7. $z=x^3y+\sin^2(xy)$,求$\dfrac{\partial^2 z}{\partial x\partial y}$.

8. 设 $z=f(2x-y,y\sin x)$,其中 $f(u,v)$ 具有连续的二阶偏导数,求$\dfrac{\partial^2 z}{\partial x\partial y}$.

9. 设 $z=f(u,x,y)$,$u=xe^y$,其中 f 具有连续的二阶偏导数,求$\dfrac{\partial^2 z}{\partial x\partial y}$.

10. 设方程 $F\left(x+\dfrac{z}{y},y+\dfrac{z}{x}\right)=0$ 确定了函数 $z=f(x,y)$,其中 F 可微,求$\dfrac{\partial z}{\partial x}$,$\dfrac{\partial z}{\partial y}$.

11. 设 $z=z(x,y)$ 由方程 $xz+y-z=e^z$ 所确定,求$\dfrac{\partial^2 z}{\partial x^2}$.

12. 设 $z^3-3xyz=a^3$,求$\dfrac{\partial^2 z}{\partial x\partial y}$.

13. 试证曲面$\sqrt{x}+\sqrt{y}+\sqrt{z}=\sqrt{a}\,(a>0)$上的任何点处的切平面在各坐标轴上的截距之和等于 a.

14. 求函数 $f(x,y)=x^3-y^2+3x^2+4y-9x$ 的极值.

15. 某公司可通过电台和报纸两种方式做销售某种商品的广告,根据统计资料,销售收入 R(万元)与电台广告费用 x(万元)及报纸广告费用 y(万元)之间的关系有如下的经验公式:

$$R=15+14x+32y-8xy-2x^2-10y^2,$$

(1) 在广告费用不限的情况下,求最优广告策略;

(2) 若广告费用为 1.5 万元,求相应的最优广告策略.

第十章　重　积　分

多元函数积分学的内容包括重积分、曲线积分和曲面积分,本章我们先介绍重积分.

10.1　二重积分的概念与性质

10.1.1　引例

为给出二重积分的定义,我们先介绍两个例子.

1. 曲顶柱体的体积

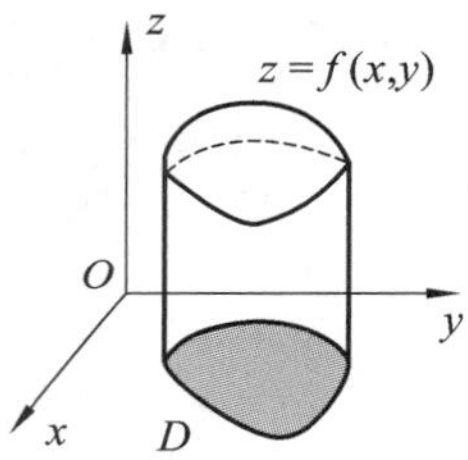

图 10-1-1

设一柱体,其底是 xOy 面上的有界闭区域 D,侧面是以 D 的边界曲线为准线、母线平行于 z 轴的柱面,顶是由二元非负连续函数 $z=f(x,y)$ 所表示的曲面,这个柱体称为**曲顶柱体**(见图 10-1-1). 试求该曲顶柱体的体积 V.

我们知道,当顶平行于底面时,高为常数,有下面的公式

$$体积 = 底面积 \times 高.$$

但对于曲顶柱体,随着点 (x,y) 在区域 D 内变动,高 $f(x,y)$ 也在变化,因此它的体积不能直接用上面的公式来计算. 下面我们用微元法来求曲顶柱体的体积,具体计算如下:

(ⅰ) 分割:将区域 D 任意分割成 n 个小区域 $\Delta\sigma_1,\Delta\sigma_2,\cdots,\Delta\sigma_n$($\Delta\sigma_i$ 也表示第 i 个小区域的面积,$i=1,2,\cdots,n$),于是曲顶柱体被分成了以 $\Delta\sigma_1,\Delta\sigma_2,\cdots,\Delta\sigma_n$ 为底的 n 个小曲顶柱体.

(ⅱ) 作乘积:将第 i 个小曲顶柱体近似地看作平顶柱体,在区域 $\Delta\sigma_i$ 内任取一点 (ξ_i,η_i)(见图 10-1-2),则第 i 个小曲顶柱体体积

$$\Delta V_i \approx f(\xi_i,\eta_i)\Delta\sigma_i \quad (i=1,2,\cdots,n).$$

(ⅲ) 求和:将这 n 个小曲顶柱体体积的近似值相加,得曲顶柱体体积

$$V=\sum_{i=1}^{n}\Delta V_i \approx \sum_{i=1}^{n} f(\xi_i,\eta_i)\Delta\sigma_i.$$

(ⅳ) 取极限:令 $\lambda=\max\limits_{1\leqslant i\leqslant n}\{\lambda_i\}$,其中 λ_i 是第 i 个小区域 $\Delta\sigma_i$ 的直径(区域的直径是指这个区域中任意两点间距离的最大值,$i=1,2,\cdots,n$),则曲顶柱体的体积

$$V=\lim_{\lambda\to 0}\sum_{i=1}^{n} f(\xi_i,\eta_i)\Delta\sigma_i.$$

2. 平面薄片的质量

设一平面薄片占有 xOy 面上的有界闭区域 D(见图 10-1-3),它在点 (x,y) 处的面密度(单

位面积上的质量）为 $\rho=\rho(x,y)$，$\rho(x,y)$ 在区域 D 上连续. 试求平面薄片的质量 M.

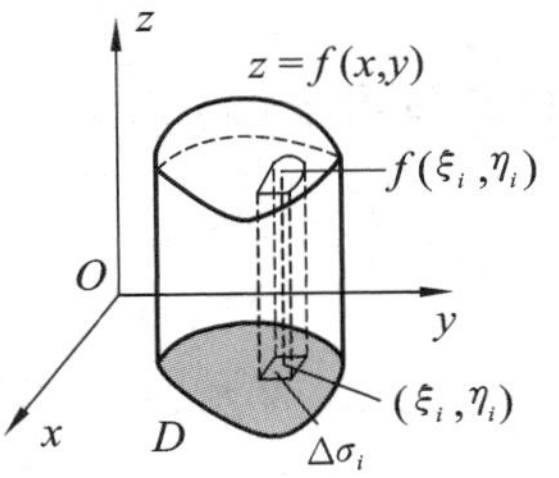

图 10-1-2

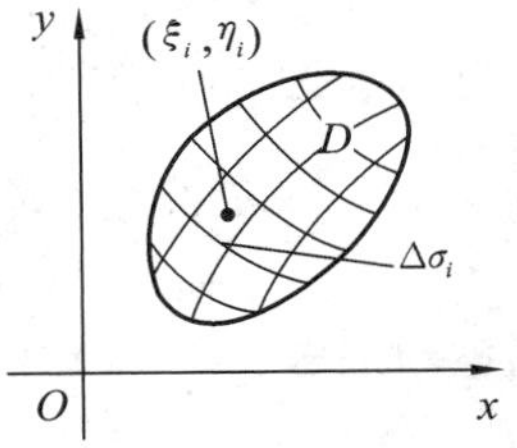

图 10-1-3

我们知道，如果平面薄片的质量是均匀的，即面密度为常数，那么对平面薄片的质量有下面的公式

$$质量 = 面密度 \times 面积.$$

如果平面薄片的质量分布不是均匀的，那么面密度 $\rho(x,y)$ 随着点 (x,y) 在区域 D 内的变化而变化，则平面薄片的质量就不能直接用上面的公式来计算. 下面我们也用微元法来求平面薄片的质量 M.

（i）分割：将区域 D 任意分割成 n 个小区域 $\Delta\sigma_1,\Delta\sigma_2,\cdots,\Delta\sigma_n$（$\Delta\sigma_i$ 也表示第 i 个小区域的面积，$i=1,2,\cdots,n$），得到 n 个小平面薄片 $\Delta\sigma_1,\Delta\sigma_2,\cdots,\Delta\sigma_n$.

（ii）作乘积：将第 i 个小平面薄片近似地看作质量均匀的平面薄片，在区域 $\Delta\sigma_i$ 内任取一点 (ξ_i,η_i)（见图 10-1-3），则第 i 个小平面薄片的质量

$$\Delta M_i \approx \rho(\xi_i,\eta_i)\Delta\sigma_i \quad (i=1,2,\cdots,n).$$

（iii）求和：将这 n 个小平面薄片质量的近似值相加，得平面薄片的质量

$$M=\sum_{i=1}^{n}\Delta M_i \approx \sum_{i=1}^{n}\rho(\xi_i,\eta_i)\Delta\sigma_i.$$

（iv）取极限：令 $\lambda=\max\limits_{1\leqslant i\leqslant n}\{\lambda_i\}$，其中 λ_i 是第 i 个区域 $\Delta\sigma_i$ 的直径，则平面薄片的质量

$$M=\lim_{\lambda\to 0}\sum_{i=1}^{n}\rho(\xi_i,\eta_i)\Delta\sigma_i.$$

10.1.2　二重积分的概念

上面两个问题的实际意义虽然不同，但所求结果归结为同一形式的和的极限，由此我们引入下面二重积分的定义.

定义 1　设函数 $z=f(x,y)$ 是有界闭区域 D 上的有界函数. 将区域 D 任意分割成 n 个小区域 $\Delta\sigma_1,\Delta\sigma_2,\cdots,\Delta\sigma_n$，在第 i 个小区域 $\Delta\sigma_i$（$\Delta\sigma_i$ 也表示第 i 个小区域的面积）上任取一点 (ξ_i,η_i)，作乘积

$$f(\xi_i,\eta_i)\Delta\sigma_i \quad (i=1,2,\cdots,n),$$

求和得

$$\sum_{i=1}^{n}f(\xi_i,\eta_i)\Delta\sigma_i,$$

令 $\lambda=\max\limits_{1\leqslant i\leqslant n}\{\lambda_i\}$（其中 λ_i 是第 i 个区域 $\Delta\sigma_i$ 的直径），如果极限

$$\lim_{\lambda \to 0} \sum_{i=1}^{n} f(\xi_i, \eta_i) \Delta\sigma_i$$

存在,则称此极限为函数 $f(x,y)$ 在有界闭区域 D 上的**二重积分**,记作 $\iint\limits_D f(x,y)\mathrm{d}\sigma$,即

$$\iint\limits_D f(x,y)\mathrm{d}\sigma = \lim_{\lambda \to 0} \sum_{i=1}^{n} f(\xi_i, \eta_i) \Delta\sigma_i, \tag{1}$$

其中称 $f(x,y)$ 为**被积函数**,$f(x,y)\mathrm{d}\sigma$ 为**被积表达式**,$\mathrm{d}\sigma$ 为**面积微元**,x,y 为**积分变量**,D 为**积分区域**,$\sum\limits_{i=1}^{n} f(\xi_i, \eta_i)\Delta\sigma_i$ 为**积分和**.此时也称函数 $f(x,y)$ 在有界闭区域 D 上可积.

和一元函数定积分类似,如果函数 $f(x,y)$ 在有界闭区域 D 上连续,那么无论区域 D 如何分割,区域 $\Delta\sigma_i$ 上的点 (ξ_i, η_i) 如何选取,都有上述和式的极限存在.因此,我们有下面的定理.

定理 1　若函数 $f(x,y)$ 在有界闭区域 D 上连续,则函数 $f(x,y)$ 在有界闭区域 D 上可积.

在今后的讨论中,如无特别说明,我们总假定函数 $f(x,y)$ 在有界闭区域 D 上连续.

由二重积分的定义知,曲顶柱体的体积是函数 $z = f(x,y)$ 在区域 D 上的二重积分,即

$$V = \iint\limits_D f(x,y)\mathrm{d}\sigma;$$

平面薄片的质量是面密度 $\rho = \rho(x,y)$ 在区域 D 上的二重积分,即

$$M = \iint\limits_D \rho(x,y)\mathrm{d}\sigma.$$

二重积分的几何意义:二重积分 $\iint\limits_D f(x,y)\mathrm{d}\sigma$ 中,(ⅰ)如果在区域 D 上 $f(x,y) \geqslant 0$,则二重积分是以 xOy 面上的有界闭区域 D 为底、以曲面 $z = f(x,y)$ 为顶的曲顶柱体的体积;(ⅱ)如果在区域 D 上 $f(x,y) < 0$,柱体在 xOy 面的下方,二重积分小于零,其绝对值等于柱体的体积;(ⅲ)如果在区域 D 上 $f(x,y)$ 的取值可正可负,那么,二重积分就是 xOy 面上方的柱体体积与 xOy 面下方的柱体体积之差.

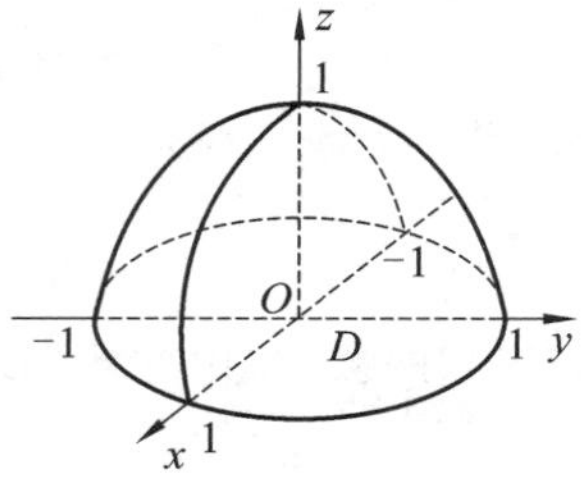

图 10-1-4

例 1　利用几何意义求二重积分 $\iint\limits_D \sqrt{1-x^2-y^2}\,\mathrm{d}\sigma$,其中区域 D 是 xOy 面上的圆域 $x^2+y^2 \leqslant 1$.

解　由二重积分的几何意义可知,此积分表示球心在原点,半径为 1 的上半球体的体积(见图 10-1-4),所以

$$\iint\limits_D \sqrt{1-x^2-y^2}\,\mathrm{d}\sigma = \frac{2\pi}{3}.$$

10.1.3　二重积分的性质

二重积分与定积分有类似的性质.

性质 1　两个函数和的二重积分等于它们分别二重积分的和,即

$$\iint\limits_D [f(x,y)+g(x,y)]\mathrm{d}\sigma = \iint\limits_D f(x,y)\mathrm{d}\sigma + \iint\limits_D g(x,y)\mathrm{d}\sigma.$$

性质 2　被积函数的常数因子可以提到二重积分符号的外面来,即

$$\iint_D kf(x,y)\mathrm{d}\sigma = k\iint_D f(x,y)\mathrm{d}\sigma,$$

其中 k 为常数.

性质 3(可加性)　若区域 D 可分为两个不相交的部分区域 D_1,D_2,则

$$\iint_D f(x,y)\mathrm{d}\sigma = \iint_{D_1} f(x,y)\mathrm{d}\sigma + \iint_{D_2} f(x,y)\mathrm{d}\sigma.$$

性质 4　若在区域 D 上,$f(x,y)\equiv 1$,σ 为区域 D 的面积,则

$$\iint_D 1\mathrm{d}\sigma = \iint_D \mathrm{d}\sigma = \sigma.$$

由此可知,高为 1 的平顶柱体的体积在数值上等于柱体的底面积.

性质 5　若在区域 D 上,$f(x,y)\geqslant 0$,则

$$\iint_D f(x,y)\mathrm{d}\sigma \geqslant 0.$$

推论 1　若在区域 D 上,$f(x,y)\leqslant g(x,y)$,则

$$\iint_D f(x,y)\mathrm{d}\sigma \leqslant \iint_D g(x,y)\mathrm{d}\sigma.$$

推论 2　$\left|\iint_D f(x,y)\mathrm{d}\sigma\right| \leqslant \iint_D |f(x,y)|\mathrm{d}\sigma.$

性质 6(估值不等式)　设 M 与 m 分别是 $f(x,y)$ 在有界闭区域 D 上的最大值和最小值,σ 是区域 D 的面积,则

$$m\sigma \leqslant \iint_D f(x,y)\mathrm{d}\sigma \leqslant M\sigma.$$

性质 7(二重积分的中值定理)　设函数 $f(x,y)$ 在有界闭区域 D 上连续,σ 是区域 D 的面积,则在区域 D 上至少存在一点 (ξ,η),使得

$$\iint_D f(x,y)\mathrm{d}\sigma = f(\xi,\eta)\sigma.$$

例 2　比较二重积分 $\iint_D (x+y)^2\mathrm{d}\sigma$ 与 $\iint_D (x+y)^3\mathrm{d}\sigma$ 的大小,其中区域 D 是由 x 轴、y 轴及直线 $x+y=1$ 所围成的有界闭区域.

解　因为对任意点 $(x,y)\in D$,由 $0\leqslant x+y\leqslant 1$,有

$$(x+y)^2 \geqslant (x+y)^3,$$

所以

$$\iint_D (x+y)^2\mathrm{d}\sigma \geqslant \iint_D (x+y)^3\mathrm{d}\sigma.$$

例 3　估计二重积分 $\iint_D (x^2+y^2+1)\mathrm{d}\sigma$ 的值,其中区域 D 为圆域 $x^2+y^2\leqslant 1$.

解　因为对任意点 $(x,y)\in D$,有

$$1\leqslant x^2+y^2+1\leqslant 2,$$

且区域 D 的面积为 π,所以

$$\pi \leqslant \iint_D (x^2+y^2+1)\mathrm{d}\sigma \leqslant 2\pi.$$

习 题 10.1

1. 利用二重积分的定义证明：

(1) $\iint\limits_D \mathrm{d}\sigma = \sigma$($\sigma$ 为区域 D 的面积)；

(2) $\iint\limits_D kf(x,y)\mathrm{d}\sigma = k\iint\limits_D f(x,y)\mathrm{d}\sigma$(其中 k 为常数).

2. 利用几何意义求下列二重积分：

(1) $\iint\limits_D (2-2x-2y)\mathrm{d}\sigma$,其中区域 D 是 xOy 面上以点 $(0,0)$,$(1,0)$ 和 $(0,1)$ 为顶点的三角形区域；

(2) $\iint\limits_D \left(1-\sqrt{x^2+y^2}\right)\mathrm{d}\sigma$,其中 D 是 xOy 面上 $x^2+y^2\leqslant 1$ 的圆域.

3. 估计下列各二重积分的值：

(1) $\iint\limits_D xy(x+y)\mathrm{d}\sigma$,其中 D 是矩形区域：$0\leqslant x\leqslant 1, 0\leqslant y\leqslant 1$.

(2) $\iint\limits_D (x^2+4y^2+9)\mathrm{d}\sigma$,其中 D 是圆形区域：$x^2+y^2\leqslant 4$.

4. 设 $I_1=\iint\limits_D (x+y)^5\mathrm{d}\sigma$,$I_2=\iint\limits_D (x+y)^6\mathrm{d}\sigma$,其中 D 为圆周 $(x-2)^2+(y-1)^2=2$ 所围圆域,试比较 I_1 与 I_2 的大小.

10.2 直角坐标系下二重积分的计算

一般情况下,直接按照定义去计算二重积分显然是十分困难的,必须寻找二重积分的计算方法.本节,我们将介绍直角坐标系下二重积分的计算方法.

二重积分的定义中,区域 D 的分割是任意的,如果在直角坐标系中用平行于坐标轴的直线来划分区域 D,那么除了靠近边界曲线的一些小区域外,其余小区域都是矩形.设矩形小区域 $\Delta\sigma_i$ 的边长为 Δx_j 和 Δy_k,则 $\Delta\sigma_i=\Delta x_j\cdot\Delta y_k$.因此在直角坐标系中,有时也把面积微元 $\mathrm{d}\sigma$ 记作 $\mathrm{d}x\mathrm{d}y$,所以二重积分

$$\iint\limits_D f(x,y)\mathrm{d}\sigma = \iint\limits_D f(x,y)\mathrm{d}x\mathrm{d}y,$$

其中 $\mathrm{d}x\mathrm{d}y$ 是**直角坐标系中的面积微元**.

10.2.1 直角坐标系下平面区域的不等式组表示

计算二重积分,其基本思想是将二重积分化为两次定积分来计算,转化后的这种两次定积分通常称为**累次积分**(或**二次积分**),这种转化的关键步骤是将积分区域表示成不等式组的形式.所以在讨论二重积分的计算之前,我们先来介绍 X 型区域和 Y 型区域的概念,并给出其相应的不等式组表示.

1. X 型区域

设 D 为 xOy 面上的有界闭区域,若用一条平行于 y 轴的直线从区域 D 的左端平行移动到

区域 D 的右端，直线与区域 D 边界曲线的交点不多于两个，则称区域 D 为 **X 型区域**.

此时，将区域 D 对 x 轴投影，设其投影区间为 $[a,b]$，于是直线 $x=a$，$x=b$ 将区域 D 的边界曲线分为两段，设其方程分别为 $y=\varphi_1(x)$，$y=\varphi_2(x)$，且当 $a\leqslant x\leqslant b$ 时，$\varphi_1(x)\leqslant\varphi_2(x)$（见图 10-2-1）．显然对于区域 D 内的任意点 (x,y)，当给定 x 时，一定有纵坐标 y 满足不等式

$$\varphi_1(x)\leqslant y\leqslant\varphi_2(x),$$

所以区域 D 内的任意点的坐标 (x,y) 满足不等式组

$$D:a\leqslant x\leqslant b,\varphi_1(x)\leqslant y\leqslant\varphi_2(x),$$

此为 X 型区域的不等式组表示.

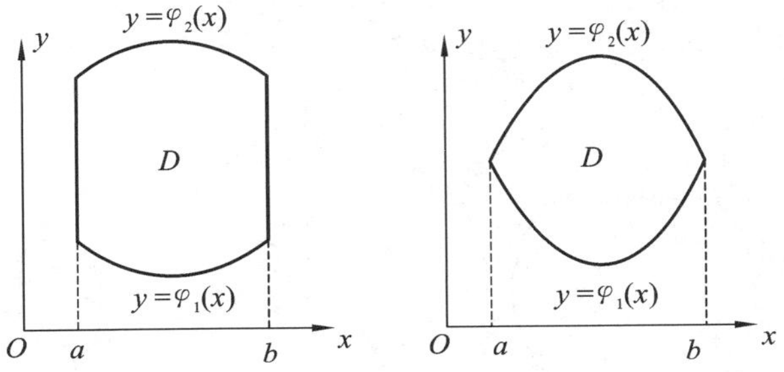

图 10-2-1

例 1　平面区域 D 由抛物线 $y=x^2+1$、直线 $x=1$ 以及 x 轴、y 轴所围成，给出区域 D 的不等式组表示.

解　如图 10-2-2 所示，区域 D 为 X 型区域，在 x 轴上的投影区间为 $[0,1]$．当 $0\leqslant x\leqslant 1$ 时，有 $0\leqslant y\leqslant x^2+1$，所以区域 D 的不等式组表示为

$$D:0\leqslant x\leqslant 1,0\leqslant y\leqslant x^2+1.$$

例 2　平面区域 D 由抛物线 $y=\sqrt{x}$ 和直线 $y=\dfrac{x}{2}$ 所围成，给出区域 D 的不等式组表示.

解　如图 10-2-3 所示，抛物线 $y=\sqrt{x}$ 和直线 $y=\dfrac{x}{2}$ 的交点坐标分别为 $(0,0)$ 和 $(4,2)$，区域 D 是 X 型区域，在 x 轴上的投影区间为 $[0,4]$．当 $0\leqslant x\leqslant 4$ 时，有 $\dfrac{x}{2}\leqslant y\leqslant\sqrt{x}$，所以区域 D 的不等式组表示为

$$D:0\leqslant x\leqslant 4,\frac{x}{2}\leqslant y\leqslant\sqrt{x}.$$

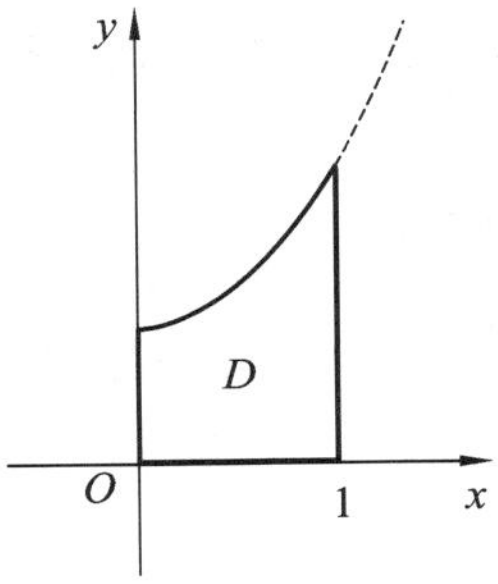

图 10-2-2

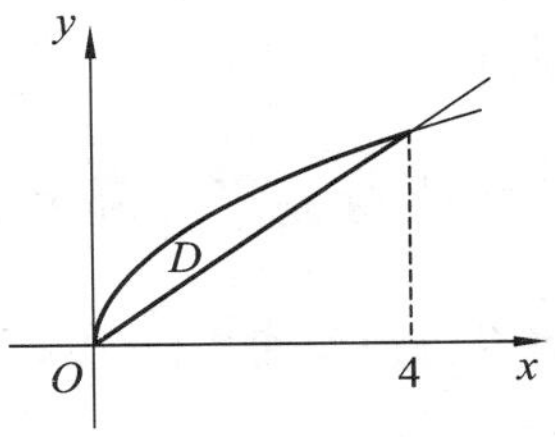

图 10-2-3

2. Y 型区域

设 D 为 xOy 面上的有界闭区域,若用一条平行于 x 轴的直线从区域 D 的下方平行移动到区域 D 的上方,直线与区域 D 边界曲线的交点不多于两个,则称区域 D 为 **Y 型区域**.

此时,将区域 D 对 y 轴投影,设其投影区间为 $[c,d]$,于是直线 $y=c$,$y=d$ 将区域 D 的边界曲线分为两段,设其方程分别为 $x=\psi_1(y)$,$x=\psi_2(y)$,且当 $c\leqslant y\leqslant d$ 时,$\psi_1(y)\leqslant\psi_2(y)$(见图 10-2-4).显然对于区域 D 内的任意点(x,y),当给定 y 时,一定有横坐标 x 满足不等式

$$\psi_1(y)\leqslant x\leqslant\psi_2(y),$$

所以区域 D 内任意点的坐标(x,y)满足不等式组

$$D:c\leqslant y\leqslant d,\psi_1(y)\leqslant x\leqslant\psi_2(y),$$

此为 Y 型区域的不等式组表示.

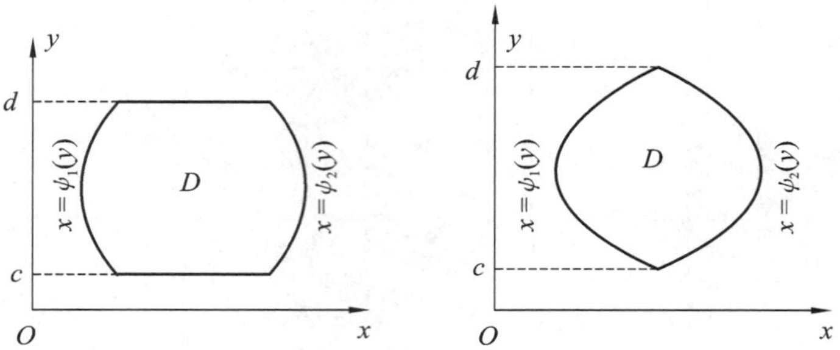

图 10-2-4

例 3　平面区域 D 由抛物线 $x=\sqrt{y}$ 和直线 $y=1$、直线 $y=2$ 以及 y 轴所围成,给出区域 D 的不等式组表示.

解　如图 10-2-5 所示,区域 D 为 Y 型区域,在 y 轴上的投影区间为$[1,2]$,且当 $1\leqslant y\leqslant 2$ 时,有 $0\leqslant x\leqslant\sqrt{y}$,所以区域 D 的不等式组表示为

$$D:1\leqslant y\leqslant 2,0\leqslant x\leqslant\sqrt{y}.$$

例 4　已知平面区域 D 的不等式组表示为

$$-1\leqslant y\leqslant 1,\quad y^2\leqslant x\leqslant 1,$$

画出区域 D 的图形,并用 X 型区域的不等式组表示该区域.

解　由 $-1\leqslant y\leqslant 1$ 可知,区域 D 夹在直线 $y=-1$ 和直线 $y=1$ 之间.又当 $-1\leqslant y\leqslant 1$ 时,$y^2\leqslant x\leqslant 1$,所以区域 D 的图形如图 10-2-6 所示.显然区域 D 也是 X 型区域,区域 D 在 x 轴上的投影区间为$[0,1]$,且当 $0\leqslant x\leqslant 1$ 时,有 $-\sqrt{x}\leqslant y\leqslant\sqrt{x}$,所以区域 D 表示成 X 型区域时,其不等式组表示为

$$D:0\leqslant x\leqslant 1,-\sqrt{x}\leqslant y\leqslant\sqrt{x}.$$

10.2.2　直角坐标系下二重积分的计算

下面我们利用平行截面面积已知求体积的方法来计算二重积分 $\iint\limits_D f(x,y)\mathrm{d}\sigma$.

设积分区域 D 为 X 型区域,且其不等式组表示为

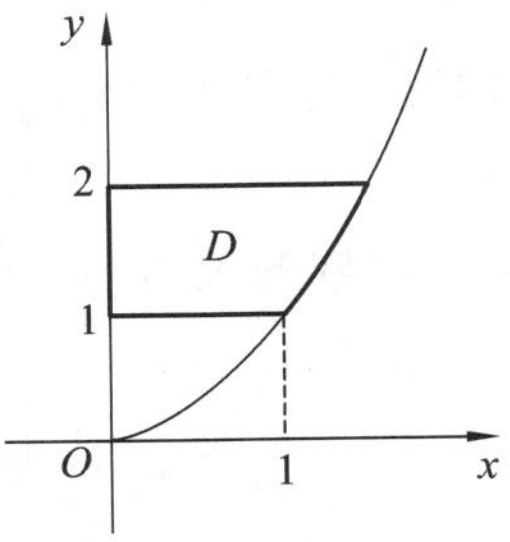

图 10-2-5

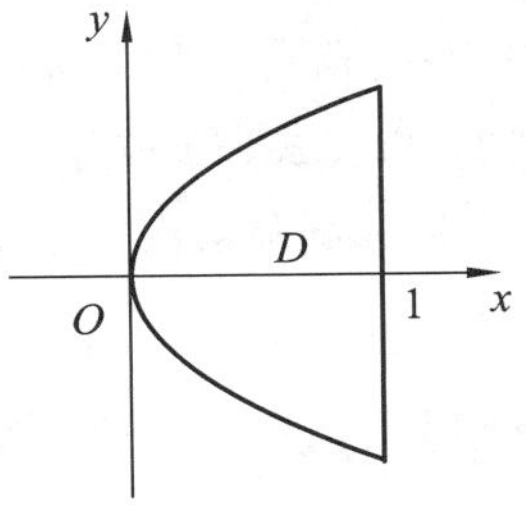

图 10-2-6

$$a \leqslant x \leqslant b, \varphi_1(x) \leqslant y \leqslant \varphi_2(x),$$

其中 $\varphi_1(x), \varphi_2(x)$ 为区间 $[a,b]$ 上的连续函数，又函数 $f(x,y) \geqslant 0$. 由二重积分的几何意义知，上述二重积分的值等于以积分区域 D 为底，以曲面 $z=f(x,y)$ 为顶的曲顶柱体的体积（见图 10-2-7）.

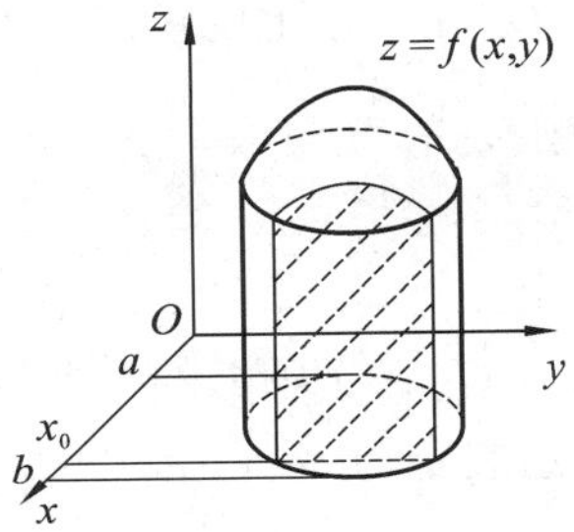

图 10-2-7

为此，在区间 $[a,b]$ 上任取一点 x_0，用平行于 yOz 面的平面 $x=x_0$ 截曲顶柱体，所得的截面是一个以区间 $[\varphi_1(x_0), \varphi_2(x_0)]$ 为底，以曲线 $z=f(x_0,y)$ 为曲边的曲边梯形（见图 10-2-7），所以此截面的面积为

$$A(x_0)=\int_{\varphi_1(x_0)}^{\varphi_2(x_0)} f(x_0,y)\mathrm{d}y.$$

于是，对于任意的 $x \in [a,b]$，显然有截面面积

$$A(x)=\int_{\varphi_1(x)}^{\varphi_2(x)} f(x,y)\mathrm{d}y,$$

由平行截面面积已知求体积的方法知，二重积分

$$\begin{aligned}\iint_D f(x,y)\mathrm{d}x\mathrm{d}y &= \int_a^b A(x)\mathrm{d}x \\ &= \int_a^b \left[\int_{\varphi_1(x)}^{\varphi_2(x)} f(x,y)\mathrm{d}y\right]\mathrm{d}x.\end{aligned} \tag{1}$$

上式中，我们将二重积分化为先对 y 后对 x 的累次积分. 即先把 x 看作常数，把 $f(x,y)$ 只看作 y 的函数，并对 y 计算从 $\varphi_1(x)$ 到 $\varphi_2(x)$ 的定积分；然后把计算的结果（是 x 的函数）再对 x 计算在区间 $[a,b]$ 上的定积分. 习惯上，我们将累次积分写成

$$\int_a^b \mathrm{d}x \int_{\varphi_1(x)}^{\varphi_2(x)} f(x,y)\mathrm{d}y,$$

因此，公式(1) 又写成

$$\iint_D f(x,y)\mathrm{d}x\mathrm{d}y = \int_a^b \mathrm{d}x \int_{\varphi_1(x)}^{\varphi_2(x)} f(x,y)\mathrm{d}y. \tag{2}$$

类似地，如果积分区域 D 是 Y 型区域，且其不等式组表示为

$$c \leqslant y \leqslant d, \psi_1(y) \leqslant x \leqslant \psi_2(y),$$

则有

$$\iint_D f(x,y)\mathrm{d}x\mathrm{d}y = \int_c^d \mathrm{d}y \int_{\psi_1(y)}^{\psi_2(y)} f(x,y)\mathrm{d}x, \tag{3}$$

上式中,右端的积分称为先对 x 后对 y 的累次积分.

在上述讨论中,我们假定了函数 $f(x,y)\geqslant 0$,事实上,只要函数 $f(x,y)$ 在有界闭区域 D 上连续,都有公式(2)和公式(3)成立.

由此可见,化二重积分为累次积分,关键是确定积分区域的类型,给出区域的不等式组表示.

例 5 化二重积分 $\iint\limits_D f(x,y)\mathrm{d}x\mathrm{d}y$ 为累次积分,其中平面区域 D 由双曲线 $xy=1$ 和直线 $y=x$、直线 $y=2$ 所围成.

解 平面区域 D 如图 10-2-8 所示,作辅助线 $x=1$,区域 D 被分成 D_1 和 D_2 两部分. 区域 D_1 在 x 轴上的投影区间为 $\left[\frac{1}{2},1\right]$,且当 $\frac{1}{2}\leqslant x\leqslant 1$ 时,有 $\frac{1}{x}\leqslant y\leqslant 2$,所以区域 D_1 的不等式组表示为

$$D_1:\frac{1}{2}\leqslant x\leqslant 1,\quad \frac{1}{x}\leqslant y\leqslant 2.$$

区域 D_2 在 x 轴上的投影区间为 $[1,2]$,且当 $1\leqslant x\leqslant 2$ 时,有 $x\leqslant y\leqslant 2$,所以区域 D_2 的不等式组表示为

$$D_2:1\leqslant x\leqslant 2, x\leqslant y\leqslant 2.$$

于是由二重积分的性质知,二重积分化为累次积分为

$$\iint\limits_D f(x,y)\mathrm{d}x\mathrm{d}y=\int_{\frac{1}{2}}^{1}\mathrm{d}x\int_{\frac{1}{x}}^{2}f(x,y)\mathrm{d}y+\int_{1}^{2}\mathrm{d}x\int_{x}^{2}f(x,y)\mathrm{d}y.$$

又区域 D 在 y 轴上的投影区间为 $[1,2]$,且当 $1\leqslant y\leqslant 2$ 时,有 $\frac{1}{y}\leqslant x\leqslant y$,所以区域 D 的不等式组表示为

$$D:1\leqslant y\leqslant 2,\frac{1}{y}\leqslant x\leqslant y.$$

于是二重积分化为累次积分为

$$\iint\limits_D f(x,y)\mathrm{d}x\mathrm{d}y=\int_{1}^{2}\mathrm{d}y\int_{\frac{1}{y}}^{y}f(x,y)\mathrm{d}x.$$

例 6 计算二重积分 $\iint\limits_D (x+y)\mathrm{d}\sigma$,其中区域 D 由直线 $y=1$,$x=2$ 及 $y=x$ 所围成.

解 区域 D 如图 10-2-9 所示. 由于区域 D 可看作 X 型区域,且其不等式组表示为

$$1\leqslant x\leqslant 2,1\leqslant y\leqslant x,$$

所以

$$\begin{aligned}\iint\limits_D (x+y)\mathrm{d}\sigma &=\int_{1}^{2}\mathrm{d}x\int_{1}^{x}(x+y)\mathrm{d}y\\&=\int_{1}^{2}\left(xy+\frac{y^2}{2}\right)\Big|_{1}^{x}\mathrm{d}x=\int_{1}^{2}\left(\frac{3x^2}{2}-x-\frac{1}{2}\right)\mathrm{d}x\\&=\frac{1}{2}\left(x^3-x^2-x\right)\Big|_{1}^{2}=\frac{3}{2}.\end{aligned}$$

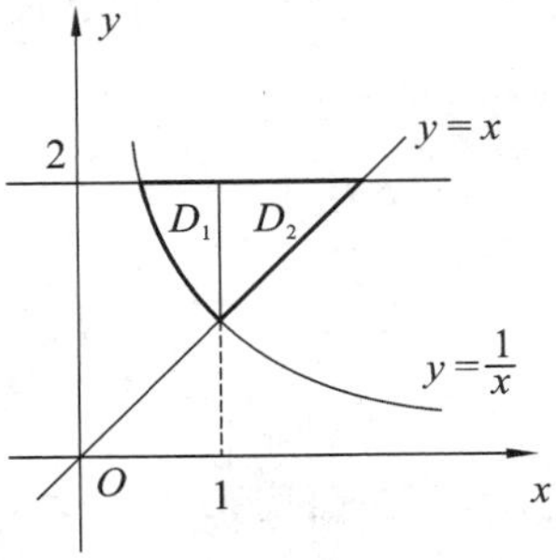

图 10-2-8

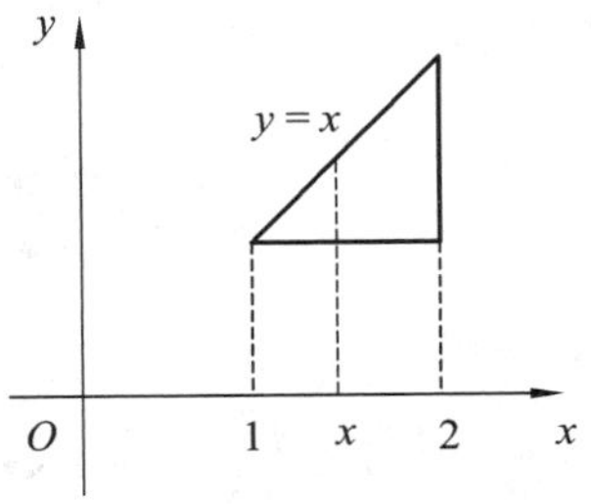

图 10-2-9

例 7　计算二重积分$\iint\limits_{D} xy\,\mathrm{d}\sigma$，其中 D 是由抛物线 $y^2=x$ 及直线 $y=x-2$ 所围成的区域.

解　区域 D 如图 10-2-10 所示. 区域 D 可看作 Y 型区域，且其不等式组表示为

$$-1\leqslant y\leqslant 2,\quad y^2\leqslant x\leqslant y+2,$$

所以

$$\begin{aligned}\iint\limits_{D} xy\,\mathrm{d}\sigma &= \int_{-1}^{2}\mathrm{d}y\int_{y^2}^{y+2} xy\,\mathrm{d}x \\ &= \int_{-1}^{2} y\cdot\frac{x^2}{2}\bigg|_{y^2}^{y+2}\mathrm{d}y = \frac{1}{2}\int_{-1}^{2}\left[y(y+2)^2-y^5\right]\mathrm{d}y \\ &= \frac{1}{2}\left(\frac{y^4}{4}+\frac{4}{3}y^3+2y^2-\frac{y^6}{6}\right)\bigg|_{-1}^{2} = \frac{45}{8}.\end{aligned}$$

如果积分区域 D 既不是 X 型区域也不是 Y 型区域，那么我们将区域 D 分割成若干个小区域，使每个小区域为 X 型区域或 Y 型区域(见图 10-2-11)，然后在每个小区域上利用公式(2) 或公式(3) 计算二重积分，再根据二重积分对积分区域的可加性，即得区域 D 上二重积分的结果.

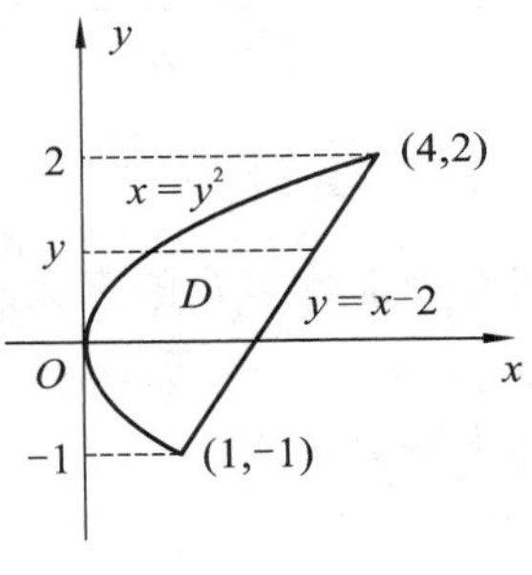

图 10-2-10

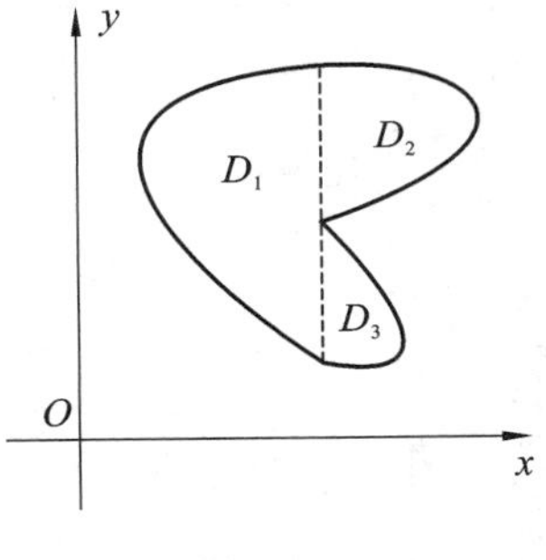

图 10-2-11

例 8　交换累次积分 $I=\int_0^1\mathrm{d}x\int_0^{\sqrt{2x-x^2}} f(x,y)\mathrm{d}y+\int_1^2\mathrm{d}x\int_0^{2-x} f(x,y)\mathrm{d}y$ 的积分次序.

解　由题设知，积分区域 $D=D_1\cup D_2$，其中区域 D_1 的不等式组表示为

$$0\leqslant x\leqslant 1,0\leqslant y\leqslant\sqrt{2x-x^2};$$

区域 D_2 的不等式组表示为

$$1\leqslant x\leqslant 2,0\leqslant y\leqslant 2-x.$$

画出区域 D 的图形(见图 10-2-12),将区域 D 对 y 轴投影,则区域 D 的不等式组表示为

$$0 \leqslant y \leqslant 1, 1+\sqrt{1-y^2} \leqslant x \leqslant 2-y.$$

所以

$$I=\int_0^1 \mathrm{d}y \int_{1+\sqrt{1-y^2}}^{2-y} f(x,y)\mathrm{d}x.$$

例 9　计算累次积分$\int_0^1 \mathrm{d}x \int_x^1 \mathrm{e}^{y^2}\mathrm{d}y$.

解　累次积分所对应的积分区域 D 如图 10-2-13 所示,此时区域 D 被看作 X 型区域,其不等式组表示为

$$0 \leqslant x \leqslant 1, x \leqslant y \leqslant 1.$$

因为积分$\int \mathrm{e}^{y^2}\mathrm{d}y$ 不能用初等函数表示,尝试交换积分次序,把区域 D 看作 Y 型区域,则其不等式组表示为

$$0 \leqslant y \leqslant 1, 0 \leqslant x \leqslant y.$$

因此

$$\begin{aligned}\int_0^1 \mathrm{d}x \int_x^1 \mathrm{e}^{y^2}\mathrm{d}y &= \int_0^1 \mathrm{d}y \int_0^y \mathrm{e}^{y^2}\mathrm{d}x \\ &= \int_0^1 y\mathrm{e}^{y^2}\mathrm{d}y = \frac{1}{2}\mathrm{e}^{y^2}\Big|_0^1 = \frac{1}{2}(\mathrm{e}-1).\end{aligned}$$

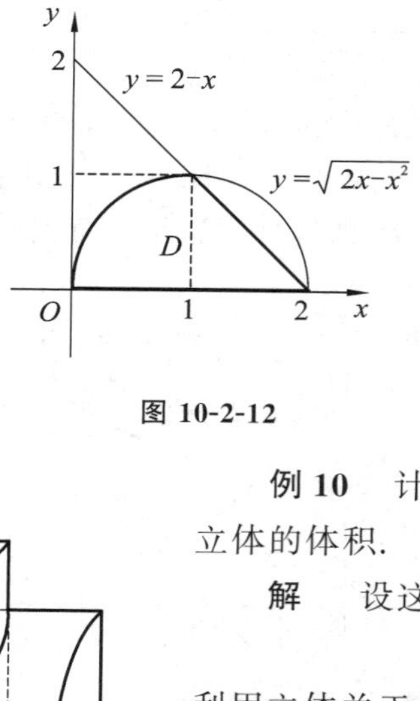

图 10-2-12

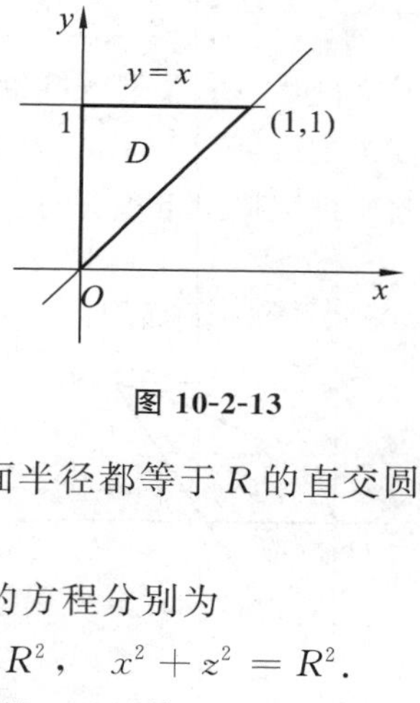

图 10-2-13

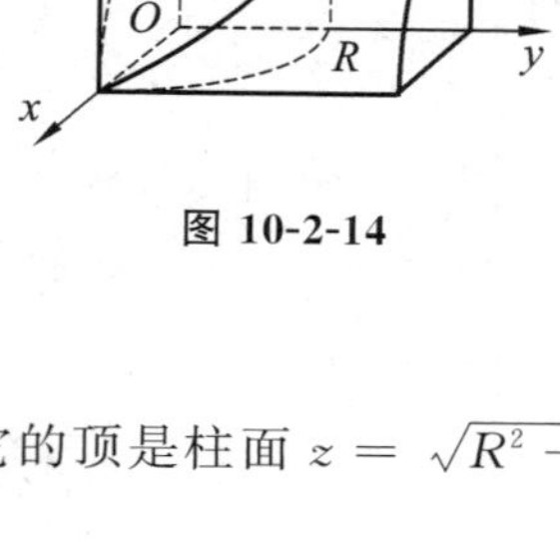

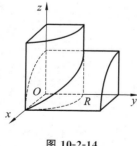

图 10-2-14

例 10　计算由两个底面半径都等于 R 的直交圆柱面所围成的立体的体积.

解　设这两个圆柱面的方程分别为

$$x^2+y^2=R^2, \quad x^2+z^2=R^2.$$

利用立体关于坐标面的对称性,只要算出它在第一卦限部分(见图 10-2-14)的体积 V_1,然后再乘以 8 即可.

所求立体体积在第一卦限部分可以看成是一个曲顶柱体的体积,它的底为xOy 面上的四分之一圆域 D,且其不等式组表示为

$$0 \leqslant x \leqslant R, 0 \leqslant y \leqslant \sqrt{R^2-x^2},$$

它的顶是柱面 $z=\sqrt{R^2-x^2}$. 于是,

$$V_1 = \iint_D \sqrt{R^2 - x^2}\,\mathrm{d}x\mathrm{d}y = \int_0^R \mathrm{d}x \int_0^{\sqrt{R^2-x^2}} \sqrt{R^2 - x^2}\,\mathrm{d}y$$

$$= \int_0^R \sqrt{R^2 - x^2} \cdot y \Big|_0^{\sqrt{R^2-x^2}} \mathrm{d}x = \int_0^R (R^2 - x^2)\,\mathrm{d}x$$

$$= \frac{2}{3}R^3.$$

从而所求立体的体积为

$$V = 8V_1 = \frac{16}{3}R^3.$$

习　题　10.2

1. 画出下列图形，并给出其不等式表示.

(1) 由 $x = -1, x = 1, y = -1$ 和 $y = 1$ 所围成图形；

(2) 由 $y = x^2$ 和 $x = y^2$ 所围成图形；

(3) $x^2 + y^2 = 1$；

(4) 由 $y = x + 2, y = 2 - x$ 和 x 轴所围成图形；

(5) 由 $y = x, xy = 1, x = 2$ 和 x 轴所围成图形.

2. 化二重积分

$$I = \iint_D f(x,y)\,\mathrm{d}\sigma$$

为累次积分(分别列出对两个变量先后次序不同的两个累次积分)，其中积分区域 D 是：

(1) 由直线 $y = x$ 及抛物线 $y^2 = 4x$ 所围成的区域；

(2) 由 x 轴及半圆周 $x^2 + y^2 = r^2 (y \geqslant 0)$ 所围成的区域；

(3) 由直线 $y = x, x = 2$ 及双曲线 $y = \dfrac{1}{x} (x > 0)$ 所围成的区域.

3. 画出积分区域，并计算下列二重积分：

(1) $\iint_D x\sqrt{y}\,\mathrm{d}\sigma$，其中 D 是由两条抛物线 $y = \sqrt{x}, y = x^2$ 所围成的区域；

(2) $\iint_D xy^2\,\mathrm{d}\sigma$，其中 D 是由圆周 $x^2 + y^2 = 4$ 及 y 轴所围成的右半区域；

(3) $\iint_D |x - y|\,\mathrm{d}\sigma$，其中 D 是直线 $x = 0, x = 2, y = 0$ 及 $y = 2$ 所围成的区域；

(4) $\iint_D \mathrm{e}^{x+y}\,\mathrm{d}\sigma$，其中 D 是由 $|x| + |y| \leqslant 1$ 所确定的区域；

(5) $\iint_D (x^2 + y^2 - x)\,\mathrm{d}\sigma$，其中 D 是直线 $y = 2, y = x$ 及 $y = 2x$ 所围成的区域.

4. 改变下列二重积分的积分次序：

(1) $\int_0^1 \mathrm{d}y \int_0^y f(x,y)\,\mathrm{d}x$；　　(2) $\int_0^2 \mathrm{d}y \int_{y^2}^{2y} f(x,y)\,\mathrm{d}x$；

(3) $\int_0^1 \mathrm{d}y \int_{-\sqrt{1-y^2}}^{\sqrt{1-y^2}} f(x,y)\,\mathrm{d}x$；　　(4) $\int_1^2 \mathrm{d}x \int_{2-x}^{\sqrt{2x-x^2}} f(x,y)\,\mathrm{d}y$；

(5) $\int_0^1 dy\int_0^{2y} f(x,y)dx + \int_1^3 dy\int_0^{3-y} f(x,y)dx$.

5. 计算由四个平面 $x=0, y=0, x=1, y=1$ 所围成的柱体被平面 $z=0$ 及 $2x+3y+z=6$ 截得的立体的体积.

6. 试证$\iint\limits_D f(x)g(y)dxdy = \int_a^b f(x)dx \cdot \int_c^d g(y)dy$,其中$D$是由$x=a, x=b, y=c$和$y=d$所围闭矩形区域.

10.3 极坐标系下二重积分的计算

前面我们介绍了在直角坐标系下将二重积分化为累次积分,但对某些二重积分,当积分区域用极坐标表示时,二重积分的计算将比较简单.下面我们介绍在极坐标系下二重积分的计算.

10.3.1 极坐标系下二重积分的积分形式

取极点O为直角坐标系的原点,极轴为x轴正半轴,则直角坐标系与极坐标系之间的变换公式为

$$\begin{cases} x = r\cos\theta, \\ y = r\sin\theta. \end{cases}$$

由此被积函数的极坐标形式为

$$f(x,y) = f(r\cos\theta, r\sin\theta).$$

下面求极坐标系下的面积微元 $d\sigma$.

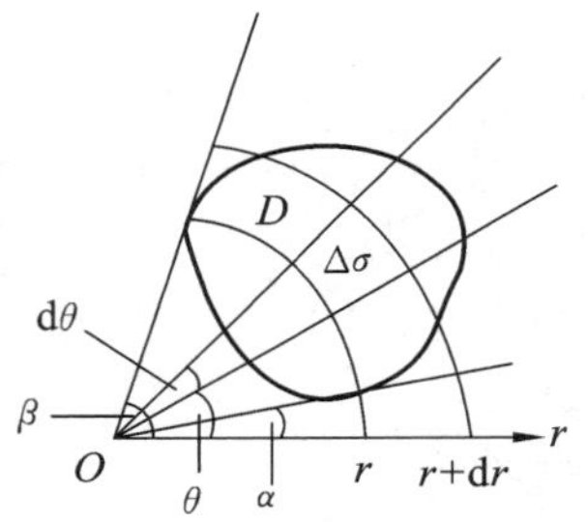

图 10-3-1

设从极点出发的射线穿过区域D的内部时,射线与区域D边界曲线的交点不多于两个.

用以极点为中心的圆族$r=$常数和从极点出发的射线族$\theta=$常数,将区域D分成n个小区域,如图10-3-1所示.

设$\Delta\sigma$是由极角为θ和$\theta+d\theta$的两条射线以及半径为r和$r+dr$的两条圆弧所围成的小区域,则

$$\begin{aligned}\Delta\sigma &= \frac{1}{2}(r+\Delta r)^2 \cdot \Delta\theta - \frac{1}{2}r^2 \cdot \Delta\theta \\ &= \frac{1}{2}(2r+\Delta r)\Delta r \cdot \Delta\theta \approx r \cdot \Delta r \cdot \Delta\theta,\end{aligned}$$

于是,根据微元法可得**极坐标系下的面积微元**

$$d\sigma = r dr d\theta,$$

所以二重积分在极坐标系下的积分形式为

$$\iint\limits_D f(x,y)d\sigma = \iint\limits_D f(r\cos\theta, r\sin\theta) r dr d\theta.$$

10.3.2 极坐标系下积分区域的不等式组表示

和直角坐标系下二重积分的计算类似,为计算极坐标系下的二重积分,我们先讨论极坐标

系下积分区域的不等式组表示.

1. 极点 O 在区域 D 外

当极点 O 在区域 D 外(见图 10-3-2)时,过极点作两条射线 $\theta=\alpha,\theta=\beta(\alpha<\beta)$ 与区域 D 的边界曲线相切,则区域 D 夹在两条射线 $\theta=\alpha,\theta=\beta$ 之间,两条射线 $\theta=\alpha,\theta=\beta$ 将区域 D 的边界曲线分为两条曲线 $r=r_1(\theta)$ 和 $r=r_2(\theta)$,且当 $\alpha\leqslant\theta\leqslant\beta$ 时,$r_1(\theta)\leqslant r_2(\theta)$. 显然,对任意点 $(\theta,r)\in D$,当 $\alpha\leqslant\theta\leqslant\beta$ 时,$r_1(\theta)\leqslant r\leqslant r_2(\theta)$,所以区域 D 的不等式组表示为

$$\alpha\leqslant\theta\leqslant\beta,r_1(\theta)\leqslant r\leqslant r_2(\theta),$$

于是二重积分化为累次积分

$$\iint\limits_D f(r\cos\theta,r\sin\theta)r\mathrm{d}r\mathrm{d}\theta=\int_\alpha^\beta\mathrm{d}\theta\int_{r_1(\theta)}^{r_2(\theta)}f(r\cos\theta,r\sin\theta)r\mathrm{d}r.$$

2. 极点 O 在区域 D 内

当极点 O 在区域 D 内(见图 10-3-3)时,设区域 D 的边界曲线方程为 $r=r(\theta)$,显然,对任意点 $(\theta,r)\in D$,当 $0\leqslant\theta\leqslant2\pi$ 时,$0\leqslant r\leqslant r(\theta)$,所以区域 D 的不等式组表示为

$$0\leqslant\theta\leqslant2\pi,0\leqslant r\leqslant r(\theta),$$

于是二重积分化为累次积分

$$\iint\limits_D f(r\cos\theta,r\sin\theta)r\mathrm{d}r\mathrm{d}\theta=\int_0^{2\pi}\mathrm{d}\theta\int_0^{r(\theta)}f(r\cos\theta,r\sin\theta)r\mathrm{d}r.$$

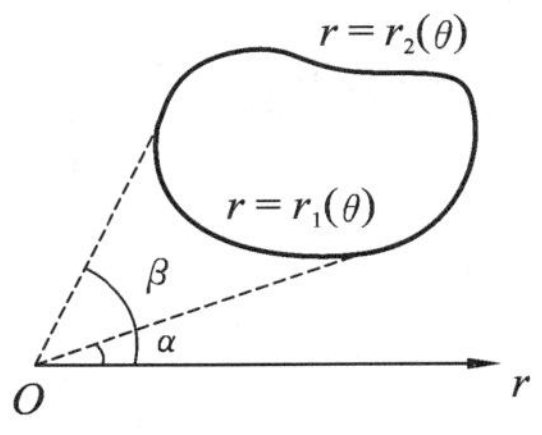

图 10-3-2

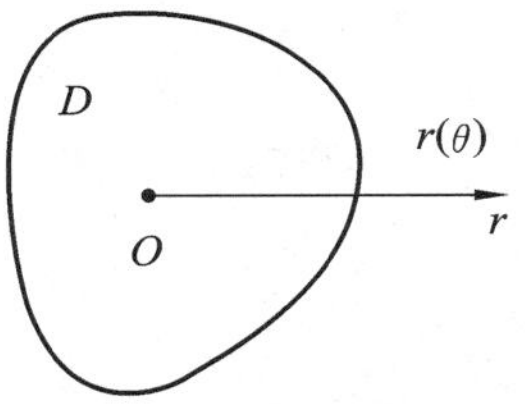

图 10-3-3

3. 极点 O 在区域 D 的边界上

极点 O 在区域 D 的边界上(见图 10-3-4)时,设区域 D 的边界曲线方程为 $r=r(\theta)$. 过极点作两条射线 $\theta=\alpha,\theta=\beta(\alpha<\beta)$,与区域 D 的边界曲线相切,则区域 D 夹在两条射线 $\theta=\alpha$,$\theta=\beta$ 之间. 显然,对任意点 $(\theta,r)\in D$,当 $\alpha\leqslant\theta\leqslant\beta$ 时,$0\leqslant r\leqslant r(\theta)$,所以区域 D 的不等式组表示为

$$\alpha\leqslant\theta\leqslant\beta,0\leqslant r\leqslant r(\theta),$$

于是二重积分化为累次积分

$$\iint\limits_D f(r\cos\theta,r\sin\theta)r\mathrm{d}r\mathrm{d}\theta=\int_\alpha^\beta\mathrm{d}\theta\int_0^{r(\theta)}f(r\cos\theta,r\sin\theta)r\mathrm{d}r.$$

由二重积分的性质知,有界闭区域 D 的面积 σ 可以表示为

$$\sigma=\iint\limits_D\mathrm{d}\sigma.$$

在极坐标系下,面积微元 $\mathrm{d}\sigma=r\mathrm{d}r\mathrm{d}\theta$,所以上式成为

$$\sigma=\iint\limits_D r\mathrm{d}r\mathrm{d}\theta.$$

极坐标系下常见圆域的不等式组表示：

（ⅰ）圆域 D 为 $x^2+y^2\leqslant a^2\ (a>0)$（见图 10-3-5），极点在圆域 D 内，边界曲线方程为 $r=a$，所以圆域 D 的不等式组表示为

$$0\leqslant\theta\leqslant 2\pi,\quad 0\leqslant r\leqslant a.$$

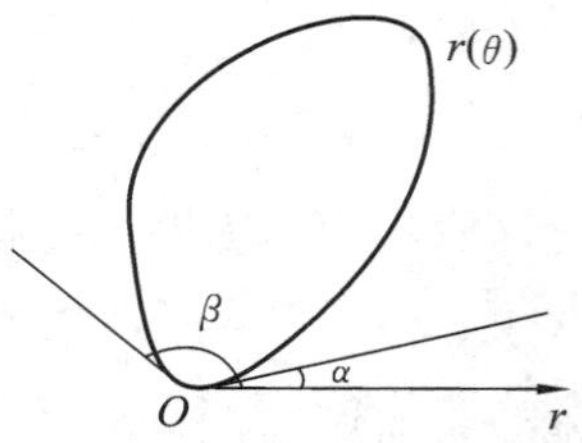

图 10-3-4

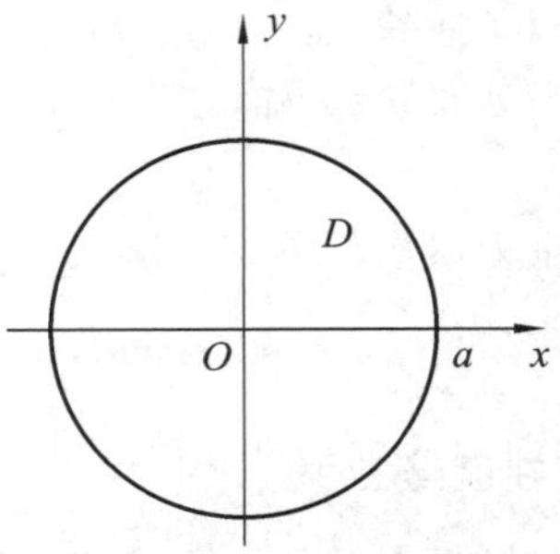

图 10-3-5

（ⅱ）圆域 D 为 $x^2+y^2\leqslant 2ax\ (a>0)$（见图 10-3-6），极点在边界曲线上，过极点作两条切射线 $\theta=-\dfrac{\pi}{2}$ 和 $\theta=\dfrac{\pi}{2}$，边界曲线方程为 $r=2a\cos\theta$，所以圆域 D 的不等式组表示为

$$-\frac{\pi}{2}\leqslant\theta\leqslant\frac{\pi}{2},\quad 0\leqslant r\leqslant 2a\cos\theta.$$

（ⅲ）圆域 D 为 $x^2+y^2\leqslant 2ay\ (a>0)$（见图 10-3-7），极点在边界曲线上，过极点作两条切射线 $\theta=0$ 和 $\theta=\pi$，边界曲线方程为 $r=2a\sin\theta$，所以圆域 D 的不等式组表示为

$$0\leqslant\theta\leqslant\pi, 0\leqslant r\leqslant 2a\sin\theta.$$

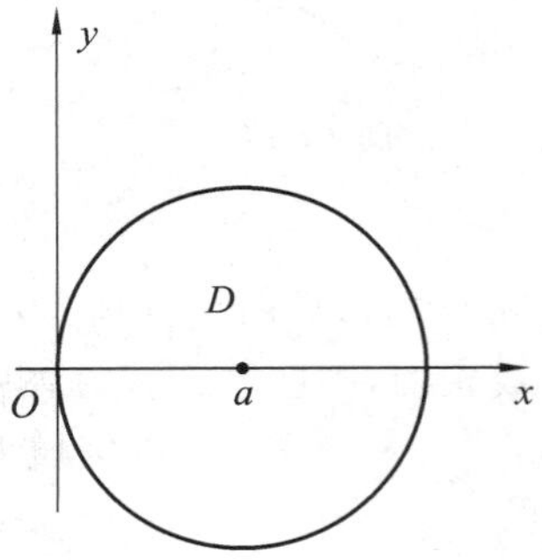

图 10-3-6

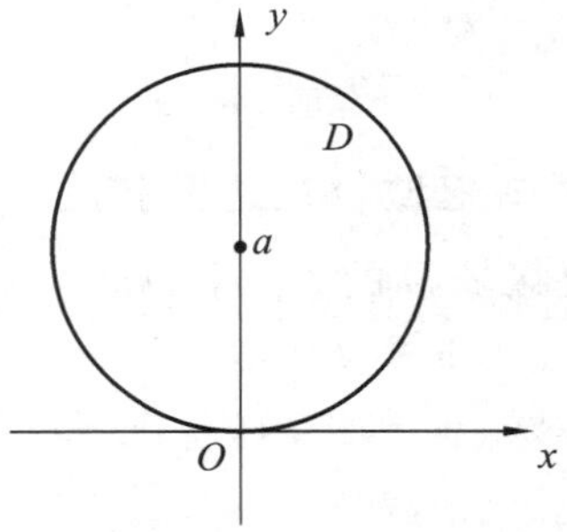

图 10-3-7

10.3.3 极坐标系下二重积分的计算

例 1 在极坐标系下化二重积分 $\iint\limits_D f(x,y)\mathrm{d}x\mathrm{d}y$ 为累次积分，其中积分区域 D 由圆周 $x^2+y^2=1$ 和直线 $x+y=1$ 上方部分所围成.

解 积分区域 D 如图 10-3-8 所示，其不等式组表示为

$$0\leqslant\theta\leqslant\frac{\pi}{2},\quad \frac{1}{\cos\theta+\sin\theta}\leqslant r\leqslant 1.$$

所以极坐标系下二重积分

$$\iint_D f(x,y)\mathrm{d}x\mathrm{d}y = \int_0^{\frac{\pi}{2}}\mathrm{d}\theta\int_{\frac{1}{\cos\theta+\sin\theta}}^{1} f(r\cos\theta, r\sin\theta)r\mathrm{d}r.$$

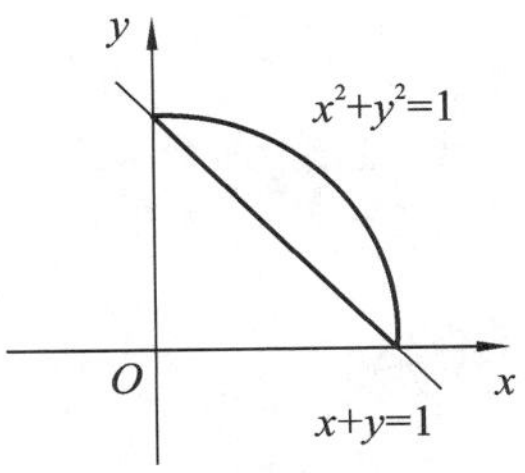

图 10-3-8

例 2　计算二重积分$\iint_D x\,\mathrm{d}x\mathrm{d}y$，其中区域 D 是由曲线 $x^2+y^2=2x$ 所围成的圆域.

解　由前面讨论知，积分区域 D 在极坐标系下的不等式组表示为

$$-\frac{\pi}{2}\leqslant\theta\leqslant\frac{\pi}{2},\quad 0\leqslant r\leqslant 2\cos\theta,$$

所以

$$\begin{aligned}\iint_D x\,\mathrm{d}x\mathrm{d}y &= \iint_D r\cos\theta\cdot r\mathrm{d}r\mathrm{d}\theta \\ &= \int_{-\frac{\pi}{2}}^{\frac{\pi}{2}}\mathrm{d}\theta\int_0^{2\cos\theta}\cos\theta\cdot r^2\mathrm{d}r = \frac{1}{3}\int_{-\frac{\pi}{2}}^{\frac{\pi}{2}}\cos\theta\cdot r^3\Big|_0^{2\cos\theta}\mathrm{d}\theta \\ &= \frac{8}{3}\int_{-\frac{\pi}{2}}^{\frac{\pi}{2}}\cos^4\theta\mathrm{d}\theta = \frac{16}{3}\int_0^{\frac{\pi}{2}}\cos^4\theta\mathrm{d}\theta = \pi.\end{aligned}$$

例 3　计算二重积分$\iint_D \frac{\sin(\pi\sqrt{x^2+y^2})}{\sqrt{x^2+y^2}}\mathrm{d}x\mathrm{d}y$，其中区域 D 是由 $1\leqslant x^2+y^2\leqslant 4$ 所确定的圆环域.

解　画出积分区域 D 的图形(见图 10-3-9). 因为积分区域 D 和被积函数都关于原点对称，所以只需要计算这个二重积分在区域 D 位于第一象限部分 D_1 上的值，再乘以 4 即可. 而积分区域 D_1 在极坐标系下的不等式组表示为

$$0\leqslant\theta\leqslant\frac{\pi}{2}, 1\leqslant r\leqslant 2,$$

所以

$$\begin{aligned}\iint_D \frac{\sin(\pi\sqrt{x^2+y^2})}{\sqrt{x^2+y^2}}\mathrm{d}x\mathrm{d}y &= 4\iint_{D_1}\frac{\sin\pi r}{r}r\,\mathrm{d}r\mathrm{d}\theta \\ &= 4\int_0^{\frac{\pi}{2}}\mathrm{d}\theta\int_1^2\sin\pi r\mathrm{d}r = -4.\end{aligned}$$

例 4　计算$\iint_D \mathrm{e}^{-(x^2+y^2)}\mathrm{d}x\mathrm{d}y$，其中积分区域 D 为 $x^2+y^2\leqslant a^2(a>0)$.

解　积分区域 D 的不等式组表示为

$$0\leqslant\theta\leqslant 2\pi,\quad 0\leqslant r\leqslant a,$$

所以

$$\begin{aligned}\iint_D \mathrm{e}^{-(x^2+y^2)}\mathrm{d}x\mathrm{d}y &= \iint_D \mathrm{e}^{-r^2}r\mathrm{d}\theta\mathrm{d}r = \int_0^{2\pi}\mathrm{d}\theta\int_0^a\mathrm{e}^{-r^2}r\mathrm{d}r \\ &= \int_0^{2\pi}\left(-\frac{1}{2}\mathrm{e}^{-r^2}\right)\Big|_0^a\mathrm{d}\theta = \pi(1-\mathrm{e}^{-a^2}).\end{aligned}$$

下面我们利用这一结论来计算广义积分

$$\int_0^{+\infty} e^{-x^2}\,dx.$$

设区域 D,D_1,D_2 的不等式组表示如下

$$D: 0 \leqslant x \leqslant R,\quad 0 \leqslant y \leqslant R;$$
$$D_1: x^2+y^2 \leqslant R^2,\quad x \geqslant 0,\quad y \geqslant 0;$$
$$D_2: x^2+y^2 \leqslant 2R^2,\quad x \geqslant 0,\quad y \geqslant 0,$$

则 $D_1 \subseteq D \subseteq D_2$(见图 10-3-10),因为 $e^{-(x^2+y^2)} > 0$,所以

$$\iint_{D_1} e^{-(x^2+y^2)}\,dx\,dy \leqslant \iint_{D} e^{-(x^2+y^2)}\,dx\,dy \leqslant \iint_{D_2} e^{-(x^2+y^2)}\,dx\,dy.$$

又

$$\iint_{D} e^{-(x^2+y^2)}\,dx\,dy = \int_0^R e^{-x^2}\,dx \int_0^R e^{-y^2}\,dy = \left(\int_0^R e^{-x^2}\,dx\right)^2,$$
$$\iint_{D_1} e^{-(x^2+y^2)}\,dx\,dy = \frac{\pi}{4}(1-e^{-R^2}),$$
$$\iint_{D_2} e^{-(x^2+y^2)}\,dx\,dy = \frac{\pi}{4}(1-e^{-2R^2}),$$

于是有

$$\frac{\pi}{4}(1-e^{-R^2}) \leqslant \left(\int_0^R e^{-x^2}\,dx\right)^2 \leqslant \frac{\pi}{4}(1-e^{-2R^2}).$$

因为

$$\lim_{R\to+\infty} \frac{\pi}{4}(1-e^{-R^2}) = \lim_{R\to+\infty} \frac{\pi}{4}(1-e^{-2R^2}) = \frac{\pi}{4},$$

所以

$$\lim_{R\to+\infty} \left(\int_0^R e^{-x^2}\,dx\right)^2 = \frac{\pi}{4},$$

即

$$\int_0^{+\infty} e^{-x^2}\,dx = \lim_{R\to+\infty} \int_0^R e^{-x^2}\,dx = \frac{\sqrt{\pi}}{2}.$$

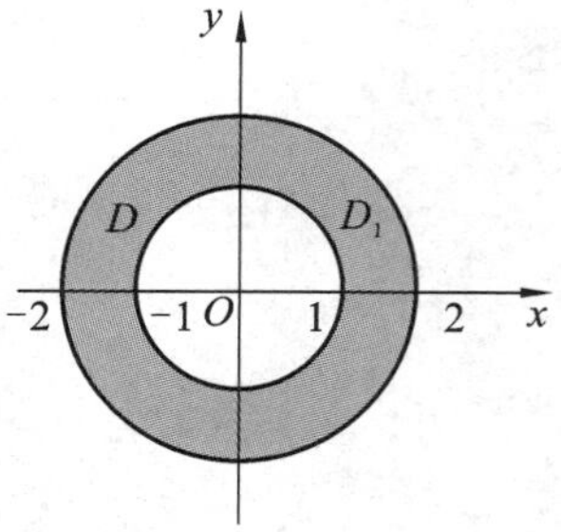

图 10-3-9

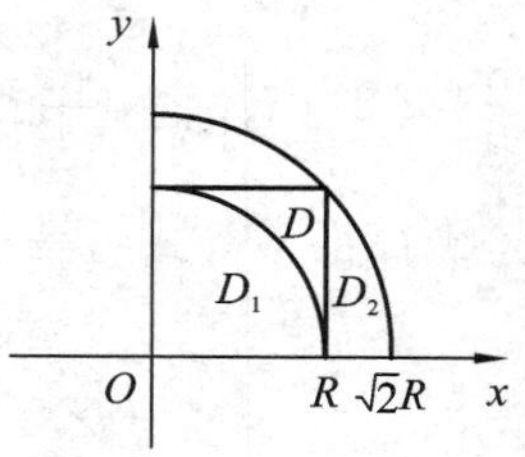

图 10-3-10

例 5　求球体 $x^2+y^2+z^2 \leqslant 4a^2$ 被圆柱面 $x^2+y^2=2ax\,(a>0)$ 所截得的(含在圆柱体内的部分)立体的体积.

解　因为截得的立体关于 xOy 面和 xOz 面对称,故所求立体的体积 V 等于该立体在第一

卦限部分(见图 10-3-11(a))的体积 V_1 的 4 倍. 而 V_1 是以曲面 $z=\sqrt{4a^2-x^2-y^2}$ 为顶,以区域 D 为底的曲顶柱体的体积,其中区域 D 是半圆周 $y=\sqrt{2ax-x^2}$ 及 x 轴所围成的区域,即立体在第一卦限部分在 xOy 面的投影(见图 10-3-11(b)),它在极坐标系下的不等式组表示为

$$0\leqslant\theta\leqslant\frac{\pi}{2},0\leqslant r\leqslant 2a\cos\theta.$$

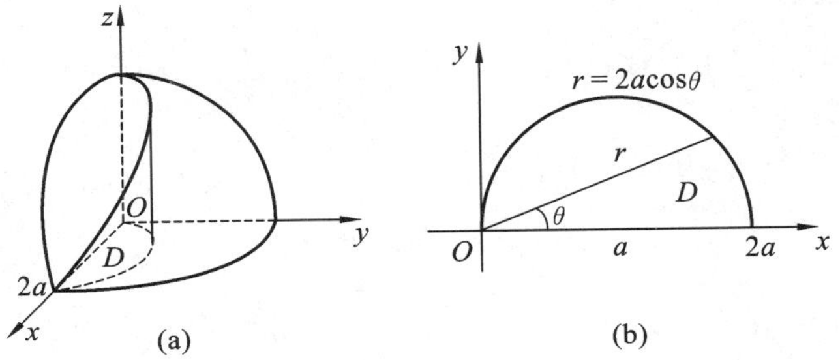

图 10-3-11

所以所求的立体的体积为

$$\begin{aligned}V&=4\iint_D\sqrt{4a^2-x^2-y^2}\,\mathrm{d}x\mathrm{d}y=4\iint_D\sqrt{4a^2-r^2}\,r\mathrm{d}r\mathrm{d}\theta\\&=4\int_0^{\frac{\pi}{2}}\mathrm{d}\theta\int_0^{2a\cos\theta}\sqrt{4a^2-r^2}\,r\mathrm{d}r=\frac{32}{3}a^3\int_0^{\frac{\pi}{2}}(1-\sin^3\theta)\mathrm{d}\theta\\&=\frac{32}{3}a^3\left(\frac{\pi}{2}-\frac{2}{3}\right).\end{aligned}$$

习　题　10.3

1. 画出积分区域,并把积分 $\iint_D f(x,y)\mathrm{d}x\mathrm{d}y$ 表示为极坐标形式的二次积分,其中积分区域 D 是:

(1) $x^2+y^2\leqslant a^2,(a>0)$;　　(2) $x^2+y^2\leqslant 2x$;

(3) $a^2\leqslant x^2+y^2\leqslant b^2$,其中 $0<a<b$;　　(4) $0\leqslant y\leqslant 1-x,0\leqslant x\leqslant 1$;

(5) $x^2\leqslant y\leqslant 1,-1\leqslant x\leqslant 1$.

2. 利用极坐标计算下列二重积分:

(1) $\iint_D \mathrm{e}^{x^2+y^2}\mathrm{d}\sigma$,其中 D 是由圆周 $x^2+y^2=4$ 所围成的区域;

(2) $\iint_D \ln(1+x^2+y^2)\mathrm{d}\sigma$,其中 D 是由圆周 $x^2+y^2=1$ 及坐标轴所围成的在第一象限内的区域;

(3) $\iint_D \arctan\frac{y}{x}\mathrm{d}\sigma$,其中 D 是由圆周 $x^2+y^2=4,x^2+y^2=1$ 及直线 $y=0,y=x$ 所围成的在第一象限内的区域.

3. 把下列积分化为极坐标形式,并计算值:

(1) $\int_0^{2a}\mathrm{d}x\int_0^{\sqrt{2ax-x^2}}(x^2+y^2)\mathrm{d}y$;　　(2) $\int_0^a\mathrm{d}x\int_0^x\sqrt{x^2+y^2}\mathrm{d}y$;

(3) $\int_0^1\mathrm{d}x\int_{x^2}^x(x^2+y^2)^{-\frac{1}{2}}\mathrm{d}y$;　　(4) $\int_0^a\mathrm{d}y\int_0^{\sqrt{a^2-y^2}}(x^2+y^2)\mathrm{d}x$.

4. 选用适当的坐标计算下列各题:

(1) $\iint\limits_D\frac{x^2}{y^2}\mathrm{d}\sigma$,其中 D 是由直线 $x=2$,$y=x$ 及曲线 $xy=1$ 所围成的区域;

(2) $\iint\limits_D\sqrt{\frac{1-x^2-y^2}{1+x^2+y^2}}\mathrm{d}\sigma$,其中 D 是由圆周 $x^2+y^2=1$ 及坐标轴所围成的在第一象限内的区域;

(3) $\iint\limits_D(x^2+y^2)\mathrm{d}\sigma$,其中 D 是由直线 $y=x$,$y=x+a$,$y=a$,$y=3a(a>0)$ 所围成的区域;

(4) $\iint\limits_D\sqrt{x^2+y^2}\mathrm{d}\sigma$,其中 D 是圆环形区域:$a^2\leqslant x^2+y^2\leqslant b^2$.

10.4 三 重 积 分

二重积分的积分区域为平面区域,若积分区域为空间区域,将得到三重积分.

10.4.1 三重积分的概念与性质

求非均匀密度物体的质量 M 是三重积分的典型问题.

设一物体,占有空间有界区域 Ω,其密度分布是非均匀的,密度函数为 $\rho=\rho(x,y,z)$,现求其质量 M.

(ⅰ) 分割:将空间区域 Ω 任意分割成 n 个小区域 $\Delta v_1,\Delta v_2,\cdots,\Delta v_n$($\Delta v_i$ 也表示第 i 个小区域的体积,$i=1,2,\cdots,n$).

(ⅱ) 作乘积:在第 i 个小区域 Δv_i 中任取一点 (ξ_i,η_i,ζ_i),则在第 i 个小区域 Δv_i 上物体质量

$$\Delta M_i\approx\rho(\xi_i,\eta_i,\zeta_i)\Delta v_i\quad(i=1,2,\cdots,n).$$

(ⅲ) 求和:将这 n 个小区域上物体质量的近似值求和,得物体质量

$$M=\sum_{i=1}^n\Delta M_i\approx\sum_{i=1}^n\rho(\xi_i,\eta_i,\zeta_i)\Delta v_i.$$

(ⅳ) 取极限:令 $\lambda=\max\limits_{1\leqslant i\leqslant n}\{\lambda_i\}$,其中 λ_i 为小区域 Δv_i 的直径(即 Δv_i 中任意两点间距离的最大值,$i=1,2,\cdots,n$),当 $\lambda\to0$ 时,物体的质量

$$M=\lim_{\lambda\to0}\sum_{i=1}^n\rho(\xi_i,\eta_i,\zeta_i)\Delta v_i.$$

此外,还有许多实际问题也可归结为上述类型的极限,撇去其实际意义,就得到如下三重积分的定义.

定义 1 设函数 $f(x,y,z)$ 是空间有界闭区域 Ω 上的有界函数.将区域 Ω 任意分割成 n 个

小区域 Δv_i(Δv_i 也表示第 i 个小区域的体积,$i=1,2,\cdots,n$),在第 i 个小区域 Δv_i 上任取一点 (ξ_i,η_i,ζ_i),作乘积 $f(\xi_i,\eta_i,\zeta_i)\Delta v_i(i=1,2,\cdots,n)$,并求和 $\sum_{i=1}^{n}f(\xi_i,\eta_i,\zeta_i)\Delta v_i$. 令 $\lambda=\max_{1\leqslant i\leqslant n}\{\lambda_i\}$(其中 λ_i 为小区域 Δv_i 的直径),如果极限

$$\lim_{\lambda\to 0}\sum_{i=1}^{n}f(\xi_i,\eta_i,\zeta_i)\Delta v_i$$

存在,则称此极限值为函数 $f(x,y,z)$ 在区域 Ω 上的**三重积分**,记作 $\iiint_{\Omega}f(x,y,z)\mathrm{d}v$,即

$$\iiint_{\Omega}f(x,y,z)\mathrm{d}v=\lim_{\lambda\to 0}\sum_{i=1}^{n}f(\xi_i,\eta_i,\zeta_i)\Delta v_i,\tag{1}$$

其中称 $f(x,y,z)$ 为**被积函数**,$f(x,y,z)\mathrm{d}v$ 为**被积表达式**,$\mathrm{d}v$ 为**体积微元**,x,y 和 z 为**积分变量**,Ω 为**积分区域**,$\sum_{i=1}^{n}f(\xi_i,\eta_i,\zeta_i)\Delta v_i$ 为**积分和**. 此时也称函数 $f(x,y,z)$ 在空间区域 Ω 上可积.

定理 1　若函数 $f(x,y,z)$ 在空间有界闭区域 Ω 上连续,则函数 $f(x,y,z)$ 在空间区域 Ω 上可积.

以后我们总是假定函数 $f(x,y,z)$ 在空间有界闭区域 Ω 上连续.

三重积分是二重积分在空间有界闭区域上的自然推广,故三重积分具有与二重积分完全类似的性质,在此不再赘述.

10.4.2　三重积分的计算

三重积分的计算类似于二重积分,需要利用不同的坐标系将三重积分化为累次积分进行计算,以下主要介绍三个常用的坐标系.

1. 直角坐标系下三重积分的计算

在三重积分 $\iiint_{\Omega}f(x,y,z)\mathrm{d}v$ 中,体积微元 $\mathrm{d}v$ 象征着积分和中的体积元素 Δv_i. 由于三重积分的定义中区域 Ω 的划分是任意的,如果在直角坐标系中用平行于坐标面的平面来划分区域 Ω,那么除了靠近边界曲面的一些小区域外,绝大部分的小区域都是长方体. 设第 i 个小区域 Δv_i 的边长分别为 Δx_j,Δy_k 和 Δz_l,则

$$\Delta v_i=\Delta x_j\cdot\Delta y_k\cdot\Delta z_l.$$

因此在直角坐标系中体积微元 $\mathrm{d}v=\mathrm{d}x\mathrm{d}y\mathrm{d}z$,于是三重积分

$$\iiint_{\Omega}f(x,y,z)\mathrm{d}v=\iiint_{\Omega}f(x,y,z)\mathrm{d}x\mathrm{d}y\mathrm{d}z.$$

下面考虑在直角坐标系下将三重积分化为累次积分.

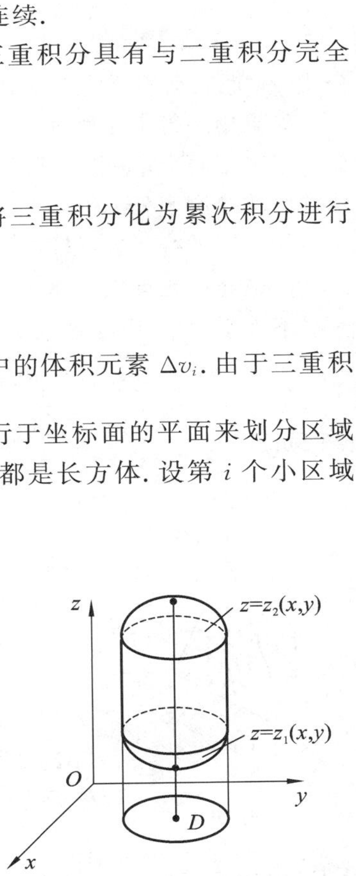

图 10-4-1

假设用平行于 z 轴的直线穿过区域 Ω,直线与区域 Ω 的边界曲面 Σ 的交点不多于两个. 于是把区域 Ω 投影到 xOy 面上,得平面区域 D(见图 10-4-1),以 D 的边界曲线为准线作母线平行于 z 轴的柱面,则柱面与曲面 Σ 的交线将曲面 Σ 分成上、下两部分,设它们的方程分别为

$$\Sigma_1: z = z_1(x,y),$$
$$\Sigma_2: z = z_2(x,y),$$

其中 $z_1(x,y)$ 和 $z_2(x,y)$ 都是 D 上的连续函数，且对于任意的 $(x,y) \in D$，有 $z_1(x,y) \leqslant z_2(x,y)$. 过 D 内任一点 (x,y)，作平行于 z 轴的直线穿过区域 Ω，则直线与曲面 Σ_1 的交点坐标为 $(x,y,z_1(x,y))$，与曲面 Σ_2 的交点坐标为 $(x,y,z_2(x,y))$，于是对任意的 $(x,y) \in D$，有

$$z_1(x,y) \leqslant z \leqslant z_2(x,y).$$

先将 x,y 看作定值，将 $f(x,y,z)$ 只看作 z 的函数，在区间 $[z_1(x,y),z_2(x,y)]$ 上对 z 积分，积分结果是 x,y 的函数，记为 $F(x,y)$，即

$$F(x,y) = \int_{z_1(x,y)}^{z_2(x,y)} f(x,y,z)\mathrm{d}z.$$

然后计算 $F(x,y)$ 在区域 D 上的二重积分

$$\iint_D F(x,y)\mathrm{d}\sigma = \iint_D \left[\int_{z_1(x,y)}^{z_2(x,y)} f(x,y,z)\mathrm{d}z\right]\mathrm{d}\sigma.$$

若区域 D 的不等式组表示为

$$a \leqslant x \leqslant b, y_1(x) \leqslant y \leqslant y_2(x),$$

则把这个二重积分化为累次积分，于是得到三重积分的计算公式

$$\iiint_\Omega f(x,y,z)\mathrm{d}v = \int_a^b \mathrm{d}x \int_{y_1(x)}^{y_2(x)} \mathrm{d}y \int_{z_1(x,y)}^{z_2(x,y)} f(x,y,z)\mathrm{d}z. \tag{2}$$

公式(2) 把三重积分化为先对 z，次对 y，最后对 x 的**三次积分**.

如果用平行于 x 轴或平行于 y 轴的直线穿过区域 Ω 内部，直线与区域 Ω 的边界曲面 Σ 的交点不多于两个，也可把区域 Ω 对 yOz 面投影或对 zOx 面投影，这样也可把三重积分化为按其他顺序的三次积分.

如果用平行于坐标轴的直线穿过区域 Ω，直线与区域 Ω 的边界曲面 Σ 的交点多于两个，那么可以像处理二重积分那样，把区域 Ω 分成若干部分，且在每个部分上，直线与其边界曲面的交点不多于两个，则在区域 Ω 上的三重积分化为各部分区域上的三重积分之和.

例 1 计算三重积分 $\iiint_\Omega x\,\mathrm{d}x\mathrm{d}y\mathrm{d}z$，其中 Ω 是由三个坐标面及平面 $x+2y+z=1$ 所围成的空间闭区域.

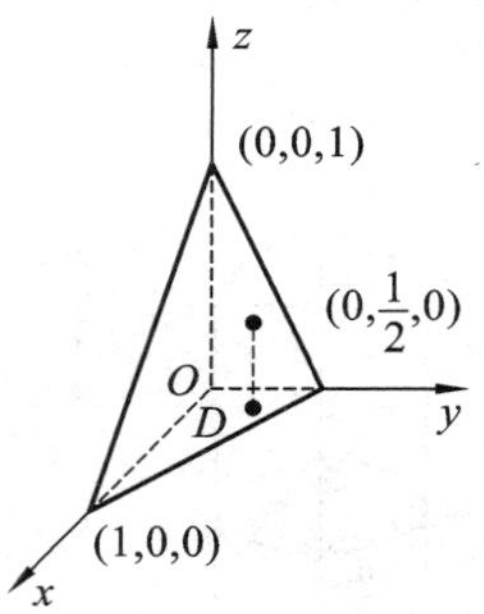

图 10-4-2

解 如图 10-4-2 所示，先画出积分区域 Ω 的图形.

显然，用平行于 z 轴的直线穿过区域 Ω，直线与区域 Ω 的边界曲面的交点不多于两个. 将区域 Ω 对 xOy 面投影，所得投影区域 D 的不等式组表示为

$$0 \leqslant x \leqslant 1, 0 \leqslant y \leqslant \frac{1-x}{2}.$$

在 D 内任取一点 (x,y)，过此点作平行于 z 轴的直线，直线与区域 Ω 边界曲面的交点坐标分别为 $(x,y,0)$ 和 $(x,y,1-x-2y)$，所以，对于任意的 $(x,y) \in D$，有

$$0 \leqslant z \leqslant 1-x-2y.$$

于是，由公式(2) 得

$$\iiint\limits_{\Omega} x\,dx\,dy\,dz = \int_0^1 dx \int_0^{\frac{1-x}{2}} dy \int_0^{1-x-2y} x\,dz$$
$$= \int_0^1 x\,dx \int_0^{\frac{1-x}{2}} (1-x-2y)\,dy$$
$$= \frac{1}{4}\int_0^1 (x-2x^2+x^3)\,dx = \frac{1}{48}.$$

上面我们计算三重积分，是先计算一个定积分，再计算一个二重积分，这种计算三重积分的方法我们简称为“先一后二”．有时，我们计算三重积分也可以将其化为先计算一个二重积分，再计算一个定积分，这种计算三重积分的方法我们简称为“先二后一”．

设 Ω 为空间有界闭区域，将空间区域 Ω 对 z 轴投影，得区间 $[c_1,c_2]$，于是空间区域 Ω 夹在平面 $z=c_1$ 和 $z=c_2$ 之间．任取 $z\in[c_1,c_2]$，作平面垂直于 z 轴，截空间区域 Ω，得一平面区域 D_z（见图 10-4-3），所以

$$\Omega = \{(x,y,z)\mid (x,y)\in D_z, c_1\leqslant z\leqslant c_2\},$$

于是有

$$\iiint\limits_{\Omega} f(x,y,z)\,dv = \int_{c_1}^{c_2} dz \iint\limits_{D_z} f(x,y,z)\,dx\,dy.$$

例 2　计算三重积分 $\iiint\limits_{\Omega} z^2\,dx\,dy\,dz$，其中 Ω 为三个坐标面与球面 $x^2+y^2+z^2=1$ 所围区域在第一卦限的部分．

解　空间区域 Ω 如图 10-4-4 所示．将空间区域 Ω 对 z 轴投影，得区间 $[0,1]$，于是空间区域 Ω 夹在平面 $z=0$ 和 $z=1$ 之间．任取 $z\in[0,1]$，作平面垂直于 z 轴，截空间区域 Ω，得一平面区域 D_z（见图 10-4-4），所以

$$\iiint\limits_{\Omega} z^2\,dx\,dy\,dz = \int_0^1 z^2\,dz \iint\limits_{D_z} dx\,dy.$$

而积分 $\iint\limits_{D_z} dx\,dy$ 就是求平面区域 D_z 的面积，且其面积为 $\frac{\pi}{4}(1-z^2)$，所以

$$\iiint\limits_{\Omega} z^2\,dx\,dy\,dz = \frac{\pi}{4}\int_0^1 z^2(1-z^2)\,dz$$
$$= \frac{\pi}{4}\left(\frac{1}{3}z^3 - \frac{1}{5}z^5\right)\Big|_0^1 = \frac{\pi}{30}.$$

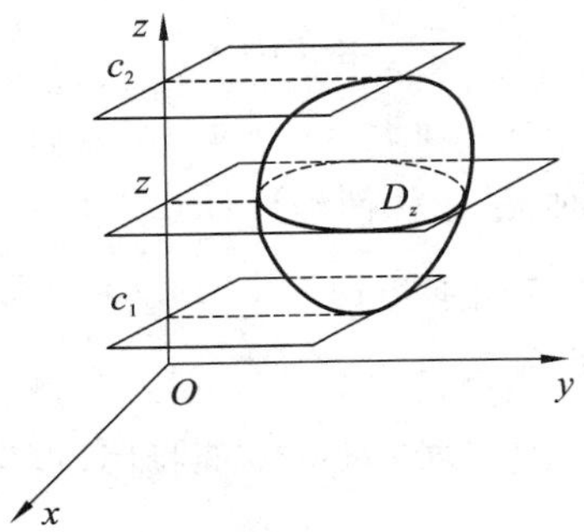

图 10-4-3

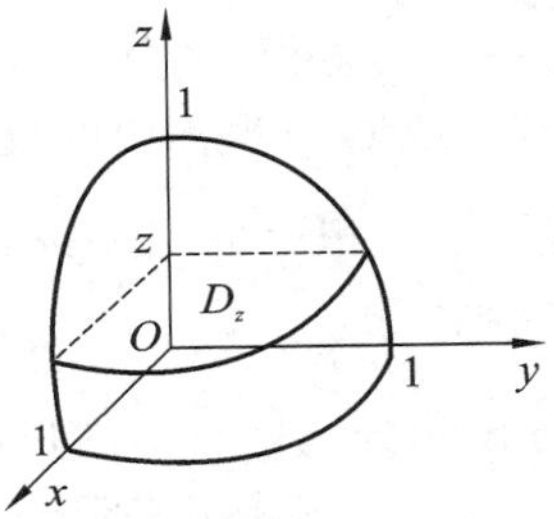

图 10-4-4

三重积分中，当被积函数 $f(x,y,z)$ 只是 z 的函数，且积分区域 Ω 的边界曲面为球面或顶点在原点的锥面时，用"先二后一"的方法计算三重积分将较为简单.

2. 柱面坐标系下三重积分的计算

设 $M(x,y,z)$ 为空间内一点，并设点 M 在 xOy 面上的投影 M' 的极坐标为 (r,θ)，则称有序数组 (r,θ,z) 为点 M 的柱面坐标(见图 10-4-5)，这里规定 r,θ,z 的变化范围为

$$0\leqslant r<+\infty,\quad 0\leqslant\theta\leqslant 2\pi,\quad -\infty<z<+\infty.$$

显然，点 M 的直角坐标与柱面坐标间的关系为

$$\begin{cases}x=r\cos\theta,\\ y=r\sin\theta,\\ z=z.\end{cases}\tag{3}$$

柱面坐标 (r,θ,z) 中，当 r 为常数时，方程表示一个母线平行于 z 轴的圆柱面，如 $r=1$ 表示空间直角坐标系中的圆柱面 $x^2+y^2=1$；当 θ 为常数时，方程表示一个过 z 轴的半平面；当 z 为常数时，方程表示一个与 xOy 面平行的平面.

在柱面坐标系下，为计算三重积分 $\iiint\limits_{\Omega}f(x,y,z)\mathrm{d}v$，必须求出柱面坐标的体积微元. 为此，用三组坐标面 $r=$ 常数，$\theta=$ 常数，$z=$ 常数把区域 Ω 分成许多小立体，除了靠近区域 Ω 边界曲面的一些不规则小立体外，这种小立体都是柱体. 如图 10-4-6 所示，此柱体由圆柱面 r 和 $r+\mathrm{d}r$，过 z 轴的半平面 θ 和 $\theta+\mathrm{d}\theta$ 以及平面 z 和 $z+\mathrm{d}z$ 所围成，这个柱体体积等于高与底面积的乘积. 现在高为 $\mathrm{d}z$，底面积在不计高阶无穷小时为 $r\mathrm{d}r\mathrm{d}\theta$(即极坐标系中的面积微元)，于是得

$$\mathrm{d}v=r\mathrm{d}r\mathrm{d}\theta\mathrm{d}z,$$

这就是**柱面坐标系中的体积微元**. 再由关系式(3)，得柱面坐标系下三重积分的形式

$$\iiint\limits_{\Omega}f(x,y,z)\mathrm{d}v=\iiint\limits_{\Omega}f(r\cos\theta,r\sin\theta,z)r\mathrm{d}r\mathrm{d}\theta\mathrm{d}z.\tag{4}$$

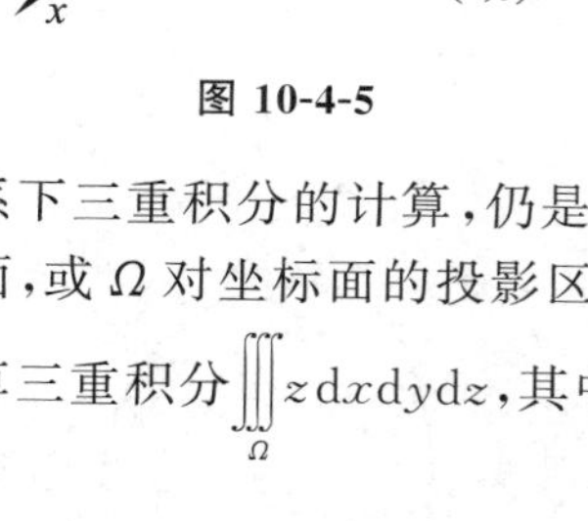

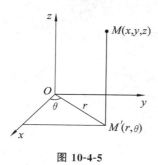

图 10-4-5

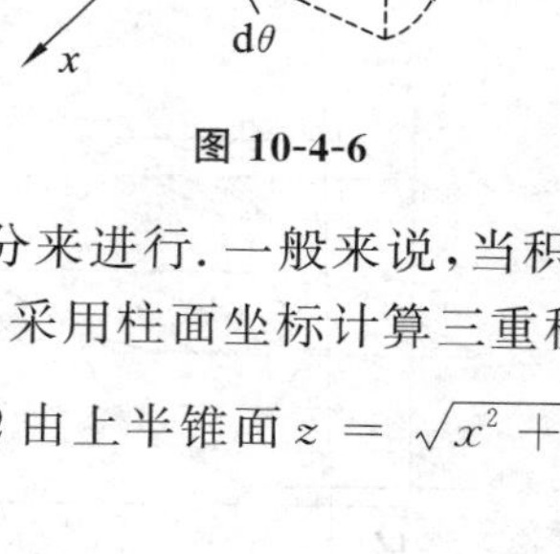

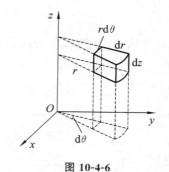

图 10-4-6

柱面坐标系下三重积分的计算，仍是化为三次积分来进行. 一般来说，当积分区域 Ω 的边界曲面为圆柱面，或 Ω 对坐标面的投影区域为圆域时，采用柱面坐标计算三重积分比较方便.

例 3　计算三重积分 $\iiint\limits_{\Omega}z\mathrm{d}x\mathrm{d}y\mathrm{d}z$，其中空间区域 Ω 由上半锥面 $z=\sqrt{x^2+y^2}$ 与平面 $z=1$ 所围成.

解　先画出积分区域 Ω 的图形(见图 10-4-7). 将区域 Ω 对 xOy 面投影，得投影区域 D 为半径为 1 的圆域，其不等式组表示为

$$0\leqslant\theta\leqslant 2\pi,\quad 0\leqslant r\leqslant 1.$$

在 D 内任取一点 (r,θ)，过此点作平行于 z 轴的直线，直线与区域 Ω 的边界曲面 $z=r$ 和 $z=1$ 相交，交点坐标分别为 (r,θ,r) 和 $(r,\theta,1)$，因此区域 Ω 的不等式组表示为

$$0\leqslant\theta\leqslant 2\pi,\quad 0\leqslant r\leqslant 1,\quad r\leqslant z\leqslant 1.$$

于是

$$\begin{aligned}\iiint_{\Omega} z\,\mathrm{d}x\mathrm{d}y\mathrm{d}z &= \iiint_{\Omega} zr\,\mathrm{d}r\mathrm{d}\theta\mathrm{d}z\\ &= \int_0^{2\pi}\mathrm{d}\theta\int_0^1 r\mathrm{d}r\int_r^1 z\,\mathrm{d}z\\ &= \frac{1}{2}\int_0^{2\pi}\mathrm{d}\theta\int_0^1 r(1-r^2)\,\mathrm{d}r\\ &= \frac{1}{2}\cdot 2\pi\left(\frac{r^2}{2}-\frac{r^4}{4}\right)\Big|_0^1=\frac{\pi}{4}.\end{aligned}$$

例 4　计算三重积分 $\iiint_{\Omega}(x^2+y^2)\,\mathrm{d}x\mathrm{d}y\mathrm{d}z$，其中空间区域 Ω 由旋转抛物面 $x^2+y^2=2z$ 与平面 $z=2$ 所围成.

解　先画出积分区域 Ω 的图形(见图 10-4-8). 区域 Ω 对 xOy 面的投影区域为

$$D: x^2+y^2\leqslant 4,$$

其极坐标系下的不等式组表示为

$$0\leqslant\theta\leqslant 2\pi,\quad 0\leqslant r\leqslant 2.$$

又过区域 D 内任一点 (r,θ)，作平行于 z 轴的直线穿过空间区域 Ω，与空间区域 Ω 的边界曲面的交点坐标分别为 $\left(r,\theta,\frac{r^2}{2}\right)$ 和 $(r,\theta,2)$，所以空间区域 Ω 的不等式组表示为

$$0\leqslant\theta\leqslant 2\pi,\quad 0\leqslant r\leqslant 2,\quad \frac{r^2}{2}\leqslant z\leqslant 2.$$

所以

$$\begin{aligned}\iiint_{\Omega}(x^2+y^2)\,\mathrm{d}x\mathrm{d}y\mathrm{d}z &= \int_0^{2\pi}\mathrm{d}\theta\int_0^2 r^2\cdot r\mathrm{d}r\int_{\frac{r^2}{2}}^2\mathrm{d}z\\ &= 2\pi\int_0^2 r^3\left(2-\frac{r^2}{2}\right)\mathrm{d}r = 2\pi\left(\frac{r^4}{2}-\frac{r^6}{12}\right)\Big|_0^2\\ &= \frac{16}{3}\pi.\end{aligned}$$

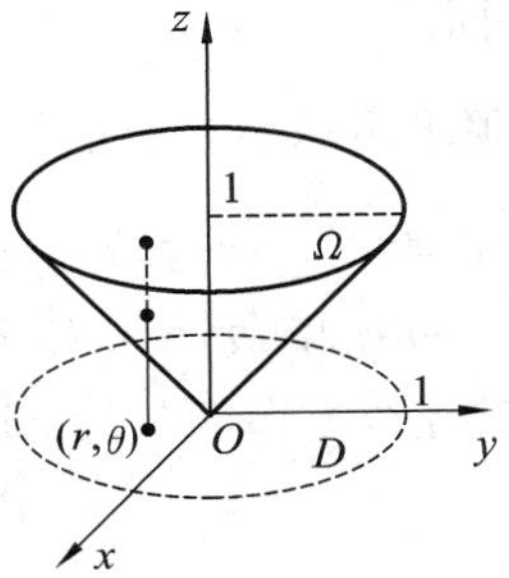

图 10-4-7

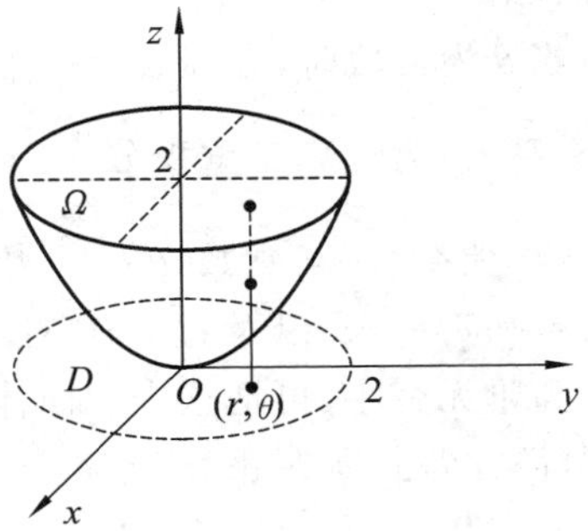

图 10-4-8

此题也可以用“先二后一”的方法计算.

将空间区域Ω对z轴投影,得区间$[0,2]$.任取一点$z\in[0,2]$,作垂直于z轴的平面,在空间区域Ω上,截痕为平面区域

$$D_z: x^2+y^2\leqslant 2z,$$

D_z在极坐标系下的不等式组表示为

$$0\leqslant\theta\leqslant 2\pi,\quad 0\leqslant r\leqslant\sqrt{2z},$$

所以

$$\begin{aligned}\iiint_{\Omega}(x^2+y^2)\mathrm{d}x\mathrm{d}y\mathrm{d}z&=\int_0^2\mathrm{d}z\iint_{D_z}(x^2+y^2)\mathrm{d}x\mathrm{d}y\\&=\int_0^2\mathrm{d}z\int_0^{2\pi}\mathrm{d}\theta\int_0^{\sqrt{2z}}r^2\cdot r\mathrm{d}r=2\pi\int_0^2\frac{1}{4}r^4\Big|_0^{\sqrt{2z}}\mathrm{d}z\\&=2\pi\int_0^2 z^2\mathrm{d}z=\frac{16}{3}\pi.\end{aligned}$$

3. 球面坐标系下三重积分的计算

设$M(x,y,z)$为空间内一点,点P为点M在xOy面上的投影,则点M也可以用这样的三个数r,φ,θ来确定,其中r为点M到原点的距离,φ为向量$\overrightarrow{OM}$与z轴正向的夹角,θ为向量$\overrightarrow{OP}$与x轴正向的夹角(见图10-4-9),这样的三个数r,φ,θ就称为点M的**球面坐标**,记作$M(r,\varphi,\theta)$,这里规定r,φ,θ的变化范围为

$$0\leqslant r<+\infty,\quad 0\leqslant\varphi\leqslant\pi,\quad 0\leqslant\theta\leqslant 2\pi.$$

因为点P是点M在xOy面上的投影,又设点P在x轴上的投影为A,则

$$OA=x,\quad AP=y,\quad PM=z.$$

而

$$OP=r\sin\varphi,\quad z=r\cos\varphi.$$

因此,点M的直角坐标与球面坐标的关系为

$$\begin{cases}x=OP\cos\theta=r\sin\varphi\cos\theta,\\y=OP\sin\theta=r\sin\varphi\sin\theta,\\z=r\cos\varphi.\end{cases}\tag{5}$$

球面坐标(r,φ,θ)中,当r为常数时,方程表示一个球心在原点的球面,如$r=1$表示空间直角坐标系中的球面$x^2+y^2+z^2=1$;当φ为常数时,方程表示一个以原点为顶点,以z轴为轴的半圆锥面;当θ为常数时,方程表示一个过z轴的半平面.

在球面坐标系下,为计算三重积分$\iiint_{\Omega}f(x,y,z)\mathrm{d}v$,必须求出球面坐标的体积微元.为此,用三组坐标面$r=$常数,$\varphi=$常数,$\theta=$常数把区域$\Omega$分成许多小立体.现在考虑由球面$r$和$r+\mathrm{d}r$,半圆锥面$\varphi$和$\varphi+\mathrm{d}\varphi$以及过$z$轴的半平面$\theta$和$\theta+\mathrm{d}\theta$所围成的六面体的体积(见图10-4-10),不计高阶无穷小,可把这个六面体看作长方体,其经线方向的长为$r\mathrm{d}\varphi$,纬线方向的宽为$r\sin\varphi\mathrm{d}\theta$,向径方向的高为$\mathrm{d}r$,于是得

$$\mathrm{d}v=r^2\sin\varphi\mathrm{d}r\mathrm{d}\varphi\mathrm{d}\theta,$$

这就是**球面坐标系中的体积微元**.再由关系式(5),得球面坐标系下三重积分的形式

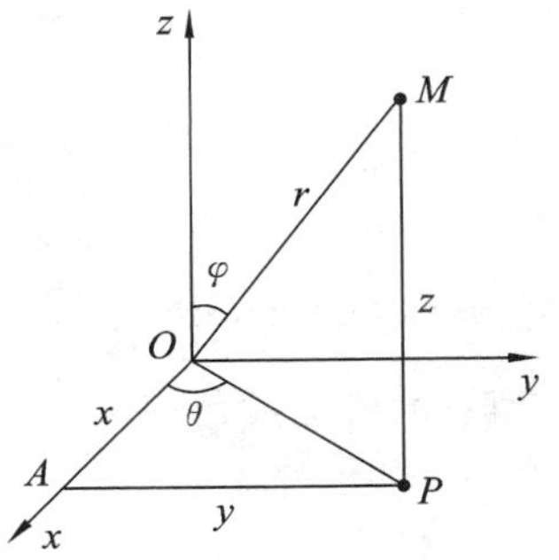

图 10-4-9

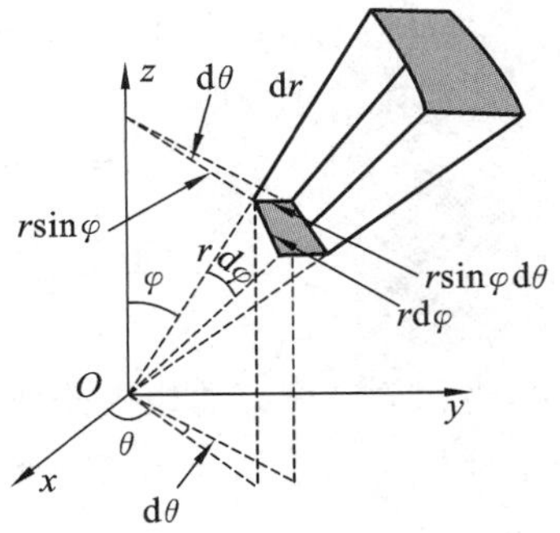

图 10-4-10

$$\iiint_{\Omega} f(x,y,z)\mathrm{d}v = \iiint_{\Omega} F(r,\varphi,\theta) r^2 \sin\varphi \mathrm{d}r\mathrm{d}\varphi\mathrm{d}\theta, \tag{6}$$

其中 $F(r,\varphi,\theta) = f(r\sin\varphi\cos\theta, r\sin\varphi\sin\theta, r\cos\varphi)$.

下面给出球面坐标系下化三重积分为三次积分的常用公式.

（ⅰ）原点在积分区域 Ω 内.

若原点在积分区域 Ω 内，设积分区域 Ω 边界曲面的球面坐标方程 $r = r(\varphi,\theta)$，则区域 Ω 的不等式组表示为

$$0 \leqslant \theta \leqslant 2\pi, \quad 0 \leqslant \varphi \leqslant \pi, \quad 0 \leqslant r \leqslant r(\varphi,\theta),$$

所以

$$\begin{aligned}\iiint_{\Omega} f(x,y,z)\mathrm{d}v &= \iiint_{\Omega} F(r,\varphi,\theta) r^2 \sin\varphi \mathrm{d}r\mathrm{d}\varphi\mathrm{d}\theta \\ &= \int_0^{2\pi}\mathrm{d}\theta\int_0^{\pi}\mathrm{d}\varphi\int_0^{r(\varphi,\theta)} F(r,\varphi,\theta) r^2 \sin\varphi \mathrm{d}r.\end{aligned}$$

特别地，当积分区域 Ω 为球面 $r = a$ 所围成时，

$$\iiint_{\Omega} f(x,y,z)\mathrm{d}v = \int_0^{2\pi}\mathrm{d}\theta\int_0^{\pi}\mathrm{d}\varphi\int_0^{a} F(r,\varphi,\theta) r^2 \sin\varphi \mathrm{d}r.$$

当 $F(r,\varphi,\theta) = 1$ 时，由上式可得球体的体积

$$V = \int_0^{2\pi}\mathrm{d}\theta\int_0^{\pi}\sin\varphi\mathrm{d}\varphi\int_0^{a} r^2\mathrm{d}r = \frac{4}{3}\pi a^3,$$

这正是我们所熟知的结果.

（ⅱ）原点不在积分区域 Ω 内.

将积分区域 Ω 对 xOy 面投影，从而可确定 Ω 内 θ 的变化范围. 不妨设 θ 的变化范围为 $[\alpha,\beta]$，任取 $\theta \in [\alpha,\beta]$，作过 z 轴的半平面 $\theta = \theta$ 去截积分区域 Ω，所得平面区域记作 D_θ. 设平面区域 D_θ 内任一点 M 的坐标为 (r,φ,θ)，则在半平面 $\theta = \theta$ 内，过原点作平面区域 D_θ 的切射线，切射线将平面区域 D_θ 的边界曲线分为两段，$r = r_1(\varphi,\theta)$ 和 $r = r_2(\varphi,\theta)$（见图 10-4-11），则平面区域 D_θ 的不等式组表示为

$$\varphi_1(\theta) \leqslant \varphi \leqslant \varphi_2(\theta), \quad r_1(\varphi,\theta) \leqslant r \leqslant r_2(\varphi,\theta),$$

所以

$$\iiint\limits_{\Omega} f(x,y,z)\,\mathrm{d}v = \iiint\limits_{\Omega} F(r,\varphi,\theta) r^2 \sin\varphi \mathrm{d}r\mathrm{d}\varphi\mathrm{d}\theta$$
$$= \int_{\alpha}^{\beta} \mathrm{d}\theta \iint\limits_{D_\theta} F(r,\varphi,\theta) r^2 \sin\varphi \mathrm{d}r\mathrm{d}\varphi$$
$$= \int_{\alpha}^{\beta} \mathrm{d}\theta \int_{\varphi_1(\theta)}^{\varphi_2(\theta)} \mathrm{d}\varphi \int_{r_1(\varphi,\theta)}^{r_2(\varphi,\theta)} F(r,\varphi,\theta) r^2 \sin\varphi \mathrm{d}r.$$

一般来说,当积分区域Ω的边界曲面为球面、顶点在原点的锥面或被积函数含$x^2+y^2+z^2$时,采用球面坐标计算三重积分比较方便.

例 5 计算三重积分$\iiint\limits_{\Omega}(x^2+y^2+z^2)\mathrm{d}x\mathrm{d}y\mathrm{d}z$,其中$\Omega$是锥面$z=\sqrt{x^2+y^2}$与球面$x^2+y^2+z^2=a^2$所围成的区域.

解 如图 10-4-12 所示,先画出积分区域Ω的图形.

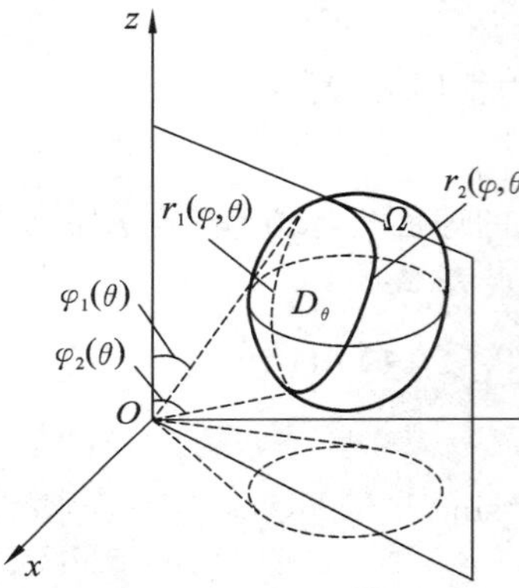

图 10-4-11

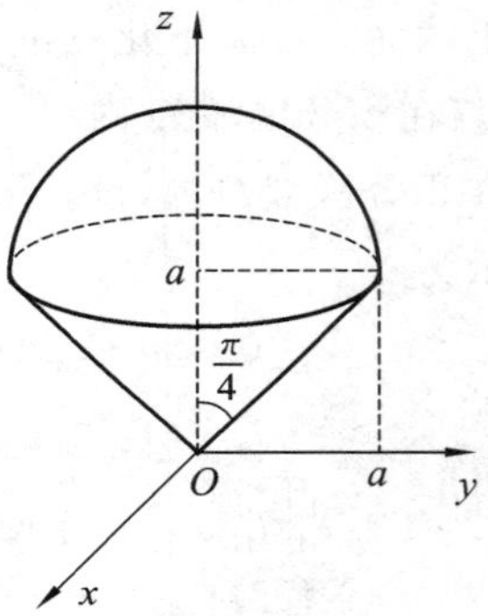

图 10-4-12

在球面坐标下,锥面$z=\sqrt{x^2+y^2}$的方程为$\varphi=\frac{\pi}{4}$,而球面$x^2+y^2+z^2=a^2$的方程为$r=a$.因此区域Ω的不等式组表示为

$$0\leqslant\theta\leqslant 2\pi,\quad 0\leqslant\varphi\leqslant\frac{\pi}{4},\quad 0\leqslant r\leqslant a.$$

于是

$$\iiint\limits_{\Omega}(x^2+y^2+z^2)\mathrm{d}x\mathrm{d}y\mathrm{d}z = \iiint\limits_{\Omega} r^4 \sin\varphi \mathrm{d}r\mathrm{d}\varphi\mathrm{d}\theta$$
$$= \int_0^{2\pi}\mathrm{d}\theta\int_0^{\frac{\pi}{4}}\sin\varphi\mathrm{d}\varphi\int_0^a r^4\mathrm{d}r = \frac{1}{5}\pi a^5(2-\sqrt{2}).$$

例 6 球体$x^2+y^2+z^2\leqslant 2z$内,各点处密度的大小等于该点到原点的距离,求该球体的质量M.

解 设球体$x^2+y^2+z^2\leqslant 2z$所围区域为Ω,则Ω上各点处的密度为

$$\rho(x,y,z)=\sqrt{x^2+y^2+z^2},$$

于是球体的质量

$$M = \iiint_{\Omega} \sqrt{x^2 + y^2 + z^2} \mathrm{d}v$$

$$= \iiint_{\Omega} r \cdot r^2 \sin\varphi \mathrm{d}r \mathrm{d}\varphi \mathrm{d}\theta.$$

下面我们求球面区域 Ω 的不等式组表示. 将区域 Ω 对 xOy 面投影,得 θ 的变化范围为 $[0,2\pi]$,任取 $\theta \in [0,2\pi]$,作过 z 轴的半平面 $\theta = \theta$ 去截区域 Ω,得过 z 轴的半圆域,记作 D_θ(见图 10-4-13). 因为在球面坐标系下球面方程为 $r = 2\cos\varphi$,所以半圆域 D_θ 的不等式组表示为

$$0 \leqslant \varphi \leqslant \frac{\pi}{2}, \quad 0 \leqslant r \leqslant 2\cos\varphi,$$

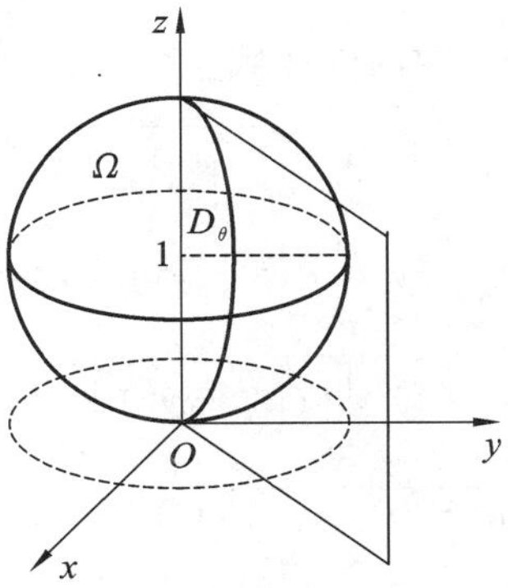

图 10-4-13

所以球体的质量

$$M = \int_0^{2\pi} \mathrm{d}\theta \int_0^{\frac{\pi}{2}} \sin\varphi \mathrm{d}\varphi \int_0^{2\cos\varphi} r^3 \mathrm{d}r$$

$$= 8\pi \int_0^{\frac{\pi}{2}} \sin\varphi \cdot \cos^4\varphi \mathrm{d}\varphi$$

$$= -\frac{8\pi}{5} \cos^5\varphi \Big|_0^{\frac{\pi}{2}} = \frac{8\pi}{5}.$$

习　题　10.4

1. 化三重积分 $I = \iiint_{\Omega} f(x,y,z) \mathrm{d}x\mathrm{d}y\mathrm{d}z$ 为三次积分,其中积分区域 Ω 分别是:

(1) 由双曲抛物面 $xy = z$ 及平面 $x + y - 1 = 0, z = 0$ 所围成的区域;

(2) 由曲面 $z = x^2 + y^2$ 及平面 $z = 1$ 所围成的区域;

(3) 由曲面 $z = x^2 + 2y^2$ 及 $z = 2 - x^2$ 所围成的区域;

(4) 由曲面 $cz = xy (c > 0), \frac{x^2}{a^2} + \frac{y^2}{b^2} = 1, z = 0$ 所围成的在第一卦限内的区域;

(5) 由曲面 $z = x^2 + y^2, y = x^2$ 及平面 $y = 1, z = 0$ 所围成的区域.

2. 利用空间直角坐标计算下列三重积分:

(1) $\iiint_{\Omega} xy^2 z^3 \mathrm{d}x\mathrm{d}y\mathrm{d}z$,其中 Ω 是曲面 $z = xy$ 与平面 $y = x, x = 1$ 和 $z = 0$ 所围成的区域;

(2) $\iiint_{\Omega} xz \mathrm{d}x\mathrm{d}y\mathrm{d}z$,其中 Ω 是由平面 $z = 0, z = y, y = 1$ 以及抛物柱面 $y = x^2$ 所围成的区域.

3. 利用柱面坐标计算下列三重积分:

(1) $\iiint_{\Omega} z \mathrm{d}v$,其中 Ω 是曲面 $x^2 + y^2 + z^2 = 2$ 及 $z = x^2 + y^2$ 所围成的区域;

(2) $\iiint_{\Omega} (x^2 + y^2) \mathrm{d}v$,其中 Ω 是曲面 $x^2 + y^2 = 2z$ 及平面 $z = 2$ 所围成的区域.

4. 利用球面坐标计算下列三重积分:

(1) $\iiint_{\Omega} (x^2 + y^2 + z^2) \mathrm{d}v$,其中 Ω 是球面 $x^2 + y^2 + z^2 = 1$ 所围成的区域;

(2) $\iiint\limits_{\Omega} z\,\mathrm{d}v$,其中区域 Ω 由不等式 $x^2+y^2+(z-a)^2\leqslant a^2, x^2+y^2\leqslant z^2$ 所确定.

5. 选用适当的坐标计算下列三重积分:

(1) $\iiint\limits_{\Omega} xy\,\mathrm{d}v$,其中 Ω 是柱面 $x^2+y^2=1$ 及平面 $z=1, z=0, x=0, y=0$ 所围成的在第一卦限内的区域;

(2) $\iiint\limits_{\Omega} \sqrt{x^2+y^2+z^2}\,\mathrm{d}v$,其中区域 Ω 是球面 $x^2+y^2+z^2=z$ 所围成的区域;

(3) $\iiint\limits_{\Omega} (x^2+y^2)\,\mathrm{d}v$,其中区域 Ω 是曲面 $4z^2=25(x^2+y^2)$ 及平面 $z=5$ 所围成的区域;

(4) $\iiint\limits_{\Omega} (x^2+y^2)\,\mathrm{d}v$,其中区域 Ω 是由两个半球面 $z=\sqrt{A^2-x^2-y^2}, z=\sqrt{a^2-x^2-y^2}$ $(A>a>0)$ 及平面 $z=0$ 所围成的区域;

(5) $\iiint\limits_{\Omega} \dfrac{z\ln(x^2+y^2+z^2+1)}{x^2+y^2+z^2+1}\mathrm{d}v$,其中区域 Ω 是球面 $x^2+y^2+z^2=1$ 所围成的区域.

6. 利用三重积分计算下列由曲面所围成的立体的体积:

(1) $z=6-x^2-y^2$ 及 $z=x^2+y^2$;

(2) $x^2+y^2+z^2=2az\ (a>0)$ 及 $x^2+y^2=z^2$(含 z 轴的部分);

(3) $z=\sqrt{x^2+y^2}$ 及 $z=x^2+y^2$;

(4) $x^2+y^2+z^2=5$ 及 $x^2+y^2=4z$.

10.5 重积分的应用

和第六章定积分的应用类似,本节主要利用微元法讨论重积分在几何和物理上的一些应用.

10.5.1 几何应用

1. 平面图形的面积

由二重积分的定义知,平面图形的面积

$$A=\iint\limits_{D}\mathrm{d}\sigma,$$

其中 D 为积分区域.

例 1 求双纽线 $(x^2+y^2)^2=2a^2(x^2-y^2)\ (a>0)$ 所围区域的面积.

解 在极坐标系下计算,双纽线的极坐标方程为 $r^2=2a^2\cos 2\theta$,由于 $r^2\geqslant 0$,故

$$\theta\in\left[-\frac{\pi}{4},\frac{\pi}{4}\right]\cup\left[\frac{3\pi}{4},\frac{5\pi}{4}\right]$$

由对称性,所求面积为

$$A=4\iint\limits_{D_1}\mathrm{d}\sigma=4\int_0^{\frac{\pi}{4}}\mathrm{d}\theta\int_0^{a\sqrt{2\cos 2\theta}} r\,\mathrm{d}r=4a^2\int_0^{\frac{\pi}{4}}\cos 2\theta\,\mathrm{d}\theta=2a^2.$$

2. 立体的体积

由二重积分的几何意义知，当连续函数 $f(x,y)\geqslant 0$ 时，二重积分 $\iint\limits_D f(x,y)\mathrm{d}\sigma$ 表示以曲面 $z=f(x,y)$ 为顶，以 D 为底的曲顶柱体的体积，即

$$V=\iint\limits_D f(x,y)\mathrm{d}\sigma.$$

另一方面，空间立体 Ω 的体积也可以用三重积分表示为

$$V=\iiint\limits_\Omega \mathrm{d}v.$$

例 2　计算由旋转抛物面 $z=2-x^2-y^2$ 与平面 $z=0$ 所围立体的体积.

解　方法一　将所求立体 Ω 看作是以旋转抛物面 $z=2-x^2-y^2$ 为顶，以 $D=\{(x,y)\mid x^2+y^2\leqslant 2\}$ 为底的曲顶柱体的体积，于是所求立体体积为

$$V=\iint\limits_D(2-x^2-y^2)\mathrm{d}\sigma=\int_0^{2\pi}\mathrm{d}\theta\int_0^{\sqrt{2}}(2-r^2)r\mathrm{d}r$$

$$=-\frac{1}{4}\int_0^{2\pi}(2-r^2)^2\Big|_0^{\sqrt{2}}\mathrm{d}\theta=\int_0^{2\pi}\mathrm{d}\theta=2\pi.$$

方法二　空间立体 Ω 在 xOy 面上的投影为 $D=\{(x,y)\mid x^2+y^2\leqslant 2\}$，于是 Ω 的体积为

$$V=\iiint\limits_\Omega \mathrm{d}v=\iint\limits_D\mathrm{d}\sigma\int_0^{2-x^2-y^2}\mathrm{d}z=\iint\limits_D(2-x^2-y^2)\mathrm{d}\sigma=2\pi.$$

3. 曲面的面积

设曲面 Σ 的方程为

$$z=f(x,y),$$

D_{xy} 为曲面 Σ 在 xOy 面上的投影区域，函数 $f(x,y)$ 在区域 D_{xy} 上单值，且具有一阶连续偏导数 $f_x(x,y)$ 和 $f_y(x,y)$，现在我们计算曲面 Σ 的面积 A.

将区域 D_{xy} 分割成许多小区域，并使各小区域的直径很小. 任取一小区域 $\mathrm{d}\sigma$(它也表示该小区域的面积)，在 $\mathrm{d}\sigma$ 内任取一点 $P(x,y)$，它对应于曲面 Σ 上的点 $M(x,y,f(x,y))$. 由于函数 $z=f(x,y)$ 在区域 D_{xy} 内具有一阶连续偏导数 $f_x(x,y)$ 和 $f_y(x,y)$，所以在点 M 处切平面存在. 于是过点 M 作曲面 Σ 的切平面 π，以小区域 $\mathrm{d}\sigma$ 的边界曲线为准线，以平行于 z 轴的直线为母线作柱面，柱面在曲面 Σ 上截下小片曲面，其面积为 ΔA，在切平面 π 上截下小片平面，其面积为 $\mathrm{d}A$(见图 10-5-1). 由于 $\mathrm{d}\sigma$ 的直径很小，小片曲面面积 ΔA 可以用小片切平面面积 $\mathrm{d}A$ 来近似代替，因此可取 $\mathrm{d}A$ 作为曲面 Σ 的面积微元.

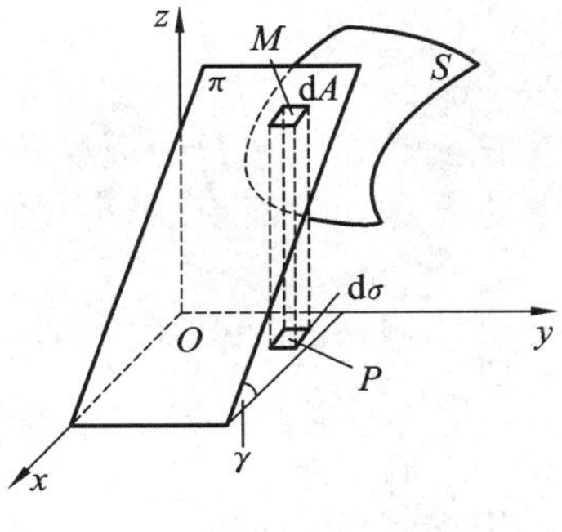

图 10-5-1

设点 M 处曲面 Σ 上的法线(指向朝上)与 z 轴所成的角为 γ，可以证明

$$\mathrm{d}A=\frac{\mathrm{d}\sigma}{\cos\gamma}.$$

因为

$$\cos\gamma = \frac{1}{\sqrt{1 + f_x^2(x,y) + f_y^2(x,y)}},$$

所以曲面 Σ 的面积微元

$$dA = \sqrt{1 + f_x^2(x,y) + f_y^2(x,y)}\,d\sigma.$$

以 dA 为被积表达式在区域 D_{xy} 上积分，得曲面 Σ 的面积公式

$$A = \iint\limits_{D_{xy}} \sqrt{1 + f_x^2(x,y) + f_y^2(x,y)}\,d\sigma. \tag{1}$$

曲面 Σ 的面积公式也可写成

$$A = \iint\limits_{D_{xy}} \sqrt{1 + \left(\frac{\partial z}{\partial x}\right)^2 + \left(\frac{\partial z}{\partial y}\right)^2}\,dxdy. \tag{2}$$

设曲面 Σ 的方程为 $x = g(y,z)$ 或 $y = h(x,z)$，则可分别把曲面对 yOz 面投影(投影区域记为 D_{yz})或对 zOx 面投影(投影区域记为 D_{zx})，于是类似可得曲面 Σ 的面积公式

$$A = \iint\limits_{D_{yz}} \sqrt{1 + \left(\frac{\partial x}{\partial y}\right)^2 + \left(\frac{\partial x}{\partial z}\right)^2}\,dydz, \tag{3}$$

或

$$A = \iint\limits_{D_{zx}} \sqrt{1 + \left(\frac{\partial y}{\partial x}\right)^2 + \left(\frac{\partial y}{\partial z}\right)^2}\,dxdz. \tag{4}$$

例 3　求半径为 a 的球面面积.

解　取上半球面方程为 $z = \sqrt{a^2 - x^2 - y^2}$，则它在 xOy 面上的投影区域 D 为

$$x^2 + y^2 \leqslant a^2.$$

由

$$\frac{\partial z}{\partial x} = \frac{-x}{\sqrt{a^2 - x^2 - y^2}},\quad \frac{\partial z}{\partial y} = \frac{-y}{\sqrt{a^2 - x^2 - y^2}},$$

得

$$\sqrt{1 + \left(\frac{\partial z}{\partial x}\right)^2 + \left(\frac{\partial z}{\partial y}\right)^2} = \frac{a}{\sqrt{a^2 - x^2 - y^2}}.$$

因为该函数在区域 D 的边界即圆周 $x^2 + y^2 = a^2$ 上无界，所以我们不能直接应用曲面面积公式计算上半球面的面积. 于是我们先选取区域

$$D_1: x^2 + y^2 \leqslant b^2 \quad (0 < b < a)$$

为积分区域，计算出相应于 D_1 上的球面面积 A_1，再令 $b \to a^-$，得 A_1 的极限(该极限就是函数 $\frac{a}{\sqrt{a^2 - x^2 - y^2}}$ 在区域 D 上的所谓广义二重积分)，即为半球面的面积.

由于

$$A_1 = \iint\limits_{D_1} \frac{a}{\sqrt{a^2 - x^2 - y^2}}\,dxdy,$$

利用极坐标，得

$$A_1 = \iint\limits_{D_1} \frac{a}{\sqrt{a^2 - r^2}}\,r\,dr\,d\theta$$

$$= a\int_0^{2\pi} d\theta \int_0^b \frac{r}{\sqrt{a^2 - r^2}}\,dr$$

$$= 2\pi a\int_0^b \frac{r}{\sqrt{a^2-r^2}}\mathrm{d}r = 2\pi a\left(a-\sqrt{a^2-b^2}\right).$$

因此取极限,得半球面的面积

$$\lim_{b\to a^-} A_1 = \lim_{b\to a^-} 2\pi a\left(a-\sqrt{a^2-b^2}\right) = 2\pi a^2,$$

从而半径为 a 的球面面积为

$$A = 4\pi a^2.$$

例 4　求两个直圆柱面 $x^2+y^2=R^2$ 和 $x^2+z^2=R^2$ 所围立体的表面积.

解　由对称性,只要求出第一卦限所围立体(见图 10-2-14)的表面积,然后乘以 8 即得所求面积. 在第一卦限中,曲面的面积 $A=A_1+A_2$,其中 A_1 为在区域 $D_1=\{(x,y)\mid x^2+y^2\leqslant R^2, x\geqslant 0, y\geqslant 0\}$ 上曲面 $z=\sqrt{R^2-x^2}$ 的面积,即

$$A_1 = \iint_{D_1}\sqrt{1+z_x^2+z_y^2}\,\mathrm{d}x\mathrm{d}y = \iint_{D_1}\frac{R}{\sqrt{R^2-x^2}}\mathrm{d}x\mathrm{d}y$$

$$= \int_0^R \mathrm{d}x\int_0^{\sqrt{R^2-x^2}}\frac{R}{\sqrt{R^2-x^2}}\mathrm{d}y = R^2.$$

同理,A_2 为在区域 $D_2=\{(x,z)\mid x^2+z^2\leqslant R^2, x\geqslant 0, z\geqslant 0\}$ 上曲面 $y=\sqrt{R^2-x^2}$ 的面积,即

$$A_2 = \iint_{D_2}\sqrt{1+y_x^2+y_z^2}\,\mathrm{d}x\mathrm{d}z = \int_0^R \mathrm{d}x\int_0^{\sqrt{R^2-x^2}}\frac{R}{\sqrt{R^2-x^2}}\mathrm{d}z = R^2.$$

于是所求曲面面积为

$$8A = 8(A_1+A_2) = 16R^2.$$

10.5.2　物理应用

1. 物体的质量

平面薄片的质量 M 等于它的面密度函数 $\rho(x,y)$ 在薄片所占区域 D 上的二重积分,即

$$M = \iint_D \rho(x,y)\mathrm{d}\sigma.$$

空间物体的质量 M 等于它的体密度函数 $\rho(x,y,z)$ 在其所占区域 Ω 上的三重积分,即

$$M = \iiint_\Omega \rho(x,y,z)\mathrm{d}v.$$

例 5　一半径为 2 的球体,其密度与点到球心的距离成正比,已知球面上各点的密度等于 2,试求该球体的质量.

解　选球心为坐标原点,则球面方程为 $x^2+y^2+z^2=4$,密度 $\rho(x,y,z)=k\sqrt{x^2+y^2+z^2}$. 因为球面上各点的密度等于 2,所以 $k=1$,从而 $\rho(x,y,z)=\sqrt{x^2+y^2+z^2}$,于是所求球体的质量为

$$M = \iiint_\Omega \sqrt{x^2+y^2+z^2}\,\mathrm{d}v = \int_0^{2\pi}\mathrm{d}\theta\int_0^{\pi}\mathrm{d}\varphi\int_0^2 r^3\sin\varphi\,\mathrm{d}r = 16\pi.$$

2. 物体的质心

现在,我们利用重积分求物体质心的计算公式,首先以二维情形(即平面薄片)为例进行

推导,并在此基础上推广到三维情形(立体).

设xOy面上有一质点系,由n个质点构成,它们位于点$(x_1,y_1),(x_2,y_2),\cdots,(x_n,y_n)$处,质量分别为$m_1,m_2,\cdots,m_n$.由力学知道,该质点系质心的坐标为

$$\bar{x}=\frac{M_y}{M}=\frac{\sum_{i=1}^{n}m_ix_i}{\sum_{i=1}^{n}m_i},\quad \bar{y}=\frac{M_x}{M}=\frac{\sum_{i=1}^{n}m_iy_i}{\sum_{i=1}^{n}m_i},$$

其中$M=\sum_{i=1}^{n}m_i$为该质点系的总质量,$M_y=\sum_{i=1}^{n}m_ix_i$为质点系对y轴的静力矩,$M_x=\sum_{i=1}^{n}m_iy_i$为质点系对x轴的静力矩.

现有一平面薄片,占有xOy面上的有界闭区域D,在点(x,y)处的面密度为$\rho(x,y)$,假定$\rho(x,y)$在区域D上连续,求该平面薄片质心的坐标.

将区域D分割成许多小区域,并使各小区域的直径很小.任取一小区域$\mathrm{d}\sigma$(它也表示该小区域的面积),在小区域$\mathrm{d}\sigma$内任取一点(x,y),由于小区域$\mathrm{d}\sigma$的直径很小,且$\rho(x,y)$在区域D上连续,所以薄片在小区域$\mathrm{d}\sigma$部分的质量微元

$$\mathrm{d}m=\rho(x,y)\mathrm{d}\sigma,$$

这部分质量可近似看作集中在点(x,y)上,于是点(x,y)处质量$\mathrm{d}m$对y轴和x轴的静力矩分别为

$$\mathrm{d}M_y=x\mathrm{d}m=x\rho(x,y)\mathrm{d}\sigma,$$
$$\mathrm{d}M_x=y\mathrm{d}m=y\rho(x,y)\mathrm{d}\sigma.$$

以这些微元为被积表达式,在区域D上积分,得平面薄片对y轴和x轴的静力矩分别为

$$M_y=\iint_D x\rho(x,y)\mathrm{d}\sigma,\quad M_x=\iint_D y\rho(x,y)\mathrm{d}\sigma.$$

又由本章10.1节知道,平面薄片的质量为

$$M=\iint_D \rho(x,y)\mathrm{d}\sigma,$$

所以,平面薄片质心的坐标为

$$\bar{x}=\frac{M_y}{M}=\frac{\iint_D x\rho(x,y)\mathrm{d}\sigma}{\iint_D \rho(x,y)\mathrm{d}\sigma},\quad \bar{y}=\frac{M_x}{M}=\frac{\iint_D y\rho(x,y)\mathrm{d}\sigma}{\iint_D \rho(x,y)\mathrm{d}\sigma} \tag{5}$$

如果平面薄片是均匀的,即面密度为常量,则均匀薄片质心的坐标为

$$\bar{x}=\frac{1}{A}\iint_D x\,\mathrm{d}\sigma,\quad \bar{y}=\frac{1}{A}\iint_D y\,\mathrm{d}\sigma, \tag{6}$$

其中$A=\iint_D \mathrm{d}\sigma$为区域$D$的面积.这时平面薄片的质心完全由区域$D$的形状所决定,我们把均匀薄片的质心称为该平面薄片所占的平面图形的**形心**.因此,平面图形D的形心,可用公式(6)计算.

类似地,设物体占有三维空间的有界闭区域Ω,在点(x,y,z)处的体密度为$\rho(x,y,z)$,假定$\rho(x,y,z)$在区域Ω上连续,则该物体质心的坐标为

$$\bar{x}=\frac{\iiint\limits_{\Omega}x\rho(x,y,z)\mathrm{d}v}{\iiint\limits_{\Omega}\rho(x,y,z)\mathrm{d}v},\quad \bar{y}=\frac{\iiint\limits_{\Omega}y\rho(x,y,z)\mathrm{d}v}{\iiint\limits_{\Omega}\rho(x,y,z)\mathrm{d}v},\quad \bar{z}=\frac{\iiint\limits_{\Omega}z\rho(x,y,z)\mathrm{d}v}{\iiint\limits_{\Omega}\rho(x,y,z)\mathrm{d}v}. \tag{7}$$

如果物体是均匀的，即体密度函数 $\rho(x,y,z)$ 为常量，设区域的体积为 $V=\iiint\limits_{\Omega}\mathrm{d}v$，则空间区域 Ω 的质心坐标为

$$\bar{x}=\frac{1}{V}\iiint\limits_{\Omega}x\mathrm{d}v,\bar{y}=\frac{1}{V}\iiint\limits_{\Omega}y\mathrm{d}v,\bar{z}=\frac{1}{V}\iiint\limits_{\Omega}z\mathrm{d}v. \tag{8}$$

例 6　求位于两圆 $r=2\sin\theta$ 和 $r=4\sin\theta$ 之间的均匀薄片的质心(见图 10-5-2)．

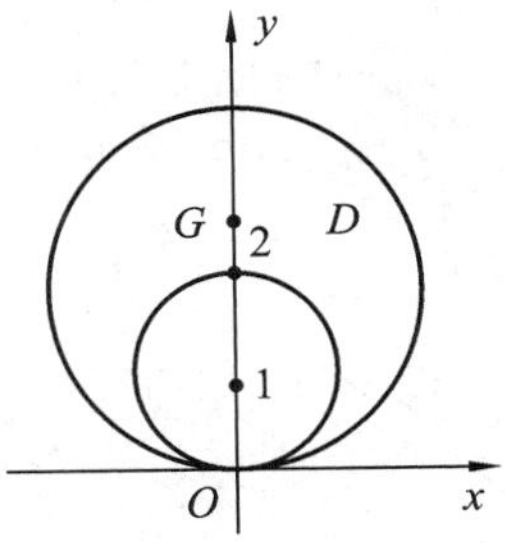

图 10-5-2

解　因为区域 D 关于 y 轴对称，所以质心 $G(\bar{x},\bar{y})$ 必位于 y 轴上，于是

$$\bar{x}=0.$$

再由公式(6)，有

$$\bar{y}=\frac{1}{A}\iint\limits_{D}y\mathrm{d}\sigma.$$

由于区域 D 位于半径为 1 与半径为 2 的两圆之间，所以它的面积等于这两圆的面积之差，即 $A=3\pi$. 又在极坐标系下，

$$\iint\limits_{D}y\mathrm{d}\sigma=\iint\limits_{D}r^2\sin\theta\mathrm{d}r\mathrm{d}\theta=\int_0^{\pi}\sin\theta\mathrm{d}\theta\int_{2\sin\theta}^{4\sin\theta}r^2\mathrm{d}r$$

$$=\frac{56}{3}\int_0^{\pi}\sin^4\theta\mathrm{d}\theta=7\pi.$$

因此

$$\bar{y}=\frac{7\pi}{3\pi}=\frac{7}{3},$$

所以所求质心的坐标为 $G\left(0,\frac{7}{3}\right)$.

例 7　求体密度函数 $\rho(x,y,z)\equiv 1$ 的上半球体 Ω：$x^2+y^2+z^2\leqslant a^2\ (z\geqslant 0)$ 的质心.

解　因为区域 Ω 关于 yOz 面和 xOz 面对称，所以质心 $G(\bar{x},\bar{y},\bar{z})$ 必位于 z 轴上，于是

$$\bar{x}=0,\quad \bar{y}=0.$$

再由公式(8)，有

$$\bar{z}=\frac{1}{V}\iiint\limits_{\Omega}z\mathrm{d}v.$$

由于区域 Ω 是半径为 a 的上半球体，所以它的体积 $V=\frac{2}{3}\pi a^3$. 又在球面坐标系下，

$$\iiint\limits_{\Omega}z\mathrm{d}v=\iiint\limits_{\Omega}r\cos\varphi\cdot r^2\sin\varphi\mathrm{d}r\mathrm{d}\varphi\mathrm{d}\theta$$

$$=\int_0^{2\pi}\mathrm{d}\theta\int_0^{\frac{\pi}{2}}\cos\varphi\sin\varphi\mathrm{d}\varphi\int_0^a r^3\mathrm{d}r$$

$$=2\pi\cdot\left(\frac{\sin^2\varphi}{2}\right)\Bigg|_0^{\frac{\pi}{2}}\cdot\frac{1}{4}a^4=\frac{1}{4}\pi a^4.$$

因此

$$\bar{z}=\frac{1}{V}\iiint_{\Omega} z\,\mathrm{d}v=\frac{3}{8}a,$$

所以所求均匀上半球体的质心为 $G\left(0,0,\frac{3}{8}a\right)$.

3. 物体的转动惯量

现在我们利用重积分来讨论物体转动惯量的计算公式,和讨论物体的质心计算公式一样,首先以二维的情形(即平面薄片)为例,得到物体转动惯量的计算公式,在此基础上推广到三维情形(立体).

设 xOy 面上有 n 个质点,它们位于点 $(x_1,y_1),(x_2,y_2),\cdots,(x_n,y_n)$ 处,质量分别为 $m_1,m_2,\cdots,m_n$. 由力学知道,该质点系对 x 轴、对 y 轴和对原点 O 的转动惯量依次为

$$I_x=\sum_{i=1}^{n} y_i^2 m_i,\quad I_y=\sum_{i=1}^{n} x_i^2 m_i,\quad I_O=\sum_{i=1}^{n}(x_i^2+y_i^2)m_i.$$

现设有一平面薄片,占有 xOy 面上的有界闭区域 D,在点 (x,y) 处的面密度为 $\rho(x,y)$,假定 $\rho(x,y)$ 在区域 D 上连续. 现在要求该薄片对 x 轴的转动惯量 I_x,对 y 轴的转动惯量 I_y 和对原点 O 的转动惯量 I_O.

将区域 D 分割成许多小区域,并使各小区域的直径很小. 任取一小区域 $\mathrm{d}\sigma$(它也表示该小区域的面积),在小区域 $\mathrm{d}\sigma$ 内任取一点 (x,y),由于小区域 $\mathrm{d}\sigma$ 的直径很小,且 $\rho(x,y)$ 在区域 D 上连续,所以薄片在小区域 $\mathrm{d}\sigma$ 部分的质量微元

$$\mathrm{d}m=\rho(x,y)\mathrm{d}\sigma,$$

这部分质量可近似看作集中在点 (x,y) 上,于是点 (x,y) 处小薄片对 x 轴、对 y 轴和对原点 O 的转动惯量微元分别为

$$\mathrm{d}I_x=y^2\rho(x,y)\mathrm{d}\sigma,\mathrm{d}I_y=x^2\rho(x,y)\mathrm{d}\sigma,\mathrm{d}I_O=(x^2+y^2)\rho(x,y)\mathrm{d}\sigma,$$

所以平面薄片对 x 轴、对 y 轴和对原点 O 的转动惯量分别为

$$I_x=\iint_D y^2\rho(x,y)\mathrm{d}\sigma,I_y=\iint_D x^2\rho(x,y)\mathrm{d}\sigma,I_O=\iint_D(x^2+y^2)\rho(x,y)\mathrm{d}\sigma.\tag{9}$$

类似地,设物体占有三维空间的有界闭区域 Ω,在点 (x,y,z) 处的体密度为 $\rho(x,y,z)$,假定 $\rho(x,y,z)$ 在区域 Ω 上连续,则该物体对 x 轴、对 y 轴、对 z 轴和对原点 O 的转动惯量分别为

$$\begin{aligned}&I_x=\iiint_{\Omega}(y^2+z^2)\rho(x,y,z)\mathrm{d}v,I_y=\iiint_{\Omega}(x^2+z^2)\rho(x,y,z)\mathrm{d}v,\\&I_z=\iiint_{\Omega}(x^2+y^2)\rho(x,y,z)\mathrm{d}v,I_O=\iiint_{\Omega}(x^2+y^2+z^2)\rho(x,y,z)\mathrm{d}v.\end{aligned}\tag{10}$$

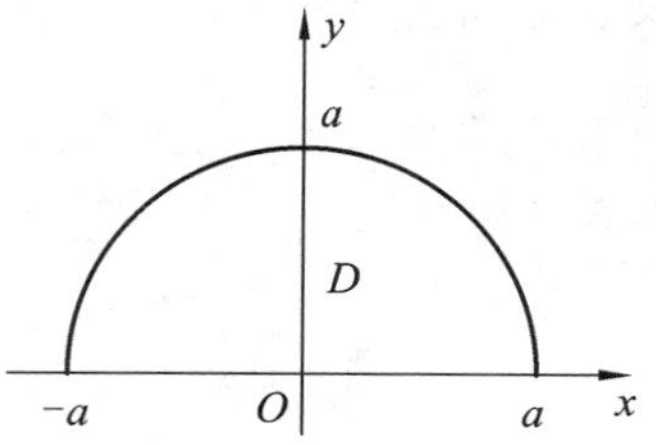

图 10-5-3

例 8　求半径为 a 的均匀半圆薄片(面密度为 ρ)对其直径边的转动惯量.

解　取坐标系如图 10-5-3 所示,则薄片所占的区域 D 可表示为

$$x^2+y^2\leqslant a^2,\quad y\geqslant 0,$$

所求转动惯量为半圆薄片对于 x 轴的转动惯量 I_x.

$$I_x=\iint_D \rho y^2 \mathrm{d}\sigma=\rho\iint_D r^3\sin^2\theta \mathrm{d}r\mathrm{d}\theta$$

$$=\rho\int_0^{\pi}\sin^2\theta\mathrm{d}\theta\cdot\int_0^a r^3\mathrm{d}r=\rho\cdot\frac{\pi}{2}\cdot\frac{a^4}{4}=\frac{1}{4}Ma^2,$$

其中 $M=\frac{1}{2}\pi a^2\cdot\rho$ 为半圆薄片的质量.

例 9　求半径为 a 的均匀球体(体密度为 ρ) 对于过球心的一条轴 l 的转动惯量.

解　取球心为坐标原点,z 轴与轴 l 重合,则球体所占空间区域 Ω 可表示为

$$x^2+y^2+z^2\leqslant a^2,$$

所求转动惯量为球体对 z 轴的转动惯量 I_z. 利用球面坐标计算得

$$I_z=\iiint_\Omega (x^2+y^2)\rho\mathrm{d}v$$

$$=\rho\iiint_\Omega (r^2\sin^2\varphi\cos^2\theta+r^2\sin^2\varphi\sin^2\theta)r^2\sin\varphi\mathrm{d}r\mathrm{d}\varphi\mathrm{d}\theta$$

$$=\rho\iiint_\Omega r^4\sin^3\varphi\mathrm{d}r\mathrm{d}\varphi\mathrm{d}\theta=\rho\int_0^{2\pi}\mathrm{d}\theta\int_0^{\pi}\sin^3\varphi\mathrm{d}\varphi\int_0^a r^4\mathrm{d}r$$

$$=\rho\cdot 2\pi\cdot\frac{4}{3}\cdot\frac{a^5}{5}=\frac{2}{5}a^2M.$$

其中 $M=\frac{4}{3}\pi a^3\cdot\rho$ 为球体的质量.

4. 引力

设有一质量为 m 的质点位于空间点 $P(x,y,z)$ 处,另有一单位质量的质点位于点 $P_0(x_0,y_0,z_0)$ 处,则由力学中的引力定律知,该质点对单位质量质点的引力为

$$\boldsymbol{F}=\frac{km}{r^3}(x-x_0,y-y_0,z-z_0),$$

其中 k 为引力常数,r 为两质点间的距离,且

$$r=|\overrightarrow{P_0P}|=\sqrt{(x-x_0)^2+(y-y_0)^2+(z-z_0)^2}.$$

设一物体由空间有界闭区域 Ω 围成,它在点 (x,y,z) 处的密度为 $\rho(x,y,z)$,且设 $\rho(x,y,z)$ 在 Ω 上连续,在 Ω 外一点 $P_0(x_0,y_0,z_0)$ 处有一单位质量的质点. 下面利用微元法导出 Ω 对位于 $P_0(x_0,y_0,z_0)$ 处的单位质量的质点的引力.

在 Ω 内任取一直径很小的闭区域 $\mathrm{d}v$(其体积也记作 $\mathrm{d}v$),(x,y,z) 为这一小区域 $\mathrm{d}v$ 中的任一点,把这一小块物体的质量 $\rho(x,y,z)\mathrm{d}v$ 近似地看作集中在点 (x,y,z) 处,于是由两质点间的引力公式可得这一小块物体对位于 $P_0(x_0,y_0,z_0)$ 处的单位质量质点的引力近似为

$$\mathrm{d}\boldsymbol{F}=(\mathrm{d}F_x,\mathrm{d}F_y,\mathrm{d}F_z)$$

$$=\left(k\frac{\rho(x,y,z)(x-x_0)}{r^3}\mathrm{d}v,k\frac{\rho(x,y,z)(y-y_0)}{r^3}\mathrm{d}v,k\frac{\rho(x,y,z)(z-z_0)}{r^3}\mathrm{d}v\right),$$

其中 $\mathrm{d}F_x,\mathrm{d}F_y,\mathrm{d}F_z$ 分别为引力微元 $\mathrm{d}\boldsymbol{F}$ 在三个坐标轴上的分量,k 为引力常数,$r=\sqrt{(x-x_0)^2+(y-y_0)^2+(z-z_0)^2}$. 对 $\mathrm{d}F_x,\mathrm{d}F_y,\mathrm{d}F_z$ 在 Ω 上分别积分得

$$\begin{aligned}\boldsymbol{F}&=(F_x,F_y,F_z)\\&=\left(\iiint_\Omega \frac{k\rho(x,y,z)(x-x_0)}{r^3}\mathrm{d}v,\iiint_\Omega \frac{k\rho(x,y,z)(y-y_0)}{r^3}\mathrm{d}v,\iiint_\Omega \frac{k\rho(x,y,z)(z-z_0)}{r^3}\mathrm{d}v\right).\end{aligned}$$

如果将上述空间立体 Ω 换成位于 xOy 面上的平面薄片 D，且假定其上任一点 (x,y) 处的面密度为 $\rho(x,y)$，则求 D 对 $P_0(x_0,y_0,z_0)$ 处单位质量质点的引力的方法与上面类似，结果只要将上面公式中 Ω 上的三重积分换成区域 D 上的二重积分，并将被积函数中的密度函数换成 $\rho(x,y)$ 即可.

值得指出的是，在具体计算引力时，常常不是三个分量都必须通过积分求出，利用物体形状的对称性，可直接得到某个方向上的分量为零.

例 10　面密度为常数 ρ，半径为 R 的圆盘，在过圆心且垂直于圆盘的所在直线上距圆心 a 处有一单位质量的质点，求圆盘对此质点的引力大小.

解　设圆盘占 xOy 面上的区域为 $D=\{(x,y)\mid x^2+y^2\leqslant R^2\}$，单位质点的坐标为 $(0,0,-a)$. 由对称性可知

$$F_x=0,\quad F_y=0,$$

$$\begin{aligned}F_z&=\iint_D k\rho\frac{a}{r^3}\mathrm{d}\sigma=k\rho a\iint_D\frac{1}{(x^2+y^2+z^2)^{\frac{3}{2}}}\mathrm{d}x\mathrm{d}y\\&=k\rho a\int_0^{2\pi}\mathrm{d}\theta\int_0^R\frac{r}{(r^2+a^2)^{\frac{3}{2}}}\mathrm{d}r\\&=2k\rho a\pi\left(\frac{1}{a}-\frac{1}{\sqrt{a^2+R^2}}\right).\end{aligned}$$

故圆盘对质点的引力为

$$\boldsymbol{F}=\left[0,0,2k\rho a\pi\left(\frac{1}{a}-\frac{1}{\sqrt{a^2+R^2}}\right)\right].$$

例 11　求高为 H、底半径为 R 且密度均匀的圆柱体，对圆柱底面中心一单位质点的引力 $\boldsymbol{F}$.

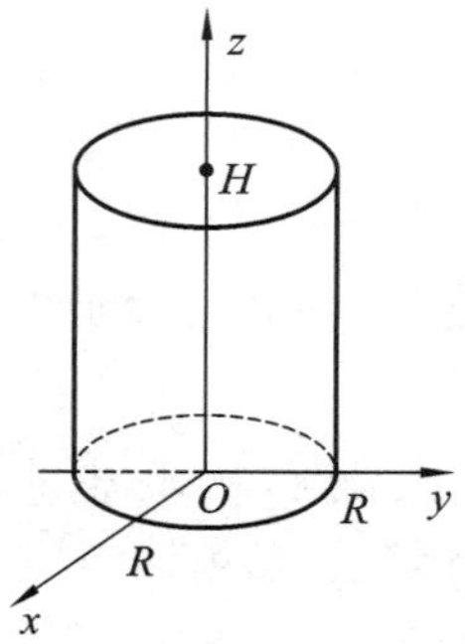

图 10-5-4

解　如图 10-5-4 所示，以单位质点所在位置为坐标原点，圆柱的中心轴为 z 轴建立空间直角坐标系，该圆柱体所占区域 $\Omega=\{(x,y,z)\mid 0\leqslant z\leqslant H,x^2+y^2\leqslant R^2\}$. 由于圆柱体密度均匀，则可设 $\rho(x,y,z)=\rho$，根据对称性有

$$F_x=0,\quad F_y=0,$$

$$\begin{aligned}F_z&=\iiint_\Omega\frac{k\rho z}{(x^2+y^2+z^2)^{\frac{3}{2}}}\mathrm{d}v\\&=\int_0^{2\pi}\mathrm{d}\theta\int_0^R r\mathrm{d}r\int_0^H\frac{k\rho z}{(r^2+z^2)^{\frac{3}{2}}}\mathrm{d}z\\&=-2\pi k\rho\int_0^R r\,(r^2+z^2)^{-\frac{1}{2}}\Big|_0^H\mathrm{d}r\\&=2\pi k\rho\int_0^R\left(1-\frac{r}{\sqrt{r^2+H^2}}\right)\mathrm{d}r\\&=2\pi k\rho\left(R+H-\sqrt{R^2+H^2}\right).\end{aligned}$$

因此,所求引力为

$$\boldsymbol{F}=\left[0,0,2\pi k\rho\left(R+H-\sqrt{R^2+H^2}\right)\right].$$

习　题　10.5

1. 求平面 $\dfrac{x}{a}+\dfrac{y}{b}+\dfrac{z}{c}=1$ 被三坐标面所割出部分的面积.

2. 求球面 $x^2+y^2+z^2=a^2$ 含在圆柱面 $x^2+y^2=ax$ 内部的那部分面积.

3. 设薄片所占的区域 D 是半椭圆 $\dfrac{x^2}{a^2}+\dfrac{y^2}{b^2}\leqslant 1, y\geqslant 0$,求均匀薄片的质心.

4. 设均匀薄片(面密度为常数 1) 所占的区域 D 为矩形区域 $0\leqslant x\leqslant a, 0\leqslant y\leqslant b$,求 I_x 和 I_y.

5. 利用三重积分计算由曲面 $z^2=x^2+y^2, z=1$ 所围成立体的质心(设密度 $\rho=1$).

6. 设有半径为 R 的均匀球体($\rho=1$),球外一点 P 放置一单位质点,试求球体对该质点的引力.

小　　结

一、基本要求

(1) 理解二重积分和三重积分的概念、性质及几何意义.

(2) 熟练掌握直角坐标系下二重积分的计算.

(3) 掌握极坐标系下二重积分的计算.

(4) 了解积分次序的转换,以及各坐标系间的积分转换.

(5) 熟练掌握空间直角坐标系下三重积分的计算.

(6) 掌握空间球面坐标系和空间柱面坐标系下三重积分的计算.

(7) 会用重积分解决一些简单的几何和物理问题.

二、基本内容

1. 二重积分

(1) 二重积分的定义:$\displaystyle\iint_D f(x,y)\,\mathrm{d}\sigma=\lim_{\lambda\to 0}\sum_{i=1}^{n}f(\xi_i,\eta_i)\Delta\sigma_i$.

(2) 二重积分的性质:

① $\displaystyle\iint_D kf(x,y)\,\mathrm{d}\sigma=k\iint_D f(x,y)\,\mathrm{d}\sigma$;

② $\displaystyle\iint_D[f(x,y)\pm g(x,y)]\,\mathrm{d}\sigma=\iint_D f(x,y)\,\mathrm{d}\sigma\pm\iint_D g(x,y)\,\mathrm{d}\sigma$;

③ 若 D 由 D_1 和 D_2 组成,则 $\displaystyle\iint_D f(x,y)\,\mathrm{d}\sigma=\iint_{D_1}f(x,y)\,\mathrm{d}\sigma+\iint_{D_2}f(x,y)\,\mathrm{d}\sigma$;

④ $\displaystyle\iint_D\mathrm{d}\sigma=S$,其中 S 是 D 的面积;

⑤ 若 $f(x,y)\leqslant g(x,y)$,则 $\displaystyle\iint_D f(x,y)\,\mathrm{d}\sigma\leqslant\iint_D g(x,y)\,\mathrm{d}\sigma$;

⑥ $\iint\limits_D |f(x,y)| \mathrm{d}\sigma \geqslant \left|\iint\limits_D f(x,y)\mathrm{d}\sigma\right|$;

⑦ 若 $m \leqslant f(x,y) \leqslant M$,则 $m\sigma \leqslant \iint\limits_D f(x,y)\mathrm{d}\sigma \leqslant M\sigma$;

⑧ 若 $f(x,y)$ 在 D 上连续,一定存在 $(\xi,\eta) \in D$,使 $\iint\limits_D f(x,y)\mathrm{d}\sigma = f(\xi,\eta)\sigma$.

(3) 二重积分的计算:

① 直角坐标系下:面积微元 $\mathrm{d}\sigma = \mathrm{d}x\mathrm{d}y$,

若 $D:\begin{cases} a \leqslant x \leqslant b, \\ \varphi_1(x) \leqslant y \leqslant \varphi_2(x), \end{cases}$ 则 $\iint\limits_D f(x,y)\mathrm{d}\sigma = \int_a^b \mathrm{d}x \int_{\varphi_1(x)}^{\varphi_2(x)} f(x,y)\mathrm{d}y$;

若 $D:\begin{cases} c \leqslant y \leqslant d, \\ \psi_1(y) \leqslant x \leqslant \psi_2(y), \end{cases}$ 则 $\iint\limits_D f(x,y)\mathrm{d}\sigma = \int_c^d \mathrm{d}y \int_{\psi_1(y)}^{\psi_2(y)} f(x,y)\mathrm{d}x$;

② 极坐标系下:面积微元 $\mathrm{d}\sigma = r\mathrm{d}r\mathrm{d}\theta$,

若极点 O 在 D 外,$D:\begin{cases} \alpha \leqslant \theta \leqslant \beta, \\ r_1(\theta) \leqslant r \leqslant r_2(\theta), \end{cases}$ 则

$$\iint\limits_D f(x,y)\mathrm{d}x\mathrm{d}y = \int_\alpha^\beta \mathrm{d}\theta \int_{r_1(\theta)}^{r_2(\theta)} f(r\cos\theta, r\sin\theta) r\mathrm{d}r;$$

若极点 O 在 D 内,$D:\begin{cases} 0 \leqslant \theta \leqslant 2\pi, \\ 0 \leqslant r \leqslant r(\theta), \end{cases}$ 则

$$\iint\limits_D f(x,y)\mathrm{d}x\mathrm{d}y = \int_0^{2\pi} \mathrm{d}\theta \int_0^{r(\theta)} f(r\cos\theta, r\sin\theta) r\mathrm{d}r;$$

若极点 O 在 D 的边界上,$D:\begin{cases} \alpha \leqslant \theta \leqslant \beta, \\ 0 \leqslant r \leqslant r(\theta), \end{cases}$ 则

$$\iint\limits_D f(x,y)\mathrm{d}x\mathrm{d}y = \int_\alpha^\beta \mathrm{d}\theta \int_0^{r(\theta)} f(r\cos\theta, r\sin\theta) r\mathrm{d}r.$$

2. 三重积分

(1) 三重积分的定义:$\iiint\limits_\Omega f(x,y,z)\mathrm{d}v = \lim\limits_{\lambda \to 0} \sum\limits_{i=1}^n f(\xi_i, \eta_i, \zeta_i)\Delta v_i$.

(2) 三重积分的性质:与二重积分类似.

(3) 三重积分的计算:

① 空间直角坐标系下:体积微元 $\mathrm{d}v = \mathrm{d}x\mathrm{d}y\mathrm{d}z$.

"先一后二"法:

$$\iiint\limits_\Omega f(x,y,z)\mathrm{d}v = \iint\limits_D \mathrm{d}x\mathrm{d}y \int_{z_1(x,y)}^{z_2(x,y)} f(x,y,z)\mathrm{d}z = \int_a^b \mathrm{d}x \int_{y_1(x)}^{y_2(x)} \mathrm{d}y \int_{z_1(x,y)}^{z_2(x,y)} f(x,y,z)\mathrm{d}z.$$

"先二后一"法:

$$\iiint\limits_\Omega f(x,y,z)\mathrm{d}v = \int_{c_1}^{c_2} \mathrm{d}z \iint\limits_{D_z} f(x,y,z)\mathrm{d}x\mathrm{d}y.$$

② 柱面坐标系下:体积微元 $\mathrm{d}v = r\mathrm{d}r\mathrm{d}\theta\mathrm{d}z$.

"先一后二"法:

$$\iiint_{\Omega} f(x,y,z)\mathrm{d}v = \iint_{D} r\,\mathrm{d}r\mathrm{d}\theta \int_{z_1(r\cos\theta, r\sin\theta)}^{z_2(r\cos\theta, r\sin\theta)} f(r\cos\theta, r\sin\theta, z)\mathrm{d}z$$

$$= \int_{\alpha}^{\beta}\mathrm{d}\theta \int_{r_1(\theta)}^{r_2(\theta)} r\mathrm{d}r \int_{z_1(r\cos\theta, r\sin\theta)}^{z_2(r\cos\theta, r\sin\theta)} f(r\cos\theta, r\sin\theta, z)\mathrm{d}z.$$

"先二后一"法：

$$\iiint_{\Omega} f(x,y,z)\mathrm{d}v = \int_{c_1}^{c_2}\mathrm{d}z \iint_{D_z} f(r\cos\theta, r\sin\theta, z) r\,\mathrm{d}r\mathrm{d}\theta.$$

③ 球面坐标系下：体积微元 $\mathrm{d}v = r^2\sin\varphi\mathrm{d}r\mathrm{d}\varphi\mathrm{d}\theta$.

$$\iiint_{\Omega} f(x,y,z)\mathrm{d}v = \int_{\alpha}^{\beta}\mathrm{d}\theta \iint_{D_z} f(r\sin\varphi\cos\theta, r\sin\varphi\sin\theta, r\cos\varphi) r^2\sin\varphi\mathrm{d}r\mathrm{d}\varphi$$

$$= \int_{\alpha}^{\beta}\mathrm{d}\theta \int_{\varphi_1(\theta)}^{\varphi_2(\theta)}\mathrm{d}\varphi \int_{r_1(\varphi,\theta)}^{r_2(\varphi,\theta)} f(r\sin\varphi\cos\theta, r\sin\varphi\sin\theta, r\cos\varphi) r^2\sin\varphi\mathrm{d}r.$$

3. 重积分的应用

(1) 几何应用：平面区域的面积、立体的体积、曲面的面积.

(2) 物理应用：物体的质量、质心坐标、转动惯量、引力.

自　测　题

一、选择题

1. 设 $f(x,y)$ 在平面区域 $D=\{(x,y)\mid 0\leqslant x\leqslant a, 0\leqslant y\leqslant x\}$ 上连续，则 $\int_0^a \mathrm{d}x\int_0^x f(x,y)\mathrm{d}y$ 等于(　　).

A. $\int_0^a \mathrm{d}y\int_0^y f(x,y)\mathrm{d}x$　　B. $\int_0^a \mathrm{d}y\int_a^y f(x,y)\mathrm{d}x$

C. $\int_0^a \mathrm{d}y\int_y^a f(x,y)\mathrm{d}x$　　D. A、B、C 均不对

2. 设平面区域 D 由 $x=0, y=0, x+y=1$ 所围成，若 $I_1=\iint_D (x+y)^2\mathrm{d}\sigma$，$I_2=\iint_D (x+y)^3\mathrm{d}\sigma$，则 I_1 与 I_2 的大小关系为(　　).

A. $I_1=I_2$　　B. $I_1<I_2$　　C. $I_1>I_2$　　D. 不确定

3. 二重积分 $\iint_D (x^2+y^2)\mathrm{d}\sigma, D: x^2+y^2\leqslant 2x$，可化为(　　).

A. $\int_0^{2\pi}\mathrm{d}\theta\int_0^{2\cos\theta} r^3\mathrm{d}r$　　B. $\int_{-\frac{\pi}{2}}^{\frac{\pi}{2}}\mathrm{d}\theta\int_0^{2\cos\theta} r^3\mathrm{d}r$

C. $\int_0^{\pi}\mathrm{d}\theta\int_0^{2\cos\theta} r^3\mathrm{d}r$　　D. $\int_0^{2\pi}\mathrm{d}\theta\int_0^{1} r^3\mathrm{d}r$

4. 三重积分 $I=\iiint_{\Omega}(x^2+y^2)z\mathrm{d}v$，其中 Ω 是由曲面 $z=\sqrt{x^2+y^2}$ 与平面 $z=1$ 所围成的区域，则 I 可化为(　　).

A. $\int_0^{2\pi}\mathrm{d}\theta\int_0^1\mathrm{d}r\int_0^r zr^3\mathrm{d}z$　　B. $\int_0^{2\pi}\mathrm{d}\theta\int_0^1\mathrm{d}r\int_0^1 zr^3\mathrm{d}z$

C. $\int_0^{2\pi}\mathrm{d}\theta\int_0^1\mathrm{d}r\int_1^r zr^3\mathrm{d}z$　　D. $\int_0^{2\pi}\mathrm{d}\theta\int_0^1\mathrm{d}r\int_r^1 zr^3\mathrm{d}z$

5. 设空间闭区域 $\Omega_1=\{(x,y,z)\mid x^2+y^2+z^2\leqslant R^2,z\geqslant 0\}$，$\Omega_2=\{(x,y,z)\mid x^2+y^2+z^2\leqslant R^2,x\geqslant 0,y\geqslant 0,z\geqslant 0\}$，则有(　　).

A. $\iiint\limits_{\Omega_1} x\mathrm{d}v=4\iiint\limits_{\Omega_2} x\mathrm{d}v$　　B. $\iiint\limits_{\Omega_1} y\mathrm{d}v=4\iiint\limits_{\Omega_2} y\mathrm{d}v$

C. $\iiint\limits_{\Omega_1} z\mathrm{d}v=4\iiint\limits_{\Omega_2} z\mathrm{d}v$　　D. $\iiint\limits_{\Omega_1} xyz\mathrm{d}v=4\iiint\limits_{\Omega_2} xyz\mathrm{d}v$

二、填空题

1. 交换积分次序：

(1) $\int_0^4\mathrm{d}y\int_{-\sqrt{4-y}}^{\frac{y-4}{2}}f(x,y)\mathrm{d}x=$ ________.

(2) $\int_0^1\mathrm{d}y\int_0^{2y}f(x,y)\mathrm{d}x+\int_1^3\mathrm{d}y\int_0^{3-y}f(x,y)\mathrm{d}x=$ ________.

2. 将积分化为极坐标系下的累次积分：

$\int_0^2\mathrm{d}x\int_x^{\sqrt{3}x}f(x^2+y^2)\mathrm{d}y=$ ________.

3. 将累次积分化为柱面坐标系下的累次积分：

$\int_{-3}^3\mathrm{d}x\int_{-\sqrt{9-x^2}}^{\sqrt{9-x^2}}\mathrm{d}y\int_{\sqrt{x^2+y^2}}^3\sqrt{x^2+y^2}\mathrm{d}z=$ ________.

三、计算下列二重积分

(1) $\iint\limits_D y\mathrm{e}^{xy}\mathrm{d}x\mathrm{d}y$，其中 D 是由 $y=\dfrac{1}{x}$，$y=2$，$x=1$，$x=2$ 所围成的区域.

(2) $\iint\limits_D \sin\left(\sqrt{x^2+y^2}\right)\mathrm{d}\sigma$，其中 D 为 $x^2+y^2\leqslant\pi^2$.

四、计算下列三重积分

(1) $\iiint\limits_\Omega (x+y+z)\mathrm{d}v$，其中 Ω 由平面 $x+y+z=1$ 与三个坐标面所围成.

(2) $\iiint\limits_\Omega z\sqrt{x^2+y^2}\mathrm{d}v$，其中 Ω 由曲面 $y=\sqrt{2x-x^2}$ 及平面 $z=0$，$z=a(a>0)$，$y=0$ 所围成.

(3) $\iiint\limits_\Omega \mathrm{d}x\mathrm{d}y\mathrm{d}z$，其中 Ω 是两个球面 $x^2+y^2+z^2=R^2$ 与 $x^2+y^2+z^2=2Rz$ 所围成的空间区域.

五、计算 $I=\iint\limits_{x^2+y^2\leqslant a^2}(x^2+2\sin x+3y+4)\mathrm{d}\sigma$.

六、若 $f(x)$ 为连续函数，证明：$\int_0^a\mathrm{d}x\int_0^x f(y)\mathrm{d}y=\int_0^a(a-x)f(x)\mathrm{d}x$.

七、求平面 $\dfrac{x}{a}+\dfrac{y}{b}+\dfrac{z}{c}=1$ 被三坐标平面所割出的有限部分的面积.

八、求曲线 $y^2=4x+4$，$y^2=-2x+4$ 所围成的一均匀薄板的质心坐标.

九、求抛物线 $y=x^2$ 及直线 $y=1$ 所围成的薄片(面密度为常数 ρ)，对直线 $y=-1$ 的转动惯量.

第十一章　曲线积分与曲面积分

上一章我们介绍了重积分，本章我们将介绍曲线积分和曲面积分，这两类积分在实际工作中有着广泛的应用.

11.1　第一型曲线积分

11.1.1　第一型曲线积分的概念与性质

引例　设一构件占 xOy 面内一段曲线弧 L，端点为 A，B，曲线弧 L 的线密度为 $\rho(x,y)$（见图 11-1-1），且假定 $\rho(x,y)$ 在 L 上连续，求构件的质量 M.

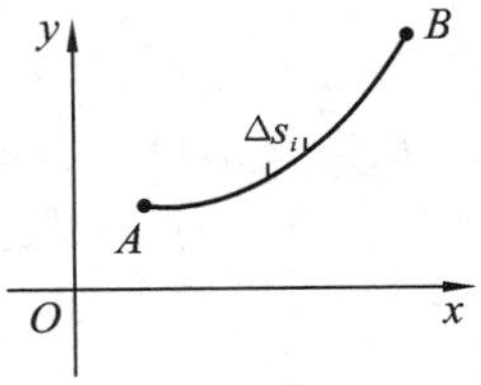

图 11-1-1

（ⅰ）分割：将曲线弧 L 分割成 n 个小曲线弧段 $\Delta s_1,\Delta s_2,\cdots,\Delta s_n$（$\Delta s_i$ 也表示第 i 段小曲线弧的长度，$i=1,2,\cdots,n$）.

（ⅱ）作乘积：在第 i 段小曲线弧上任取一点 (ξ_i,η_i)，则第 i 段小曲线弧 Δs_i 的质量

$$\Delta M_i \approx \rho(\xi_i,\eta_i)\cdot\Delta s_i(i=1,2,\cdots,n).$$

（ⅲ）求和：将 n 段小曲线弧质量相加，得曲线弧 L 上构件的质量

$$M=\sum_{i=1}^{n}\Delta M_i\approx\sum_{i=1}^{n}\rho(\xi_i,\eta_i)\Delta s_i.$$

（ⅳ）取极限：设 $\lambda=\max\limits_{1\leqslant i\leqslant n}\{\Delta s_i\}$，则构件的质量

$$M=\lim_{\lambda\to 0}\sum_{i=1}^{n}\rho(\xi_i,\eta_i)\Delta s_i.$$

这种和式的极限在许多实际问题中都会遇到，撇开其物理意义，我们得到第一型曲线积分的概念.

定义 1　设 L 为 xOy 面内的一条光滑曲线弧，函数 $f(x,y)$ 在曲线弧 L 上有界，将 L 分成 n 个小曲线弧段

$$\Delta s_1,\Delta s_2,\cdots,\Delta s_n,$$

其中 Δs_i 也表示第 i 段小曲线弧的长度($i=1,2,\cdots,n$). 在第 i 段小曲线弧 Δs_i 上任取一点 (ξ_i,η_i)，作乘积 $f(\xi_i,\eta_i)\Delta s_i$，求和 $\sum\limits_{i=1}^{n}f(\xi_i,\eta_i)\Delta s_i$. 令 $\lambda=\max\limits_{1\leqslant i\leqslant n}\{\Delta s_i\}$，若极限

$$\lim_{\lambda\to 0}\sum_{i=1}^{n}f(\xi_i,\eta_i)\Delta s_i$$

存在，称此极限值为函数 $f(x,y)$ 在曲线弧 L 上的**第一型曲线积分**（或**对弧长的曲线积分**），记

作$\int_L f(x,y)\mathrm{d}s$,即

$$\int_L f(x,y)\mathrm{d}s = \lim_{\lambda\to 0}\sum_{i=1}^{n} f(\xi_i,\eta_i)\Delta s_i,$$

其中 $f(x,y)$ 称为**被积函数**,L 为**积分弧段**,$\mathrm{d}s$ 为**弧微分**.

若 L 为封闭曲线,则第一型曲线积分记作

$$\oint_L f(x,y)\mathrm{d}s.$$

由定义可知,曲线弧 L 上构件的质量

$$M = \int_L \rho(x,y)\mathrm{d}s.$$

此定义可推广到空间曲线的情形.设 $f(x,y,z)$ 是定义在空间曲线 Γ 上的函数,类似地有

$$\int_\Gamma f(x,y,z)\mathrm{d}s = \lim_{\lambda\to 0}\sum_{i=1}^{n} f(\xi_i,\eta_i,\zeta_i)\Delta s_i.$$

定理 1　若函数 $f(x,y)$ 在曲线弧 L 上连续,则函数 $f(x,y)$ 在曲线弧 L 上的第一型曲线积分存在.

为方便起见,以后我们总假定函数 $f(x,y)$ 在曲线弧 L 上连续.

从定义中可以看出,第一型曲线积分有类似于定积分、重积分的性质,这里不再赘述.

当 $f(x,y)=1$ 时,若 L 也表示曲线弧 L 的弧长,则有

$$\int_L f(x,y)\mathrm{d}s = \int_L \mathrm{d}s = L.$$

例 1　填空:

(1) 设 L 为圆弧 $x^2+y^2=1$,则$\oint_L 2\mathrm{d}s=$ ____ ,$\oint_L (x^2+y^2)\mathrm{d}s=$ ____ ;

(2) 设 L 是从 $A(0,1)$ 到 $B(1,0)$ 的直线段,则$\int_L (x+y)\mathrm{d}s=$ ________ .

解　(1) L 的弧长为 2π,所以

$$\oint_L 2\mathrm{d}s = 2\oint_L \mathrm{d}s = 4\pi.$$

由于在曲线 L 上,$x^2+y^2=1$,故

$$\oint_L (x^2+y^2)\mathrm{d}s = \oint_L \mathrm{d}s = 2\pi.$$

(2) L 的方程为 $x+y=1(0\leqslant x\leqslant 1)$,$|AB|=\sqrt{2}$,故

$$\int_L (x+y)\mathrm{d}s = \int_L \mathrm{d}s = \sqrt{2}.$$

11.1.2　第一型曲线积分的计算

直接利用定义计算第一型曲线积分是不现实的,事实上根据前面所学过的弧微分公式,我们有下面的结论:

定理 2　设函数 $f(x,y)$ 在曲线弧 L 上连续,又曲线弧 L 的方程为

$$\begin{cases} x=\varphi(t), \\ y=\psi(t), \end{cases}\quad (\alpha\leqslant t\leqslant \beta)$$

其中 $\varphi(t),\psi(t)$ 在区间 $[\alpha,\beta]$ 上具有一阶连续导数，且 $\varphi'^2(t)+\psi'^2(t)\neq 0$，则

$$\int_L f(x,y)\mathrm{d}s=\int_\alpha^\beta f[\varphi(t),\psi(t)]\sqrt{\varphi'^2(t)+\psi'^2(t)}\mathrm{d}t.$$

从定理可以看出：

(1) 计算第一型曲线积分时，将参数式代入 $f(x,y)$，弧微分 $\mathrm{d}s=\sqrt{\varphi'^2(t)+\psi'^2(t)}\mathrm{d}t$，然后在 $[\alpha,\beta]$ 上计算定积分；

(2) 积分中，下限 α 一定要小于上限 β(因为 Δs_i 恒大于零，所以 $\Delta t_i>0$)。

定理 2 中，若曲线弧 L 的方程为 $y=\varphi(x)(a\leqslant x\leqslant b)$，则

$$\int_L f(x,y)\mathrm{d}s=\int_a^b f[x,\varphi(x)]\sqrt{1+\varphi'^2(x)}\mathrm{d}x.$$

若曲线弧 L 的方程为 $x=\psi(y)(c\leqslant y\leqslant d)$，则

$$\int_L f(x,y)\mathrm{d}s=\int_c^d f[\psi(y),y]\sqrt{1+\psi'^2(y)}\mathrm{d}y.$$

若 Γ 为空间曲线，且其参数方程为

$$\begin{cases}x=\varphi(t),\\ y=\psi(t),\quad(\alpha\leqslant t\leqslant\beta)\\ z=\omega(t),\end{cases}$$

则

$$\int_\Gamma f(x,y,z)\mathrm{d}s=\int_\alpha^\beta f[\varphi(t),\psi(t),\omega(t)]\sqrt{\varphi'^2(t)+\psi'^2(t)+\omega'^2(t)}\mathrm{d}t.$$

例 2　计算第一型曲线积分 $\int_L y\mathrm{d}s$，其中 L 是第一象限内从点 $A(0,1)$ 到点 $B(1,0)$ 的单位圆弧(见图 11-1-2)。

解　曲线 L 的参数方程为

$$x=\cos\theta,y=\sin\theta,\left(0\leqslant\theta\leqslant\frac{\pi}{2}\right)$$

所以

$$\int_L y\mathrm{d}s=\int_0^{\frac{\pi}{2}}\sin\theta\sqrt{(-\sin\theta)^2+\cos^2\theta}\mathrm{d}\theta$$

$$=-\cos\theta\Big|_0^{\frac{\pi}{2}}=1.$$

例 3　计算 $\oint_L \mathrm{e}^{\sqrt{x^2+y^2}}\mathrm{d}s$，其中曲线 L 为圆周 $x^2+y^2=a^2$，直线 $y=x$ 以及 x 轴在第一象限所围扇形的边界(见图 11-1-3)。

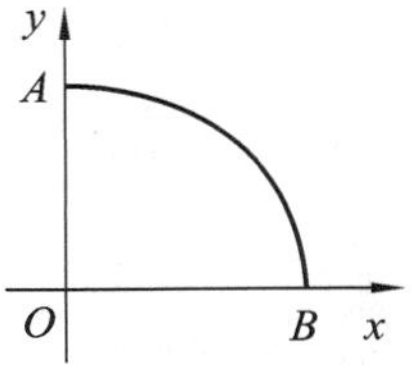

图 11-1-2

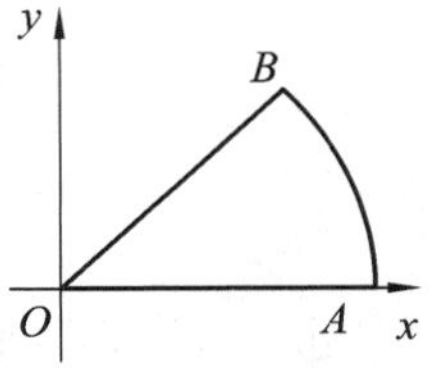

图 11-1-3

解　如图 11-1-3 所示，曲线 $L=OA+\overset{\frown}{AB}+BO$。线段 OA 的方程为

$$y=0,(0\leqslant x\leqslant a)$$

所以

$$\int_{OA}\mathrm{e}^{\sqrt{x^2+y^2}}\mathrm{d}s=\int_0^a\mathrm{e}^x\mathrm{d}x=\mathrm{e}^a-1.$$

弧$\overset{\frown}{AB}$ 的极坐标方程为

$$r=a,\left(0\leqslant\theta\leqslant\frac{\pi}{4}\right)$$

由直角坐标与极坐标的变换公式

$$\begin{cases}x=r\cos\theta,\\y=r\sin\theta,\end{cases}$$

得

$$\sqrt{x^2+y^2}=r=a,$$

极坐标系下弧微元

$$\mathrm{d}s=\sqrt{r^2(\theta)+r'^2(\theta)}\mathrm{d}\theta=a\mathrm{d}\theta,$$

所以

$$\int_{\overset{\frown}{AB}}\mathrm{e}^{\sqrt{x^2+y^2}}\mathrm{d}s=\int_0^{\frac{\pi}{4}}\mathrm{e}^a a\,\mathrm{d}\theta=\frac{\pi a}{4}\mathrm{e}^a.$$

线段 OB 的方程为

$$y=x,(0\leqslant x\leqslant\frac{\sqrt{2}}{2}a)$$

所以

$$\int_{OB}\mathrm{e}^{\sqrt{x^2+y^2}}\mathrm{d}s=\int_0^{\frac{\sqrt{2}a}{2}}\mathrm{e}^{\sqrt{2}x}\sqrt{2}\mathrm{d}x=\mathrm{e}^a-1,$$

相加得

$$\oint_L\mathrm{e}^{\sqrt{x^2+y^2}}\mathrm{d}s=2(\mathrm{e}^a-1)+\frac{\pi a}{4}\mathrm{e}^a.$$

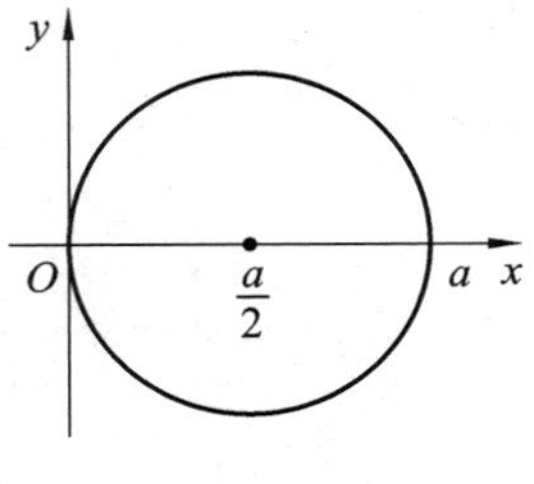

图 11-1-4

例 4　计算$\oint_L\sqrt{x^2+y^2}\mathrm{d}s$,其中曲线 L 的方程为 $x^2+y^2=ax$(见图 11-1-4).

解　方法一　在极坐标系下,曲线 L 的方程为

$$r=a\cos\theta\left(-\frac{\pi}{2}\leqslant\theta\leqslant\frac{\pi}{2}\right),$$

$$\sqrt{x^2+y^2}=r=a\cos\theta,$$

$$\mathrm{d}s=\sqrt{r^2(\theta)+r'^2(\theta)}\mathrm{d}\theta=\sqrt{(a\cos\theta)^2+(-a\sin\theta)^2}\mathrm{d}\theta=a\mathrm{d}\theta,$$

所以

$$\oint_L\sqrt{x^2+y^2}\mathrm{d}s=\int_{-\frac{\pi}{2}}^{\frac{\pi}{2}}a\cos\theta\cdot a\mathrm{d}\theta=2a^2.$$

方法二　曲线 L 的参数方程为

$$\begin{cases} x = \dfrac{a}{2} + \dfrac{a}{2}\cos\theta, \\ y = \dfrac{a}{2}\sin\theta, \end{cases} \quad (0 \leqslant \theta \leqslant 2\pi)$$

所以

$$\sqrt{x^2 + y^2} = \frac{a}{\sqrt{2}}\sqrt{1 + \cos\theta} = a\left|\cos\frac{\theta}{2}\right|,$$

$$\mathrm{d}s = \sqrt{\left(-\frac{a}{2}\sin\theta\right)^2 + \left(\frac{a}{2}\cos\theta\right)^2}\,\mathrm{d}\theta = \frac{a}{2}\mathrm{d}\theta,$$

故

$$\oint_L \sqrt{x^2 + y^2}\,\mathrm{d}s = \frac{a^2}{2}\int_0^{2\pi}\left|\cos\frac{\theta}{2}\right|\mathrm{d}\theta = 2a^2.$$

例 5　求$\int_\Gamma (x^2 + y^2 + z^2)\,\mathrm{d}s$,其中$\Gamma$是空间曲线$x = a\cos t, y = a\sin t, z = kt$上相应于$t$从 0 到 2π 的一段.

解　由空间曲线的第一型曲线积分公式,得

$$\begin{aligned} \int_\Gamma (x^2 + y^2 + z^2)\,\mathrm{d}s &= \int_0^{2\pi}(a^2 + k^2t^2)\sqrt{a^2 + k^2}\,\mathrm{d}t \\ &= \frac{2\pi}{3}\sqrt{a^2 + k^2}\,(3a^2 + 4\pi^2k^2). \end{aligned}$$

由于第一型曲线积分与定积分和重积分类似,故它们在计算中也有相同的性质,如对称性、轮换对称性等.

例 6　设曲线L为圆周$x^2 + y^2 = 1$,求$\oint_L x\,\mathrm{d}s$和$\oint_L x^2\,\mathrm{d}s$.

解　因为曲线L关于y轴对称,所以

$$\oint_L x\,\mathrm{d}s = 0;$$

又曲线L关于$y = x$对称,所以

$$\begin{aligned} \oint_L x^2\,\mathrm{d}s &= \oint_L y^2\,\mathrm{d}s = \frac{1}{2}\oint_L (x^2 + y^2)\,\mathrm{d}s \\ &= \frac{1}{2}\oint_L \mathrm{d}s = \pi. \end{aligned}$$

例 7　求$I = \oint_\Gamma x^2\,\mathrm{d}s$,其中$\Gamma$为圆周$\begin{cases} x^2 + y^2 + z^2 = a^2, \\ x + y + z = 0, \end{cases}$ $(a > 0)$.

解　由轮换对称性有

$$\begin{aligned} I &= \oint_\Gamma x^2\,\mathrm{d}s = \oint_\Gamma y^2\,\mathrm{d}s = \oint_\Gamma z^2\,\mathrm{d}s \\ &= \frac{1}{3}\oint_\Gamma (x^2 + y^2 + z^2)\,\mathrm{d}s = \frac{a^2}{3}\oint_\Gamma \mathrm{d}s = \frac{2\pi}{3}a^3. \end{aligned}$$

质心坐标公式、转动惯量公式等可推广到曲线弧上.以平面曲线积分为例,设L为xOy面上的曲线弧,$\rho = \rho(x,y)$为曲线L上的线密度,M为曲线L的质量,则曲线L的质心坐标为

$$\bar{x} = \frac{\int_L \rho x\,\mathrm{d}s}{M}, \bar{y} = \frac{\int_L \rho y\,\mathrm{d}s}{M};$$

曲线 L 对 x 轴和对 y 轴的转动惯量分别为

$$I_x=\int_L y^2\rho(x,y)\mathrm{d}s, I_y=\int_L x^2\rho(x,y)\mathrm{d}s.$$

例 8 求半径为 R,圆心角为 2α 的圆弧 L 对于它的对称轴的转动惯量(密度为 $\rho=1$).

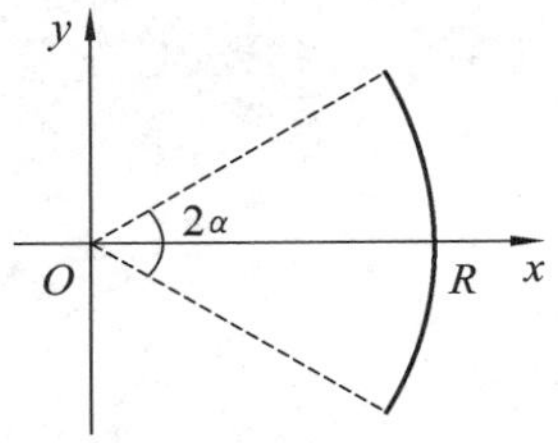

图 11-1-5

解 如图 11-1-5 所示,建立坐标系,x 轴为其对称轴,则曲线 L 的参数方程为

$$x=R\cos\theta, y=R\sin\theta, (-\alpha\leqslant\theta\leqslant\alpha)$$

所以

$$I_x=\int_L y^2\mathrm{d}s=\int_{-\alpha}^{\alpha}R^2\sin^2\theta\cdot R\mathrm{d}\theta$$

$$=2\cdot\frac{1}{2}R^3\int_0^{\alpha}(1-\cos2\theta)\mathrm{d}\theta=R^3\left(\alpha-\frac{1}{2}\sin2\alpha\right).$$

习　题　11.1

1. 类似于定积分和二重积分,叙述第一型曲线积分的性质.

2. 计算下列第一型曲线积分.

(1) $I=\int_L x\mathrm{d}s$,其中 L 是圆 $x^2+y^2=1$ 中 $A(0,1)$ 到 $B\left(\frac{1}{\sqrt{2}},-\frac{1}{\sqrt{2}}\right)$之间的一段劣弧;

(2) $\oint_L(x+y+1)\mathrm{d}s$,其中 L 是顶点为 $O(0,0)$,$A(1,0)$ 及 $B(0,1)$ 的三角形的边界;

(3) $\oint_L\sqrt{x^2+y^2}\mathrm{d}s$,其中 L 为圆周 $x^2+y^2=x$;

(4) $\int_L x^2yz\mathrm{d}s$,其中 L 为折线段 $ABCD$,这里 $A(0,0,0)$,$B(0,0,2)$,$C(1,0,2)$,$D(1,2,3)$;

(5) $\oint_L(x^2+y^2)\mathrm{d}s$,$L$ 为球面 $x^2+y^2+z^2=1$ 与平面 $x+y+z=0$ 的交线.

3. 设一段曲线 $y=\ln x(0<a\leqslant x\leqslant b)$上任一点处的线密度的大小等于该点横坐标的平方,求其质量.

4. 求八分之一球面 $x^2+y^2+z^2=1(x\geqslant0,y\geqslant0,z\geqslant0)$ 的边界曲线的质心,设曲线的密度 $\rho=1$.

5. 求密度为常数 ρ 的上半单位圆周 $L:x^2+y^2=1,y\geqslant0$ 分别对 x 轴和 y 轴的转动惯量.

11.2　第二型曲线积分

11.2.1　第二型曲线积分的定义和性质

引例　变力沿曲线所做的功.

设一质点在xOy 面内,从点 A 沿光滑曲线弧 L 移动到点 B,在此过程中,质点受变力

$$\boldsymbol{F}(x,y)=P(x,y)\boldsymbol{i}+Q(x,y)\boldsymbol{j}$$

的作用,其中 $P(x,y)$,$Q(x,y)$ 是曲线 L 上的连续函数(见图 11-2-1),求变力 $\boldsymbol{F}$ 对质点所做的功 W.

（ⅰ）分割：用曲线 L 上的点 $A=M_0(x_0,y_0),M_1(x_1,y_1),M_2(x_2,y_2),\cdots,M_{n-1}(x_{n-1},y_{n-1}),M_n(x_n,y_n)=B$ 将曲线 L 分成 n 个有向小曲线弧段 $\overset{\frown}{M_{i-1}M_i}(i=1,2,\cdots,n)$.

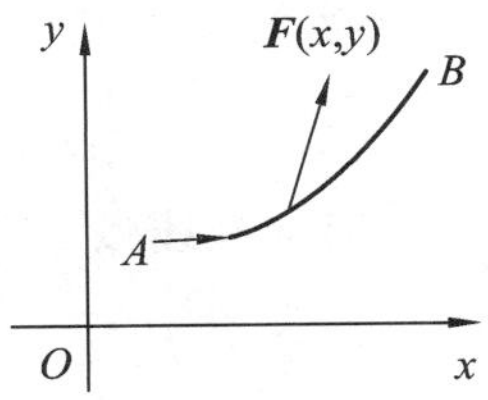

图 11-2-1

（ⅱ）作乘积：在第 i 个小有向弧段 $\overset{\frown}{M_{i-1}M_i}(i=1,2,\cdots,n)$ 上，任取一点 (ξ_i,η_i)，并将力 $\boldsymbol{F}(x,y)$ 近似看作恒力，则

$$\boldsymbol{F}(\xi_i,\eta_i)=P(\xi_i,\eta_i)\boldsymbol{i}+Q(\xi_i,\eta_i)\boldsymbol{j},$$

记

$$\Delta x_i=x_i-x_{i-1},\Delta y_i=y_i-y_{i-1},$$

用向量 $\overrightarrow{M_{i-1}M_i}=\Delta x_i\boldsymbol{i}+\Delta y_i\boldsymbol{j}$ 代替有向小弧段 $\overset{\frown}{M_{i-1}M_i}$，于是力 $\boldsymbol{F}(x,y)$ 沿有向小弧段 $\overset{\frown}{M_{i-1}M_i}$ 所做的功

$$\begin{aligned}\Delta W_i&\approx\boldsymbol{F}(\xi_i,\eta_i)\cdot\overrightarrow{M_{i-1}M_i}\\&=P(\xi_i,\eta_i)\Delta x_i+Q(\xi_i,\eta_i)\Delta y_i.\end{aligned}$$

（ⅲ）求和：力 $\boldsymbol{F}(x,y)$ 在曲线弧 L 上所做的功

$$W=\sum_{i=1}^{n}\Delta W_i\approx\sum_{i=1}^{n}[P(\xi_i,\eta_i)\Delta x_i+Q(\xi_i,\eta_i)\Delta y_i].$$

（ⅳ）取极限：令 $\lambda=\max\limits_{1\leqslant i\leqslant n}\{\lambda_i\}$，其中 λ_i 为有向小弧段 $\overset{\frown}{M_{i-1}M_i}(i=1,2,\cdots,n)$ 的长度，则

$$W=\lim_{\lambda\to0}\sum_{i=1}^{n}[P(\xi_i,\eta_i)\Delta x_i+Q(\xi_i,\eta_i)\Delta y_i].$$

我们得到了与定积分定义类似的特殊和式的极限，去掉其物理意义，便有下面的定义.

定义 1　设 L 为 xOy 面内从点 A 到点 B 的一条有向光滑曲线弧，函数 $P(x,y),Q(x,y)$ 在曲线 L 上有界. 用曲线 L 上的点 $A=M_0(x_0,y_0),M_1(x_1,y_1),M_2(x_2,y_2),\cdots,M_{n-1}(x_{n-1},y_{n-1}),M_n(x_n,y_n)=B$ 将曲线 L 分成 n 个有向小曲线弧段 $\overset{\frown}{M_{i-1}M_i}(i=1,2,\cdots,n)$，设

$$\Delta x_i=x_i-x_{i-1},\Delta y_i=y_i-y_{i-1},$$

在有向小弧段 $\overset{\frown}{M_{i-1}M_i}$ 上任取一点 (ξ_i,η_i). 令 $\lambda=\max\limits_{1\leqslant i\leqslant n}\{\lambda_i\}$，其中 λ_i 为有向小弧段 $\overset{\frown}{M_{i-1}M_i}(i=1,2,\cdots,n)$ 的长度，如果极限

$$\lim_{\lambda\to0}\sum_{i=1}^{n}P(\xi_i,\eta_i)\Delta x_i$$

存在，则称此极限为函数 $P(x,y)$ 在有向曲线弧 L 上的**第二型曲线积分**（或**对坐标 x 的曲线积分**），记作 $\int_L P(x,y)\mathrm{d}x$，即

$$\int_L P(x,y)\mathrm{d}x=\lim_{\lambda\to0}\sum_{i=1}^{n}P(\xi_i,\eta_i)\Delta x_i.$$

类似地，如果极限

$$\lim_{\lambda\to0}\sum_{i=1}^{n}Q(\xi_i,\eta_i)\Delta y_i$$

存在，则称此极限为函数 $Q(x,y)$ 在有向曲线弧 L 上的第二型曲线积分（或**对坐标 y 的曲线积分**），记作 $\int_L Q(x,y)\mathrm{d}y$，即

$$\int_L Q(x,y)\mathrm{d}y=\lim_{\lambda\to0}\sum_{i=1}^{n}Q(\xi_i,\eta_i)\Delta y_i.$$

一般地,记

$$\int_L P(x,y)\mathrm{d}x+\int_L Q(x,y)\mathrm{d}y=\int_L P(x,y)\mathrm{d}x+Q(x,y)\mathrm{d}y.$$

当有向曲线弧 L 封闭时,第二型曲线积分记作

$$\oint_L P(x,y)\mathrm{d}x+Q(x,y)\mathrm{d}y.$$

由此可见,变力 $\boldsymbol{F}$ 沿有向曲线弧 L 所做的功

$$W=\int_L P(x,y)\mathrm{d}x+Q(x,y)\mathrm{d}y.$$

类似地,可定义空间有向曲线 Γ 上的第二型曲线积分

$$\int_L P(x,y,z)\mathrm{d}x+Q(x,y,z)\mathrm{d}y+R(x,y,z)\mathrm{d}z.$$

定理 1 若函数 $P(x,y),Q(x,y)$ 在有向曲线弧 L 上连续,则第二型曲线积分 $\int_L P(x,y)\mathrm{d}x,\int_L Q(x,y)\mathrm{d}y$ 存在.

从定义中可得如下性质:

(1) 设 L 为有向曲线弧,L^- 为与 L 方向相反的曲线弧,则

$$\int_L P(x,y)\mathrm{d}x+Q(x,y)\mathrm{d}y=-\int_{L^-} P(x,y)\mathrm{d}x+Q(x,y)\mathrm{d}y.$$

(2) 设 $L=L_1+L_2$(L_1,L_2 为有向曲线弧,且 L_1 的终点与 L_2 的起点重合),则

$$\int_L P(x,y)\mathrm{d}x+Q(x,y)\mathrm{d}y=\int_{L_1} P(x,y)\mathrm{d}x+Q(x,y)\mathrm{d}y+\int_{L_2} P(x,y)\mathrm{d}x+Q(x,y)\mathrm{d}y.$$

此性质可推广到 $L=L_1+L_2+\cdots+L_n$ 组成的有向曲线上.

11.2.2 第二型曲线积分的计算

定理 2 设函数 $P(x,y),Q(x,y)$ 在有向曲线弧 L 上连续,有向曲线弧 L 的参数方程为

$$\begin{cases}x=\varphi(t),\\ y=\psi(t),\end{cases}$$

当 t 单调地从 α 变到 β 时,曲线弧 L 上的点从点 A 沿有向曲线弧 L 连续地变到点 B,$\varphi(t)$,$\psi(t)$ 在以 α,β 为端点的闭区间上具有一阶连续导数,且 $\varphi'^2(t)+\psi'^2(t)\neq 0$,则有

$$\int_L P(x,y)\mathrm{d}x+Q(x,y)\mathrm{d}y=\int_\alpha^\beta\{P[\varphi(t),\psi(t)]\varphi'(t)+Q[\varphi(t),\psi(t)]\psi'(t)\}\mathrm{d}t.$$

从定理可以看出,有向曲线弧 L 的起点对应参数 α,终点对应参数 β,α 不一定小于 β. 曲线弧 L 上的点从点 A 沿有向曲线弧 L 连续地变到点 B 时,对应参数 t 从 α 单调地变化到 β.

特别地,若有向曲线弧 L 的方程为 $y=y(x)$,L 起点的对应参数为 a,终点的对应参数为 b,则

$$\int_L P(x,y)\mathrm{d}x+Q(x,y)\mathrm{d}y=\int_a^b\{P[x,y(x)]+Q[x,y(x)]y'(x)\}\mathrm{d}x;$$

若有向曲线弧 L 的方程为 $x=x(y)$,L 起点的对应参数为 c,终点的对应参数为 d,则

$$\int_L P(x,y)\mathrm{d}x+Q(x,y)\mathrm{d}y=\int_c^d\{P[x(y),y]x'(y)+Q[x(y),y]\}\mathrm{d}y.$$

定理可推广到空间曲线的情形. 若空间有向曲线 Γ 的参数方程为

$$x=\varphi(t), y=\psi(t), z=\omega(t),$$

参数 α 对应有向曲线 Γ 的起点，参数 β 对应有向曲线 Γ 的终点，则

$$\begin{aligned}&\int_\Gamma P(x,y,z)\mathrm{d}x+Q(x,y,z)\mathrm{d}y+R(x,y,z)\mathrm{d}z\\=&\int_\alpha^\beta\{P[\varphi(t),\psi(t),\omega(t)]\varphi'(t)+Q[\varphi(t),\psi(t),\omega(t)]\psi'(t)\\&+R[\varphi(t),\psi(t),\omega(t)]\omega'(t)\}\mathrm{d}t.\end{aligned}$$

例 1　计算 $I=\int_L(2a-y)\mathrm{d}x-(a-y)\mathrm{d}y$，其中曲线 L 为摆线 $x=a(t-\sin t), y=a(1-\cos t)$ 从点 $O(0,0)$ 到点 $B(2\pi a,0)$ 的一段弧(见图 11-2-2).

解

$$\begin{aligned}I&=\int_0^{2\pi}\{[2a-a(1-\cos t)]a(1-\cos t)\\&\quad-[a-a(1-\cos t)]a\sin t\}\mathrm{d}t\\&=a^2\int_0^{2\pi}(1-\cos^2t-\cos t\sin t)\mathrm{d}t\\&=a^2\int_0^{2\pi}\left(\frac{1-\cos2t}{2}+\cos t\sin t\right)\mathrm{d}t\\&=a^2\left(\frac{1}{2}t-\frac{1}{4}\sin2t-\frac{1}{2}\sin^2t\right)\Big|_0^{2\pi}=\pi a^2.\end{aligned}$$

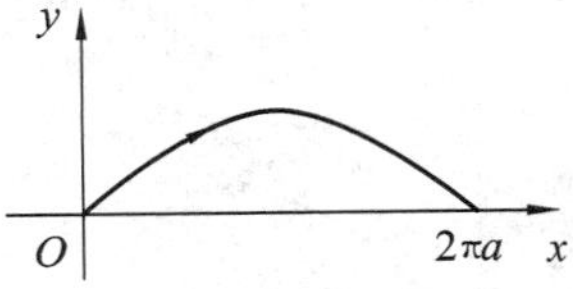

图 11-2-2

例 2　求 $\int_L xy\mathrm{d}x$ 和 $\int_L xy\mathrm{d}y$，其中曲线 L 为抛物线 $y^2=x$ 从点 $A(1,-1)$ 到点 $B(1,1)$ 的一段弧(见图 11-2-3).

解　曲线 L 的方程为 $x=y^2$，y 从 -1 变化到 1，所以

$$\int_L xy\mathrm{d}x=\int_{-1}^1 y^2\cdot y\cdot2y\mathrm{d}y=\frac{4}{5};$$

$$\int_L xy\mathrm{d}y=\int_{-1}^1 y^2\cdot y\mathrm{d}y=0.$$

由此可见，第二型曲线积分在计算过程中要慎用“对称性”，它与第一型曲线积分是有区别的，它们很多性质不太一样，在解题过程中要特别注意.

例 3　求 $\int_L xy^2\mathrm{d}x+(x+y)\mathrm{d}y$，其中曲线 L(见图 11-2-4) 为：

(1) 抛物线 $y=x^2$，从点 $(0,0)$ 到点 $(1,1)$；

(2) 折线段 L_1+L_2，其中 L_1 为 $x=0$，从点 $(0,0)$ 到点 $(0,1)$，L_2 为 $y=1$，从点 $(0,1)$ 到点 $(1,1)$.

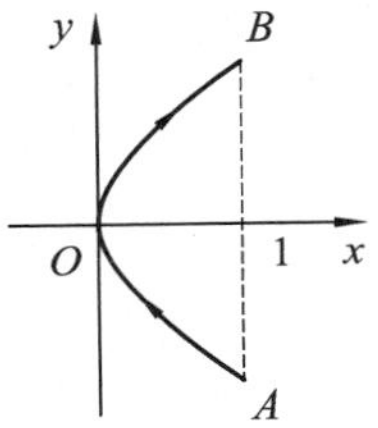

图 11-2-3

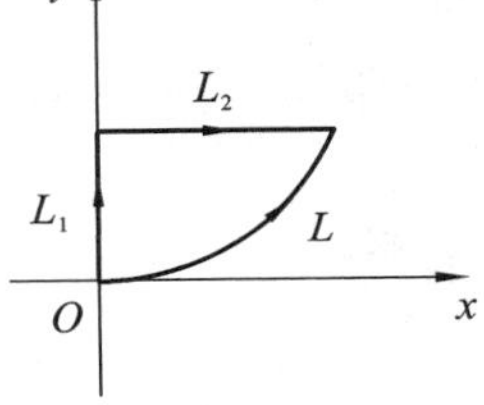

图 11-2-4

解　(1) 曲线 L 的方程为 $y=x^2$，x 从 0 变化到 1，所以

$$\int_L xy^2\mathrm{d}x+(x+y)\mathrm{d}y=\int_0^1[x\cdot x^4+(x+x^2)\cdot 2x]\mathrm{d}x$$
$$=\left(\frac{1}{6}x^6+\frac{2}{3}x^3+\frac{1}{2}x^4\right)\bigg|_0^1=\frac{4}{3};$$

(2) 线段 L_1 的方程为 $x=0$，y 从 0 变化到 1，线段 L_2 的方程为 $y=1$，x 从 0 变化到 1，所以

$$\int_L xy^2\mathrm{d}x+(x+y)\mathrm{d}y=\int_{L_1}xy^2\mathrm{d}x+(x+y)\mathrm{d}y+\int_{L_2}xy^2\mathrm{d}x+(x+y)\mathrm{d}y$$
$$=\int_0^1 y\mathrm{d}y+\int_0^1 x\mathrm{d}x=1.$$

由此例可以看出，第二型曲线积分有相同的起点、终点，但沿不同路径的积分值不同.

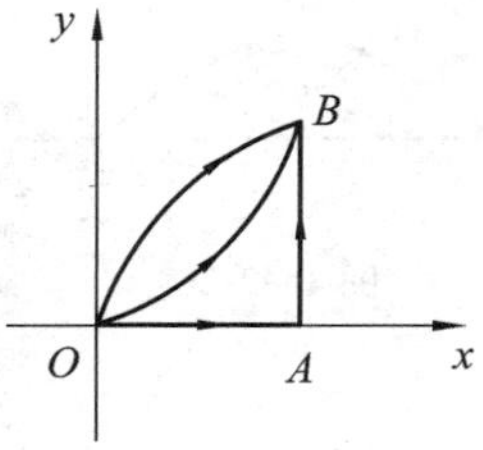

图 11-2-5

例 4　计算$\int_L 2xy\mathrm{d}x+x^2\mathrm{d}y$，其中曲线 L(见图 11-2-5) 为：

(1) 抛物线 $y=x^2$，从点 $O(0,0)$ 到点 $B(1,1)$ 的一段弧；

(2) 抛物线 $x=y^2$，从点 $O(0,0)$ 到点 $B(1,1)$ 的一段弧；

(3) 有向折线段 OAB，这里 O,A,B 的坐标依次为 $(0,0)$，$(1,0)$，$(1,1)$.

解　(1) 曲线 L 的方程为 $y=x^2$，x 从 0 变化到 1，所以

$$\int_L 2xy\mathrm{d}x+x^2\mathrm{d}y=\int_0^1(2x\cdot x^2+x^2\cdot 2x)\mathrm{d}x$$
$$=4\int_0^1 x^3\mathrm{d}x=1;$$

(2) 曲线 L 的方程为 $x=y^2$，y 从 0 变化到 1，所以

$$\int_L 2xy\mathrm{d}x+x^2\mathrm{d}y=\int_0^1(2y^2\cdot y\cdot 2y+y^4)\mathrm{d}y$$
$$=5\int_0^1 y^4\mathrm{d}y=1;$$

(3) 线段 OA 的方程为 $y=0$，x 从 0 变化到 1，线段 AB 的方程为 $x=1$，y 从 0 变化到 1，所以

$$\int_L 2xy\mathrm{d}x+x^2\mathrm{d}y=\int_{OA}2xy\mathrm{d}x+x^2\mathrm{d}y+\int_{AB}2xy\mathrm{d}x+x^2\mathrm{d}y$$
$$=\int_0^1(2x\cdot 0+x^2\cdot 0)\mathrm{d}x+\int_0^1(2y\cdot 0+1)\mathrm{d}y=1.$$

从此例可以看出，有些第二型曲线积分，当起点和终点相同时，沿不同路径的积分值相等，即所谓的“曲线积分与路径无关”，对此问题下一节我们将予以详细讨论.

例 5　计算$\int_\Gamma x^3\mathrm{d}x+3zy^2\mathrm{d}y-x^2y\mathrm{d}z$，曲线 Γ 为从点 $A(3,2,1)$ 到点 $B(0,0,0)$ 的直线段 AB.

解　由直线 AB 的点向式方程

$$\frac{x}{3}=\frac{y}{2}=\frac{z}{1},$$

可得线段 AB 的参数方程为

$$x=3t,y=2t,z=t,$$

其中 t 从 1 变化到 0，所以

$$\int_\Gamma x^3\mathrm{d}x+3zy^2\mathrm{d}y-x^2y\mathrm{d}z=\int_1^0[(3t)^3\cdot 3+3t\cdot(2t)^2\cdot 2-(3t)^2\cdot 2t]\mathrm{d}t$$
$$=\int_1^0 87t^3\mathrm{d}t=-\frac{87}{4}.$$

例 6　一个质点在力 $\boldsymbol{F}$ 的作用下从点 $A(a,0)$ 沿椭圆 $\frac{x^2}{a^2}+\frac{y^2}{b^2}=1$ 按逆时针方向移动到点 $B(0,b)$（见图 11-2-6），力 $\boldsymbol{F}$ 的大小与质点到原点的距离成正比，方向恒指向原点. 求力 $\boldsymbol{F}$ 所做的功 W.

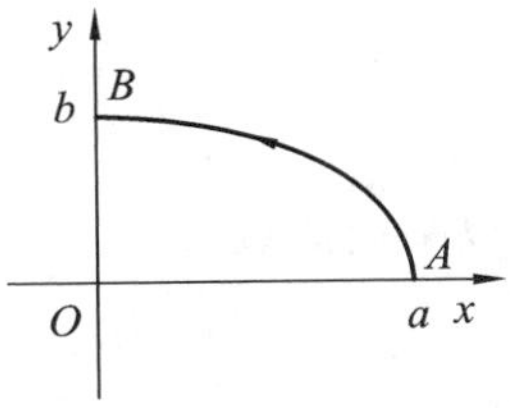

图 11-2-6

解　椭圆的参数方程为

$$x=a\cos t,y=b\sin t,$$

t 从 0 变到 $\frac{\pi}{2}$. 设椭圆上点 M 的坐标为 (x,y)，则

$$\boldsymbol{r}=\overrightarrow{OM}=x\boldsymbol{i}+y\boldsymbol{j},$$

由于力 $\boldsymbol{F}$ 的大小与质点到原点的距离成正比，方向恒指向原点，所以

$$\boldsymbol{F}=k\cdot|\boldsymbol{r}|\cdot\left(-\frac{\boldsymbol{r}}{|\boldsymbol{r}|}\right)=-k(x\boldsymbol{i}+y\boldsymbol{j}),$$

其中 $k>0$ 为比例常数. 于是

$$W=\int_{\overset{\frown}{AB}}-kx\mathrm{d}x-ky\mathrm{d}y=-k\int_{\overset{\frown}{AB}}x\mathrm{d}x+y\mathrm{d}y$$
$$=-k\int_0^{\frac{\pi}{2}}(-a^2\cos t\sin t+b^2\sin t\cos t)\mathrm{d}t$$
$$=k(a^2-b^2)\int_0^{\frac{\pi}{2}}\sin t\cos t\mathrm{d}t=\frac{k}{2}(a^2-b^2).$$

11.2.3　两类曲线积分的关系

设有向曲线弧 L 的起点为 A，终点为 B，曲线弧 L 的长 $\overset{\frown}{AB}=l$，$M(x,y)$ 为弧 L 上任一点，取弧长 $\overset{\frown}{AM}=t$ 为曲线弧 L 的参数，弧 L 的参数方程为

$$\begin{cases}x=x(t),\\y=y(t),\end{cases}(0\leqslant t\leqslant l).$$

若 $x(t),y(t)$ 在 $[0,l]$ 上具有一阶连续导数，且 $x'^2(t)+y'^2(t)\neq 0$，又 $P(x,y),Q(x,y)$ 在弧 L 上连续，则曲线积分

$$\int_L P(x,y)\mathrm{d}x+Q(x,y)\mathrm{d}y=\int_0^l\{P[x(t),y(t)]x'(t)+Q[x(t),y(t)]y'(t)\}\mathrm{d}t.$$

我们知道，向量 $\boldsymbol{\tau}=x'(t)\boldsymbol{i}+y'(t)\boldsymbol{j}$ 是弧 L 上点 $M(x(t),y(t))$ 处的切向量，它的指向与参数 t 增大时点 M 移动的走向一致（见图 11-2-7），于是，有向曲线弧 L 在点 $M(x(t),y(t))$ 处的切向量为 $\boldsymbol{\tau}=x'(t)\boldsymbol{i}+y'(t)\boldsymbol{j}$，其方向余弦为

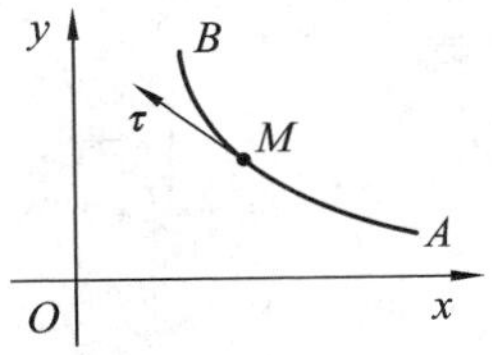

图 11-2-7

$$\cos\alpha=\frac{x'(t)}{\sqrt{x'^2(t)+y'^2(t)}},\cos\beta=\frac{y'(t)}{\sqrt{x'^2(t)+y'^2(t)}},$$

由第一型曲线积分的计算公式，得

$$\int_L [P(x,y)\cos\alpha + Q(x,y)\cos\beta]\,\mathrm{d}s$$
$$= \int_0^l \left\{P[x(t),y(t)]\frac{x'(t)}{\sqrt{x'^2(t)+y'^2(t)}} + Q[x(t),y(t)]\frac{y'(t)}{\sqrt{x'^2(t)+y'^2(t)}}\right\}\sqrt{x'^2(t)+y'^2(t)}\,\mathrm{d}t$$
$$= \int_0^l \{P[x(t),y(t)]x'(t)+Q[x(t),y(t)]y'(t)\}\,\mathrm{d}t,$$

所以平面曲线 L 上的两类曲线积分有下面的关系式

$$\int_L P(x,y)\,\mathrm{d}x + Q(x,y)\,\mathrm{d}y = \int_L [P(x,y)\cos\alpha + Q(x,y)\cos\beta]\,\mathrm{d}s,$$

其中 α,β 为有向曲线弧 L 在点 (x,y) 处切向量的方向角.

同理对空间有向曲线弧 Γ，有

$$\int_\Gamma P(x,y,z)\,\mathrm{d}x + Q(x,y,z)\,\mathrm{d}y + R(x,y,z)\,\mathrm{d}z$$
$$= \int_\Gamma [P(x,y,z)\cos\alpha + Q(x,y,z)\cos\beta + R(x,y,z)\cos\gamma]\,\mathrm{d}s,$$

其中 α,β,γ 为 Γ 在点 (x,y,z) 处切向量的方向角. 若记

$$\boldsymbol{A} = (P,Q,R),\quad \boldsymbol{\tau} = (\cos\alpha,\cos\beta,\cos\gamma),$$

则 $\boldsymbol{\tau}$ 为空间有向曲线弧 Γ 在点 (x,y,z) 处的单位切向量，又

$$\mathrm{d}\boldsymbol{r} = \boldsymbol{\tau}\,\mathrm{d}s = (\mathrm{d}x,\mathrm{d}y,\mathrm{d}z)$$

为有向曲线元，则两类曲线积分的关系式可用向量表示为

$$\int_\Gamma \boldsymbol{A}\cdot\mathrm{d}\boldsymbol{r} = \int_\Gamma \boldsymbol{A}\cdot\boldsymbol{\tau}\,\mathrm{d}s.$$

例 7　把第二型曲线积分 $\int_L P(x,y)\,\mathrm{d}x + Q(x,y)\,\mathrm{d}y$ 化为第一型曲线积分，其中 L 从点 $(0,0)$ 沿抛物线 $y = x^2$ 到点 $(1,1)$.

解　有向曲线弧 L 的方程为

$$\begin{cases} x = x, \\ y = x^2, \end{cases}$$

x 从 0 变到 1. 由 $0 < 1$，故在点 (x,y) 处切向量为 $(1,2x)$，所以

$$\cos\alpha = \frac{1}{\sqrt{1+(2x)^2}} = \frac{1}{\sqrt{1+4x^2}},$$
$$\cos\beta = \frac{2x}{\sqrt{1+(2x)^2}} = \frac{2x}{\sqrt{1+4x^2}},$$

于是

$$\int_L P(x,y)\,\mathrm{d}x + Q(x,y)\,\mathrm{d}y = \int_L [P(x,y)\cos\alpha + Q(x,y)\cos\beta]\,\mathrm{d}s$$
$$= \int_L \frac{P(x,y)+2xQ(x,y)}{\sqrt{1+4x^2}}\,\mathrm{d}s.$$

习　题　11.2

1. 计算下列对坐标的曲线积分.

(1) $\int_L xy\mathrm{d}x$，其中 L 为抛物线 $y^2 = x$ 上从点 $A(1,-1)$ 到点 $B(1,1)$ 的一段弧；

(2) $\int_L (x^2+y^2)\mathrm{d}x+(x^2-y^2)\mathrm{d}y$，其中 L 是曲线 $y=1-|1-x|$ 从对应于 $x=0$ 时的点到 $x=2$ 时的点的一段弧；

(3) $\int_L xy^2\mathrm{d}y - x^2y\mathrm{d}x$，其中 L 沿右半圆 $x^2+y^2=a^2$ 以点 $A(0,a)$ 为起点，经过点 $C(a,0)$ 到终点 $B(0,-a)$ 的路径；

(4) 计算$\int_\Gamma x\mathrm{d}x+z\mathrm{d}y+(x+y-1)\mathrm{d}z$，其中 Γ 是从点 $(1,1,1)$ 到点 $(2,3,4)$ 的一段直线；

(5) 计算$\int_\Gamma xy\mathrm{d}x+(x-y)\mathrm{d}y+x^2\mathrm{d}z$，其中 Γ 是螺旋线 $x=a\cos t, y=a\sin t, z=bt$ 从 $t=0$ 到 $t=\pi$ 上的一段.

2. 计算$\int_L x\mathrm{d}y+y\mathrm{d}x$，其中 L 分别为：

(1) 沿抛物线 $y=2x^2$ 从 $O(0,0)$ 到 $B(1,2)$ 的一段；

(2) 从 $O(0,0)$ 到 $B(1,2)$ 的直线段；

(3) 点 $A(-a,0)$ 沿上半圆周 $x^2+y^2=a^2$ 到点 $B(a,0)$ 的一段弧；

(4) 沿封闭曲线 $OABO$，其中 $A(1,0)$，$B(1,2)$.

3. 设 z 轴与重力的方向一致，求质量为 m 的质点从位置 (x_1,y_1,z_1) 沿直线移到 (x_2,y_2,z_2) 时重力所做的功.

4. 设 Γ 为曲线 $x=t, y=t^2, z=t^3$ 上相应于 t 从 0 变到 1 的曲线弧. 把对坐标的曲线积分$\int_\Gamma P(x,y,z)\mathrm{d}x+Q(x,y,z)\mathrm{d}y+R(x,y,z)\mathrm{d}z$ 化成对弧长的曲线积分.

11.3　格 林 公 式

格林(Green) 公式是积分学的一个重要公式，它建立了平面曲线积分与二重积分的关系.

11.3.1　格林公式

1. 单连通区域

定义 1　设 D 为平面区域，若 D 内任一闭曲线所围的部分都属于 D，则称 D 为单连通区域(见图 11-3-1(a))，否则称 D 为复连通区域(见图 11-3-1(b)).

通俗地说，所谓单连通区域就是不含有洞或裂痕的区域，复连通区域就是含有洞或裂痕的区域.

我们看到单连通区域的边界曲线只有一条，而复连通区域的边界往往由多条曲线组成. 如图 11-3-1(a) 所示，单连通区域的边界曲线只有一条封闭曲线 L，而图 11-3-1(b) 所示的复连通区域的边界曲线由外边界曲线 L_1 和内边界曲线 L_2 两条封闭曲线组成，通常记其边界曲线

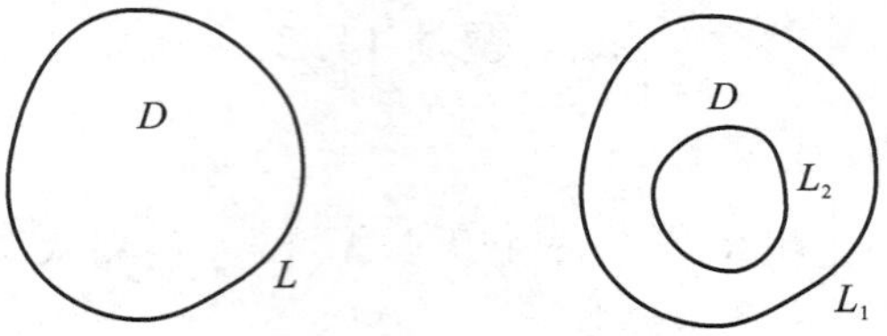

(a) 单连通区域 (b) 复连通区域

图 11-3-1

为 $L=L_1+L_2$.

下面我们来规定平面区域 D 边界曲线 L 的正向. 当我们沿边界曲线 L 行走时,身体的左侧总是指向区域 D,则前进的方向称为平面区域 D 边界曲线 L 的**正向**.

如图 11-3-2 所示,一般来说,当区域 D 是单连通区域时,其边界曲线的正向是逆时针方向. 当区域 D 是复连通区域时,边界曲线的正向为:外边界曲线是逆时针方向,内边界曲线是顺时针方向.

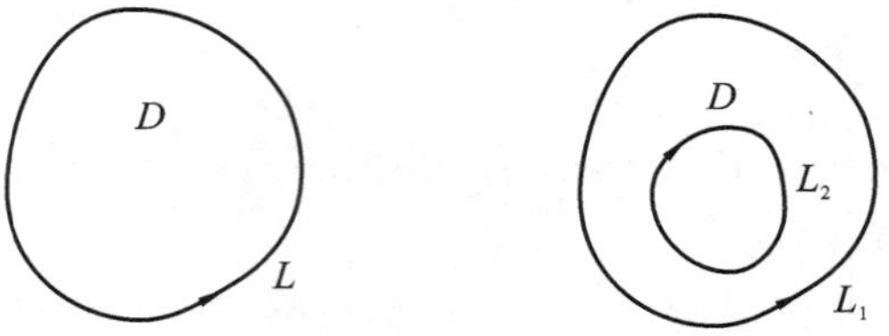

图 11-3-2

2. 格林公式

定理 1 设区域 D 由分段光滑的曲线 L 所围成,函数 $P(x,y)$ 和 $Q(x,y)$ 在 D 上具有一阶连续偏导数,则

$$\oint_L P\,\mathrm{d}x+Q\mathrm{d}y=\iint_D\left(\frac{\partial Q}{\partial x}-\frac{\partial P}{\partial y}\right)\mathrm{d}x\mathrm{d}y,\tag{1}$$

其中 L 取正向. 公式(1) 称为**格林公式**.

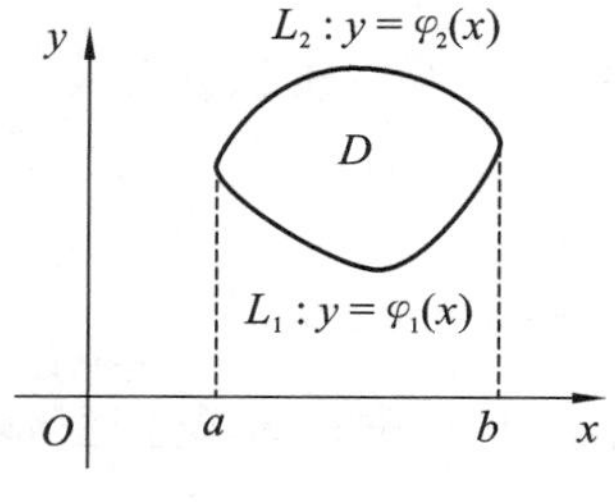

图 11-3-3

证明 (ⅰ) 先证区域 D 既是 X 型区域又是 Y 型区域的情形(见图 11-3-3).

由于 D 是 X 型区域,由图 11-3-3,设 D 的边界曲线 L_1 的方程为 $y=\varphi_1(x)$,x 从 a 变到 b,L_2 的方程为 $y=\varphi_2(x)$,x 从 b 变到 a,所以

$$\begin{aligned}\oint_L P\,\mathrm{d}x&=\int_{L_1}P\mathrm{d}x+\int_{L_2}P\mathrm{d}x\\&=\int_a^b P\left[x,\varphi_1(x)\right]\mathrm{d}x+\int_b^a P\left[x,\varphi_2(x)\right]\mathrm{d}x\\&=\int_a^b\{P\left[x,\varphi_1(x)\right]-P\left[x,\varphi_2(x)\right]\}\mathrm{d}x.\end{aligned}$$

又由于 $\dfrac{\partial P}{\partial y}$ 连续,所以

$$\iint_D \frac{\partial P}{\partial y}\mathrm{d}x\mathrm{d}y = \int_a^b \mathrm{d}x\int_{\varphi_1(x)}^{\varphi_2(x)} \frac{\partial P(x,y)}{\partial y}\mathrm{d}y$$

$$= \int_a^b \{P[x,\varphi_2(x)] - P[x,\varphi_1(x)]\}\mathrm{d}x.$$

故有

$$-\iint_D \frac{\partial P}{\partial y}\mathrm{d}x\mathrm{d}y = \oint_L P\mathrm{d}x;$$

而 D 也是 Y 型区域,同理可证

$$\iint_D \frac{\partial Q}{\partial x}\mathrm{d}x\mathrm{d}y = \oint_L Q\mathrm{d}y,$$

两式相加,有式(1) 成立.

(ⅱ) 若区域 D 为其他情形(可以是复连通区域),可引进辅助线段,将区域 D 分割成有限个既是 X 型又是 Y 型的区域,再在这些区域上应用格林公式并相加,由于沿辅助线段积分是相互抵消的,于是可得式(1) 成立.

在应用格林公式时,要注意格林公式的条件:

(1) 函数 $P(x,y)$ 和 $Q(x,y)$ 在区域 D 上具有一阶连续偏导数.

(2) 区域 D 的边界曲线 L 取正向;若 D 为复连通区域,边界曲线 L 由多条封闭曲线所组成.

(3) 特别地,若曲线 L 取反向,则有

$$\oint_L P\mathrm{d}x + Q\mathrm{d}y = -\iint_D \left(\frac{\partial Q}{\partial x} - \frac{\partial P}{\partial y}\right)\mathrm{d}x\mathrm{d}y.$$

例 1 计算 $\oint_L (y-x)\mathrm{d}x + (3x+y)\mathrm{d}y$,其中曲线 L 为圆周 $(x-1)^2 + (y-4)^2 = 9$,取逆时针方向.

解 因为

$$P(x,y) = y - x, Q(x,y) = 3x + y,$$

所以

$$\frac{\partial Q}{\partial x} = 3,\quad \frac{\partial P}{\partial y} = 1,$$

设 D 为曲线 L 所围平面区域,于是由格林公式得

$$\oint_L (y-x)\mathrm{d}x + (3x+y)\mathrm{d}y = \iint_D (3-1)\mathrm{d}x\mathrm{d}y = 18\pi.$$

例 2 计算 $\oint_L xy^2\mathrm{d}y - x^2y\mathrm{d}x$,其中曲线 L 为圆周 $x^2 + y^2 = a^2\,(a>0)$,取顺时针方向.

解 因为

$$P(x,y) = -x^2y, Q(x,y) = xy^2,$$

所以

$$\frac{\partial Q}{\partial x} - \frac{\partial P}{\partial y} = x^2 + y^2,$$

由于 L 是顺时针方向,所以在闭区域 $D: x^2 + y^2 \leqslant a^2$ 上,

$$\oint_L xy^2\mathrm{d}y - x^2y\mathrm{d}x = -\iint_D (x^2+y^2)\mathrm{d}\sigma$$
$$= -\int_0^{2\pi}\mathrm{d}\theta\int_0^a r^2\cdot r\mathrm{d}r = -\frac{1}{2}\pi a^4.$$

思考：$\oint_L xy^2\mathrm{d}y - x^2y\mathrm{d}x = -\iint_D (x^2+y^2)\mathrm{d}\sigma \neq -\iint_D a^2\mathrm{d}\sigma = -\pi a^4$，为什么？

例 3 计算$\oint_L \frac{x\mathrm{d}y - y\mathrm{d}x}{x^2+y^2}$，其中曲线 L 为一条无重点且不经过原点的连续封闭曲线，取顺时针方向.

解 令

$$P(x,y) = \frac{-y}{x^2+y^2},\quad Q(x,y) = \frac{x}{x^2+y^2},$$

则

$$\frac{\partial P}{\partial y} = \frac{y^2-x^2}{(x^2+y^2)^2} = \frac{\partial Q}{\partial x},$$

可见函数 $P(x,y)$ 和 $Q(x,y)$ 在 $(0,0)$ 处一阶偏导数不存在，不能直接应用格林公式，需分两种情况讨论. 设 D 为曲线 L 所围区域.

(ⅰ) 当区域 D 不包含原点 $(0,0)$ 时(见图 11-3-4(a))，由于 L 是顺时针方向，应用格林公式有

$$\oint_L \frac{x\mathrm{d}y - y\mathrm{d}x}{x^2+y^2} = -\iint_D \left(\frac{\partial Q}{\partial x} - \frac{\partial P}{\partial y}\right)\mathrm{d}x\mathrm{d}y = 0.$$

(ⅱ) 当区域 D 包含原点 $(0,0)$ 时，需要把原点 $(0,0)$ 挖去才可应用格林公式. 取足够小的正数 ε，使得圆周 $L_0: x^2+y^2=\varepsilon^2$ 包含在区域 D 中，取逆时针方向，记 D_0 为区域 D 去掉圆域 $x^2+y^2<\varepsilon^2$ 后所得的复连通区域(见图 11-3-4(b))，在 D_0 上应用格林公式有

$$\oint_L \frac{x\mathrm{d}y - y\mathrm{d}x}{x^2+y^2} = \oint_{L+L_0} \frac{x\mathrm{d}y - y\mathrm{d}x}{x^2+y^2} - \oint_{L_0} \frac{x\mathrm{d}y - y\mathrm{d}x}{x^2+y^2}$$
$$= -\iint_{D_0} \left(\frac{\partial Q}{\partial x} - \frac{\partial P}{\partial y}\right)\mathrm{d}x\mathrm{d}y - \oint_{L_0} \frac{x\mathrm{d}y - y\mathrm{d}x}{x^2+y^2}$$
$$= -\int_0^{2\pi} \frac{\varepsilon^2\cos^2\theta + \varepsilon^2\sin^2\theta}{\varepsilon^2}\mathrm{d}\theta = -2\pi.$$

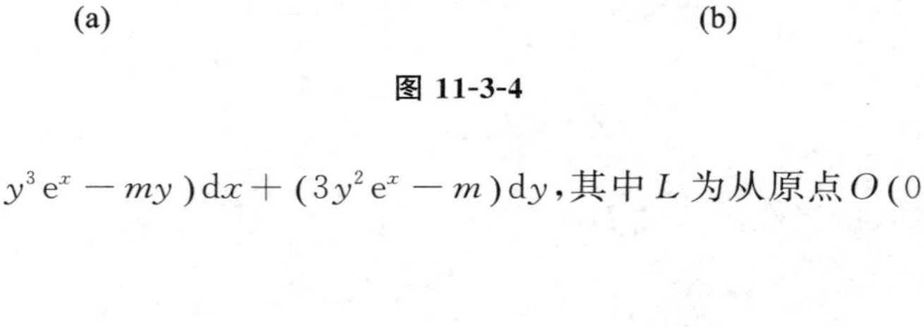

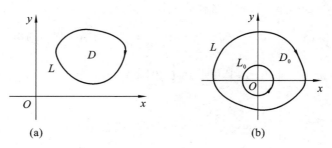

图 11-3-4

例 4 计算$\int_L (y^3\mathrm{e}^x - my)\mathrm{d}x + (3y^2\mathrm{e}^x - m)\mathrm{d}y$，其中 L 为从原点 $O(0,0)$ 到 $A(1,1)$ 再到

$B(2,0)$的折线段(见图 11-3-5).

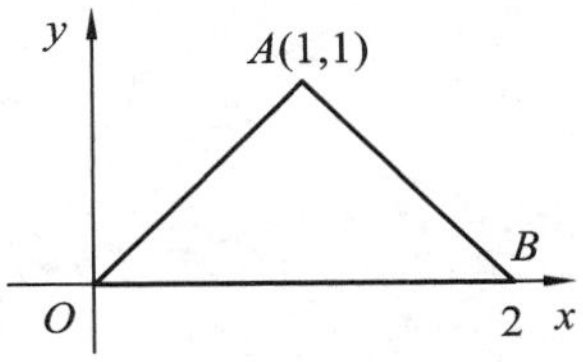

图 11-3-5

解　令

$$P(x,y)=y^3e^x-my,\quad Q(x,y)=3y^2e^x-m,$$

则

$$\frac{\partial P}{\partial y}=3y^2e^x-m,\quad \frac{\partial Q}{\partial x}=3y^2e^x,$$

$$\frac{\partial Q}{\partial x}-\frac{\partial P}{\partial y}=m,$$

由于 L 不是封闭曲线,故不能直接应用格林公式,故添加线段 BO,使之封闭,其中线段 BO 的方程为 $y=0$,x 从 2 到 0. 设折线段 L 与线段 BO 所围闭区域为 D,则

$$\begin{aligned}&\int_L (y^3e^x-my)dx+(3y^2e^x-m)dy\\&=\left(\int_L+\int_{BO}\right)-\int_{BO}\\&=-\iint_D m\,dxdy-\int_{BO}(y^3e^x-my)dx+(3y^2e^x-m)dy\\&=-m\cdot\frac{1}{2}\cdot 2\cdot 1-\int_2^0 0dx=-m.\end{aligned}$$

利用格林公式可以导出平面图形的面积公式.设 D 为平面有界闭区域,L 为区域 D 的边界曲线,取正向,A 为平面区域 D 的面积,如取

$$P(x,y)=-y,\quad Q(x,y)=x,$$

则有

$$A=\frac{1}{2}\oint_L -ydx+xdy.$$

例 5　计算椭圆 $\frac{x^2}{a^2}+\frac{y^2}{b^2}=1$ 所围成的平面区域的面积.

解　椭圆的参数方程为

$$\begin{cases}x=a\cos t,\\y=b\sin t,\end{cases}\quad(0\leqslant t\leqslant 2\pi)$$

则椭圆所围面积

$$\begin{aligned}A&=\frac{1}{2}\oint_L -ydx+xdy\\&=\frac{1}{2}\int_0^{2\pi}(ab\sin^2t+ab\cos^2t)dt=\pi ab.\end{aligned}$$

前面,我们利用格林公式将曲线积分转化为二重积分来计算,有时也可将二重积分转化为曲线积分来计算.

例 6　计算 $\iint_D e^{-y^2}dxdy$,其中 D 是以 $O(0,0)$,$A(1,1)$,$B(0,1)$为顶点的三角形区域(见图 11-3-6).

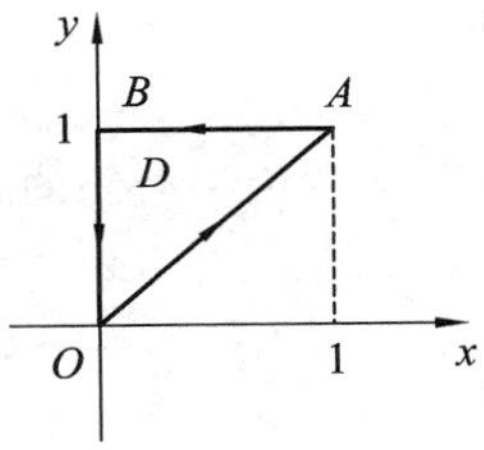

图 11-3-6

解　令

$$P(x,y)=0,\quad Q(x,y)=xe^{-y^2},$$

则

$$\frac{\partial Q}{\partial x}-\frac{\partial P}{\partial y}=\mathrm{e}^{-y^2}.$$

因此,由格林公式有

$$\iint_D \mathrm{e}^{-y^2}\,\mathrm{d}x\mathrm{d}y=\int_{OA+AB+BO} x\mathrm{e}^{-y^2}\,\mathrm{d}y$$

$$=\int_{OA} x\mathrm{e}^{-y^2}\,\mathrm{d}y=\int_0^1 x\mathrm{e}^{-x^2}\,\mathrm{d}x=\frac{1}{2}(1-\mathrm{e}^{-1}).$$

11.3.2　平面曲线积分与路径无关

在11.2节例4中我们曾提到过"曲线积分与路径无关"的问题,什么是曲线积分与路径无关?曲线积分与路径无关的条件又是什么呢?为此,我们先给出下面的定义.

定义2　设G为一开区域,$P(x,y)$,$Q(x,y)$在G内具有一阶连续偏导数,若给定G内任意两点A,B,对G内从A到B的任意两条曲线L_1,L_2,有

$$\int_{L_1} P\mathrm{d}x+Q\mathrm{d}y=\int_{L_2} P\mathrm{d}x+Q\mathrm{d}y,$$

则称曲线积分$\int_L P\mathrm{d}x+Q\mathrm{d}y$在$G$内与路径无关,否则称其与路径有关.

若曲线积分$\int_L P\mathrm{d}x+Q\mathrm{d}y$在$G$内与路径无关,则曲线积分只与曲线$L$的起点$A(x_1,y_1)$和终点$B(x_2,y_2)$有关,此时曲线积分也可写为

$$\int_L P\mathrm{d}x+Q\mathrm{d}y=\int_{(x_1,y_1)}^{(x_2,y_2)} P\mathrm{d}x+Q\mathrm{d}y.$$

对于曲线积分与路径无关,我们有如下定理:

定理2　设函数$P(x,y)$,$Q(x,y)$在单连通区域D内具有一阶连续偏导数,则以下四个条件相互等价:

(1) 对区域D内任一封闭曲线L,有$\oint_L P\mathrm{d}x+Q\mathrm{d}y=0$;

(2) 在区域D内,曲线积分$\int_L P\mathrm{d}x+Q\mathrm{d}y$与路径无关;

(3) 在区域D内存在二元函数$u(x,y)$,使得

$$\mathrm{d}u(x,y)=P(x,y)\mathrm{d}x+Q(x,y)\mathrm{d}y;$$

(4) 在区域D内,$\dfrac{\partial P}{\partial y}=\dfrac{\partial Q}{\partial x}$处处成立.

证明　(1)⇒(2):

在区域D内任取两点A,B,$\overset{\frown}{AEB}$和$\overset{\frown}{AGB}$是连接A,B的两条任意曲线(见图11-3-7),则

$$L=\overset{\frown}{AGB}+\overset{\frown}{BEA}$$

为区域D内一封闭曲线,由(1)知

$$\oint_L P\mathrm{d}x+Q\mathrm{d}y=0,$$

即

$$\int_{\overset{\frown}{AGB}} P\mathrm{d}x+Q\mathrm{d}y+\int_{\overset{\frown}{BEA}} P\mathrm{d}x+Q\mathrm{d}y=0,$$

故

$$\int_{\overset{\frown}{AGB}} P\,\mathrm{d}x + Q\mathrm{d}y = \int_{\overset{\frown}{AEB}} P\,\mathrm{d}x + Q\mathrm{d}y,$$

所以在区域 D 内，曲线积分$\int_L P\,\mathrm{d}x + Q\mathrm{d}y$ 与路径无关.

(2)⇒(3)：

若在区域 D 内曲线积分$\int_L P\,\mathrm{d}x + Q\mathrm{d}y$ 与路径无关. 当起点固定在点 (x_0, y_0)，终点为 (x, y) 时，曲线积分

$$\int_{(x_0,y_0)}^{(x,y)} P\mathrm{d}x + Q\mathrm{d}y$$

是 x, y 的函数，记作 $u(x,y)$，即

$$u(x,y) = \int_{(x_0,y_0)}^{(x,y)} P\mathrm{d}x + Q\mathrm{d}y,$$

下证

$$\mathrm{d}u(x,y) = P\mathrm{d}x + Q\mathrm{d}y.$$

因为 $P(x,y)$，$Q(x,y)$ 在区域 D 内连续，所以只需证

$$\frac{\partial u}{\partial x} = P(x,y), \quad \frac{\partial u}{\partial y} = Q(x,y)$$

即可. 设 $(x+\Delta x, y) \in D$(见图 11-3-8)，由函数 $u(x,y)$ 的定义，有

$$\begin{aligned} u(x+\Delta x, y) - u(x,y) &= \int_{(x_0,y_0)}^{(x+\Delta x,y)} P\mathrm{d}x + Q\mathrm{d}y - \int_{(x_0,y_0)}^{(x,y)} P\mathrm{d}x + Q\mathrm{d}y \\ &= \int_{(x,y)}^{(x+\Delta x,y)} P\mathrm{d}x + Q\mathrm{d}y = \int_x^{x+\Delta x} P(x,y)\mathrm{d}x, \end{aligned}$$

由积分中值定理得

$$u(x+\Delta x, y) - u(x,y) = P(x+\theta\cdot\Delta x, y)\cdot\Delta x, \quad (0 \leqslant \theta \leqslant 1)$$

所以

$$\lim_{\Delta x\to 0}\frac{u(x+\Delta x) - u(x,y)}{\Delta x} = \lim_{\Delta x\to 0} P(x+\theta\cdot\Delta x, y) = P(x,y),$$

即

$$\frac{\partial u}{\partial x} = P(x,y).$$

同理可证

$$\frac{\partial u}{\partial y} = Q(x,y).$$

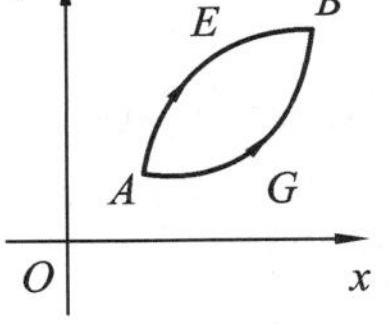

图 11-3-7

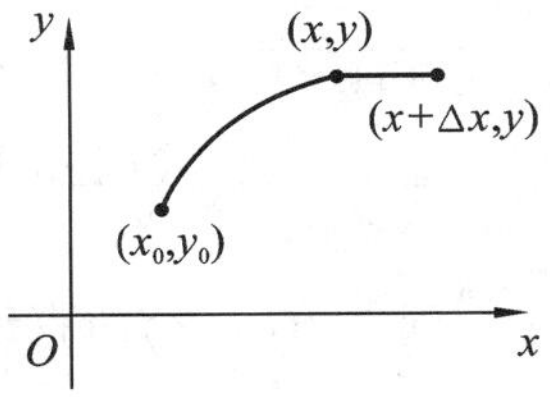

图 11-3-8

(3)⇒(4)：

若在区域 D 内存在二元函数 $u(x,y)$，使得 $\mathrm{d}u(x,y)=P\mathrm{d}x+Q\mathrm{d}y$，则

$$P(x,y)=\frac{\partial u}{\partial x},\quad Q(x,y)=\frac{\partial u}{\partial y},$$

因为函数 $P(x,y)$，$Q(x,y)$ 具有一阶连续偏导数，由

$$\frac{\partial P}{\partial y}=\frac{\partial^2 u}{\partial x\partial y},\quad \frac{\partial Q}{\partial x}=\frac{\partial^2 u}{\partial y\partial x},$$

得

$$\frac{\partial^2 u}{\partial x\partial y}=\frac{\partial^2 u}{\partial y\partial x},$$

所以，对区域 D 内任意的点 (x,y)

$$\frac{\partial P}{\partial y}=\frac{\partial Q}{\partial x}.$$

(4)⇒(1)：

若对于区域 D 内任意的点 (x,y)，有

$$\frac{\partial P}{\partial y}=\frac{\partial Q}{\partial x}$$

成立，那么设 L 为区域 D 内任一分段光滑的封闭曲线，D_1 为 L 所围区域，则

$$\oint_L P\mathrm{d}x+Q\mathrm{d}y=\pm\iint_{D_1}\left(\frac{\partial Q}{\partial x}-\frac{\partial P}{\partial y}\right)\mathrm{d}x\mathrm{d}y=0.$$

证毕.

若曲线积分 $\int_L P\mathrm{d}x+Q\mathrm{d}y$ 与路径无关，则可选择容易计算的路径来计算该曲线积分，通常我们选择与坐标轴平行的折线段.

例 7　曲线积分 $I=\int_L(\mathrm{e}^y+x)\mathrm{d}x+(x\mathrm{e}^y-2y)\mathrm{d}y$，其中 L 为抛物线 $y^2=4x$ 上从 $O(0,0)$ 到 $A(1,2)$ 的一段弧(见图 11-3-9).

解　令

$$P(x,y)=\mathrm{e}^y+x,Q(x,y)=x\mathrm{e}^y-2y,$$

因为在 xOy 面内，有

$$\frac{\partial Q}{\partial x}=\mathrm{e}^y=\frac{\partial P}{\partial y},$$

所以在 xOy 面内曲线积分 I 与路径无关. 于是，选取积分路径为 $OB+BA$(见图 11-3-9)，则

$$I=\int_{OB}P\mathrm{d}x+Q\mathrm{d}y+\int_{BA}P\mathrm{d}x+Q\mathrm{d}y=\int_0^1(1+x)\mathrm{d}x+\int_0^2(\mathrm{e}^y-2y)\mathrm{d}y=\mathrm{e}^2-\frac{7}{2}.$$

例 8　设函数 $f(x)$ 在 $(-\infty,+\infty)$ 上连续可导，求

$$I=\int_L\frac{1+y^2f(xy)}{y}\mathrm{d}x+\frac{x}{y^2}[y^2f(xy)-1]\mathrm{d}y,$$

其中 L 为从点 $A\left(3,\frac{2}{3}\right)$ 到点 $B(1,2)$ 的直线段(见图 11-3-10).

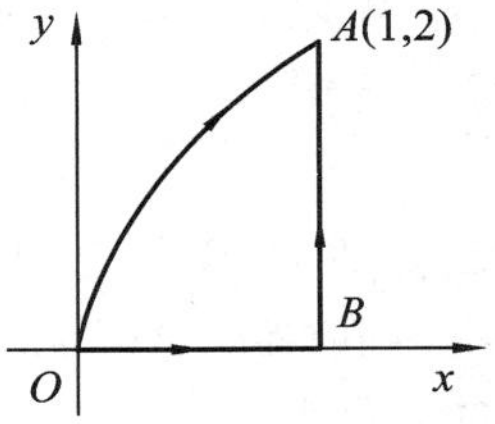

图 11-3-9

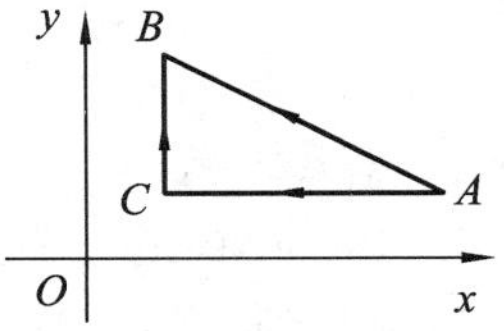

图 11-3-10

解　令

$$P(x,y)=\frac{1+y^2f(xy)}{y},\quad Q(x,y)=\frac{x}{y^2}[y^2f(xy)-1],$$

则

$$\frac{\partial P}{\partial y}=\frac{[2yf(xy)+xy^2f'(xy)]y-1-y^2f(xy)}{y^2}$$

$$=\frac{y^2f(xy)+xy^3f'(xy)-1}{y^2},$$

$$\frac{\partial Q}{\partial x}=\frac{1}{y^2}[y^2f(xy)-1]+\frac{x}{y^2}[y^3f'(xy)]$$

$$=\frac{y^2f(xy)+xy^3f'(xy)-1}{y^2},$$

在 $y>0$ 的上半平面内，恒有

$$\frac{\partial P}{\partial y}=\frac{\partial Q}{\partial x},$$

故在 $y>0$ 的上半平面内，曲线积分与路径无关. 选择折线段 $AC+CB$（见图 11-3-10）作积分，有

$$I=\int_{AC}+\int_{CB}$$

$$=\int_3^1\frac{3}{2}\left[1+\frac{4}{9}f\left(\frac{2}{3}x\right)\right]\mathrm{d}x+\int_{\frac{2}{3}}^2\frac{1}{y^2}[y^2f(y)-1]\mathrm{d}y$$

$$=\int_3^1\left[\frac{3}{2}+\frac{2}{3}f\left(\frac{2}{3}x\right)\right]\mathrm{d}x+\int_{\frac{2}{3}}^2\left[f(y)-\frac{1}{y^2}\right]\mathrm{d}y$$

$$\xlongequal{\frac{2}{3}x=u}\frac{3}{2}x\Big|_3^1+\int_2^{\frac{3}{2}}f(u)\mathrm{d}u+\int_{\frac{2}{3}}^2f(y)\mathrm{d}y+\frac{1}{y}\Big|_{\frac{2}{3}}^2=-4.$$

11.3.3　二元函数的全微分求积

表达式 $P(x,y)\mathrm{d}x+Q(x,y)\mathrm{d}y$ 与二元函数的全微分具有相同的形式，但一般情况下它不是某个二元函数的全微分. 而由定理 2 知道，在单连通区域 D 内，表达式 $P(x,y)\mathrm{d}x+Q(x,y)\mathrm{d}y$ 是某个二元函数 $u(x,y)$ 全微分的充分必要条件是在单连通区域 D 内有

$$\frac{\partial P}{\partial y}=\frac{\partial Q}{\partial x}.$$

此时

$$\mathrm{d}u(x,y)=P(x,y)\mathrm{d}x+Q(x,y)\mathrm{d}y.$$

定义 3　对于表达式 $P(x,y)\mathrm{d}x+Q(x,y)\mathrm{d}y$,若存在函数 $u(x,y)$ 使得

$$\mathrm{d}u(x,y)=P(x,y)\mathrm{d}x+Q(x,y)\mathrm{d}y,$$

则称 $u(x,y)$ 为 $P(x,y)\mathrm{d}x+Q(x,y)\mathrm{d}y$ 的原函数.

设 $u(x,y)$ 是 $P(x,y)\mathrm{d}x+Q(x,y)\mathrm{d}y$ 的一个原函数,显然 $u(x,y)+C$ 也是其原函数,由此可见,若 $P(x,y)\mathrm{d}x+Q(x,y)\mathrm{d}y$ 的原函数存在,则不唯一. 同时定理2的证明告诉我们,利用曲线积分与路径无关,容易得到 $P(x,y)\mathrm{d}x+Q(x,y)\mathrm{d}y$ 的原函数.

$$\begin{aligned}u(x,y)&=\int_{(x_0,y_0)}^{(x,y)}P(x,y)\mathrm{d}x+Q(x,y)\mathrm{d}y\\&=\int_{x_0}^{x}P(x,y_0)\mathrm{d}x+\int_{y_0}^{y}Q(x,y)\mathrm{d}y\quad\text{（选择图 11-3-11(a) 的折线）}\\&=\int_{y_0}^{y}Q(x_0,y)\mathrm{d}y+\int_{x_0}^{x}P(x,y)\mathrm{d}x\quad\text{（选择图 11-3-11(b) 的折线）}\end{aligned}$$

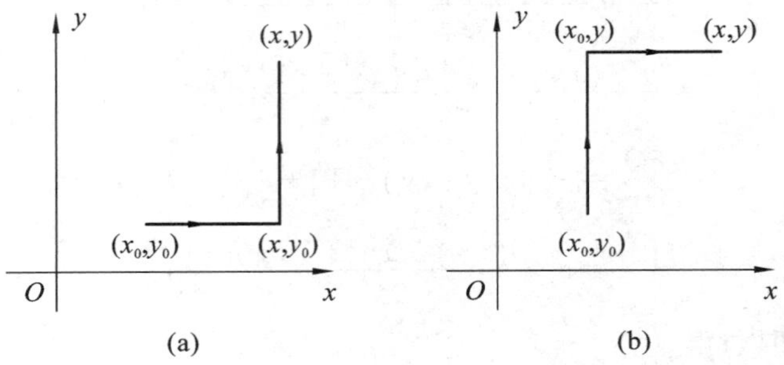

图 11-3-11

例 9　验证:$(2x+\sin y)\mathrm{d}x+x\cos y\mathrm{d}y$ 是某二元函数的全微分,并求出一个原函数.

解　令

$$P(x,y)=2x+\sin y,\quad Q(x,y)=x\cos y,$$

因为

$$\frac{\partial Q}{\partial x}=\cos y=\frac{\partial P}{\partial y}$$

在 xOy 面内处处成立,故在 xOy 面内存在 $u(x,y)$ 使得

$$\mathrm{d}u(x,y)=(2x+\sin y)\mathrm{d}x+x\cos y\mathrm{d}y.$$

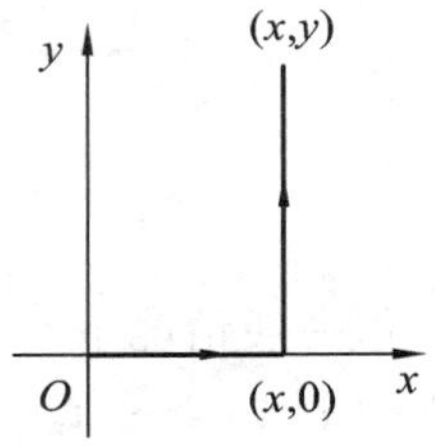

图 11-3-12

于是取 $(x_0,y_0)=(0,0)$,如图 11-3-12 所示,有

$$\begin{aligned}u(x,y)&=\int_{(0,0)}^{(x,y)}(2x+\sin y)\mathrm{d}x+x\cos y\mathrm{d}y\\&=\int_0^x 2x\mathrm{d}x+\int_0^y x\cos y\mathrm{d}y=x^2+x\sin y.\end{aligned}$$

设曲线 L 的起点为 $A(x_1,y_1)$,终点为 $B(x_2,y_2)$,若曲线积分 $\int_L P\mathrm{d}x+Q\mathrm{d}y$ 与路径无关,则根据 $u(x,y)$ 的求法有如下结果

$$\int_L P\mathrm{d}x+Q\mathrm{d}y=\int_{(x_1,y_1)}^{(x_2,y_2)}P\mathrm{d}x+Q\mathrm{d}y=u(x_2,y_2)-u(x_1,y_1),$$

即曲线积分的值等于原函数在曲线 L 的终点与起点的函数值之差,这与牛顿-莱布尼茨公式是一致的.

例 10　设 $xy^2\mathrm{d}x + y\varphi(x)\mathrm{d}y$ 是某个二元函数 $u(x,y)$ 的全微分，其中 φ 具有连续的导数，且 $\varphi(0)=0$. 求 $u(x,y)$ 并计算 $\int_{(0,0)}^{(1,1)} xy^2\mathrm{d}x + y\varphi(x)\mathrm{d}y$.

解　令

$$P(x,y) = xy^2,\quad Q(x,y) = y\varphi(x),$$

则

$$\frac{\partial P}{\partial y} = 2xy,\quad \frac{\partial Q}{\partial x} = y\varphi'(x),$$

因为原函数存在，故 $\frac{\partial P}{\partial y} = \frac{\partial Q}{\partial x}$，即

$$y\varphi'(x) = 2xy,$$

所以

$$\varphi(x) = x^2 + C,$$

又由 $\varphi(0)=0$，知 $C=0$，故 $\varphi(x) = x^2$. 由于

$$xy^2\mathrm{d}x + y\varphi(x)\mathrm{d}y = xy^2\mathrm{d}x + yx^2\mathrm{d}y = \mathrm{d}\left(\frac{1}{2}x^2y^2\right),$$

故

$$u(x,y) = \frac{1}{2}x^2y^2 + C,$$

所以

$$\int_{(0,0)}^{(1,1)} xy^2\mathrm{d}x + y\varphi(x)\mathrm{d}y = u(1,1) - u(0,0) = \frac{1}{2}.$$

定义 4　若微分方程

$$P(x,y)\mathrm{d}x + Q(x,y)\mathrm{d}y = 0$$

满足

$$\frac{\partial Q}{\partial x} = \frac{\partial P}{\partial y},$$

则称该微分方程为全微分方程.

由定义 4 知，存在原函数 $u(x,y)$，使得

$$\mathrm{d}u(x,y) = P(x,y)\mathrm{d}x + Q(x,y)\mathrm{d}y,$$

即 $\mathrm{d}u(x,y) = 0$，则 $u(x,y) = C$ 即为该微分方程的通解.

例 11　求方程 $(x^3 - 3xy^2)\mathrm{d}x + (y^3 - 3x^2y)\mathrm{d}y = 0$ 的通解.

解　令

$$P(x,y) = x^3 - 3xy^2, Q(x,y) = y^3 - 3x^2y,$$

由于

$$\frac{\partial P}{\partial y} = -6xy = \frac{\partial Q}{\partial x},$$

所以原方程为全微分方程，于是

$$u(x,y) = \int_0^x (x^3 - 3xy^2)\mathrm{d}x + \int_0^y y^3\mathrm{d}y$$

$$= \frac{x^4}{4} - \frac{3}{2}x^2y^2 + \frac{y^4}{4},$$

则原方程的通解为

$$\frac{x^4}{4}-\frac{3}{2}x^2y^2+\frac{y^4}{4}=C.$$

对于全微分方程，我们也可直接利用微分的运算进行求解，以例 11 为例，可得

$$\begin{aligned}0&=(x^3-3xy^2)\mathrm{d}x+(y^3-3x^2y)\mathrm{d}y\\&=x^3\mathrm{d}x-(3xy^2\mathrm{d}x+3x^2y\mathrm{d}y)+y^3\mathrm{d}y\\&=\mathrm{d}\left(\frac{x^4}{4}\right)-\mathrm{d}\left(\frac{3}{2}x^2y^2\right)+\mathrm{d}\left(\frac{y^4}{4}\right)\\&=\mathrm{d}\left(\frac{x^4}{4}-\frac{3}{2}x^2y^2+\frac{y^4}{4}\right),\end{aligned}$$

因此原方程的通解为

$$\frac{x^4}{4}-\frac{3}{2}x^2y^2+\frac{y^4}{4}=C.$$

习　题　11.3

1. 计算星形线 $x=a\cos^3 t, y=a\sin^3 t,(0\leqslant t\leqslant 2\pi)$所围成区域的面积.

2. 利用格林公式计算下列曲线积分.

(1) $\oint_L(y-x)\mathrm{d}x+(3x+y)\mathrm{d}y$，其中 L 是圆$(x-1)^2+(y-4)^2=9$，方向是逆时针方向；

(2) $\int_L y\mathrm{d}x+(\sqrt[3]{\sin y}-x)\mathrm{d}y$，其中 L 是依次连接 $A(-1,0)$，$B(2,1)$，$C(1,0)$三点的折线段，方向是顺时针方向；

(3) $\int_L(\mathrm{e}^x\sin y-my)\mathrm{d}x+(\mathrm{e}^x\cos y-m)\mathrm{d}y$，其中 m 为常数，L 为圆 $x^2+y^2=2ax$ 上从点 $A(2a,0)$到点 $O(0,0)$的一段有向弧；

(4) $\int_L(2xy^3-y^2\cos x)\mathrm{d}x+(1-2y\sin x+3x^2y^2)\mathrm{d}y$，其中 L 为在抛物线 $2x=\pi y^2$ 上由点$(0,0)$到点$\left(\frac{\pi}{2},1\right)$的一段弧；

(5) $\oint_L\frac{\partial u}{\partial n}\mathrm{d}s$，其中 $u(x,y)=x^2+y^2$，L 为圆周 $x^2+y^2=6x$，取逆时针方向，$\frac{\partial u}{\partial n}$是 u 沿 L 的外法线方向的导数.

3. 证明下列曲线积分在整个 xOy 面内与路径无关，并计算积分值.

(1) $\int_{(0,0)}^{(2,1)}(2x+y)\mathrm{d}x+(x-2y)\mathrm{d}y$；

(2) $\int_{(1,0)}^{(2,1)}(2xy-y^4)\mathrm{d}x+(x^2-4xy^3)\mathrm{d}y$；

(3) $\int_{(0,0)}^{(x,y)}(2x\cos y-y^2\sin x)\mathrm{d}x+(2y\cos x-x^2\sin y)\mathrm{d}y$.

4. 验证下列 $P(x,y)\mathrm{d}x+Q(x,y)\mathrm{d}y$ 在整个 xOy 面内为某一函数 $u(x,y)$ 的全微分，并求出这样的一个 $u(x,y)$.

(1) $(2x+\sin y)\mathrm{d}x+x\cos y\mathrm{d}y$；

(2) $(x^2+2xy-y^2)\mathrm{d}x+(x^2-2xy-y^2)\mathrm{d}y$；

(3) $e^x(1+\sin y)dx+(e^x+2\sin y)\cos y dy$.

5. 判断下列微分方程是否是全微分方程,并求通解.

(1) $2xydx+x^2dy=0$;

(2) $(2x+\sin y)dx+(x\cos y)dy=0$.

6. 设曲线积分$\int_L xy^2dx+y\varphi(x)dy$在全平面上与路径无关,其中$\varphi(x)(-\infty<x<+\infty)$具有一阶连续导数,且$\varphi(0)=0$,计算$\int_{(0,0)}^{(1,1)} xy^2dx+y\varphi(x)dy$.

7. 设函数$f(x,y)$在R^2内具有一阶连续偏导数,曲线积分$\int_L 2xydx+f(x,y)dy$与路径无关,且对任意的t恒有$\int_{(0,0)}^{(t,1)} 2xydx+f(x,y)dy=\int_{(0,0)}^{(1,t)} 2xydx+f(x,y)dy$,求$f(x,y)$的表达式.

11.4　第一型曲面积分

11.4.1　第一型曲面积分的概念和性质

引例　空间曲面的质量.

设Σ为空间曲面,其面密度为$\rho(x,y,z)$,求其质量M(见图11-4-1).

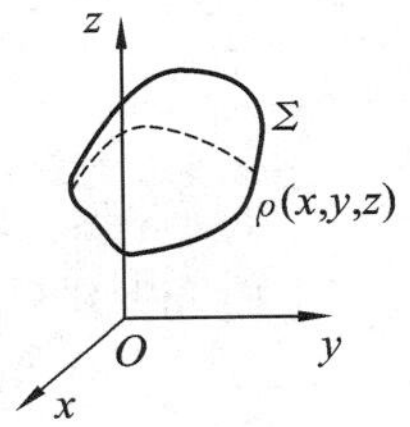

图 11-4-1

(i) 分割:把曲面Σ分成n个小曲面块

$$\Delta S_1,\Delta S_2,\cdots,\Delta S_n,$$

ΔS_i也代表小曲面的面积$(i=1,2,\cdots,n)$.

(ii) 作乘积:在小曲面块ΔS_i上任取一点(ξ_i,η_i,ζ_i),则小曲面块ΔS_i上的质量

$$\Delta M_i\approx\rho(\xi_i,\eta_i,\zeta_i)\Delta S_i\quad(i=1,2,\cdots,n).$$

(iii) 求和:曲面Σ上的质量

$$M=\sum_{i=1}^{n}\Delta M_i\approx\sum_{i=1}^{n}\rho(\xi_i,\eta_i,\zeta_i)\Delta S_i.$$

(iv) 取极限:令$\lambda=\max\limits_{1\leqslant i\leqslant n}\{\lambda_i\}$,其中$\lambda_i$为小曲面块$\Delta S_i$的直径,则曲面$\Sigma$上的质量

$$M=\lim_{\lambda\to 0}\sum_{i=1}^{n}\rho(\xi_i,\eta_i,\zeta_i)\Delta S_i.$$

抛开这个问题的物理背景,我们可以抽象出如下定义:

定义1　设Σ是有界光滑曲面,函数$f(x,y,z)$在曲面Σ上有界,将曲面Σ任意分割成n个小曲面块$\Delta S_1,\Delta S_2,\cdots,\Delta S_n$($\Delta S_i$也代表小曲面的面积,$i=1,2,\cdots,n$),在第$i$个小曲面块$\Delta S_i$上任取一点$(\xi_i,\eta_i,\zeta_i)$,作乘积

$$f(\xi_i,\eta_i,\zeta_i)\Delta S_i\quad(i=1,2,\cdots,n),$$

求和

$$\sum_{i=1}^{n}f(\xi_i,\eta_i,\zeta_i)\Delta S_i,$$

令 $\lambda=\max\limits_{1\leqslant i\leqslant n}\{\lambda_i\}$(其中 λ_i 为小曲面块 ΔS_i 的直径,$i=1,2,\cdots,n$),取极限

$$\lim_{\lambda\to 0}\sum_{i=1}^{n}f(\xi_i,\eta_i,\zeta_i)\Delta S_i,$$

若极限存在,则称此极限为函数 $f(x,y,z)$ 在曲面 Σ 上的**第一型曲面积分**(也称为**对面积的曲面积分**),记作 $\iint\limits_{\Sigma}f(x,y,z)\mathrm{d}S$,即

$$\iint\limits_{\Sigma}f(x,y,z)\mathrm{d}S=\lim_{\lambda\to 0}\sum_{i=1}^{n}f(\xi_i,\eta_i,\zeta_i)\Delta S_i,$$

其中 $f(x,y,z)$ 称为**被积函数**,$\mathrm{d}S$ 为曲面的**面积微元**.

当 Σ 为封闭曲面时,第一型曲面积分记作

$$\oiint\limits_{\Sigma}f(x,y,z)\mathrm{d}S.$$

由定义可知,空间曲面的质量

$$M=\iint\limits_{\Sigma}f(x,y,z)\mathrm{d}S.$$

第一型曲面积分中,当 $f(x,y,z)=1$ 时,$S=\iint\limits_{\Sigma}\mathrm{d}S$ 为曲面 Σ 的面积.

第一型曲面积分具有与定积分、重积分类似的性质,这里不再赘述.

定理 1 设 Σ 是有界光滑曲面,若函数 $f(x,y,z)$ 在曲面 Σ 上连续,则第一型曲面积分 $\iint\limits_{\Sigma}f(x,y,z)\mathrm{d}S$ 存在.

为方便起见,我们以后总假设函数 $f(x,y,z)$ 在曲面 Σ 上连续.

例 1 设 Σ 为球面 $x^2+y^2+z^2=1$,则:

$$\oiint\limits_{\Sigma}2\mathrm{d}S=\underline{\qquad\qquad};\quad \oiint\limits_{\Sigma}(x^2+y^2+z^2)\mathrm{d}S=\underline{\qquad\qquad}.$$

解 曲面 Σ 的面积为 4π,则

$$\oiint\limits_{\Sigma}2\mathrm{d}S=2\oiint\limits_{\Sigma}\mathrm{d}S=8\pi;$$

在曲面 Σ 上,由于 $x^2+y^2+z^2=1$,所以

$$\oiint\limits_{\Sigma}(x^2+y^2+z^2)\mathrm{d}S=\oiint\limits_{\Sigma}\mathrm{d}S=4\pi.$$

11.4.2 第一型曲面积分的计算

定理 2 设曲面 Σ 的方程为 $z=z(x,y)$,Σ 在 xOy 面上的投影区域为 D_{xy},若 $z(x,y)$ 在区域 D_{xy} 上具有一阶连续偏导数,则有

$$\iint\limits_{\Sigma}f(x,y,z)\mathrm{d}S=\iint\limits_{D_{xy}}f[x,y,z(x,y)]\sqrt{1+z_x^2+z_y^2}\mathrm{d}x\mathrm{d}y.$$

同理,当曲面 Σ 的方程为 $x=x(y,z)$ 时,有

$$\iint\limits_{\Sigma}f(x,y,z)\mathrm{d}S=\iint\limits_{D_{yz}}f[x(y,z),y,z]\sqrt{1+x_y^2+x_z^2}\mathrm{d}y\mathrm{d}z;$$

当曲面 Σ 的方程为 $y=y(z,x)$ 时，有

$$\iint_{\Sigma} f(x,y,z)\mathrm{d}S=\iint_{D_{zx}} f[x,y(z,x),z]\sqrt{1+y_z^2+y_x^2}\,\mathrm{d}z\mathrm{d}x.$$

例 2　计算 $I=\oiint_{\Sigma}(x^2+y^2)\mathrm{d}S$，其中曲面 Σ 为立体 $\sqrt{x^2+y^2}\leqslant z\leqslant 1$ 的边界（见图 11-4-2）.

解　设曲面 $\Sigma=\Sigma_1+\Sigma_2$，其中 Σ_1 为锥面 $z=\sqrt{x^2+y^2}(x^2+y^2\leqslant 1)$，$\Sigma_1$ 在 xOy 面上的投影区域 D 为 $x^2+y^2\leqslant 1$，其曲面面积微元为

$$\mathrm{d}S=\sqrt{1+\left(\frac{\partial z}{\partial x}\right)^2+\left(\frac{\partial z}{\partial y}\right)^2}\,\mathrm{d}x\mathrm{d}y=\sqrt{2}\mathrm{d}x\mathrm{d}y;$$

Σ_2 为平面 $z=1(x^2+y^2\leqslant 1)$，Σ_2 在 xOy 面上的投影区域也为 $D: x^2+y^2\leqslant 1$，其曲面面积微元为

$$\mathrm{d}S=\mathrm{d}x\mathrm{d}y,$$

所以

$$\begin{aligned}I&=\iint_{\Sigma_1}(x^2+y^2)\mathrm{d}S+\iint_{\Sigma_2}(x^2+y^2)\mathrm{d}S\\&=\sqrt{2}\iint_{D}(x^2+y^2)\mathrm{d}x\mathrm{d}y+\iint_{D}(x^2+y^2)\mathrm{d}x\mathrm{d}y\\&=(\sqrt{2}+1)\int_0^{2\pi}\mathrm{d}\theta\int_0^1 r^3\mathrm{d}r=\frac{\pi}{2}(\sqrt{2}+1).\end{aligned}$$

例 3　计算 $\oiint_{\Sigma}x\,\mathrm{d}S$，其中 Σ 是圆柱面 $x^2+y^2=1$ 与平面 $z=x+2$ 及 xOy 面 $z=0$ 所围空间区域的表面（见图 11-4-3）.

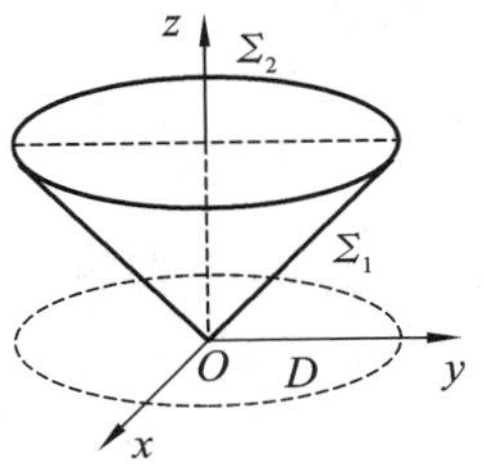

图 11-4-2

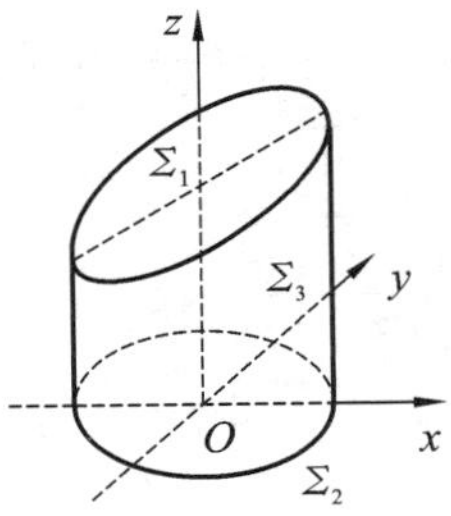

图 11-4-3

解　设曲面 $\Sigma=\Sigma_1+\Sigma_2+\Sigma_3$，其中 Σ_1 为平面 $z=x+2(x^2+y^2\leqslant 1)$，$\Sigma_2$ 为平面 $z=0$ $(x^2+y^2\leqslant 1)$，Σ_3 是柱面 $x^2+y^2=1$ 介于平面 $z=x+2$ 及 $z=0$ 之间的部分，所以

$$\oiint_{\Sigma}=\iint_{\Sigma_1}+\iint_{\Sigma_2}+\iint_{\Sigma_3}.$$

又 Σ_1 在 xOy 面上的投影区域 D_{xy} 为 $x^2+y^2\leqslant 1$，其曲面面积微元为

$$\mathrm{d}S=\sqrt{2}\mathrm{d}x\mathrm{d}y,$$

故

$$\iint_{\Sigma_1} x\mathrm{d}S = \iint_{D_{xy}} x \cdot \sqrt{2}\mathrm{d}x\mathrm{d}y = 0;$$

Σ_2 在 xOy 面上的投影区域也为 $D_{xy}: x^2 + y^2 \leqslant 1$,其曲面面积微元为

$$\mathrm{d}S = \mathrm{d}x\mathrm{d}y$$

故

$$\iint_{\Sigma_2} x\mathrm{d}S = \iint_{D_{xy}} x\,\mathrm{d}x\mathrm{d}y = 0;$$

曲面 Σ_3 关于 zOx 面对称,记 Σ_{31} 为 Σ_3 位于 zOx 面右侧部分,则 Σ_{31} 的方程为 $y = \sqrt{1-x^2}$(介于平面 $z = x + 2$ 及 $z = 0$ 之间的部分),Σ_{31} 在 zOx 上的投影为

$$D_{zx}: -1 \leqslant x \leqslant 1,\quad 0 \leqslant z \leqslant x + 2,$$

故

$$\iint_{\Sigma_3} x\mathrm{d}S = 2\iint_{\Sigma_{31}} x\mathrm{d}S = 2\iint_{D_{zx}} x\sqrt{1 + y_z^2 + y_x^2}\,\mathrm{d}z\mathrm{d}x$$

$$= 2\iint_{D_{xz}} x\sqrt{1 + \frac{x^2}{1-x^2}}\,\mathrm{d}x\mathrm{d}z = 2\int_{-1}^{1}\mathrm{d}x\int_0^{x+2}\frac{x}{\sqrt{1-x^2}}\mathrm{d}z = \pi.$$

相加得

$$\oiint_{\Sigma} x\,\mathrm{d}S = 0 + 0 + \pi = \pi.$$

第一型曲面积分和二重积分类似,有时也可利用对称性简化计算.

例 4　计算曲面积分 $\iint_{\Sigma}(xy + yz + zx)\mathrm{d}S$,其中 Σ 为锥面 $z = \sqrt{x^2 + y^2}$ 被圆柱面 $x^2 + y^2 = 2ay\,(a > 0)$ 所截部分(见图 11-4-4(a)).

解　因为锥面 $z = \sqrt{x^2 + y^2}$、圆柱面 $x^2 + y^2 = 2ay$ 关于 yOz 面对称,故曲面 Σ 关于 yOz 面对称,而 $xy + xz$ 关于 x 恰好是奇函数,yz 关于 x 是偶函数,从而

$$\iint_{\Sigma}(xy + yz + zx)\mathrm{d}S = \iint_{\Sigma} yz\,\mathrm{d}S = 2\iint_{\Sigma_1} yz\,\mathrm{d}S,$$

其中 Σ_1 为锥面 $z = \sqrt{x^2 + y^2}$ 被圆柱面 $x^2 + y^2 = 2ay\,(a > 0)$ 所截第一卦限部分,Σ_1 对 xOy 面投影区域为 $D: x^2 + y^2 = 2ay\,(x \geqslant 0)$(见图 11-4-4(b)). 于是

$$\begin{aligned}\iint_{\Sigma}(xy + yz + zx)\mathrm{d}S &= 2\iint_{\Sigma_1} yz\,\mathrm{d}S \\ &= 2\sqrt{2}\iint_{D} y\sqrt{x^2 + y^2}\,\mathrm{d}\sigma \\ &= 2\sqrt{2}\iint_{D} r\sin\theta \cdot r \cdot r\mathrm{d}r\mathrm{d}\theta \\ &= 2\sqrt{2}\int_0^{\frac{\pi}{2}}\mathrm{d}\theta\int_0^{2a\sin\theta} r^3\sin\theta\mathrm{d}r \\ &= 8a^4\sqrt{2}\int_0^{\frac{\pi}{2}}\sin^5\theta\mathrm{d}\theta = \frac{64\sqrt{2}}{15}a^4.\end{aligned}$$

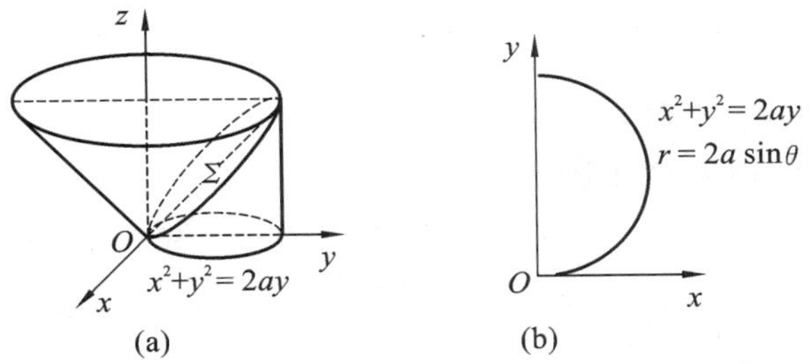

图 11-4-4

例 5　计算曲面积分$\oiint\limits_{\Sigma} z^2\mathrm{d}S$,其中 Σ 为球面 $x^2+y^2+z^2=R^2$.

解　将曲面 Σ 分成上下两部分,其中 Σ_1 为上半曲面

$$z=\sqrt{R^2-x^2-y^2}\quad (x^2+y^2\leqslant R^2),$$

Σ_2 为下半曲面

$$z=-\sqrt{R^2-x^2-y^2}\quad (x^2+y^2\leqslant R^2),$$

则 $\Sigma=\Sigma_1+\Sigma_2$,Σ_1 和 Σ_2 对xOy 面的投影区域都为 $D:x^2+y^2\leqslant R^2$,且曲面面积微元都为

$$\mathrm{d}S=\sqrt{1+z_x^2+z_y^2}\,\mathrm{d}x\mathrm{d}y=\frac{R}{\sqrt{R^2-x^2-y^2}}\mathrm{d}x\mathrm{d}y,$$

则

$$\begin{aligned}\oiint\limits_{\Sigma} z^2\mathrm{d}S&=\iint\limits_{\Sigma_1} z^2\mathrm{d}S+\iint\limits_{\Sigma_2} z^2\mathrm{d}S\\&=2\iint\limits_{D}\left(\sqrt{R^2-x^2-y^2}\right)^2\cdot\frac{R}{\sqrt{R^2-x^2-y^2}}\mathrm{d}x\mathrm{d}y\\&=2R\iint\limits_{D}\sqrt{R^2-x^2-y^2}\,\mathrm{d}\sigma=\frac{4}{3}\pi R^4.\end{aligned}$$

又因为积分曲面具有轮换对称性,所以

$$\iint\limits_{\Sigma} z^2\mathrm{d}S=\iint\limits_{\Sigma} x^2\mathrm{d}S=\iint\limits_{\Sigma} y^2\mathrm{d}S,$$

则

$$\begin{aligned}\iint\limits_{\Sigma} z^2\mathrm{d}S&=\frac{1}{3}\iint\limits_{\Sigma}(x^2+y^2+z^2)\mathrm{d}S\\&=\frac{R^2}{3}\iint\limits_{\Sigma}\mathrm{d}S=\frac{4}{3}\pi R^4.\end{aligned}$$

对于空间曲面 Σ,若面密度 $\rho=\rho(x,y,z)$,利用第一型曲面积分,可得曲面 Σ 的质心坐标公式为

$$\bar{x}=\frac{\iint\limits_{\Sigma}\rho x\,\mathrm{d}S}{\iint\limits_{\Sigma}\rho\,\mathrm{d}S},\bar{y}=\frac{\iint\limits_{\Sigma}\rho y\,\mathrm{d}S}{\iint\limits_{\Sigma}\rho\,\mathrm{d}S},\bar{z}=\frac{\iint\limits_{\Sigma}\rho z\,\mathrm{d}S}{\iint\limits_{\Sigma}\rho\,\mathrm{d}S};$$

曲面 Σ 的转动惯量公式为

$$I_x = \iint_{\Sigma} (y^2+z^2)\rho \mathrm{d}S, I_y = \iint_{\Sigma} (z^2+x^2)\rho \mathrm{d}S, I_z = \iint_{\Sigma} (x^2+y^2)\rho \mathrm{d}S.$$

例 6　求密度为常数 ρ 的均匀半球壳 $z=\sqrt{a^2-x^2-y^2}$ 对于 z 轴的转动惯量 I_z.

解　曲面 Σ 在 xOy 面上的投影区域为

$$D_{xy}: x^2+y^2 \leqslant a^2,$$

所以对于 z 轴的转动惯量

$$\begin{aligned} I_z &= \iint_{\Sigma} (x^2+y^2)\rho \mathrm{d}S = \rho \iint_{D_{xy}} (x^2+y^2)\frac{a}{\sqrt{a^2-x^2-y^2}} \mathrm{d}x\mathrm{d}y \\ &= \rho a \int_0^{2\pi} \mathrm{d}\theta \int_0^a \frac{r^2}{\sqrt{a^2-r^2}} r \mathrm{d}r \\ &= 2\rho a \pi \left[-\sqrt{a^2-r^2} \cdot r^2 \Big|_0^a + \int_0^a \sqrt{a^2-r^2} \mathrm{d}r^2 \right] \\ &= 2\rho a \pi \left[-\frac{2}{3}(a^2-r^2)^{\frac{3}{2}} \Big|_0^a \right] = \frac{4}{3}\pi\rho a^4. \end{aligned}$$

习　题　11.4

1. 计算曲面积分 $\iint_{\Sigma} (x^2+y^2)\mathrm{d}S$，其中 Σ 是：

(1) 锥面 $z=\sqrt{x^2+y^2}$ 及平面 $z=1$ 所围成的区域的整个边界曲面；

(2) yOz 面上的直线段 $\begin{cases} z=y, \\ x=0 \end{cases}$ $(0 \leqslant z \leqslant 1)$ 绕 z 轴旋转一周所得到的旋转曲面.

2. 计算下列第一型曲面积分：

(1) $\iint_{\Sigma} \mathrm{d}S$，其中 Σ 是抛物面在 xOy 面上方的部分：$z=2-(x^2+y^2), z \geqslant 0$；

(2) $\iint_{\Sigma} (x+y+z)\mathrm{d}S$，其中 Σ 是上半球面 $x^2+y^2+z^2=a^2, z \geqslant 0$；

(3) $\iint_{\Sigma} \left(x+\frac{3}{2}y+\frac{z}{2}\right)\mathrm{d}S$，其中 Σ 为平面 $\frac{x}{2}+\frac{y}{3}+\frac{z}{4}=1$ 在第一卦限的部分；

(4) $\iint_{\Sigma} \frac{1}{x^2+y^2}\mathrm{d}S$，其中 Σ 是柱面 $x^2+y^2=R^2$ 被平面 $z=0, z=H$ 所截得的部分；

(5) $\iint_{\Sigma} z^2 \mathrm{d}S$，其中 Σ 为球面 $x^2+y^2+z^2=a^2$.

3. 计算 $I=\iint_{\Sigma} xyz(y^2z^2+z^2x^2+x^2y^2)\mathrm{d}S$，其中 Σ 是球面 $x^2+y^2+z^2=a^2$ 在第一卦限的部分.

4. 求抛物面 $z=\frac{1}{2}(x^2+y^2)$ $(0 \leqslant z \leqslant 1)$ 的质量，其面密度为 $\rho=z$.

5. 计算半径为 a 的均匀半球壳的质心.

6. 设 $f(x,y,z)$ 在光滑曲面 Σ 上连续，Σ 的面直径是有限值，证明存在 $(x_0,y_0,z_0) \in \Sigma$，使得 $\iint_{\Sigma} f(x,y,z)\mathrm{d}S = f(x_0,y_0,z_0) \cdot S$，其中 S 为曲面 Σ 的面积.

11.5　第二型曲面积分

11.5.1　有向曲面及其在坐标面上的投影

第二型曲线积分是在有向曲线上的积分，而第二型曲面积分是在有向曲面上的积分，为此，我们先定义有向曲面.

1. 有向曲面

定义 1　设 Σ 为一光滑曲面，任取曲面 Σ 上一点 M_0，过点 M_0 在曲面 Σ 上作一条封闭曲线 Γ，曲线 Γ 不超出曲面 Σ 的边界. 又设 M 为曲线 Γ 上一动点，在点 M_0 处与 M_0 有相同的法向量，若 M 从点 M_0 出发沿曲线 Γ 连续变动，回到点 M_0 时，点 M 法向量的方向与出发时的方向一致，则称 Σ 为**双侧曲面**；否则，称 Σ 为**单侧曲面**.

通常我们遇到的曲面是双侧曲面. 最典型的单侧曲面是莫比乌斯(Mobius)带，如图 11-5-1 所示，一个带状面，当我们把 AB 边和 CD 边粘合起来，让 A 与 D 重合，B 与 C 重合，所得到的曲面称为莫比乌斯带，它是一个单侧曲面.

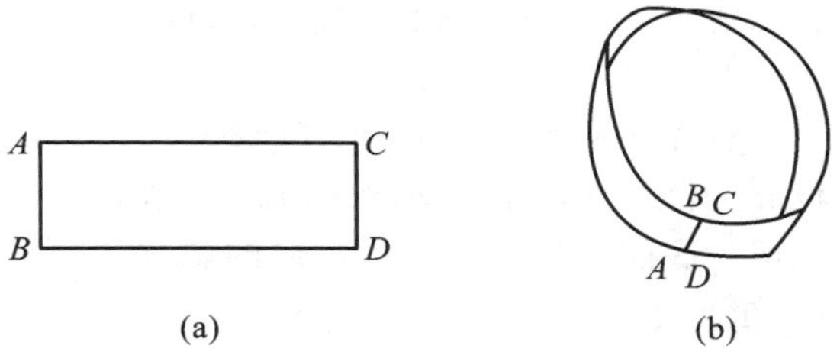

图 11-5-1

以后，我们总是假定所考虑的曲面是双侧曲面. 对于双侧曲面，我们用曲面的法向量来规定曲面的侧.

设光滑曲面 Σ 的方程为 $z=z(x,y)$，若曲面 Σ 上每一点 (x,y,z) 处，法向量 $\boldsymbol{n}$ 与 z 轴正向夹角的方向余弦 $\cos\gamma>0$(即法向量 $\boldsymbol{n}$ 的方向朝上)，则规定法向量 $\boldsymbol{n}$ 的指向为曲面 Σ 的上侧，否则为下侧；类似地，若光滑曲面 Σ 的方程为 $x=x(y,z)$，若曲面 Σ 上每一点 (x,y,z) 处，法向量 $\boldsymbol{n}$ 的方向与 x 轴正向夹角的方向余弦 $\cos\alpha>0$(即法向量 $\boldsymbol{n}$ 的方向朝前)，则规定法向量 $\boldsymbol{n}$ 的指向为曲面 Σ 的前侧，否则为后侧；若光滑曲面 Σ 的方程为 $y=y(x,z)$，若曲面 Σ 上每一点 (x,y,z) 处，法向量 $\boldsymbol{n}$ 的方向与 y 轴正向夹角的方向余弦 $\cos\beta>0$(即法向量 $\boldsymbol{n}$ 的方向朝右)，则规定法向量 $\boldsymbol{n}$ 的指向为曲面 Σ 的右侧，否则为左侧；若曲面为封闭曲面，法向量 $\boldsymbol{n}$ 的指向朝外，则规定法向量的指向为曲面 Σ 的外侧，否则为内侧.

定义 2　确定了侧的曲面称为**有向曲面**.

2. 有向曲面在坐标面上的投影

设 Σ 是有向曲面，其法向量为 $\boldsymbol{n}=(\cos\alpha,\cos\beta,\cos\gamma)$，在 Σ 上取一小块曲面 ΔS，将 ΔS 对 xOy 面的投影记作 $(\Delta S)_{xy}$，若 ΔS 对 xOy 面的投影区域为 $(\Delta\sigma)_{xy}$(也表示该区域的面积)，假定 ΔS 上任一点的法向量与 z 轴夹角的方向余弦同号，则规定投影 $(\Delta S)_{xy}$ 为

$$(\Delta S)_{xy}=\begin{cases}(\Delta\sigma)_{xy}, & \cos\gamma>0,\\ -(\Delta\sigma)_{xy}, & \cos\gamma<0,\\ 0, & \cos\gamma=0.\end{cases}$$

类似地,ΔS 在yOz 面上的投影$(\Delta S)_{yz}$

$$(\Delta S)_{yz}=\begin{cases}(\Delta\sigma)_{yz}, & \cos\alpha>0,\\ -(\Delta\sigma)_{yz}, & \cos\alpha<0,\\ 0, & \cos\alpha=0.\end{cases}$$

ΔS 在zOx 面上的投影$(\Delta S)_{zx}$

$$(\Delta S)_{zx}=\begin{cases}(\Delta\sigma)_{zx}, & \cos\beta>0,\\ -(\Delta\sigma)_{zx}, & \cos\beta<0,\\ 0, & \cos\beta=0.\end{cases}$$

11.5.2 第二型曲面积分的定义

引例 流向曲面一侧的流量.

设稳定流动且不可压缩的流体(密度为 1) 的速度场为

$$\boldsymbol{v}(x,y,z)=P(x,y,z)\boldsymbol{i}+Q(x,y,z)\boldsymbol{j}+R(x,y,z)\boldsymbol{k},$$

Σ 为速度场中一有向曲面,函数 P,Q,R 在曲面Σ 上连续,求单位时间内流向曲面Σ 指定一侧的流体的流量 Φ.

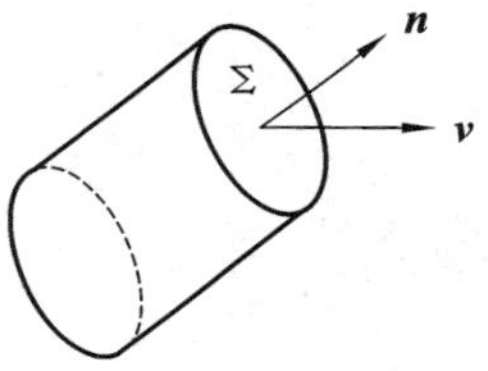

图 11-5-2

若 Σ 为平面区域,A 为其面积,且 Σ 上各点处流速为常向量 $\boldsymbol{v}$,又设 $\boldsymbol{n}$ 为该平面的单位法向量,则在单位时间内流过平面区域 Σ 的流体组成一底面积为 A,斜高为 $|\boldsymbol{v}|$ 的斜柱体(见图 11-5-2),斜柱体体积(流量)为

$$\Phi=A\cdot|\boldsymbol{v}|\cdot\cos\theta=A\cdot\boldsymbol{v}\cdot\boldsymbol{n}.$$

现在考虑一般情况.设Σ为空间一有向曲面,且流速 $\boldsymbol{v}$ 在曲面Σ 上随点的不同而变化,求流体的流量 Φ.

(ⅰ) 分割:把有向曲面 Σ 任意分割成 n 个小有向曲面块

$$\Delta S_1,\Delta S_2,\cdots,\Delta S_n,$$

ΔS_i($i=1,2,\cdots,n$) 也表示其面积.

(ⅱ) 作乘积:在第 i 个小有向曲面块 ΔS_i 上,任取一点(ξ_i,η_i,ζ_i),则在该点处的流速为

$$\boldsymbol{v}(\xi_i,\eta_i,\zeta_i)=P(\xi_i,\eta_i,\zeta_i)\boldsymbol{i}+Q(\xi_i,\eta_i,\zeta_i)\boldsymbol{j}+R(\xi_i,\eta_i,\zeta_i)\boldsymbol{k},$$

设在该点处的单位法向量为

$$\boldsymbol{n}_i=\cos\alpha_i\boldsymbol{i}+\cos\beta_i\boldsymbol{j}+\cos\gamma_i\boldsymbol{k},$$

那么,当 ΔS_i 很小时,通过小有向曲面块 ΔS_i 流向指定侧的流量的近似值为

$$\begin{aligned}\Delta\Phi_i&\approx[\boldsymbol{v}(\xi_i,\eta_i,\zeta_i)\cdot\boldsymbol{n}_i]\Delta S_i\\&=[P(\xi_i,\eta_i,\zeta_i)\cos\alpha_i+Q(\xi_i,\eta_i,\zeta_i)\cos\beta_i+R(\xi_i,\eta_i,\zeta_i)\cos\gamma_i]\Delta S_i.\end{aligned}$$

(ⅲ) 求和:有向曲面 Σ 上的流量

$$\begin{aligned}\Phi&=\sum_{i=1}^{n}\Delta\Phi_i\approx\sum_{i=1}^{n}(\boldsymbol{v}_i\cdot\boldsymbol{n}_i)\cdot\Delta S_i\\&=\sum_{i=1}^{n}[P(\xi_i,\eta_i,\zeta_i)\cos\alpha_i+Q(\xi_i,\eta_i,\zeta_i)\cos\beta_i+R(\xi_i,\eta_i,\zeta_i)\cos\gamma_i]\Delta S_i,\end{aligned}$$

又

$$\cos\alpha_i \cdot \Delta S_i \approx (\Delta S_i)_{yz}, \cos\beta_i \cdot \Delta S_i \approx (\Delta S_i)_{zx}, \cos\gamma_i \cdot \Delta S_i \approx (\Delta S_i)_{xy},$$

故

$$\Phi \approx \sum_{i=1}^{n} [P(\xi_i,\eta_i,\zeta_i)(\Delta S_i)_{yz} + Q(\xi_i,\eta_i,\zeta_i)(\Delta S_i)_{zx} + R(\xi_i,\eta_i,\zeta_i)(\Delta S_i)_{xy}].$$

(iv) 取极限：令 $\lambda = \max\limits_{1\leqslant i\leqslant n}\{\lambda_i\}$，其中 λ_i 为 ΔS_i 的直径（$i = 1,2,\cdots,n$），则有向曲面 Σ 上的流量

$$\Phi = \lim_{\lambda\to 0}\sum_{i=1}^{n} [P(\xi_i,\eta_i,\zeta_i)(\Delta S_i)_{yz} + Q(\xi_i,\eta_i,\zeta_i)(\Delta S_i)_{zx} + R(\xi_i,\eta_i,\zeta_i)(\Delta S_i)_{xy}].$$

从以上实例中可以抽象出第二型曲面积分的定义：

定义 3　设 Σ 为光滑的有向曲面，函数 $R(x,y,z)$ 在曲面 Σ 上有界，把 Σ 分成 n 个小有向曲面块 ΔS_i（ΔS_i 也表示其面积，$i = 1,2,\cdots,n$），第 i 个小曲面块 ΔS_i 在 xOy 面上投影为 $(\Delta S_i)_{xy}$，在第 i 个小曲面块 ΔS_i 上任取一点 (ξ_i,η_i,ζ_i)，作乘积 $R(\xi_i,\eta_i,\zeta_i)(\Delta S_i)_{xy}$，求和 $\sum\limits_{i=1}^{n}R(\xi_i,\eta_i,\zeta_i)(\Delta S_i)_{xy}$，令 $\lambda = \max\limits_{1\leqslant i\leqslant n}\{\lambda_i\}$（$\lambda_i$ 为 ΔS_i 的直径，$i = 1,2,\cdots,n$），若极限

$$\lim_{\lambda\to 0}\sum_{i=1}^{n} R(\xi_i,\eta_i,\zeta_i)(\Delta S_i)_{xy}$$

存在，则称此极限值为函数 $R(x,y,z)$ 在有向曲面 Σ 上的**第二型曲面积分**（或**对坐标 x,y 的曲面积分**），记作 $\iint\limits_{\Sigma} R(x,y,z)\mathrm{d}x\mathrm{d}y$，即

$$\iint\limits_{\Sigma} R(x,y,z)\mathrm{d}x\mathrm{d}y = \lim_{\lambda\to 0}\sum_{i=1}^{n} R(\xi_i,\eta_i,\zeta_i)(\Delta S_i)_{xy},$$

其中 $R(x,y,z)$ 为**被积函数**，Σ 为**积分曲面**.

类似地，可以定义函数 $P(x,y,z)$，$Q(x,y,z)$ 在有向曲面 Σ 上的第二型曲面积分，它们分别为

$$\iint\limits_{\Sigma} P(x,y,z)\mathrm{d}y\mathrm{d}z = \lim_{\lambda\to 0}\sum_{i=1}^{n} P(\xi_i,\eta_i,\zeta_i)(\Delta S_i)_{yz},$$

$$\iint\limits_{\Sigma} Q(x,y,z)\mathrm{d}z\mathrm{d}x = \lim_{\lambda\to 0}\sum_{i=1}^{n} Q(\xi_i,\eta_i,\zeta_i)(\Delta S_i)_{zx}.$$

一般地，我们有如下记号

$$\iint\limits_{\Sigma} P(x,y,z)\mathrm{d}y\mathrm{d}z + \iint\limits_{\Sigma} Q(x,y,z)\mathrm{d}z\mathrm{d}x + \iint\limits_{\Sigma} R(x,y,z)\mathrm{d}x\mathrm{d}y$$

$$= \iint\limits_{\Sigma} P(x,y,z)\mathrm{d}y\mathrm{d}z + Q(x,y,z)\mathrm{d}z\mathrm{d}x + R(x,y,z)\mathrm{d}x\mathrm{d}y.$$

由定义可知，稳定流动且不可压缩的流体的流量

$$\Phi = \iint\limits_{\Sigma} P(x,y,z)\mathrm{d}y\mathrm{d}z + Q(x,y,z)\mathrm{d}z\mathrm{d}x + R(x,y,z)\mathrm{d}x\mathrm{d}y.$$

第二型曲面积分具有如下性质：

(1) 若有向曲面 $\Sigma = \Sigma_1 + \Sigma_2$，则

$$\iint_{\Sigma} P\,\mathrm{d}y\mathrm{d}z + Q\mathrm{d}z\mathrm{d}x + R\mathrm{d}x\mathrm{d}y$$
$$= \iint_{\Sigma_1} P\mathrm{d}y\mathrm{d}z + Q\mathrm{d}z\mathrm{d}x + R\mathrm{d}x\mathrm{d}y + \iint_{\Sigma_2} P\mathrm{d}y\mathrm{d}z + Q\mathrm{d}z\mathrm{d}x + R\mathrm{d}x\mathrm{d}y.$$

(2) 当被积函数为常数 1,且 Σ 为平面时

$$\iint_{\Sigma} 1\mathrm{d}x\mathrm{d}y = \iint_{\Sigma} \mathrm{d}x\mathrm{d}y = (S)_{xy},$$

其中 $(S)_{xy}$ 为 Σ 在 xOy 上的投影.

类似地,

$$\iint_{\Sigma} \mathrm{d}y\mathrm{d}z = (S)_{yz}, \iint_{\Sigma} \mathrm{d}z\mathrm{d}x = (S)_{zx}.$$

(3) 设 Σ 为有向曲面,$-\Sigma$ 表示与 Σ 侧相反的有向曲面,则

$$\iint_{-\Sigma} P(x,y,z)\mathrm{d}y\mathrm{d}z + Q(x,y,z)\mathrm{d}z\mathrm{d}x + R(x,y,z)\mathrm{d}x\mathrm{d}y$$
$$= -\iint_{\Sigma} P(x,y,z)\mathrm{d}y\mathrm{d}z + Q(x,y,z)\mathrm{d}z\mathrm{d}x + R(x,y,z)\mathrm{d}x\mathrm{d}y.$$

要注意的是第二型曲面积分和第二型曲线积分类似,很多第一型曲面积分具有的性质,对第二型曲面积分不成立.

定理 1　若函数 $P(x,y,z)$,$Q(x,y,z)$,$R(x,y,z)$ 在有向曲面 Σ 上连续,则它们相应的第二型曲面积分存在.

以后,我们总假定函数 $P(x,y,z)$,$Q(x,y,z)$,$R(x,y,z)$ 在有向曲面 Σ 上连续.

根据性质(2),当有向曲面 Σ 与坐标面平行或位于坐标面上时,可以直接计算其第二型曲面积分,但要注意曲面的指向.

例 1　设曲面 Σ 是平面 $z=1$ 中的单位圆盘 $x^2+y^2\leqslant 1$,取下侧.求第二型曲面积分

$$\iint_{\Sigma} x^2\mathrm{d}y\mathrm{d}z + y^2\mathrm{d}z\mathrm{d}x + z^2\mathrm{d}x\mathrm{d}y.$$

解　因为曲面 Σ 上任意一点的单位法向量都是 $\boldsymbol{n}=(0,0,-1)$,故曲面 Σ 在 yOz 面和 zOx 面上的投影都是 0,从而根据定义有

$$\iint_{\Sigma} x^2\mathrm{d}y\mathrm{d}z = \iint_{\Sigma} y^2\mathrm{d}z\mathrm{d}x = 0;$$

曲面 Σ 在 xOy 面上的投影区域为

$$D_{xy}: x^2+y^2\leqslant 1,$$

由于 $\cos\gamma=-1<0$,于是有

$$\iint_{\Sigma} z^2\mathrm{d}x\mathrm{d}y = -\iint_{D_{xy}} 1^2\cdot\mathrm{d}x\mathrm{d}y = -\pi,$$

所以

$$\iint_{\Sigma} x^2\mathrm{d}y\mathrm{d}z + y^2\mathrm{d}z\mathrm{d}x + z^2\mathrm{d}x\mathrm{d}y = -\pi.$$

11.5.3　第二型曲面积分的计算

根据第二型曲面积分和二重积分的定义，容易得到如下定理：

定理 2　设有向光滑曲面 Σ 的方程为 $z=z(x,y)$，取上侧，Σ 在 xOy 面上的投影区域为 D_{xy}，又函数 $R(x,y,z)$ 在曲面 Σ 上连续，则

$$\iint_{\Sigma} R(x,y,z)\mathrm{d}x\mathrm{d}y=\iint_{D_{xy}} R[x,y,z(x,y)]\mathrm{d}x\mathrm{d}y;$$

若 Σ 取下侧，则

$$\iint_{\Sigma} R(x,y,z)\mathrm{d}x\mathrm{d}y=-\iint_{D_{xy}} R[x,y,z(x,y)]\mathrm{d}x\mathrm{d}y.$$

类似地，对第二型曲面积分 $\iint_{\Sigma} P(x,y,z)\mathrm{d}y\mathrm{d}z$，若有向光滑曲面 Σ 的方程为 $x=x(y,z)$，则

$$\iint_{\Sigma} P(x,y,z)\mathrm{d}y\mathrm{d}z=\pm\iint_{D_{yz}} P[x(y,z),y,z]\mathrm{d}y\mathrm{d}z,$$

前侧取正号，后侧取负号.

对第二型曲面积分 $\iint_{\Sigma} Q(x,y,z)\mathrm{d}z\mathrm{d}x$，若有向光滑曲面 Σ 的方程为 $y=y(x,z)$，则

$$\iint_{\Sigma} Q(x,y,z)\mathrm{d}z\mathrm{d}x=\pm\iint_{D_{zx}} Q[x,y(z,x),z]\mathrm{d}z\mathrm{d}x,$$

右侧取正号，左侧取负号.

例 2　计算 $\iint_{\Sigma} x\mathrm{d}y\mathrm{d}z+y\mathrm{d}z\mathrm{d}x+z\mathrm{d}x\mathrm{d}y$，其中曲面 Σ 为球面 $x^2+y^2+z^2=a^2(z\geqslant 0)$，取上侧（见图 11-5-3）.

解　首先计算 $\iint_{\Sigma} x\mathrm{d}y\mathrm{d}z$. 由前面讨论知，计算曲面积分 $\iint_{\Sigma} x\mathrm{d}y\mathrm{d}z$ 要考虑曲面 Σ 的前侧和后侧. 曲面 Σ 在 yOz 面前面部分的方程为

$$x=\sqrt{a^2-y^2-z^2}\quad(z\geqslant 0),$$

取前侧，记作 Σ_1，曲面 Σ 在 yOz 面后面部分的方程为

$$x=-\sqrt{a^2-y^2-z^2}\quad(z\geqslant 0),$$

取后侧，记作 Σ_2，且 Σ_1 和 Σ_2 在 yOz 面上的投影区域都是

$$D_{yz}: y^2+z^2\leqslant a^2\quad(z\geqslant 0),$$

则

$$\begin{aligned}\iint_{\Sigma} x\mathrm{d}y\mathrm{d}z&=\iint_{\Sigma_1} x\mathrm{d}y\mathrm{d}z+\iint_{\Sigma_2} x\mathrm{d}y\mathrm{d}z\\&=\iint_{D_{yz}}\sqrt{a^2-y^2-z^2}\mathrm{d}y\mathrm{d}z+\left(-\iint_{D_{yz}}-\sqrt{a^2-y^2-z^2}\mathrm{d}y\mathrm{d}z\right)\\&=2\iint_{D_{yz}}\sqrt{a^2-y^2-z^2}\mathrm{d}y\mathrm{d}z\end{aligned}$$

$$= 2\int_0^{\pi} d\theta \int_0^a \sqrt{a^2 - r^2}\, r dr = \frac{2}{3}\pi a^3;$$

同理,计算$\iint\limits_{\Sigma} y \mathrm{d}z\mathrm{d}x$时,需要考虑曲面$\Sigma$的右侧和左侧,将曲面$\Sigma$分成左右两个部分,化为二重积分可得

$$\iint\limits_{\Sigma} y \mathrm{d}z\mathrm{d}x = \frac{2}{3}\pi a^3;$$

最后计算$\iint\limits_{\Sigma} z \mathrm{d}x\mathrm{d}y$,曲面$\Sigma$在$xOy$面上的投影区域为$D_{xy}: x^2 + y^2 \leqslant a^2$,则

$$\iint\limits_{\Sigma} z \mathrm{d}x\mathrm{d}y = \iint\limits_{D_{xy}} \sqrt{a^2 - x^2 - y^2}\, \mathrm{d}x\mathrm{d}y$$

$$= \int_0^{2\pi} \mathrm{d}\theta \int_0^a \sqrt{a^2 - r^2}\, r \mathrm{d}r = \frac{2}{3}\pi a^3,$$

所以

$$\iint\limits_{\Sigma} x \mathrm{d}y\mathrm{d}z + y \mathrm{d}z\mathrm{d}x + z \mathrm{d}x\mathrm{d}y = \frac{2}{3}\pi a^3 \times 3 = 2\pi a^3.$$

从此例可以看出,将第二型曲面积分化为二重积分时,首先要根据第二型曲面积分的类型确定曲面Σ的方程和侧,然后确定曲面在对应坐标面上的投影区域,最后化为二重积分.同时还可以看出,虽然此例中曲面Σ是关于坐标面yOz对称的,且函数$P(x,y,z) = x$关于x是奇函数,但

$$\iint\limits_{\Sigma} x \mathrm{d}y\mathrm{d}z = \frac{2}{3}\pi a^3 \neq 0,$$

由此说明第二型曲面积分不具有和第一型曲面积分类似的对称性质.

例 3 设封闭曲面Σ由锥面$z^2 = x^2 + y^2$与平面$z = h(h > 0)$所围成,取外侧(见图11-5-4),求$\oiint\limits_{\Sigma} x(y - z)\mathrm{d}y\mathrm{d}z + (z - x)\mathrm{d}z\mathrm{d}x + (x - y)\mathrm{d}x\mathrm{d}y$.

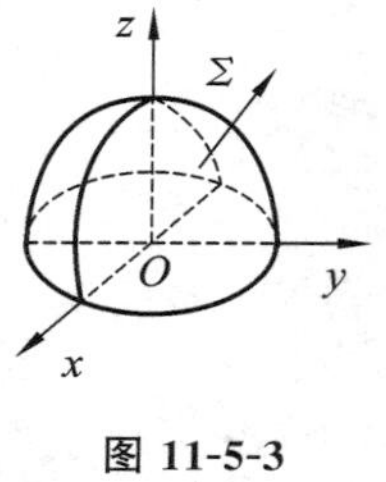

图 11-5-3

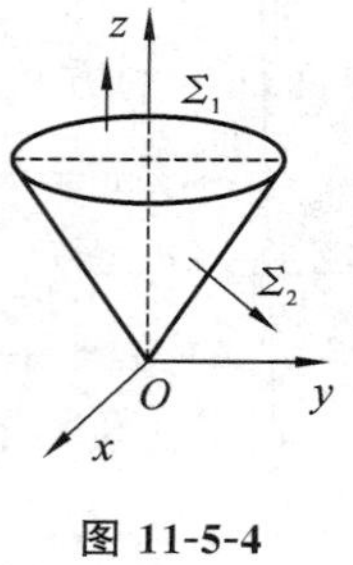

图 11-5-4

解 设Σ_1为圆锥面的上底,其方程为

$$z = h \quad (x^2 + y^2 \leqslant h^2),$$

取上侧(见图 11-5-4);Σ_2为圆锥面的侧面,

$$z = \sqrt{x^2 + y^2} \quad (x^2 + y^2 \leqslant h^2),$$

取下侧(见图 11-5-4).

先计算曲面积分$\oiint\limits_{\Sigma}(x - y)\mathrm{d}x\mathrm{d}y$.曲面$\Sigma_1$和$\Sigma_2$在$xOy$面的投影区域都为

$$D_{xy}: x^2+y^2\leqslant h^2,$$

所以

$$\begin{aligned}\oiint_{\Sigma}(x-y)\mathrm{d}x\mathrm{d}y &= \iint_{\Sigma_1}(x-y)\mathrm{d}x\mathrm{d}y+\iint_{\Sigma_2}(x-y)\mathrm{d}x\mathrm{d}y\\ &= \iint_{D_{xy}}(x-y)\mathrm{d}x\mathrm{d}y-\iint_{D_{xy}}(x-y)\mathrm{d}x\mathrm{d}y\\ &= 0.\end{aligned}$$

再计算$\oiint_{\Sigma}x(y-z)\mathrm{d}y\mathrm{d}z$. 曲面$\Sigma_1$对$yOz$面的投影区域面积为零. 曲面$\Sigma_2$分为前、后两部分,前面部分$\Sigma'_2$的方程为

$$x=\sqrt{z^2-y^2}\quad(0\leqslant z\leqslant h,-z\leqslant y\leqslant z),$$

取前侧;后面部分Σ''_2的方程为

$$x=-\sqrt{z^2-y^2}\quad(0\leqslant z\leqslant h,-z\leqslant y\leqslant z),$$

取后侧. 曲面Σ'_2和Σ''_2对yOz面的投影区域面积都为

$$D_{yz}: 0\leqslant z\leqslant h,-z\leqslant y\leqslant z,$$

所以

$$\begin{aligned}&\oiint_{\Sigma}x(y-z)\mathrm{d}y\mathrm{d}z=\iint_{\Sigma_1}+\iint_{\Sigma'_2}+\iint_{\Sigma''_2}\\ &=0+\iint_{D_{yz}}\sqrt{z^2-y^2}(y-z)\mathrm{d}y\mathrm{d}z-\iint_{D_{yz}}-\sqrt{z^2-y^2}(y-z)\mathrm{d}y\mathrm{d}z\\ &=2\iint_{D_{yz}}\sqrt{z^2-y^2}(y-z)\mathrm{d}y\mathrm{d}z=2\int_0^h\mathrm{d}z\int_{-z}^{z}\sqrt{z^2-y^2}(y-z)\mathrm{d}y\\ &=-\frac{\pi h^4}{4}.\end{aligned}$$

最后计算$\oiint_{\Sigma}(z-x)\mathrm{d}z\mathrm{d}x$. 在曲面$\Sigma_1$上,同样可得

$$\iint_{\Sigma_1}(z-x)\mathrm{d}z\mathrm{d}x=0,$$

在曲面Σ_2上,将Σ_2分为左、右两部分,类似于前面的讨论,可得曲面积分

$$\iint_{\Sigma_2}(z-x)\mathrm{d}z\mathrm{d}x=0,$$

所以

$$\oiint_{\Sigma}(z-x)\mathrm{d}z\mathrm{d}x=\iint_{\Sigma_1}(z-x)\mathrm{d}z\mathrm{d}x+\iint_{\Sigma_2}(z-x)\mathrm{d}z\mathrm{d}x=0.$$

于是

$$\oiint_{\Sigma}x(y-z)\mathrm{d}y\mathrm{d}z+(z-x)\mathrm{d}z\mathrm{d}x+(x-y)\mathrm{d}x\mathrm{d}y=-\frac{\pi}{4}h^4.$$

11.5.4 两类曲面积分的联系

从上面的例子可以看出,计算第二型曲面积分$\iint\limits_{\Sigma} P\mathrm{d}y\mathrm{d}z + Q\mathrm{d}z\mathrm{d}x + R\mathrm{d}x\mathrm{d}y$时,需要分别考虑曲面$\Sigma$在三个坐标面上的投影,化成至少三个二重积分来计算,过程比较烦琐. 实际上可以通过第一型曲面积分与第二型曲面积分$\iint\limits_{\Sigma} P\mathrm{d}y\mathrm{d}z + Q\mathrm{d}z\mathrm{d}x + R\mathrm{d}x\mathrm{d}y$间的转换,从而达到简化计算的效果.

设光滑曲面Σ的方程为$z = z(x,y)$,取上侧,曲面Σ在xOy面上的投影区域为D_{xy},又函数$z(x,y)$在区域D_{xy}上具有一阶连续偏导数,$R(x,y,z)$在Σ上连续,则第二型曲面积分化为二重积分,有

$$\iint\limits_{\Sigma} R(x,y,z)\mathrm{d}x\mathrm{d}y = \iint\limits_{D_{xy}} R[x,y,z(x,y)]\mathrm{d}x\mathrm{d}y.$$

因为曲面Σ取上侧,所以曲面Σ上点(x,y,z)处的法向量的方向余弦

$$\cos\alpha = \frac{-z_x}{\sqrt{1+z_x^2+z_y^2}},\quad \cos\beta = \frac{-z_y}{\sqrt{1+z_x^2+z_y^2}},\quad \cos\gamma = \frac{1}{\sqrt{1+z_x^2+z_y^2}},$$

于是第一型曲面积分化为二重积分,有

$$\begin{aligned}\iint\limits_{\Sigma} R(x,y,z)\cos\gamma\mathrm{d}S &= \iint\limits_{D_{xy}} R[x,y,z(x,y)]\cos\gamma\sqrt{1+z_x^2+z_y^2}\mathrm{d}x\mathrm{d}y \\ &= \iint\limits_{D_{xy}} R[x,y,z(x,y)]\mathrm{d}x\mathrm{d}y.\end{aligned}$$

若曲面Σ取下侧,则

$$\iint\limits_{\Sigma} R(x,y,z)\mathrm{d}x\mathrm{d}y = -\iint\limits_{D_{xy}} R[x,y,z(x,y)]\mathrm{d}x\mathrm{d}y.$$

又因为曲面Σ取下侧,所以曲面Σ上点(x,y,z)处的法向量的方向余弦为

$$\cos\alpha = \frac{z_x}{\sqrt{1+z_x^2+z_y^2}},\quad \cos\beta = \frac{z_y}{\sqrt{1+z_x^2+z_y^2}},\quad \cos\gamma = \frac{-1}{\sqrt{1+z_x^2+z_y^2}},$$

则

$$\begin{aligned}\iint\limits_{\Sigma} R(x,y,z)\cos\gamma\mathrm{d}S &= \iint\limits_{D_{xy}} R[x,y,z(x,y)]\cos\gamma\sqrt{1+z_y^2+z_x^2}\mathrm{d}x\mathrm{d}y \\ &= -\iint\limits_{D_{xy}} R[x,y,z(x,y)]\mathrm{d}x\mathrm{d}y,\end{aligned}$$

所以,曲面Σ无论取上侧,还是取下侧,都有

$$\iint\limits_{\Sigma} R(x,y,z)\mathrm{d}x\mathrm{d}y = \iint\limits_{\Sigma} R(x,y,z)\cos\gamma\mathrm{d}S.$$

类似地,有

$$\iint\limits_{\Sigma} P(x,y,z)\mathrm{d}y\mathrm{d}z = \iint\limits_{\Sigma} P(x,y,z)\cos\alpha\mathrm{d}S,$$

$$\iint\limits_{\Sigma} Q(x,y,z)\mathrm{d}z\mathrm{d}x = \iint\limits_{\Sigma} Q(x,y,z)\cos\beta\mathrm{d}S.$$

所以,两类曲面积分具有下面的关系式

$$\iint\limits_{\Sigma} P\,\mathrm{d}y\mathrm{d}z + Q\mathrm{d}z\mathrm{d}x + R\mathrm{d}x\mathrm{d}y = \iint\limits_{\Sigma} [P\cos\alpha + Q\cos\beta + R\cos\gamma]\,\mathrm{d}S.$$

其中 $\cos\alpha,\cos\beta,\cos\gamma$ 为曲面 Σ 在点 (x,y,z) 处的法向量的方向余弦.

根据两类曲面积分的关系式,第二型曲面积分有下面的计算公式. 设曲面 Σ 的方程为 $z=z(x,y)$,曲面 Σ 上点 (x,y,z) 处的法向量的方向余弦为

$$\cos\alpha = \frac{\mp z_x}{\sqrt{1+z_x^2+z_y^2}},\quad \cos\beta = \frac{\mp z_y}{\sqrt{1+z_x^2+z_y^2}},\quad \cos\gamma = \frac{\pm 1}{\sqrt{1+z_x^2+z_y^2}},$$

由两类曲面积分的关系式,有

$$\iint\limits_{\Sigma} P(x,y,z)\,\mathrm{d}y\mathrm{d}z = \iint\limits_{\Sigma} P(x,y,z)\cos\alpha\,\mathrm{d}S$$

$$= \iint\limits_{\Sigma} P(x,y,z)\frac{\cos\alpha}{\cos\gamma}\cos\gamma\,\mathrm{d}S = \iint\limits_{\Sigma} P(x,y,z)(-z_x)\,\mathrm{d}x\mathrm{d}y;$$

$$\iint\limits_{\Sigma} Q(x,y,z)\,\mathrm{d}z\mathrm{d}x = \iint\limits_{\Sigma} Q(x,y,z)\cos\beta\,\mathrm{d}S$$

$$= \iint\limits_{\Sigma} Q(x,y,z)\frac{\cos\beta}{\cos\gamma}\cos\gamma\,\mathrm{d}S = \iint\limits_{\Sigma} Q(x,y,z)(-z_y)\,\mathrm{d}x\mathrm{d}y,$$

即

$$\iint\limits_{\Sigma} P(x,y,z)\,\mathrm{d}y\mathrm{d}z + Q(x,y,z)\,\mathrm{d}z\mathrm{d}x + R(x,y,z)\,\mathrm{d}x\mathrm{d}y$$

$$= \iint\limits_{\Sigma} [P(x,y,z)(-z_x) + Q(x,y,z)(-z_y) + R(x,y,z)]\,\mathrm{d}x\mathrm{d}y.$$

若曲面方程为 $y=y(z,x)$ 或 $x=x(y,z)$,第二型曲面积分

$$\iint\limits_{\Sigma} P(x,y,z)\,\mathrm{d}y\mathrm{d}z + Q(x,y,z)\,\mathrm{d}z\mathrm{d}x + R(x,y,z)\,\mathrm{d}x\mathrm{d}y$$

也有类似的计算公式.

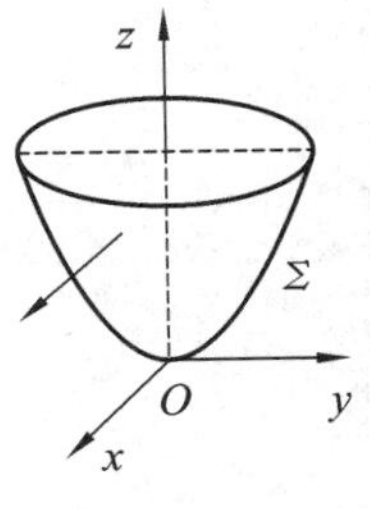

图 11-5-5

例 4　计算 $\iint\limits_{\Sigma} (z^2+x)\,\mathrm{d}y\mathrm{d}z - z\mathrm{d}x\mathrm{d}y$, 曲面 Σ 是旋转抛物面 $z=\frac{1}{2}(x^2+y^2)$ 介于 $z=0$ 和 $z=2$ 之间的部分,取下侧(见图 11-5-5).

解　曲面 Σ 在 xOy 面的投影区域为

$$D_{xy}: x^2+y^2 \leqslant 4,$$

且 $z_x = x$,则

$$\iint\limits_{\Sigma} (z^2+x)\,\mathrm{d}y\mathrm{d}z - z\mathrm{d}x\mathrm{d}y = \iint\limits_{\Sigma} [(z^2+x)(-z_x) - z]\,\mathrm{d}x\mathrm{d}y$$

$$= \iint\limits_{\Sigma} [(z^2+x)(-x) - z]\,\mathrm{d}x\mathrm{d}y$$

$$= -\iint\limits_{D_{xy}} \left\{\left[\frac{1}{4}(x^2+y^2)^2 + x\right](-x) - \frac{1}{2}(x^2+y^2)\right\}\mathrm{d}x\mathrm{d}y$$

$$= \int_0^{2\pi} d\theta \int_0^2 \left(\frac{1}{4}r^5\cos\theta + r^2\cos^2\theta + \frac{1}{2}r^2\right) r dr = 8\pi.$$

两类曲面积分间的关系用向量形式表示如下

$$\iint_\Sigma \boldsymbol{A}\cdot d\boldsymbol{S} = \iint_\Sigma \boldsymbol{A}\cdot \boldsymbol{n} dS = \iint_\Sigma A_n dS,$$

其中 $\boldsymbol{A} = (P,Q,R)$，$\boldsymbol{n} = (\cos\alpha,\cos\beta,\cos\gamma)$ 为有向曲面 Σ 上点 (x,y,z) 处的单位法向量，$d\boldsymbol{S} = \boldsymbol{n}dS = (dydz, dzdx, dxdy)$ 称为有向曲面元，A_n 为向量 $\boldsymbol{A}$ 在向量 $\boldsymbol{n}$ 上的投影.

11.5.5　高斯公式

定理 3　设空间有界闭区域 Ω 由分片光滑的曲面 Σ 所围成，函数 $P(x,y,z)$，$Q(x,y,z)$，$R(x,y,z)$ 在 Ω 上具有一阶连续偏导数，则

$$\iiint_\Omega \left(\frac{\partial P}{\partial x} + \frac{\partial Q}{\partial y} + \frac{\partial R}{\partial z}\right) dv = \oint\!\!\!\oint_\Sigma P dydz + Q dzdx + R dxdy$$

$$= \oint\!\!\!\oint_\Sigma (P\cos\alpha + Q\cos\beta + R\cos\gamma) dS,$$

其中 Σ 是区域 Ω 的整个边界曲面的外侧，$(\cos\alpha,\cos\beta,\cos\gamma)$ 是 Σ 上点 (x,y,z) 处的法向量. 此公式称为**高斯公式**.

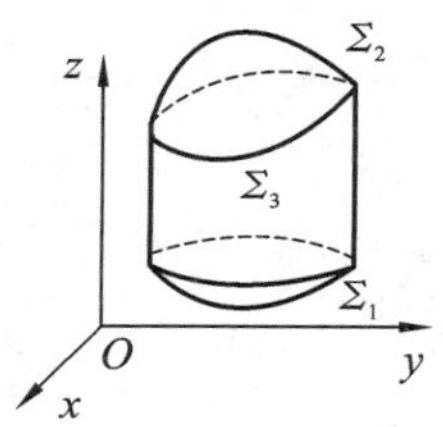

图 11-5-6

证明　设区域 Ω 在 xOy 面上的投影区域为 D_{xy}，且穿过 Ω 内部平行于 z 轴的直线与区域 Ω 的边界曲面 Σ 的交点不多于两个，则曲面 Σ 由 Σ_1，Σ_2，Σ_3 组成(见图 11-5-6)，其中 $\Sigma_1: z = z_1(x,y)$，取下侧；$\Sigma_2: z = z_2(x,y)$，取上侧，且对于任意的 $(x,y)\in D_{xy}$，有 $z_1(x,y) \leqslant z_2(x,y)$；$\Sigma_3$ 是以 D_{xy} 的边界曲线为准线，母线平行于 z 轴的柱面的一部分，取外侧，于是

$$\iiint_\Omega \frac{\partial R}{\partial z} dv = \iint_{D_{xy}} \left(\int_{z_1(x,y)}^{z_2(x,y)} \frac{\partial R}{\partial z} dz\right) dxdy$$

$$= \iint_{D_{xy}} \{R[x,y,z_2(x,y)] - R[x,y,z_1(x,y)]\} dxdy.$$

又

$$\iint_\Sigma R(x,y,z) dxdy = \iint_{\Sigma_1} + \iint_{\Sigma_2} + \iint_{\Sigma_3},$$

而

$$\iint_{\Sigma_1} R(x,y,z) dxdy = -\iint_{D_{xy}} R[x,y,z_1(x,y)] dxdy,$$

$$\iint_{\Sigma_2} R(x,y,z) dxdy = \iint_{D_{xy}} R[x,y,z_2(x,y)] dxdy,$$

$$\iint_{\Sigma_3} R(x,y,z) dxdy = 0,$$

得

$$\iint_{\Sigma} R(x,y,z)\mathrm{d}x\mathrm{d}y = \iint_{D_{xy}} \{R[x,y,z_2(x,y)] - R[x,y,z_1(x,y)]\}\mathrm{d}x\mathrm{d}y,$$

所以

$$\iiint_{\Omega} \frac{\partial R}{\partial z}\mathrm{d}v = \iint_{\Sigma} R(x,y,z)\mathrm{d}x\mathrm{d}y.$$

类似地，若穿过 Ω 内部且平行于 x 轴、y 轴的直线与区域 Ω 的边界曲面 Σ 的交点不多于两个，则有

$$\iiint_{\Omega} \frac{\partial P}{\partial x}\mathrm{d}v = \iint_{\Sigma} P(x,y,z)\mathrm{d}y\mathrm{d}z,$$

$$\iiint_{\Omega} \frac{\partial Q}{\partial y}\mathrm{d}v = \iint_{\Sigma} Q(x,y,z)\mathrm{d}z\mathrm{d}x,$$

上面三式相加即可证得高斯公式.

若与坐标轴平行的直线穿过区域 Ω 内部，与边界曲面 Σ 的交点多于两个，那么可添加辅助面，将 Ω 分割成若干符合上述条件的小区域，在每个小区域上高斯公式成立. 由于在辅助面两侧积分之和为零，将上述小区域上积分相加，即得高斯公式成立.

对前面的例 3，应用高斯公式计算，会简单许多.

例 5　计算 $\iint_{\Sigma} yz\,\mathrm{d}z\mathrm{d}x + 2\mathrm{d}x\mathrm{d}y$，其中 Σ 是球面 $x^2+y^2+z^2=4\ (z \geqslant 0)$，取上侧.

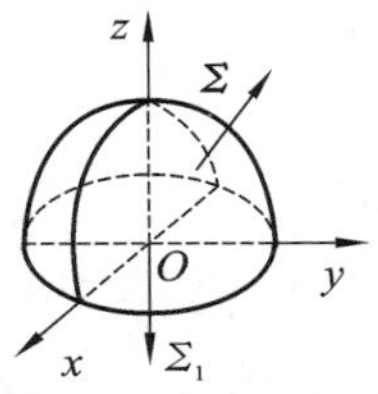

图 11-5-7

解　添加平面 $\Sigma_1 : z = 0\ (x^2+y^2 \leqslant 4)$，取下侧，则上半球面 Σ 和平面 Σ_1 构成封闭曲面(见图 11-5-7)，于是

$$\begin{aligned}\iint_{\Sigma} yz\,\mathrm{d}z\mathrm{d}x + 2\mathrm{d}x\mathrm{d}y &= \oiint_{\Sigma+\Sigma_1} yz\,\mathrm{d}z\mathrm{d}x + 2\mathrm{d}x\mathrm{d}y - \iint_{\Sigma_1} yz\,\mathrm{d}z\mathrm{d}x + 2\mathrm{d}x\mathrm{d}y \\ &= \iiint_{\Omega} z\,\mathrm{d}x\mathrm{d}y\mathrm{d}z - \iint_{\Sigma_1} yz\,\mathrm{d}z\mathrm{d}x + 2\mathrm{d}x\mathrm{d}y.\end{aligned}$$

其中 Ω 是球面 $x^2+y^2+z^2=4\ (z \geqslant 0)$ 和 xOy 面所围上半部分，由三重积分的“先二后一”方法得

$$\begin{aligned}\iiint_{\Omega} z\,\mathrm{d}x\mathrm{d}y\mathrm{d}z &= \int_0^2 z\,\mathrm{d}z \iint_{D_z} \mathrm{d}x\mathrm{d}y \\ &= \int_0^2 z \cdot \pi(4-z^2)\mathrm{d}z = 4\pi,\end{aligned}$$

又平面 $\Sigma_1 : z = 0\ (x^2+y^2 \leqslant 4)$，取下侧，得

$$\begin{aligned}\iint_{\Sigma_1} yz\,\mathrm{d}z\mathrm{d}x + 2\mathrm{d}x\mathrm{d}y &= 0 + 2\iint_{\Sigma_1} \mathrm{d}x\mathrm{d}y \\ &= -2\iint_{D_{xy}} \mathrm{d}x\mathrm{d}y = -8\pi,\end{aligned}$$

所以

$$\iint_{\Sigma} yz\,\mathrm{d}z\mathrm{d}x + 2\mathrm{d}x\mathrm{d}y = 12\pi.$$

例 6 计算曲面积分$\iint\limits_{\Sigma}(x^2\cos\alpha+y^2\cos\beta+z^2\cos\gamma)\mathrm{d}S$,其中$\Sigma$为锥面$x^2+y^2=z^2$介于平面$z=0$和$z=h(h>0)$之间的部分,取下侧,$\cos\alpha,\cos\beta,\cos\gamma$是$\Sigma$上点$(x,y,z)$处的法向量的方向余弦.

解 设Σ_1为平面$z=h(x^2+y^2\leqslant h^2)$,取上侧,则$\Sigma$与$\Sigma_1$构成一个封闭曲面,记它们围成的空间闭区域为$\Omega$,由高斯公式得

$$\oiint\limits_{\Sigma+\Sigma_1}(x^2\cos\alpha+y^2\cos\beta+z^2\cos\gamma)\mathrm{d}S=2\iiint\limits_{\Omega}(x+y+z)\mathrm{d}v,$$

由空间闭区域Ω对xOy面投影区域关于x轴、y轴对称,所以

$$\oiint\limits_{\Sigma+\Sigma_1}(x^2\cos\alpha+y^2\cos\beta+z^2\cos\gamma)\mathrm{d}S=2\iiint\limits_{\Omega}z\mathrm{d}v$$

再利用三重积分的"先二后一"方法,得

$$\oiint\limits_{\Sigma+\Sigma_1}(x^2\cos\alpha+y^2\cos\beta+z^2\cos\gamma)\mathrm{d}S=2\int_0^h z\mathrm{d}z\iint\limits_{D_z}\mathrm{d}x\mathrm{d}y$$

$$=2\pi\int_0^h z\cdot z^2\mathrm{d}z=\frac{1}{2}\pi h^4.$$

而

$$\iint\limits_{\Sigma_1}(x^2\cos\alpha+y^2\cos\beta+z^2\cos\gamma)\mathrm{d}S=\iint\limits_{\Sigma_1}z^2\mathrm{d}S$$

$$=\iint\limits_{x^2+y^2\leqslant h^2}h^2\mathrm{d}x\mathrm{d}y=\pi h^4.$$

因此

$$\iint\limits_{\Sigma}(x^2\cos\alpha+y^2\cos\beta+z^2\cos\gamma)\mathrm{d}S=\frac{1}{2}\pi h^4-\pi h^4=-\frac{1}{2}\pi h^4.$$

习 题 11.5

1. 设Σ为平面$x+z=a$在柱面$x^2+y^2=a^2$内那一部分的上侧,下面两个积分的解法是否正确?如果不对,给出正确解法.

(1) $\iint\limits_{\Sigma}(x+z)\mathrm{d}S=a\iint\limits_{\Sigma}\mathrm{d}S=a\times(\Sigma\text{的面积})=\sqrt{2}\pi a^3$;

(2) $\iint\limits_{\Sigma}(x+z)\mathrm{d}x\mathrm{d}y=a\iint\limits_{\Sigma}\mathrm{d}x\mathrm{d}y=a\times(\Sigma\text{的面积})=\sqrt{2}\pi a^3$.

2. 计算下列对坐标的曲面积分.

(1) $\iint\limits_{\Sigma}(x+y)\mathrm{d}y\mathrm{d}z+(y+z)\mathrm{d}z\mathrm{d}x+(z+x)\mathrm{d}x\mathrm{d}y$,其中$\Sigma$是以坐标原点为中心,边长为2的立方体整个表面的外侧;

(2) $\iint\limits_{\Sigma}(z^2+x)\mathrm{d}y\mathrm{d}z-z\mathrm{d}x\mathrm{d}y$,其中$\Sigma$为旋转抛物面$z=\frac{1}{2}(x^2+y^2)$介于$z=0$,$z=2$之间部分的下侧;

(3) $\oiint\limits_{\Sigma} xy\,\mathrm{d}y\mathrm{d}z + yz\,\mathrm{d}x\mathrm{d}z + zx\,\mathrm{d}x\mathrm{d}y$，其中 Σ 是由平面 $x=0, y=0, z=0, x+y+z=1$ 所围成的四面体的表面的外侧；

(4) $\iint\limits_{\Sigma} x^2y^2z\,\mathrm{d}x\mathrm{d}y$，其中 Σ 是球面 $x^2+y^2+z^2=R^2$ 的下半部分的下侧；

(5) $\iint\limits_{\Sigma} x^2\mathrm{d}y\mathrm{d}z + y^2\mathrm{d}z\mathrm{d}x + z^2\mathrm{d}x\mathrm{d}y$，其中 Σ 为半球面 $z=\sqrt{a^2-x^2-y^2}$ 的上侧.

3. 设某流体的流速为 $\boldsymbol{v}=(yz, zx, xy)$，求单位时间内从圆柱 $\Sigma: x^2+y^2\leqslant a^2(0\leqslant z\leqslant h)$ 的内部流向外侧的流量（通量）.

4. 把对坐标的曲面积分

$$\iint\limits_{\Sigma} P(x,y,z)\mathrm{d}y\mathrm{d}z + Q(x,y,z)\mathrm{d}z\mathrm{d}x + R(x,y,z)\mathrm{d}x\mathrm{d}y$$

化成对面积的曲面积分，这里 Σ 为平面 $3x+2y+2\sqrt{3}z=6$ 在第一卦限的部分的上侧.

5. 计算 $\iint\limits_{\Sigma}(x^2+y^2)\mathrm{d}z\mathrm{d}x + z\mathrm{d}x\mathrm{d}y$，$\Sigma$ 为锥面 $z=\sqrt{x^2+y^2}$ 上满足 $x\geqslant 0, y\geqslant 0, z\leqslant 1$ 的那部分曲面的下侧.

6. 利用高斯公式计算下列曲面积分.

(1) $\oiint\limits_{\Sigma}(x-y)\mathrm{d}x\mathrm{d}y + x(y-z)\mathrm{d}y\mathrm{d}z$，其中 Σ 为柱面 $x^2+y^2=1$ 及平面 $z=0$ 及 $z=3$ 所围成的空间闭区域 Ω 的整个边界曲面的外侧；

(2) $\oiint\limits_{\Sigma}(y-z)\mathrm{d}y\mathrm{d}z + (z-x)\mathrm{d}z\mathrm{d}x + (x-y)\mathrm{d}x\mathrm{d}y$，其中 Σ 为曲面 $z=\sqrt{x^2+y^2}$ 及平面 $z=0, z=h(h>0)$ 所围成的空间区域的整个边界的外侧；

(3) $\iint\limits_{\Sigma} 2x^3\mathrm{d}y\mathrm{d}z + 2y^3\mathrm{d}z\mathrm{d}x + 3(z^2-1)\mathrm{d}x\mathrm{d}y$，其中 Σ 是曲面 $z=1-x^2-y^2(z\geqslant 0)$ 的上侧；

(4) $\iint\limits_{\Sigma} x\mathrm{d}y\mathrm{d}z + y\mathrm{d}z\mathrm{d}x + z\mathrm{d}x\mathrm{d}y$，其中 Σ 是曲面 $z=x^2+y^2$ 在第一卦限中 $0\leqslant z\leqslant 1$ 部分的下侧；

(5) $\oiint\limits_{\Sigma} y(x-z)\mathrm{d}y\mathrm{d}z + x^2\mathrm{d}z\mathrm{d}x + (y^2+xz)\mathrm{d}x\mathrm{d}y$，$\Sigma$ 为正方体 Ω 的表面并取外侧，其中

$$\Omega=\{(x,y,z)\mid 0\leqslant x\leqslant a, 0\leqslant y\leqslant a, 0\leqslant z\leqslant a\}.$$

小　　结

一、基本要求

(1) 理解两类曲线积分的概念，了解两类曲线积分的性质及两类曲线积分的关系.

(2) 掌握计算两类曲线积分的方法.

(3) 掌握格林公式并会运用平面曲线积分与路径无关的条件，会求全微分的原函数.

(4) 了解两类曲面积分的概念、性质及两类曲面积分的关系，掌握计算两类曲面积分的方法，会用高斯公式计算曲面、曲线积分.

(5) 会用曲线积分及曲面积分求一些几何量与物理量.

二、基本内容

1. 曲线、曲面积分的定义

(1) 对弧长的(第一型) 曲线积分.

$$\int_L f(x,y)\mathrm{d}s = \lim_{\lambda\to 0}\sum_{i=1}^{n} f(\xi_i,\eta_i)\Delta s_i,$$

其中 L 为 xOy 平面内光滑(或分段光滑) 的曲线弧，$f(x,y)$ 在 L 上有界，$\lambda = \max\limits_{1\leqslant i\leqslant n}\{\Delta s_i\}$，$\Delta s_i$ 为小弧段的长度，(ξ_i,η_i) 为 Δs_i 上任取的一点.

实际意义：当 $f(x,y)$ 表示 L 的线密度时，$\int_L f(x,y)\mathrm{d}s$ 表示 L 的质量；当 $f(x,y)=1$ 时，$\int_L f(x,y)\mathrm{d}s$ 表示 L 的弧长.

(2) 对坐标的(第二型) 曲线积分.

$$\int_L P(x,y)\mathrm{d}x = \lim_{\lambda\to 0}\sum_{i=1}^{n} P(\xi_i,\eta_i)\Delta x_i,\quad \int_L Q(x,y)\mathrm{d}y = \lim_{\lambda\to 0}\sum_{i=1}^{n} Q(\xi_i,\eta_i)\Delta y_i,$$

其中 L 为 xOy 平面内从点 A 到点 B 的有向光滑(或分段光滑) 的曲线弧，$P(x,y)$，$Q(x,y)$ 在 L 上有界，$\lambda = \max\limits_{1\leqslant i\leqslant n}\{\Delta s_i\}$，任意 $(\xi_i,\eta_i)\in\Delta s_i$.

实际意义：设变力 $\boldsymbol{F} = P(x,y)\boldsymbol{i} + Q(x,y)\boldsymbol{j}$ 将一质点沿 L 从起点移到终点，则力 $\boldsymbol{F}$ 做的功为

$$\int_L P\mathrm{d}x + Q\mathrm{d}y.$$

(3) 对面积的(第一型) 曲面积分.

$$\iint_{\Sigma} f(x,y,z)\mathrm{d}S = \lim_{\lambda\to 0}\sum_{i=1}^{n} f(\xi_i,\eta_i,\zeta_i)\Delta S_i,$$

其中曲面 Σ 是光滑(或分片光滑) 的，f 在 Σ 上有界，$\lambda = \max\limits_{1\leqslant i\leqslant n}\{\lambda_i\}$，$\lambda_i$ 为 ΔS_i 的直径，$(\xi_i,\eta_i,\zeta_i)\in\Delta S_i$.

实际意义：当 $f(x,y,z)$ 表示曲面 Σ 上点 (x,y,z) 处的面密度时，$\iint_{\Sigma} f(x,y,z)\mathrm{d}S$ 表示曲面 Σ 的质量；当 $f(x,y,z)=1$ 时，$\iint_{\Sigma} f(x,y,z)\mathrm{d}S$ 表示曲面 Σ 的面积.

(4) 对坐标的(第二型) 曲面积分.

$$\iint_{\Sigma} R(x,y,z)\mathrm{d}x\mathrm{d}y = \lim_{\lambda\to 0}\sum_{i=1}^{n} R(\xi_i,\eta_i,\zeta_i)(\Delta S_i)_{xy},$$

其中 $(\Delta S_i)_{xy}$ 为 ΔS_i 在 xOy 面上的投影，其正、负号取决于 ΔS_i 法线正向与 z 轴正向成锐角或钝角；Σ 为有向光滑曲面，$\lambda = \max\limits_{1\leqslant i\leqslant n}\{\lambda_i\}$，$\lambda_i$ 为 ΔS_i 的直径，$(\xi_i,\eta_i,\zeta_i)\in\Delta S_i$.

$\iint_{\Sigma} P(x,y,z)\mathrm{d}y\mathrm{d}z$，$\iint_{\Sigma} Q(x,y,z)\mathrm{d}z\mathrm{d}x$ 的定义类似.

实际意义：设 $\boldsymbol{v}=P(x,y,z)\boldsymbol{i}+Q(x,y,z)\boldsymbol{j}+R(x,y,z)\boldsymbol{k}$ 为通过曲面 Σ 的流体(稳定流体且不可压缩)在 Σ 上的点 (x,y,z) 处的速度，则单位时间内从 Σ 的一侧流向另一侧的流量为

$$\iint_{\Sigma} P\,\mathrm{d}y\mathrm{d}z+Q\mathrm{d}z\mathrm{d}x+R\mathrm{d}x\mathrm{d}y.$$

2. 曲线、曲面积分的性质

(1) 被积函数中的常数因子可提到积分符号外；

(2) 曲线(面)上的积分，对曲线(面)具有可加性；

(3) 代数和的积分等于积分的代数和；

(4) $\int_{L} P\,\mathrm{d}x+Q\mathrm{d}y=-\int_{L^{-}} P\mathrm{d}x+Q\mathrm{d}y$，

$$\iint_{\Sigma} P\,\mathrm{d}y\mathrm{d}z+Q\mathrm{d}z\mathrm{d}x+R\mathrm{d}x\mathrm{d}y=-\iint_{\Sigma^{-}} P\mathrm{d}y\mathrm{d}z+Q\mathrm{d}z\mathrm{d}x+R\mathrm{d}x\mathrm{d}y;$$

(5) 第一型曲线和曲面积分与重积分具有类似的性质.

3. 曲线、曲面积分的计算

曲线、曲面积分的计算，最终都要化为定积分或二重积分，计算公式如下：

(1) 曲线为平面上的参数方程 $L: x=\varphi(t), y=\psi(t)$ 时

$$\int_{L} f(x,y)\mathrm{d}s=\int_{\alpha}^{\beta} f[\varphi(t),\psi(t)]\sqrt{\varphi'^{2}(t)+\psi'^{2}(t)}\,\mathrm{d}t\quad(\alpha\leqslant t\leqslant\beta),$$

$$\int_{L} P(x,y)\mathrm{d}x+Q(x,y)\mathrm{d}y=\int_{\alpha}^{\beta}\{P[\varphi(t),\psi(t)]\varphi'(t)+Q[\varphi(t),\psi(t)]\psi'(t)\}\mathrm{d}t,$$

其中，α 为 L 的起点，β 为 L 的终点.

(2) 曲线方程为一元函数 $L: y=y(x)$

$$\int_{L} f(x,y)\mathrm{d}s=\int_{a}^{b} f[x,y(x)]\sqrt{1+y'^{2}(x)}\,\mathrm{d}x\quad(a\leqslant x\leqslant b),$$

$$\int_{L} P(x,y)\mathrm{d}x+Q(x,y)\mathrm{d}y=\int_{a}^{b}\{P[x,y(x)]+Q[x,y(x)]y'(x)\}\mathrm{d}x,$$

其中，a 为 L 的起点，b 为 L 的终点.

(3) 空间曲线 $\Gamma: x=\varphi(t), y=\psi(t), z=\omega(t)$

$$\int_{\Gamma} f(x,y,z)\mathrm{d}s=\int_{\alpha}^{\beta} f[\varphi(t),\psi(t),\omega(t)]\sqrt{\varphi'^{2}(t)+\psi'^{2}(t)+\omega'^{2}(t)}\,\mathrm{d}t\quad(\alpha\leqslant t\leqslant\beta),$$

$$\begin{aligned}\int_{\Gamma} P\mathrm{d}x+Q\mathrm{d}y+R\mathrm{d}z=\int_{\alpha}^{\beta}\{&P[\varphi(t),\psi(t),\omega(t)]\varphi'(t)\\&+Q[\varphi(t),\psi(t),\omega(t)]\psi'(t)+R[\varphi(t),\psi(t),\omega(t)]\omega'(t)\}\mathrm{d}t,\end{aligned}$$

其中，α 为 Γ 的起点，β 为 Γ 的终点.

(4) $\iint_{\Sigma} f(x,y,z)\mathrm{d}S$ 的计算.

根据曲面 Σ 的方程形式可分为表 11-1 所示的三种情况：

表 11-1 $\iint\limits_{\Sigma} f(x,y,z)\mathrm{d}S$ 的计算

Σ 的方程	一求(求 dS)	二　代	三定域	积　分　值
$z=z(x,y)$	$\mathrm{d}S=\sqrt{1+z_x^2+z_y^2}\mathrm{d}x\mathrm{d}y$	把 $z=z(x,y)$ 代入被积式	Σ 在 xOy 面的投影	$\iint\limits_{D_{xy}} f[x,y,z(x,y)]\sqrt{1+z_x^2+z_y^2}\mathrm{d}x\mathrm{d}y$
$y=y(x,z)$	$\mathrm{d}S=\sqrt{1+y_x^2+y_z^2}\mathrm{d}x\mathrm{d}z$	把 $y=y(x,z)$ 代入被积式	Σ 在 xOz 面的投影	$\iint\limits_{D_{xz}} f[x,y(x,z),z]\sqrt{1+y_x^2+y_z^2}\mathrm{d}x\mathrm{d}z$
$x=x(y,z)$	$\mathrm{d}S=\sqrt{1+x_y^2+x_z^2}\mathrm{d}y\mathrm{d}z$	把 $x=x(y,z)$ 代入被积式	Σ 在 yOz 面的投影	$\iint\limits_{D_{yz}} f[x(y,z),y,z]\sqrt{1+x_y^2+x_z^2}\mathrm{d}y\mathrm{d}z$

(5) 对坐标的曲面积分的计算.

对三种不同形式的积分对照表 11-2 分别计算.

表 11-2　对坐标的曲面积分的计算

积分类型	一求(±号)	二　代	三定域	积　分　值
$\iint\limits_{\Sigma} P(x,y,z)\mathrm{d}y\mathrm{d}z$	前侧:+ 后侧:−	把 Σ 方程 $x=x(y,z)$ 代入	Σ 在 yOz 面的投影	$\pm\iint\limits_{D_{yz}} P[x(y,z),y,z]\mathrm{d}y\mathrm{d}z$
$\iint\limits_{\Sigma} Q(x,y,z)\mathrm{d}z\mathrm{d}x$	右侧:+ 左侧:−	把 Σ 方程 $y=y(z,x)$ 代入	Σ 在 xOz 面的投影	$\pm\iint\limits_{D_{xz}} Q[x,y(z,x),z]\mathrm{d}z\mathrm{d}x$
$\iint\limits_{\Sigma} R(x,y,z)\mathrm{d}x\mathrm{d}y$	上侧:+ 下侧:−	把 Σ 方程 $z=z(x,y)$ 代入	Σ 在 xOy 面的投影	$\pm\iint\limits_{D_{xy}} R[x,y,z(x,y)]\mathrm{d}x\mathrm{d}y$

4. 各种积分之间的联系

(1) 两类曲线积分间的联系:

$$\int_L P\mathrm{d}x+Q\mathrm{d}y=\int_L (P\cos\alpha+Q\cos\beta)\mathrm{d}s,$$

其中 α,β 是曲线在点 (x,y) 处切向量的方向角.

(2) 格林公式:

$$\oint_L P\mathrm{d}x+Q\mathrm{d}y=\iint\limits_D\left(\frac{\partial Q}{\partial x}-\frac{\partial P}{\partial y}\right)\mathrm{d}\sigma,$$

其中 P,Q 在闭区域 D 上有一阶连续偏导数,L 是区域 D 的正向边界曲线.

(3) 两类曲面积分之间的联系:

$$\iint\limits_{\Sigma} P\mathrm{d}y\mathrm{d}z+Q\mathrm{d}z\mathrm{d}x+R\mathrm{d}x\mathrm{d}y=\iint\limits_{\Sigma}(P\cos\alpha+Q\cos\beta+R\cos\gamma)\mathrm{d}S,$$

其中 $\cos\alpha,\cos\beta,\cos\gamma$ 是有向曲面 Σ 上点 (x,y,z) 处的法向量的方向余弦.

(4) 高斯公式:

$$\oiint\limits_{\Sigma} P\mathrm{d}y\mathrm{d}z+Q\mathrm{d}z\mathrm{d}x+R\mathrm{d}x\mathrm{d}y=\iiint\limits_{\Omega}\left(\frac{\partial P}{\partial x}+\frac{\partial Q}{\partial y}+\frac{\partial R}{\partial z}\right)\mathrm{d}v,$$

$$\oiint_{\Sigma}(P\cos\alpha+Q\cos\beta+R\cos\gamma)\mathrm{d}S=\iiint_{\Omega}\left(\frac{\partial P}{\partial x}+\frac{\partial Q}{\partial y}+\frac{\partial R}{\partial z}\right)\mathrm{d}v,$$

其中 $P(x,y,z)$，$Q(x,y,z)$，$R(x,y,z)$ 在 Ω 上的一阶偏导数连续，Σ 取外侧，$\cos\alpha$，$\cos\beta$，$\cos\gamma$ 是 Σ 的外法线方向余弦.

5. 平面上曲线积分与路径无关的条件

设 P，Q 在单连通区域 D 内有一阶连续偏导数，A，B 为 D 内任意两点，则以下命题等价：

(1) $\int_{\overset{\frown}{AB}}P\mathrm{d}x+Q\mathrm{d}y$ 与路径无关；

(2) 对于 D 内任意封闭曲线 C，$\oint_{C}P\mathrm{d}x+Q\mathrm{d}y=0$；

(3) $\dfrac{\partial Q}{\partial x}=\dfrac{\partial P}{\partial y}$ 在 D 内处处成立；

(4) 在 D 内，$P\mathrm{d}x+Q\mathrm{d}y$ 为某二元函数 $u(x,y)$ 的全微分.

如果微分方程 $P\mathrm{d}x+Q\mathrm{d}y=0$ 的左端 $P\mathrm{d}x+Q\mathrm{d}y$ 恰好是某二元函数 $u(x,y)$ 的全微分，则称之为全微分方程，其通解为 $u(x,y)=C$.

自　测　题

一、选择题

1. 设 $\overset{\frown}{MEN}$ 是由 $M(0,-1)$ 沿 $x=\sqrt{1-y^2}$ 经 $E(1,0)$ 到 $N(0,1)$ 的曲线段，则 $I=\int_{\overset{\frown}{MEN}}|y|\mathrm{d}x+y^3\mathrm{d}y=$（　　）.

A. 0　　B. $2\int_{\overset{\frown}{EN}}|y|\mathrm{d}x+y^3\mathrm{d}y$

C. $2\int_{\overset{\frown}{EN}}|y|\mathrm{d}x$　　D. $2\int_{\overset{\frown}{EN}}y^3\mathrm{d}y$

2. 设 L 是 $|y|=1-x^2(-1\leqslant x\leqslant 1)$ 表示的围线的正向，则 $I=\oint_{L}\dfrac{2x\mathrm{d}x+y\mathrm{d}y}{2x^2+y^2}=$（　　）.

A. 0　　B. 2π　　C. -2π　　D. $4\ln 2$

3. 下列结论正确的是（　　）.

A. $\iint_{D}e^{x+y}\mathrm{d}x\mathrm{d}y=4\iint_{D_1}e^{x+y}\mathrm{d}x\mathrm{d}y$　$\begin{cases}D:|x|+|y|\leqslant 1,\\ D_1:x+y\leqslant 1,x\geqslant 0,y\geqslant 0\end{cases}$

B. $\iint_{\Sigma}\dfrac{\mathrm{d}s}{x^2+y^2+z^2}=\dfrac{1}{R^2}\iint_{\Sigma}\mathrm{d}s$　$\Sigma:x^2+y^2+z^2\leqslant R^2$ 的表面

C. $\iiint_{\Omega}(x^2+y^2+z^2)^n\mathrm{d}v=R^{2n}\iiint_{\Omega}\mathrm{d}v$　$\Omega:x^2+y^2+z^2=R^2$ 所围立体

D. $\iint_{D}(x^2+y^2)^n\mathrm{d}\sigma=R^{2n}\iint_{D}\mathrm{d}\sigma$　$D:x^2+y^2=R^2$ 所围区域

4. 设平面曲线 $l:\dfrac{x^2}{4}+\dfrac{y^2}{9}=1$，$l':\dfrac{x^2}{4}+\dfrac{y^2}{9}=1,y\geqslant 0$. 它们所围成的区域分别记为 D，D'，则（　　）.

A. $\int_l (x+y^2)\mathrm{d}s = 2\int_{l'}(x+y^2)\mathrm{d}s$

B. $\int_l (x^2+y)\mathrm{d}s = 2\int_{l'}(x^2+y)\mathrm{d}s$

C. $\iint\limits_D (x+y^3)\mathrm{d}x\mathrm{d}y = 2\iint\limits_{D'}(x+y^3)\mathrm{d}x\mathrm{d}y$

D. $\iint\limits_D (x^2+y)\mathrm{d}x\mathrm{d}y = 2\iint\limits_{D'}(x^2+y)\mathrm{d}x\mathrm{d}y$

5. 已知$\dfrac{(x+ay)\mathrm{d}x+y\mathrm{d}y}{(x+y)^2}$为某函数的全微分,则 a 等于(　　).

A. -1　　B. 0　　C. 1　　D. 2

6. 设曲面 Σ 是上半球面 $x^2+y^2+z^2=R^2(z\geqslant 0)$,曲面 Σ_1 是 Σ 在第一卦限的部分,则(　　).

A. $\iint\limits_\Sigma x\,\mathrm{d}s = 4\iint\limits_{\Sigma_1} x\mathrm{d}s$　　B. $\iint\limits_\Sigma y\,\mathrm{d}s = 4\iint\limits_{\Sigma_1} x\mathrm{d}s$

C. $\iint\limits_\Sigma z\,\mathrm{d}s = 4\iint\limits_{\Sigma_1} z\mathrm{d}s$　　D. $\iint\limits_\Sigma xyz\,\mathrm{d}s = \iint\limits_{\Sigma_1} xyz\,\mathrm{d}s$

二、填空题

1. 设 L 是椭圆周$\dfrac{x^2}{4}+y^2=1$的顺时针方向,其周长为 s,则$\oint_L (xy+x^2+4y^2)\mathrm{d}s=$ ____.

2. 设 Σ 是球面 $x^2+y^2+z^2=a^2$ 的内侧,则$\oiint\limits_\Sigma (x^2+y^2+z^2)\mathrm{d}y\mathrm{d}z=$ ________.

3. 设 Σ 为平面 $x+2y+2z=1$ 位于第一卦限部分的上侧,则

$$\iint\limits_\Sigma P\,\mathrm{d}y\mathrm{d}z+Q\mathrm{d}z\mathrm{d}x+R\mathrm{d}x\mathrm{d}y=\iint\limits_\Sigma \_\_\_\_\,\mathrm{d}s=\iint\limits_\Sigma \_\_\_\_\,\mathrm{d}x\mathrm{d}y.$$

4. 已知曲线 L 的方程为 $y=1-|x|(-1\leqslant x\leqslant 1)$,起点为$(-1,0)$,终点为$(1,0)$,则$\int_L xy\,\mathrm{d}x+x^2\mathrm{d}y=$ __________.

5. 设曲面 Σ:$|x|+|y|+|z|=1$,则$\iint\limits_\Sigma (x+|y|)\mathrm{d}S=$ ________.

三、计算题

1. $\int_L (x^3+y^3)\mathrm{d}s$,其中 L:$y=\sqrt{a^2-x^2}$.

2. $\oint_L (y^2-x^2)(\mathrm{d}y-2x\mathrm{d}x)$,其中 L 是由 $y=|x|$ 及 $y=x^2-2$ 所围区域的正向边界.

3. $\int_L (x\sin 2y-y)\mathrm{d}x+(x^2\cos 2y-1)\mathrm{d}y$,其中 L 为圆周 $x^2+y^2=R^2$ 上从 $A(R,0)$ 经第一象限到点 $B(0,R)$ 的一段.

4. $\iint\limits_\Sigma (x^2+y^2+z)\mathrm{d}S$,其中 Σ 为锥面 $z=\sqrt{x^2+y^2}$ 介于 $z=0$ 及 $z=1$ 之间的部分.

5. $\iint\limits_\Sigma z^2\mathrm{d}x\mathrm{d}y$,其中 Σ 是椭球面$\dfrac{x^2}{a^2}+\dfrac{y^2}{b^2}+\dfrac{z^2}{c^2}=1$的外侧.

四、证明题

1. 由封闭曲面Σ所围立体的体积$V=\frac{1}{3}\oiint(x\cos\alpha+y\cos\beta+z\cos\gamma)\mathrm{d}s$，$\alpha,\beta,\gamma$为曲面上点$(x,y,z)$处的外法向量的方向角.

2. 简单闭合线L不过Y轴($x\neq 0$)，则所围面积$A=\frac{1}{2}\oint_L x^2\mathrm{d}\left(\frac{y}{x}\right)$.

五、在过点$O(0,0)$和$A(\pi,0)$的曲线族$y=a\sin x(a>0)$中，求一条曲线L，使沿该曲线从O到A的积分$\int_L(1+y^3)\mathrm{d}x+(2x+y)\mathrm{d}y$的值最小.

六、计算曲线积分

$$I=\iint_{\Sigma}(8y+1)x\mathrm{d}y\mathrm{d}z+2(1-y^2)\mathrm{d}z\mathrm{d}x-4yz\mathrm{d}x\mathrm{d}y,$$

其中Σ是由曲线$\begin{cases}z=\sqrt{y-1},\\x=0\end{cases}(1\leqslant y\leqslant 3)$绕$y$轴旋转一周所成的曲面，它的法向量与$y$轴正向夹角恒大于$\frac{\pi}{2}$.

第十二章　无穷级数

无穷级数是高等数学的重要内容，它是数与函数的一种重要表现形式，它在研究函数的性质、计算函数值以及求解微分方程等方面都有着重要的应用. 无穷级数分为常数项级数和函数项级数，常数项级数是函数项级数的特殊情况，是研究函数项级数的基础. 本章我们先介绍常数项级数的定义、性质以及收敛判别法，然后讨论函数项级数，最后介绍如何将函数展开成幂级数与傅里叶级数.

12.1　数项级数的概念与性质

12.1.1　数项级数的概念

1. 常数项级数的定义

定义 1　给定数列$\{u_n\}_{n=1}^{\infty}$，我们把数列各项的和式

$$u_1+u_2+\cdots+u_n+\cdots$$

称为**常数项无穷级数**，简称为**无穷级数**或**级数**，记作$\sum\limits_{n=1}^{\infty}u_n$，即

$$\sum_{n=1}^{\infty}u_n=u_1+u_2+\cdots+u_n+\cdots, \tag{1}$$

其中第 n 项 u_n 称为级数的**通项**(或**一般项**).

例如，由等差数列$\{a_1+(n-1)d\}_{n=1}^{\infty}$ 构成的级数

$$\sum_{n=1}^{\infty}[a_1+(n-1)d]=a_1+(a_1+d)+\cdots+[a_1+(n-1)d]+\cdots$$

称为**算术级数**. 由等比数列$\{a_1q^{n-1}\}_{n=1}^{\infty}$ 构成的级数

$$\sum_{n=1}^{\infty}a_1q^{n-1}=a_1+a_1q+\cdots+a_1q^{n-1}+\cdots$$

称为**等比级数**，也称为**几何级数**. 由数列$\left\{\frac{1}{n}\right\}_{n=1}^{\infty}$ 构成的级数

$$\sum_{n=1}^{\infty}\frac{1}{n}=1+\frac{1}{2}+\frac{1}{3}+\cdots+\frac{1}{n}+\cdots$$

称为**调和级数**.

我们把级数(1) 前 n 项的和

$$\sum_{k=1}^{n}u_k=u_1+u_2+\cdots+u_n$$

称为级数 $\sum_{n=1}^{\infty} u_n$ 的**前 n 项部分和**,简称为**部分和**,记作 S_n,即

$$S_n = \sum_{k=1}^{n} u_k = u_1 + u_2 + \cdots + u_n.$$

当 n 依次取为 $1,2,3,\cdots$ 时,得到一个新的数列 $\{S_n\}$

$$S_1 = u_1, S_2 = u_1 + u_2, S_3 = u_1 + u_2 + u_3, \cdots,$$

称 $\{S_n\}$ 为级数 $\sum_{n=1}^{\infty} u_n$ 的**部分和数列**.

根据部分和数列的收敛与发散,可以定义无穷级数的收敛与发散.

2. 数项级数的收敛与发散

定义 2　若级数 $\sum_{n=1}^{\infty} u_n$ 的部分和数列 $\{S_n\}$ 的极限存在且为常数 S,即

$$\lim_{n\to\infty} S_n = S,$$

则称极限 S 为级数 $\sum_{n=1}^{\infty} u_n$ 的**和**,记作

$$S = \sum_{n=1}^{\infty} u_n = u_1 + u_2 + \cdots + u_n + \cdots,$$

此时称级数 $\sum_{n=1}^{\infty} u_n$ **收敛**;如果数列 $\{S_n\}$ 的极限不存在,则称级数 $\sum_{n=1}^{\infty} u_n$ **发散**.

当级数 $\sum_{n=1}^{\infty} u_n$ 收敛时,级数的和 S 与它的部分和 S_n 之差

$$r_n = S - S_n = u_{n+1} + u_{n+2} + \cdots$$

称为级数的**余项**.用近似值 S_n 来代替 S 所产生的误差是这个余项的绝对值,即误差为 $|r_n|$.

例 1　讨论等比级数

$$\sum_{n=0}^{\infty} aq^n = a + aq + aq^2 + \cdots + aq^n + \cdots$$

的敛散性,其中 $a \neq 0$,q 为级数的公比.

解　如果 $q = 1$,则部分和 $S_n = na$,因为 $a \neq 0$,所以

$$\lim_{n\to\infty} S_n = \infty,$$

因此级数 $\sum_{n=0}^{\infty} aq^n$ 发散.

如果 $q \neq 1$,则部分和

$$S_n = a + aq + aq^2 + \cdots + aq^{n-1}$$
$$= \frac{a - aq^n}{1 - q} = \frac{a}{1-q} - \frac{aq^n}{1-q}.$$

当 $|q| < 1$ 时,因为

$$\lim_{n\to\infty} S_n = \frac{a}{1-q},$$

所以级数 $\sum_{n=0}^{\infty} aq^n$ 收敛,其和为 $\frac{a}{1-q}$;当 $|q| > 1$ 时,因为

$$\lim_{n \to \infty} S_n = \infty,$$

所以级数 $\sum_{n=0}^{\infty} aq^n$ 发散;当 $q=-1$ 时,若 n 为奇数,则 $S_n = a$,若 n 为偶数,则 $S_n = 0$,由 $a \neq 0$,有 $\lim_{n \to \infty} S_n$ 不存在,从而级数 $\sum_{n=0}^{\infty} aq^n$ 发散.

综上所述知,如果 $|q| < 1$,则级数 $\sum_{n=0}^{\infty} aq^n$ 收敛,其和为 $\frac{a}{1-q}$;如果 $|q| \geqslant 1$,则级数 $\sum_{n=0}^{\infty} aq^n$ 发散.

例 2 证明级数

$$\sum_{n=1}^{\infty} n = 1 + 2 + \cdots + n + \cdots$$

是发散的.

证明 因为级数的部分和

$$S_n = 1 + 2 + 3 + \cdots + n = \frac{n(n+1)}{2},$$

显然,$\lim_{n \to \infty} S_n = \infty$,所以级数发散.

例 3 判别级数 $\sum_{n=1}^{\infty} \frac{1}{n(n+1)}$ 的敛散性.

解 因为级数的部分和

$$\begin{aligned} S_n &= \frac{1}{1 \cdot 2} + \frac{1}{2 \cdot 3} + \frac{1}{3 \cdot 4} + \cdots + \frac{1}{n(n+1)} \\ &= \left(1 - \frac{1}{2}\right) + \left(\frac{1}{2} - \frac{1}{3}\right) + \cdots + \left(\frac{1}{n} - \frac{1}{n+1}\right) = 1 - \frac{1}{n+1}, \end{aligned}$$

从而

$$\lim_{n \to \infty} S_n = \lim_{n \to \infty} \left(1 - \frac{1}{n+1}\right) = 1,$$

所以级数收敛,且

$$\sum_{n=1}^{\infty} \frac{1}{n(n+1)} = 1.$$

例 4 证明调和级数

$$\sum_{n=1}^{\infty} \frac{1}{n} = 1 + \frac{1}{2} + \frac{1}{3} + \cdots + \frac{1}{n} + \cdots$$

是发散的.

证明 反证法. 设级数 $\sum_{n=1}^{\infty} \frac{1}{n}$ 收敛,其和为 S,又 S_n 为其前 n 项部分和. 因为级数 $\sum_{n=1}^{\infty} \frac{1}{n}$ 收敛,所以

$$\lim_{n \to \infty} S_n = S, \lim_{n \to \infty} S_{2n} = S,$$

于是

$$\lim_{n \to \infty} (S_{2n} - S_n) = 0.$$

另一方面,

$$S_{2n}-S_n=\frac{1}{n+1}+\frac{1}{n+2}+\cdots+\frac{1}{2n}$$
$$>\frac{1}{2n}+\frac{1}{2n}+\cdots+\frac{1}{2n}=\frac{1}{2}.$$

故

$$\lim_{n\to\infty}(S_{2n}-S_n)\neq 0,$$

矛盾,所以级数$\sum\limits_{n=1}^{\infty}\frac{1}{n}$发散.

12.1.2　收敛级数的性质

下面我们利用级数收敛的定义来研究级数的基本性质.

性质1　如果级数$\sum\limits_{n=1}^{\infty}u_n$收敛,其和为$S$,则它的各项同时乘以常数$k$所得的级数$\sum\limits_{n=1}^{\infty}ku_n$也收敛,且其和为$kS$.

证明　设级数$\sum\limits_{n=1}^{\infty}u_n$与级数$\sum\limits_{n=1}^{\infty}ku_n$的部分和分别为$S_n$与$\sigma_n$,则

$$\begin{aligned}\lim_{n\to\infty}\sigma_n&=\lim_{n\to\infty}(ku_1+ku_2+\cdots+ku_n)\\&=k\lim_{n\to\infty}(u_1+u_2+\cdots+u_n)=k\lim_{n\to\infty}S_n=kS.\end{aligned}$$

因此级数$\sum\limits_{n=1}^{\infty}ku_n$收敛,且和为$kS$.

性质2　如果级数$\sum\limits_{n=1}^{\infty}u_n$和级数$\sum\limits_{n=1}^{\infty}v_n$都收敛,且其和分别为$S,\sigma$,则级数$\sum\limits_{n=1}^{\infty}(u_n+v_n)$也收敛,且其和为$S+\sigma$.

证明　设级数$\sum\limits_{n=1}^{\infty}u_n$,$\sum\limits_{n=1}^{\infty}v_n$和$\sum\limits_{n=1}^{\infty}(u_n+v_n)$的部分和分别为$S_n$,$\sigma_n$和$\tau_n$,则

$$\begin{aligned}\lim_{n\to\infty}\tau_n&=\lim_{n\to\infty}[(u_1+v_1)+(u_2+v_2)+\cdots+(u_n+v_n)]\\&=\lim_{n\to\infty}[(u_1+u_2+\cdots+u_n)+(v_1+v_2+\cdots+v_n)]\\&=\lim_{n\to\infty}(S_n+\sigma_n)=S+\sigma.\end{aligned}$$

因此级数$\sum\limits_{n=1}^{\infty}(u_n+v_n)$收敛,且其和为$S+\sigma$.

性质3　在级数$\sum\limits_{n=1}^{\infty}u_n$中去掉、添加或改变有限项,不改变级数的敛散性.

证明　我们只需证明“在级数的前面部分去掉或加上有限项,不改变级数的敛散性”,因为其他情形(即在级数中任意去掉、添加或改变有限项的情形)都可以看作在级数的前面部分先去掉有限项,然后再加上有限项的结果.

设级数$\sum\limits_{n=1}^{\infty}u_n$前$n$项的部分和为$S_n$,将级数$\sum\limits_{n=1}^{\infty}u_n$的前$k$项去掉,则得级数

$$u_{k+1}+\cdots+u_{k+n}+\cdots,$$

于是新级数前n项的部分和

$$\sigma_n = u_{k+1} + \cdots + u_{k+n} = S_{k+n} - S_k.$$

因为 S_k 是常数,所以当 $n \to \infty$ 时,数列 $\{\sigma_n\}$ 与数列 $\{S_{k+n}\}$ 具有相同的敛散性. 因此在级数 $\sum_{n=1}^{\infty} u_n$ 的前面部分去掉有限项,不改变级数的敛散性.

类似地,可以证明在级数的前面加上有限项,不改变级数的敛散性. 所以结论成立.

例如,由于级数

$$\frac{1}{1 \cdot 2} + \frac{1}{2 \cdot 3} + \frac{1}{3 \cdot 4} + \cdots + \frac{1}{n(n+1)} + \cdots$$

收敛,所以级数

$$10\,000 + \frac{1}{1 \cdot 2} + \frac{1}{2 \cdot 3} + \frac{1}{3 \cdot 4} + \cdots + \frac{1}{n(n+1)} + \cdots$$

收敛,同样级数

$$\frac{1}{3 \cdot 4} + \frac{1}{4 \cdot 5} + \cdots + \frac{1}{n(n+1)} + \cdots$$

也收敛.

性质 4　如果级数 $\sum_{n=1}^{\infty} u_n$ 收敛,则对级数的项任意添加括号后所得的新级数

$$(u_1 + \cdots + u_{n_1}) + (u_{n_1+1} + \cdots + u_{n_2}) + \cdots + (u_{n_{k-1}+1} + \cdots + u_{n_k}) + \cdots \tag{2}$$

仍收敛,且和不变.

证明　设级数 $\sum_{n=1}^{\infty} u_n$ 前 n 项的部分和为 S_n,添加括号后所得级数(2) 前 k 项的部分和为 A_k,则

$$A_1 = u_1 + \cdots + u_{n_1} = S_{n_1},$$

$$A_2 = (u_1 + \cdots + u_{n_1}) + (u_{n_1+1} + \cdots + u_{n_2}) = S_{n_2},$$

$$\vdots$$

$$A_k = (u_1 + \cdots + u_{n_1}) + (u_{n_1+1} + \cdots + u_{n_2}) + \cdots + (u_{n_{k-1}+1} + \cdots + u_{n_k}) = S_{n_k},$$

$$\vdots$$

可见,数列 $\{A_k\}$ 是数列 $\{S_n\}$ 的一个子数列,由于数列 $\{S_n\}$ 收敛,故数列 $\{A_k\}$ 也收敛,且

$$\lim_{k\to\infty} A_k = \lim_{n\to\infty} S_n,$$

即添加括号后所得的级数收敛,且其和不变.

这里所谓添加括号,是指在不改变各项顺序的前提下,将级数的某些项放在一起作为一个新的项. 显然,添加括号的方法是任意的.

若级数在添加括号后所得的级数发散,或以两种不同方式添加括号后所得的两个新级数收敛于不同的和,那么原级数必发散. 该结论可用来判别级数发散. 例如,对于级数

$$1 - 1 + 1 - 1 + \cdots + 1 - 1 + \cdots,$$

由于级数

$$(1-1) + (1-1) + \cdots + (1-1) + \cdots$$

收敛于 0,而级数

$$1 - (1-1) - (1-1) - \cdots - (1-1) - \cdots$$

收敛于 1,所以原级数发散.

性质 5(级数收敛的必要条件)　如果级数 $\sum_{n=1}^{\infty} u_n$ 收敛,则其通项的极限为零,即

$$\lim_{n\to\infty} u_n = 0.$$

证明　设级数 $\sum_{n=1}^{\infty} u_n$ 的部分和为 S_n,且 $\lim_{n\to\infty} S_n = S$,则

$$\begin{aligned}\lim_{n\to\infty} u_n &= \lim_{n\to\infty}(S_n - S_{n-1})\\ &= \lim_{n\to\infty} S_n - \lim_{n\to\infty} S_{n-1} = S - S = 0.\end{aligned}$$

需要注意的是,对于级数 $\sum_{n=1}^{\infty} u_n$,通项的极限 $\lim_{n\to\infty} u_n = 0$,不能得出级数收敛的结论. 如调和级数 $\sum_{n=1}^{\infty} \frac{1}{n}$,通项的极限 $\lim_{n\to\infty} \frac{1}{n} = 0$,而级数发散.

性质 5 的逆否命题可叙述为:

推论　如果级数 $\sum_{n=1}^{\infty} u_n$ 通项的极限 $\lim_{n\to\infty} u_n \neq 0$,则级数 $\sum_{n=1}^{\infty} u_n$ 发散.

上述推论常用来判别级数发散.

例 5　判别下列级数的敛散性.

(1) $\sum_{n=1}^{\infty} \frac{n-1}{n}$;　　　(2) $\sum_{n=1}^{\infty} (-1)^{n-1} \frac{n}{n+1}$.

解　(1) 因为通项的极限

$$\lim_{n\to\infty} u_n = \lim_{n\to\infty} \frac{n-1}{n} = 1 \neq 0,$$

所以级数 $\sum_{n=1}^{\infty} \frac{n-1}{n}$ 发散.

(2) 因为通项的极限

$$\lim_{n\to\infty} u_n = \lim_{n\to\infty} (-1)^{n-1} \frac{n}{n+1} \neq 0,$$

所以级数 $\sum_{n=1}^{\infty} (-1)^{n-1} \frac{n}{n+1}$ 发散.

习　题　12.1

1. 写出下列级数的通项.

(1) $1 - \frac{1}{3} + \frac{1}{5} - \frac{1}{7} + \cdots$;　　　(2) $1 + \frac{3}{4} + \frac{5}{9} + \frac{7}{16} + \cdots$;

(3) $-\frac{\sqrt{x}}{2} + \frac{x}{2\times 4} - \frac{x\sqrt{x}}{2\times 4\times 6} + \frac{x^2}{2\times 4\times 6\times 8} - \frac{x^2\sqrt{x}}{2\times 4\times 6\times 8\times 10} + \cdots$;

(4) $\frac{1}{1\times 4} + \frac{2}{4\times 7} + \frac{2^2}{7\times 10} + \frac{2^3}{10\times 13} + \cdots$.

2. 判别下列级数的敛散性.

(1) $\frac{1}{4} + \frac{1}{8} + \frac{1}{12} + \cdots + \frac{1}{4n} + \cdots$;　　　(2) $\sum_{n=1}^{\infty} (\sqrt{n+1} - \sqrt{n})$;

(3) $\sum_{n=1}^{\infty}(\sqrt{3n-1}-\sqrt{3n+2})$；

(4) $\sum_{n=1}^{\infty}\frac{2n-1}{2n+1}$；

(5) $\sum_{n=1}^{\infty}\frac{1}{(2n-1)(2n+1)}$；

(6) $\sum_{n=1}^{\infty}\frac{(-1)^{n-1}a^n}{(1+a)^n}$，其中 $a>0$.

3. 讨论级数 $\sum_{n=1}^{\infty}\frac{(a-1)^n}{3^n}$ 的敛散性.

4. 求下列级数的和.

(1) $\frac{4}{5}-\frac{4^2}{5^2}+\frac{4^3}{5^3}-\frac{4^4}{5^4}+\cdots$；

(2) $\frac{3a}{4}+\frac{3^2a}{4^2}+\frac{3^3a}{4^3}+\cdots+\frac{3^na}{4^n}+\cdots$；

(3) $\left(\frac{1}{2}+\frac{1}{3}\right)+\left(\frac{1}{2^2}+\frac{1}{3^2}\right)+\cdots+\left(\frac{1}{2^n}+\frac{1}{3^n}\right)+\cdots$.

5. 回答下列问题，并说明理由.

(1) 若 $\sum_{n=1}^{\infty}(u_{2n-1}+u_{2n})$ 收敛，问 $\sum_{n=1}^{\infty}u_n$ 是否收敛？

(2) 若 $\sum_{n=1}^{\infty}a_n$ 与 $\sum_{n=1}^{\infty}b_n$ 均发散，问 $\sum_{n=1}^{\infty}(a_n+b_n)$ 与 $\sum_{n=1}^{\infty}a_nb_n$ 是否发散？

12.2 正项级数

前面，我们介绍了数项级数的定义和性质. 一般情况下，利用定义和性质来判别数项级数的敛散性往往很困难，我们希望找到更为简单有效的判别方法. 为判别任意项级数的敛散性，本节先介绍正项级数及其收敛判别法.

定义 1 若数项级数 $\sum_{n=1}^{\infty}u_n$ 的每一项 u_n 非负，即 $u_n\geqslant 0(n=1,2,3\cdots)$，则称级数 $\sum_{n=1}^{\infty}u_n$ 为**正项级数**.

显然，正项级数 $\sum_{n=1}^{\infty}u_n$ 的部分和数列 $\{S_n\}$ 单调增加，即

$$S_1\leqslant S_2\leqslant\cdots\leqslant S_n\leqslant\cdots.$$

根据数列的单调有界收敛准则知，数列 $\{S_n\}$ 收敛的充分必要条件是数列 $\{S_n\}$ 有界，因此对于正项级数，可以得到下面的重要结论.

定理 1 正项级数 $\sum_{n=1}^{\infty}u_n$ 收敛的充分必要条件是它的部分和数列 $\{S_n\}$ 有界.

显然，若正项级数 $\sum_{n=1}^{\infty}u_n$ 发散，等价于它的部分和数列 $S_n\to\infty(n\to\infty)$. 由于很多正项级数的部分和数列很难求出，所以我们一般不直接利用上述结论来判别正项级数的敛散性. 因此从定理 1 出发，可以建立下面的三种判别法.

定理 2(比较判别法) 设 $\sum_{n=1}^{\infty}u_n$ 和 $\sum_{n=1}^{\infty}v_n$ 是两个正项级数，且 $u_n\leqslant v_n(n=1,2,\cdots)$，

(1) 若级数 $\sum_{n=1}^{\infty}v_n$ 收敛，则级数 $\sum_{n=1}^{\infty}u_n$ 也收敛；

(2) 若级数 $\sum_{n=1}^{\infty} u_n$ 发散，则级数 $\sum_{n=1}^{\infty} v_n$ 也发散.

证明　(1) 设级数 $\sum_{n=1}^{\infty} u_n$ 和 $\sum_{n=1}^{\infty} v_n$ 的前 n 项部分和分别为 S_n 和 σ_n，且级数 $\sum_{n=1}^{\infty} v_n$ 收敛于 σ，由 $u_n \leqslant v_n (n = 1,2,\cdots)$，有

$$S_n \leqslant \sigma_n \leqslant \sigma (n = 1,2,\cdots),$$

所以级数 $\sum_{n=1}^{\infty} u_n$ 的部分和数列 $\{S_n\}$ 有界，由定理 1 知级数 $\sum_{n=1}^{\infty} u_n$ 收敛.

(2) 设级数 $\sum_{n=1}^{\infty} u_n$ 发散，那么级数 $\sum_{n=1}^{\infty} v_n$ 必发散. 因为若级数 $\sum_{n=1}^{\infty} v_n$ 收敛，由(1) 知，级数 $\sum_{n=1}^{\infty} u_n$ 也收敛，与假设矛盾.

用比较判别法判别级数的敛散性，通常情况下我们选用前面的几何级数和下面的 p 级数作为比较的对象.

例 1　称级数

$$\sum_{n=1}^{\infty} \frac{1}{n^p} = 1 + \frac{1}{2^p} + \frac{1}{3^p} + \cdots + \frac{1}{n^p} + \cdots$$

为 p 级数，试讨论 p 级数的敛散性.

解　当 $p \leqslant 1$ 时，$\frac{1}{n^p} \geqslant \frac{1}{n}$，因为调和级数 $\sum_{n=1}^{\infty} \frac{1}{n}$ 发散，由比较判别法知，p 级数发散.

当 $p > 1$ 时，若 $k - 1 \leqslant x \leqslant k$，则有 $\frac{1}{x^p} \geqslant \frac{1}{k^p}$，于是

$$\frac{1}{k^p} = \int_{k-1}^{k} \frac{1}{k^p} \mathrm{d}x \leqslant \int_{k-1}^{k} \frac{1}{x^p} \mathrm{d}x \quad (k = 2,3,\cdots),$$

从而 p 级数的部分和

$$\begin{aligned} S_n &= \sum_{k=1}^{n} \frac{1}{k^p} = 1 + \sum_{k=2}^{n} \frac{1}{k^p} \leqslant 1 + \sum_{k=2}^{n} \int_{k-1}^{k} \frac{1}{x^p} \mathrm{d}x = 1 + \int_{1}^{n} \frac{1}{x^p} \mathrm{d}x \\ &= 1 + \frac{1}{p-1}\left(1 - \frac{1}{n^{p-1}}\right) < 1 + \frac{1}{p-1}, \end{aligned}$$

即部分和数列有界，因此 p 级数收敛.

综上所述，当 $p > 1$ 时，p 级数 $\sum_{n=1}^{\infty} \frac{1}{n^p}$ 收敛；当 $p \leqslant 1$ 时，p 级数 $\sum_{n=1}^{\infty} \frac{1}{n^p}$ 发散.

例 2　判别下列级数的敛散性.

(1) $\sum_{n=1}^{\infty} \frac{1}{n \cdot 3^n}$；　　(2) $\sum_{n=1}^{\infty} \frac{1}{\sqrt{n(n+1)}}$.

解　(1) 由于当 $n \geqslant 1$ 时，有

$$\frac{1}{n \cdot 3^n} \leqslant \frac{1}{3^n},$$

因为几何级数 $\sum_{n=1}^{\infty} \frac{1}{3^n}$ 收敛，故由比较判别法知，级数 $\sum_{n=1}^{\infty} \frac{1}{n \cdot 3^n}$ 收敛.

(2) 由于当 $n \geqslant 1$ 时，有

$$\frac{1}{\sqrt{n(n+1)}} > \frac{1}{n+1},$$

而级数 $\sum_{n=1}^{\infty} \frac{1}{n+1}$ 发散,所以级数 $\sum_{n=1}^{\infty} \frac{1}{\sqrt{n(n+1)}}$ 发散.

上面的例子告诉我们,利用比较判别法判断级数 $\sum_{n=1}^{\infty} u_n$ 收敛,需找一个已知收敛的正项级数 $\sum_{n=1}^{\infty} v_n$ 作比较,且从某项起 $u_n \leqslant v_n$,这里我们将 u_n 作了适当的"放大",因此"放大"的目的是判别级数收敛;同样道理,为判别级数 $\sum_{n=1}^{\infty} v_n$ 发散,需找一个已知发散的正项级数 $\sum_{n=1}^{\infty} u_n$ 作比较,且从某项起 $u_n \leqslant v_n$,这里我们将 v_n 作了适当的"缩小",因此"缩小"的目的是判别级数发散.所以利用比较判别法判别级数的敛散性时,一定要清楚我们是判别级数收敛还是判别发散.

比较判别法是判定正项级数敛散性的一个重要方法,在实际使用上,比较判别法的极限形式通常更为方便.

推论 1(比较判别法的极限形式) 设 $\sum_{n=1}^{\infty} u_n$ 与 $\sum_{n=1}^{\infty} v_n$ 为正项级数,若

$$\lim_{n\to\infty} \frac{u_n}{v_n} = l,$$

则:(1) 当 $0 < l < +\infty$ 时,$\sum_{n=1}^{\infty} v_n$ 与 $\sum_{n=1}^{\infty} u_n$ 具有相同的敛散性;(2) 当 $l = 0$ 时,若 $\sum_{n=1}^{\infty} v_n$ 收敛,则 $\sum_{n=1}^{\infty} u_n$ 也收敛;(3) 当 $l = +\infty$ 时,若 $\sum_{n=1}^{\infty} v_n$ 发散,则 $\sum_{n=1}^{\infty} u_n$ 也发散.

证明 (1) 因为 $0 < l < +\infty$,根据极限的定义,取 $\varepsilon = \frac{l}{2}$,则存在正整数 N,当 $n > N$ 时,不等式

$$\left|\frac{u_n}{v_n} - l\right| < \frac{l}{2}$$

成立,即

$$\frac{l}{2} = l - \frac{l}{2} < \frac{u_n}{v_n} < l + \frac{l}{2} = \frac{3}{2}l,$$

所以

$$0 < \frac{l}{2}v_n < u_n < \frac{3l}{2}v_n.$$

由定理 2 可知,两级数或同时收敛,或同时发散.

(2) 因为 $l = 0$,即

$$\lim_{n\to\infty} \frac{u_n}{v_n} = 0,$$

则存在正整数 N,当 $n > N$ 时,有

$$\frac{u_n}{v_n} < 1,$$

得 $u_n < v_n$，由定理 2 知，如果级数 $\sum\limits_{n=1}^{\infty} v_n$ 收敛，则级数 $\sum\limits_{n=1}^{\infty} u_n$ 收敛.

(3) 因为 $l = +\infty$，即

$$\lim_{n\to\infty} \frac{u_n}{v_n} = +\infty,$$

则存在正整数 N，当 $n > N$ 时，有

$$\frac{u_n}{v_n} > 1,$$

得 $u_n > v_n$，由定理 2 知，如果级数 $\sum\limits_{n=1}^{\infty} v_n$ 发散，则级数 $\sum\limits_{n=1}^{\infty} u_n$ 发散.

例 3　判别下列级数的敛散性.

(1) $\sum\limits_{n=1}^{\infty} \ln\left(1 + \frac{1}{n^2}\right)$；　　(2) $\sum\limits_{n=1}^{\infty} \sin \frac{1}{n}$；

(3) $\sum\limits_{n=1}^{\infty} \frac{1}{2^n - n}$；　　(4) $\sum\limits_{n=1}^{\infty} \frac{1}{n \sqrt[n]{n}}$.

解　(1) 因为

$$\lim_{n\to\infty} \frac{\ln\left(1 + \frac{1}{n^2}\right)}{\frac{1}{n^2}} = 1,$$

而级数 $\sum\limits_{n=1}^{\infty} \frac{1}{n^2}$ 收敛，根据推论 1，级数 $\sum\limits_{n=1}^{\infty} \ln\left(1 + \frac{1}{n^2}\right)$ 收敛.

(2) 因为

$$\lim_{n\to\infty} \frac{\sin \frac{1}{n}}{\frac{1}{n}} = 1,$$

而级数 $\sum\limits_{n=1}^{\infty} \frac{1}{n}$ 发散，所以级数 $\sum\limits_{n=1}^{\infty} \sin \frac{1}{n}$ 发散.

(3) 因为

$$\lim_{n\to\infty} \frac{\frac{1}{2^n - n}}{\frac{1}{2^n}} = \lim_{n\to\infty} \frac{2^n}{2^n - n} = \lim_{n\to\infty} \frac{1}{1 - \frac{n}{2^n}} = 1,$$

而几何级数 $\sum\limits_{n=1}^{\infty} \frac{1}{2^n}$ 收敛，所以级数 $\sum\limits_{n=1}^{\infty} \frac{1}{2^n - n}$ 收敛.

(4) 令 $u_n = \frac{1}{n \sqrt[n]{n}}$，$v_n = \frac{1}{n}$，则

$$\lim_{n\to\infty} \frac{u_n}{v_n} = \lim_{n\to\infty} \frac{1}{\sqrt[n]{n}} = 1,$$

而调和级数 $\sum\limits_{n=1}^{\infty} \frac{1}{n}$ 发散，所以级数 $\sum\limits_{n=1}^{\infty} \frac{1}{n \sqrt[n]{n}}$ 发散.

上面的例子告诉我们,若级数的通项与某个无穷小等价($n \to \infty$),且由该无穷小作为通项所构成的级数的敛散性已知,则可判别原级数的敛散性.

定理 3(比值判别法) 设 $\sum_{n=1}^{\infty} u_n$ 为正项级数,若

$$\lim_{n\to\infty} \frac{u_{n+1}}{u_n} = l,$$

则:(1) 当 $l < 1$ 时,级数 $\sum_{n=1}^{\infty} u_n$ 收敛;(2) 当 $l > 1$(或 $l = +\infty$)时,级数 $\sum_{n=1}^{\infty} u_n$ 发散;(3) 当 $l = 1$ 时,级数 $\sum_{n=1}^{\infty} u_n$ 可能收敛,也可能发散.

证明 (1) 当 $l < 1$ 时,取 $r = \frac{l+1}{2}$,则 $l < r < 1$,由极限的保号性知,存在正整数 N,当 $n > N$ 时,有 $\frac{u_{n+1}}{u_n} < r$,从而有

$$u_{N+1} < u_N r, u_{N+2} < u_{N+1} r < u_N r^2, \cdots,$$
$$u_{N+n} < u_{N+n-1} r < \cdots < u_N r^n \cdots,$$

因为级数 $\sum_{n=1}^{\infty} u_N r^n$ 收敛,由级数收敛的性质知,级数 $\sum_{n=1}^{\infty} u_n$ 收敛.

(2) 当 $l > 1$ 时,取 $r_0 = \frac{l+1}{2}$,则 $1 < r_0 < l$,由极限的保号性知,存在正整数 N,当 $n > N$ 时,有 $\frac{u_{n+1}}{u_n} > r_0$,从而有

$$u_{N+n} > u_{N+n-1} > \cdots > u_N,$$

因此 $\lim_{n\to\infty} u_n \neq 0$,所以级数 $\sum_{n=1}^{\infty} u_n$ 发散.

类似地,可以证明,当 $l = +\infty$ 时,级数 $\sum_{n=1}^{\infty} u_n$ 发散.

(3) 当 $l = 1$ 时,级数 $\sum_{n=1}^{\infty} u_n$ 可能收敛,也可能发散,需另行判别. 如级数 $\sum_{n=1}^{\infty} \frac{1}{n^2}$ 收敛,而级数 $\sum_{n=1}^{\infty} \frac{1}{n}$ 发散,但它们都有 $\lim_{n\to\infty} \frac{u_{n+1}}{u_n} = 1$.

例 4 判别级数的敛散性.

(1) $1 + \frac{1}{1!} + \frac{1}{2!} + \frac{1}{3!} + \cdots + \frac{1}{(n-1)!} + \cdots$;

(2) $\frac{1}{10} + \frac{1 \cdot 2}{10^2} + \frac{1 \cdot 2 \cdot 3}{10^3} + \cdots + \frac{n!}{10^n} + \cdots$.

解 (1) 因为

$$\lim_{n\to\infty} \frac{u_{n+1}}{u_n} = \lim_{n\to\infty} \frac{(n-1)!}{n!} = \lim_{n\to\infty} \frac{1}{n} = 0 < 1,$$

由定理 3 知,所给级数收敛.

(2) 因为

$$\lim_{n\to\infty}\frac{u_{n+1}}{u_n}=\lim_{n\to\infty}\frac{(n+1)!}{10^{n+1}}\cdot\frac{10^n}{n!}=\lim_{n\to\infty}\frac{n+1}{10}=+\infty,$$

所以所给级数发散.

例 5　判别级数 $\sum_{n=1}^{\infty}\frac{1}{(2n-1)\cdot 2n}$ 的敛散性.

解　因为

$$\lim_{n\to\infty}\frac{u_{n+1}}{u_n}=\lim_{n\to\infty}\frac{(2n-1)\cdot 2n}{(2n+1)\cdot(2n+2)}=1,$$

此时用比值判别法判别级数的敛散性失效,必须用其他方法来判别级数的敛散性.由于

$$\frac{1}{(2n-1)\cdot 2n}<\frac{1}{n^2},$$

而级数 $\sum_{n=1}^{\infty}\frac{1}{n^2}$ 收敛,所以由比较判别法,级数 $\sum_{n=1}^{\infty}\frac{1}{(2n-1)\cdot 2n}$ 收敛.

定理 4(根值判别法)　设 $\sum_{n=1}^{\infty}u_n$ 为正项级数,若

$$\lim_{n\to\infty}\sqrt[n]{u_n}=l,$$

则:(1) 当 $l<1$ 时,级数 $\sum_{n=1}^{\infty}u_n$ 收敛;(2) 当 $l>1$(或 $l=+\infty$)时,级数 $\sum_{n=1}^{\infty}u_n$ 发散;(3) 当 $l=1$ 时,级数 $\sum_{n=1}^{\infty}u_n$ 可能收敛,也可能发散.

定理 4 的证明和定理 3 的证明类似,这里不再赘述.

例 6　判别下列级数的敛散性.

(1) $\sum_{n=1}^{\infty}\frac{n}{e^n-1}$;　(2) $\sum_{n=1}^{\infty}\frac{2+(-1)^n}{2^n}$.

解　(1) 令 $u_n=\frac{n}{e^n-1}$,由于

$$\lim_{n\to\infty}\sqrt[n]{u_n}=\lim_{n\to\infty}\sqrt[n]{\frac{n}{e^n-1}}=\lim_{n\to\infty}\frac{\sqrt[n]{n}}{\sqrt[n]{e^n-1}}=\frac{1}{e}<1,$$

所以级数 $\sum_{n=1}^{\infty}\frac{n}{e^n-1}$ 收敛.

(2) 令 $u_n=\frac{2+(-1)^n}{2^n}$,由于

$$\lim_{n\to\infty}\sqrt[n]{u_n}=\lim_{n\to\infty}\frac{1}{2}\sqrt[n]{2+(-1)^n}=\frac{1}{2}<1,$$

所以级数 $\sum_{n=1}^{\infty}\frac{2+(-1)^n}{2^n}$ 收敛.

习　题　12.2

1. 用比较判别法判别下列级数的敛散性.

(1) $\sum_{n=1}^{\infty}\frac{1}{3n^2+2}$;　(2) $\sum_{n=1}^{\infty}\frac{n+2}{n^2+1}$;

(3) $\sum_{n=1}^{\infty} 2^n \sin \frac{\pi}{3^n}$;　　(4) $\sum_{n=1}^{\infty} \frac{1}{\sqrt{n+1}+\sqrt{n}}$.

2. 用比值判别法判别下列级数的敛散性.

(1) $\sum_{n=1}^{\infty} \frac{2^n}{n3^n}$;　　(2) $\sum_{n=1}^{\infty} \frac{1 \cdot 3 \cdot 5 \cdots (2n-1)}{2 \cdot 5 \cdot 8 \cdots (3n-1)}$;

(3) $\sum_{n=1}^{\infty} \frac{2 \cdot 4 \cdot 6 \cdots 2n}{3^n (n-1)!}$;　　(4) $\sum_{n=1}^{\infty} n \tan \frac{\pi}{2^n}$.

3. 用根值判别法判别下列级数的敛散性.

(1) $\sum_{n=1}^{\infty} \left(\frac{2n}{3n-1}\right)^n$;　　(2) $\sum_{n=1}^{\infty} \left(\frac{2\arctan n}{3^n}\right)^n$;

(3) $\sum_{n=1}^{\infty} \left(\frac{n}{3n-1}\right)^{2n-1}$;　　(4) $\sum_{n=1}^{\infty} \frac{3^n}{1+\mathrm{e}^n}$.

4. 已知正项级数 $\sum_{n=1}^{\infty} u_n$ 收敛,求证:级数 $\sum_{n=1}^{\infty} u_n^2$ 收敛.

5. 证明 $\lim_{n\to\infty} \frac{n^n}{(n!)^2} = 0$.(提示:利用级数收敛的必要条件.)

12.3 任意项级数

12.3.1 交错级数

设 $u_n > 0 (n = 1,2,\cdots)$,称级数

$$\sum_{n=1}^{\infty} (-1)^{n-1} u_n = u_1 - u_2 + u_3 - u_4 + \cdots + (-1)^{n-1} u_n + \cdots$$

为**交错级数**.

例如,

$$\sum_{n=1}^{\infty} (-1)^{n-1} \frac{1}{n} = 1 - \frac{1}{2} + \frac{1}{3} - \frac{1}{4} + \cdots + (-1)^{n-1} \frac{1}{n} + \cdots$$

是交错级数.为判别交错级数收敛,我们给出下面的判别法.

定理 1(莱布尼茨判别法)　若交错级数 $\sum_{n=1}^{\infty} (-1)^{n-1} u_n (u_n > 0, n = 1,2,\cdots)$ 满足

(1) $u_n \geqslant u_{n+1} (n = 1,2,\cdots)$;

(2) $\lim_{n\to\infty} u_n = 0$,

则交错级数 $\sum_{n=1}^{\infty} (-1)^{n-1} u_n$ 收敛,且其和 $S \leqslant u_1$,余项

$$|r_n| = \left|\sum_{k=n+1}^{\infty} (-1)^{k-1} u_k\right| \leqslant u_{n+1}.$$

证明　设 S_n 为交错级数 $\sum_{n=1}^{\infty} (-1)^{n-1} u_n$ 前 n 项的部分和.将交错级数 $\sum_{n=1}^{\infty} (-1)^{n-1} u_n$ 前 $2n$ 项的和 S_{2n} 写成下面的形式

$$S_{2n}=(u_1-u_2)+(u_3-u_4)+\cdots+(u_{2n-1}-u_{2n}),$$

根据条件(1) 可知,数列$\{S_{2n}\}$单调增加.又

$$S_{2n}=u_1-(u_2-u_3)-(u_4-u_5)-\cdots-(u_{2n-2}-u_{2n-1})-u_{2n}<u_1,$$

所以数列$\{S_{2n}\}$有界.由极限存在准则知,数列$\{S_{2n}\}$收敛,设其极限为S,即有

$$\lim_{n\to\infty}S_{2n}=S\leqslant u_1.$$

再考察级数的前$2n+1$项的和S_{2n+1}.显然

$$S_{2n+1}=S_{2n}+u_{2n+1},$$

由条件(2),得

$$\lim_{n\to\infty}S_{2n+1}=\lim_{n\to\infty}(S_{2n}+u_{2n+1})=S.$$

最后,由于

$$\lim_{n\to\infty}S_{2n}=\lim_{n\to\infty}S_{2n+1}=S,$$

得

$$\lim_{n\to\infty}S_n=S,$$

即交错级数$\sum\limits_{n=1}^{\infty}(-1)^{n-1}u_n$收敛于$S$,且$S\leqslant u_1$.余项

$$r_n=\pm(u_{n+1}-u_{n+2}+u_{n+3}-u_{n+4}+\cdots),$$

其绝对值仍为收敛的交错级数,所以

$$|r_n|=u_{n+1}-u_{n+2}+u_{n+3}-u_{n+4}+\cdots\leqslant u_{n+1}.$$

例 1　判别级数$\sum\limits_{n=1}^{\infty}(-1)^{n-1}\dfrac{1}{n}$的敛散性.

解　级数$\sum\limits_{n=1}^{\infty}(-1)^{n-1}\dfrac{1}{n}$为交错级数,令$u_n=\dfrac{1}{n}$,则

$$u_n=\frac{1}{n}>\frac{1}{n+1}=u_{n+1}\ (n=1,2,\cdots),$$

且

$$\lim_{n\to\infty}u_n=\lim_{n\to\infty}\frac{1}{n}=0,$$

由莱布尼茨判别法知,交错级数$\sum\limits_{n=1}^{\infty}(-1)^{n-1}\dfrac{1}{n}$收敛.

12.3.2　任意项级数

设$u_n(n=1,2,\cdots)$为任意实数,称级数

$$\sum_{n=1}^{\infty}u_n=u_1+u_2+\cdots+u_n+\cdots$$

为**任意项级数**.

下面我们将借助正项级数的判别法来判别任意项级数的敛散性.

定义 1　若任意项级数$\sum\limits_{n=1}^{\infty}u_n$各项的绝对值组成的级数$\sum\limits_{n=1}^{\infty}|u_n|$收敛,则称级数$\sum\limits_{n=1}^{\infty}u_n$**绝对收敛**;若级数$\sum\limits_{n=1}^{\infty}u_n$收敛,但级数$\sum\limits_{n=1}^{\infty}|u_n|$发散,则称级数$\sum\limits_{n=1}^{\infty}u_n$**条件收敛**.

级数的绝对收敛与收敛之间有下面的重要关系.

定理 2 若级数 $\sum_{n=1}^{\infty} u_n$ 绝对收敛,则级数 $\sum_{n=1}^{\infty} u_n$ 收敛.

证明 因为

$$0 \leqslant |u_n| + u_n \leqslant 2|u_n|,$$

且级数 $\sum_{n=1}^{\infty} 2|u_n|$ 收敛,由正项级数的比较判别法知,级数 $\sum_{n=1}^{\infty}(|u_n| + u_n)$ 收敛. 又

$$u_n = (|u_n| + u_n) - |u_n|,$$

由收敛级数的性质 2 知,级数

$$\sum_{n=1}^{\infty} u_n = \sum_{n=1}^{\infty} [(|u_n| + u_n) - |u_n|]$$

收敛.

需要注意的是级数 $\sum_{n=1}^{\infty} u_n$ 收敛,不能推得级数 $\sum_{n=1}^{\infty} u_n$ 绝对收敛.

例 2 判别下列级数是绝对收敛还是条件收敛.

(1) $\sum_{n=1}^{\infty} (-1)^{n-1} \frac{1}{n}$; (2) $\sum_{n=1}^{\infty} (-1)^n \left(1 - \cos \frac{\alpha}{n}\right)$(常数 $\alpha > 0$).

解 (1) 由例 1 知,级数 $\sum_{n=1}^{\infty} (-1)^{n-1} \frac{1}{n}$ 收敛,但级数 $\sum_{n=1}^{\infty} \left|(-1)^{n-1} \frac{1}{n}\right| = \sum_{n=1}^{\infty} \frac{1}{n}$ 发散,所以级数 $\sum_{n=1}^{\infty} (-1)^{n-1} \frac{1}{n}$ 条件收敛.

(2) 设 $u_n = (-1)^n \left(1 - \cos \frac{\alpha}{n}\right)$,因为当 $n \to \infty$ 时,

$$|u_n| = 1 - \cos \frac{\alpha}{n} \sim \frac{1}{2} \cdot \frac{\alpha^2}{n^2},$$

于是

$$\lim_{n \to \infty} \frac{1 - \cos \frac{\alpha}{n}}{\frac{1}{n^2}} = \frac{\alpha^2}{2},$$

而级数 $\sum_{n=1}^{\infty} \frac{1}{n^2}$ 收敛,故级数 $\sum_{n=1}^{\infty} \left(1 - \cos \frac{\alpha}{n}\right)$ 收敛,所以级数 $\sum_{n=1}^{\infty} (-1)^n \left(1 - \cos \frac{\alpha}{n}\right)$ 绝对收敛.

例 3 判别级数 $\sum_{n=1}^{\infty} \frac{x^n}{n}$ 的敛散性.

解 因为

$$\lim_{n \to \infty} \left| \frac{u_{n+1}}{u_n} \right| = \lim_{n \to \infty} \frac{n}{n+1} |x| = |x|,$$

所以,当 $|x| < 1$ 时,级数 $\sum_{n=1}^{\infty} \frac{x^n}{n}$ 绝对收敛,从而级数收敛;当 $|x| > 1$ 时,级数 $\sum_{n=1}^{\infty} \frac{x^n}{n}$ 不绝对收敛,但此时

$$\lim_{n\to\infty}u_n=\lim_{n\to\infty}\frac{x^n}{n}\neq 0$$

从而级数发散；当 $x=1$ 时，级数 $\sum_{n=1}^{\infty}\frac{1}{n}$ 为调和级数，发散；当 $x=-1$ 时，级数 $\sum_{n=1}^{\infty}\frac{(-1)^n}{n}$ 条件收敛.

绝对收敛级数的性质：

(1) 若级数绝对收敛，则级数不因为改变其项的位置而改变其和，这也称为级数的重排.

该结论对于一般的级数不成立. 如级数 $\sum_{n=1}^{\infty}(-1)^{n-1}\frac{1}{n}$ 条件收敛，且可以证明

$$\sum_{n=1}^{\infty}(-1)^{n-1}\frac{1}{n}=\ln 2,$$

而重排后的级数

$$1-\frac{1}{2}-\frac{1}{4}+\frac{1}{3}-\frac{1}{6}-\frac{1}{8}+\cdots+\frac{1}{2k-1}-\frac{1}{4k-2}-\frac{1}{4k}+\cdots=\frac{1}{2}\ln 2.$$

对于级数的乘法，我们规定两个级数按多项式乘法规则作形式乘法，即

$$\left(\sum_{n=1}^{\infty}u_n\right)\left(\sum_{n=1}^{\infty}v_n\right)=\sum_{n=1}^{\infty}\tau_n,$$

其中 $\tau_n=u_1v_n+u_2v_{n-1}+u_3v_{n-2}+\cdots+u_nv_1$.

(2) 如果两个级数 $\sum_{n=1}^{\infty}u_n$ 与 $\sum_{n=1}^{\infty}v_n$ 都绝对收敛，则两个级数相乘所得到的级数 $\sum_{n=1}^{\infty}\tau_n$ 也绝对收敛，且当 $\sum_{n=1}^{\infty}u_n=A$，$\sum_{n=1}^{\infty}v_n=B$ 时，有 $\sum_{n=1}^{\infty}\tau_n=AB$.

若两个级数不是绝对收敛，则上述结论不一定成立.

习　题　12.3

1. 判别下列级数的敛散性. 如果收敛，说明是绝对收敛还是条件收敛.

(1) $\sum_{n=1}^{\infty}(-1)^{n-1}\frac{1}{\sqrt{n}}$；　　(2) $\sum_{n=1}^{\infty}(-1)^{n+1}\frac{n}{3^n}$；

(3) $\sum_{n=1}^{\infty}(-1)^{n}\frac{1}{\ln n}$；　　(4) $\sum_{n=1}^{\infty}\frac{(-1)^n}{(2n-1)^2}$；

(5) $\sum_{n=1}^{\infty}\frac{\sin nx}{n^2}$；　　(6) $\sum_{n=1}^{\infty}(-1)^{n+1}\frac{2^{n^2}}{n!}$.

2. 若级数 $\sum_{n=1}^{\infty}u_n$ 收敛，$\lim_{n\to\infty}\frac{u_n}{v_n}=1$，问级数 $\sum_{n=1}^{\infty}v_n$ 是否收敛？

3. 设 $u_n\geqslant 0$，且 $\lim_{n\to\infty}u_n=0$，问交错级数 $\sum_{n=1}^{\infty}(-1)^{n+1}u_n$ 是否收敛？并说明理由.

4. 设正项数列 $\{u_n\}$ 单调减少，且级数 $\sum_{n=1}^{\infty}(-1)^n u_n$ 发散. 问级数 $\sum_{n=1}^{\infty}\left(\frac{1}{1+u_n}\right)^n$ 是否收敛？并说明理由.

12.4 幂 级 数

12.4.1 函数项级数

定义 1 设 $u_n(x)(n=1,2,3\cdots)$是定义在给定区间 I 上的函数,称

$$u_1(x)+u_2(x)+\cdots+u_n(x)+\cdots$$

为**函数项级数**,记作 $\sum_{n=1}^{\infty}u_n(x)$,其中 $u_n(x)$ 为**通项**,$S_n(x)=\sum_{k=1}^{n}u_k(x)$ 为**部分和**,$\{S_n(x)\}$为函数项级数 $\sum_{n=1}^{\infty}u_n(x)$ 的**部分和函数列**.

取定点 $x_0\in I$,函数项级数 $\sum_{n=1}^{\infty}u_n(x)$ 成为数项级数 $\sum_{n=1}^{\infty}u_n(x_0)$,若级数 $\sum_{n=1}^{\infty}u_n(x_0)$收敛,则称函数项级数 $\sum_{n=1}^{\infty}u_n(x)$ 在点 x_0 处**收敛**;否则,称函数项级数 $\sum_{n=1}^{\infty}u_n(x)$ 在点 x_0 处**发散**.

显然,函数项级数 $\sum_{n=1}^{\infty}u_n(x)$ 在点 x_0 处收敛,等价于函数列$\{S_n(x)\}$在点 x_0 处收敛.

若对任意的 $x\in I$,函数项级数 $\sum_{n=1}^{\infty}u_n(x)$ 都收敛,则称函数项级数 $\sum_{n=1}^{\infty}u_n(x)$ 在区间 I 上**收敛**. 此时,对任意 $x\in I$,函数项级数 $\sum_{n=1}^{\infty}u_n(x)$ 都有意义,记 $S(x)$ 为函数项级数 $\sum_{n=1}^{\infty}u_n(x)$ 的**和函数**,则

$$S(x)=\sum_{n=1}^{\infty}u_n(x).$$

这里,函数项级数 $\sum_{n=1}^{\infty}u_n(x)$ 在区间 I 上收敛等价于函数项级数 $\sum_{n=1}^{\infty}u_n(x)$ 在区间 I 内每一点都收敛,也等价于函数列$\{S_n(x)\}$在区间 I 上收敛. 显然,在收敛的条件下,有

$$S(x)=\sum_{n=1}^{\infty}u_n(x)=\lim_{n\to\infty}S_n(x).$$

12.4.2 幂级数

1. 幂级数的概念与收敛半径

定义 2 称函数项级数

$$\sum_{n=0}^{\infty}a_n\ (x-x_0)^n=a_0+a_1(x-x_0)+\cdots+a_n\ (x-x_0)^n+\cdots$$

为 $x-x_0$ 的**幂级数**,其中常数 $a_n(n=0,1,2,\cdots)$为幂级数的系数.

特别地,取 $x_0=0$,称

$$\sum_{n=0}^{\infty}a_nx^n=a_0+a_1x+\cdots+a_nx^n+\cdots$$

为 x 的幂级数.

对于 $x-x_0$ 的幂级数 $\sum\limits_{n=0}^{\infty}a_n(x-x_0)^n$，作变换 $t=x-x_0$，就可以将其转化为 t 的幂级数 $\sum\limits_{n=0}^{\infty}a_nt^n$. 因此，本节以幂级数 $\sum\limits_{n=0}^{\infty}a_nx^n$ 为例来研究幂级数的性质.

定理 1(阿贝尔(Abel) 定理)

(1) 设幂级数 $\sum\limits_{n=0}^{\infty}a_nx^n$ 在点 $x_0(\neq 0)$ 处收敛，则对满足 $|x|<|x_0|$ 的任一 x，幂级数 $\sum\limits_{n=0}^{\infty}a_nx^n$ 绝对收敛；

(2) 设幂级数 $\sum\limits_{n=0}^{\infty}a_nx^n$ 在点 $x_0(\neq 0)$ 处发散，则对满足 $|x|>|x_0|$ 的任一 x，幂级数 $\sum\limits_{n=0}^{\infty}a_nx^n$ 发散.

证明　(1) 对满足 $|x|<|x_0|$ 的任一 x，记 $r=\left|\dfrac{x}{x_0}\right|$，则 $0<r<1$，显然

$$|a_nx^n|=|a_nx_0^n|\cdot\left|\frac{x}{x_0}\right|^n=|a_nx_0^n|\cdot r^n.$$

因为级数 $\sum\limits_{n=0}^{\infty}a_nx^n$ 在点 $x_0(\neq 0)$ 处收敛，故 $\lim\limits_{n\to\infty}a_nx_0^n=0$，所以当 n 充分大时，$|a_nx_0^n|<1$，则当 n 充分大时

$$|a_nx^n|\leqslant r^n.$$

由比较判别法知，级数 $\sum\limits_{n=0}^{\infty}a_nx^n$ 绝对收敛.

(2) 反证法. 设幂级数 $\sum\limits_{n=0}^{\infty}a_nx^n$ 在点 $x_0(\neq 0)$ 处发散，若存在 x_1，当 $|x_1|>|x_0|$ 时，级数 $\sum\limits_{n=0}^{\infty}a_nx_1^n$ 收敛，则由结论(1) 知，级数 $\sum\limits_{n=0}^{\infty}a_nx_0^n$ 绝对收敛，与条件矛盾，所以结论(2) 成立.

应当注意的是，在结论(1) 中，幂级数 $\sum\limits_{n=0}^{\infty}a_nx^n$ 在点 x_0 处不一定绝对收敛.

定理 1 告诉我们，若幂级数 $\sum\limits_{n=0}^{\infty}a_nx^n$ 在点 $x_0(\neq 0)$ 处收敛，则对于开区间 $(-|x_0|,|x_0|)$ 内的任意点 x，幂级数 $\sum\limits_{n=0}^{\infty}a_nx^n$ 都收敛(绝对收敛)；若幂级数 $\sum\limits_{n=0}^{\infty}a_nx^n$ 在点 x_1 处发散，则对于闭区间 $[-|x_1|,|x_1|]$ 外的任意点 x，幂级数 $\sum\limits_{n=0}^{\infty}a_nx^n$ 都发散. 由此可知，若幂级数 $\sum\limits_{n=0}^{\infty}a_nx^n$ 在点 $x_0(\neq 0)$ 处收敛，在点 x_1 处发散，则 $|x_1|>|x_0|$，且收敛点与发散点之间一定存在关于原点对称的两个分界点，两个分界点到原点的距离记作 R，称 R 为幂级数 $\sum\limits_{n=0}^{\infty}a_nx^n$ 的**收敛半径**. 此时，幂级数在 $x=\pm R$ 处可能收敛，可能发散. 当我们确定其敛散性后，可得幂级数的**收敛区间**

$$(-R,R),[-R,R],[-R,R),(-R,R].$$

特别地，若幂级数 $\sum_{n=0}^{\infty}a_nx^n$ 只在点 $x=0$ 处收敛，则称收敛半径 $R=0$；若在区间 $(-\infty,+\infty)$ 内收敛，则称收敛半径 $R=+\infty$.

因此，确定幂级数 $\sum_{n=0}^{\infty}a_nx^n$ 的收敛区间，只需确定收敛半径及端点的敛散性，并且关键是确定 R.

定理 2　对于幂级数 $\sum_{n=0}^{\infty}a_nx^n(a_n\neq 0)$，若

$$\lim_{n\to\infty}\frac{|a_{n+1}|}{|a_n|}=l,$$

则幂级数的收敛半径为

$$R=\begin{cases}\dfrac{1}{l}, & 0<l<+\infty,\\ +\infty, & l=0,\\ 0, & l=+\infty.\end{cases}$$

证明　当 $x=0$ 时，幂级数 $\sum_{n=0}^{\infty}a_nx^n$ 显然收敛，所以只考虑 $x\neq 0$ 的情形. 对于幂级数 $\sum_{n=0}^{\infty}a_nx^n$ 各项绝对值构成的正项级数

$$\sum_{n=0}^{\infty}|a_nx^n|=|a_0|+|a_1x|+|a_2x^2|+\cdots+|a_nx^n|+\cdots,$$

由已知，有

$$\lim_{n\to\infty}\left|\frac{a_{n+1}x^{n+1}}{a_nx^n}\right|=\lim_{n\to\infty}\left|\frac{a_{n+1}}{a_n}\right|\cdot|x|=l\cdot|x|.$$

(1) 若 $0<l<+\infty$，则当 $|x|<\dfrac{1}{l}$ 时，有 $|x|\cdot l<1$，所以由比值判别法知，幂级数 $\sum_{n=0}^{\infty}a_nx^n$ 绝对收敛，从而收敛；当 $|x|>\dfrac{1}{l}$ 时，有 $|x|\cdot l>1$，幂级数 $\sum_{n=0}^{\infty}a_nx^n$ 发散. 所以收敛半径 $R=\dfrac{1}{l}$.

(2) 若 $l=0$，则因为

$$\lim_{n\to\infty}\left|\frac{a_{n+1}x^{n+1}}{a_nx^n}\right|=\lim_{n\to\infty}\left|\frac{a_{n+1}}{a_n}\right|\cdot|x|=0,$$

故对一切 x，幂级数 $\sum_{n=0}^{\infty}a_nx^n$ 收敛，所以收敛半径 $R=+\infty$.

(3) 若 $l=+\infty$，则

$$\lim_{n\to\infty}\left|\frac{a_{n+1}x^{n+1}}{a_nx^n}\right|=\lim_{n\to\infty}\left|\frac{a_{n+1}}{a_n}\right|\cdot|x|=+\infty,$$

故幂级数 $\sum_{n=0}^{\infty}a_nx^n$ 发散，所以收敛半径 $R=0$.

定理 3　对于幂级数 $\sum_{n=0}^{\infty}a_nx^n$，若有

$$\lim_{n\to\infty}\sqrt[n]{|a_n|}=l,$$

则幂级数的收敛半径为

$$R=\begin{cases}\dfrac{1}{l}, & 0<l<+\infty,\\ +\infty, & l=0,\\ 0, & l=+\infty.\end{cases}$$

定理 3 的证明和定理 2 类似，这里从略.

例 1　试求下列幂级数的收敛半径和收敛区间.

(1) $\sum\limits_{n=1}^{\infty}(-1)^{n-1}\dfrac{x^n}{\sqrt{n}}$；　(2) $\sum\limits_{n=0}^{\infty}n!x^n$；　(3) $\sum\limits_{n=1}^{\infty}\dfrac{x^n}{n!}$.

解　(1) 由于

$$\lim_{n\to\infty}\left|\frac{a_{n+1}}{a_n}\right|=\lim_{n\to\infty}\frac{\frac{1}{\sqrt{n+1}}}{\frac{1}{\sqrt{n}}}=1,$$

所以收敛半径 $R=1$. 而当 $x=1$ 时，级数 $\sum\limits_{n=1}^{\infty}(-1)^{n-1}\dfrac{1}{\sqrt{n}}$ 收敛；当 $x=-1$ 时，级数 $\sum\limits_{n=1}^{\infty}(-1)\dfrac{1}{\sqrt{n}}$ 发散，因此收敛区间为 $(-1,1]$.

(2) 由于

$$\lim_{n\to\infty}\left|\frac{a_{n+1}}{a_n}\right|=\lim_{n\to\infty}\frac{(n+1)!}{n!}=+\infty,$$

所以收敛半径为 $R=0$，即级数 $\sum\limits_{n=0}^{\infty}n!x^n$ 只在 $x=0$ 处收敛.

(3) 由于

$$\lim_{n\to\infty}\frac{n!}{(n+1)!}=\lim_{n\to\infty}\frac{1}{n+1}=0,$$

故收敛半径为 $R=+\infty$，所以级数 $\sum\limits_{n=1}^{\infty}\dfrac{x^n}{n!}$ 的收敛区间为 $(-\infty,+\infty)$.

例 2　试求下列幂级数的收敛半径和收敛区间.

(1) $\sum\limits_{n=1}^{\infty}\dfrac{x^n}{n}$；　(2) $\sum\limits_{n=1}^{\infty}\dfrac{(x-1)^n}{n^2}$；　(3) $\sum\limits_{n=0}^{\infty}n(x+1)^n$.

解　(1) 由于

$$\lim_{n\to\infty}\sqrt[n]{|a_n|}=\lim_{n\to\infty}\frac{1}{\sqrt[n]{n}}=1,$$

所以收敛半径 $R=1$. 又因为当 $x=1$ 时，级数 $\sum\limits_{n=1}^{\infty}\dfrac{1}{n}$ 发散；当 $x=-1$ 时，级数 $\sum\limits_{n=1}^{\infty}\dfrac{(-1)^n}{n}$ 收敛，故其收敛区间为 $[-1,1)$.

(2) 令 $t=x-1$，考虑级数 $\sum\limits_{n=1}^{\infty}\dfrac{t^n}{n^2}$，由于

$$\lim_{n\to\infty}\sqrt[n]{|a_n|}=\lim_{n\to\infty}\frac{1}{\sqrt[n]{n^2}}=1,$$

所以 $R=1$. 由于 $t=\pm 1$ 时，级数 $\sum_{n=1}^{\infty}\frac{(-1)^n}{n^2}$ 和 $\sum_{n=1}^{\infty}\frac{1}{n^2}$ 都收敛，故级数 $\sum_{n=1}^{\infty}\frac{t^n}{n^2}$ 的收敛域为 $[-1,1]$. 因此 $-1\leqslant x-1\leqslant 1$，即 $0\leqslant x\leqslant 2$ 时，级数 $\sum_{n=1}^{\infty}\frac{(x-1)^n}{n^2}$ 收敛，所以级数 $\sum_{n=1}^{\infty}\frac{(x-1)^n}{n^2}$ 的收敛半径为 1，收敛区间为 $[0,2]$.

(3) 令 $t=x+1$，考虑级数 $\sum_{n=0}^{\infty}nt^n$，因为

$$\lim_{n\to\infty}\sqrt[n]{|a_n|}=\lim_{n\to\infty}\sqrt[n]{n}=1,$$

所以收敛半径 $R=1$，由于 $t=\pm 1$ 时，级数 $\sum_{n=0}^{\infty}n$ 和 $\sum_{n=0}^{\infty}(-1)^n n$ 都发散，故级数 $\sum_{n=0}^{\infty}nt^n$ 的收敛区间为 $(-1,1)$，因此级数 $\sum_{n=0}^{\infty}n(x+1)^n$ 的收敛半径为 1，由 $-1<x+1<1$ 得，级数的收敛区间为 $(-2,0)$.

例 3 考察幂级数 $\sum_{n=0}^{\infty}2^n x^{2n}$ 的收敛半径与收敛域.

解 记 $t=x^2$，则

$$\sum_{n=0}^{\infty}2^n x^{2n}=\sum_{n=0}^{\infty}2^n t^n.$$

由于

$$\lim_{n\to\infty}\left|\frac{a_{n+1}}{a_n}\right|=\lim_{n\to\infty}\frac{2^{n+1}}{2^n}=2,$$

所以幂级数 $\sum_{n=0}^{\infty}2^n t^n$ 的收敛半径 $R_t=\frac{1}{2}$. 由 $t=x^2$，得幂级数 $\sum_{n=0}^{\infty}2^n x^{2n}$ 的收敛半径为 $R=\frac{1}{\sqrt{2}}$. 当 $x=\pm\frac{1}{\sqrt{2}}$ 时，幂级数为 $\sum_{n=0}^{\infty}2^n\left(\frac{1}{\sqrt{2}}\right)^{2n}=\sum_{n=0}^{\infty}1$，发散，所以幂级数 $\sum_{n=0}^{\infty}2^n x^{2n}$ 的收敛区间为 $\left(-\frac{1}{\sqrt{2}},\frac{1}{\sqrt{2}}\right)$.

事实上，本例作数项级数处理，可得同样结果.

2. 幂级数的性质

定理 4 设幂级数 $\sum_{n=0}^{\infty}a_n x^n$ 和 $\sum_{n=0}^{\infty}b_n x^n$ 的收敛半径分别为 R_1 和 R_2，则 $\sum_{n=0}^{\infty}(a_n\pm b_n)x^n$ 的收敛半径为 $R=\min(R_1,R_2)$，且在区间 $(-R,R)$ 内，有

$$\sum_{n=0}^{\infty}(a_n\pm b_n)x^n=\sum_{n=0}^{\infty}a_n x^n\pm\sum_{n=0}^{\infty}b_n x^n.$$

例 4 求幂级数 $\sum_{n=0}^{\infty}\left(\frac{1}{2+3^n}-\frac{1}{3+2^n}\right)x^n$ 的收敛半径.

解 令 $a_n=\frac{1}{2+3^n}$，因为

$$\lim_{n\to\infty}\left|\frac{a_{n+1}}{a_n}\right|=\lim_{n\to\infty}\frac{\dfrac{1}{2+3^{n+1}}}{\dfrac{1}{2+3^n}}=\frac{1}{3},$$

所以幂级数 $\sum_{n=0}^{\infty}a_nx^n$ 的收敛半径 $R_1=3$. 又令 $b_n=\dfrac{1}{3+2^n}$，由于

$$\lim_{n\to\infty}\left|\frac{b_{n+1}}{b_n}\right|=\lim_{n\to\infty}\frac{\dfrac{1}{3+2^{n+1}}}{\dfrac{1}{3+2^n}}=\frac{1}{2},$$

所以幂级数 $\sum_{n=0}^{\infty}b_nx^n$ 的收敛半径 $R_2=2$. 因此幂级数 $\sum_{n=0}^{\infty}\left(\dfrac{1}{2+3^n}-\dfrac{1}{3+2^n}\right)x^n$ 的收敛半径

$$R=\min(R_1,R_2)=2.$$

定理 5　设幂级数 $\sum_{n=0}^{\infty}a_nx^n$ 在收敛区间 $(-R,R)$ 内的和函数为 $S(x)$，则：

(1) 和函数 $S(x)$ 在区间 $(-R,R)$ 内连续；若幂级数 $\sum_{n=0}^{\infty}a_nx^n$ 在 $x=R$ 处收敛，则 $S(x)$ 在 $x=R$ 处左连续，即

$$\lim_{x\to R^-}S(x)=S(R)=\sum_{n=0}^{\infty}a_nR^n,$$

若幂级数 $\sum_{n=0}^{\infty}a_nx^n$ 在 $x=-R$ 处收敛，则 $S(x)$ 在 $x=-R$ 处右连续，即

$$\lim_{x\to -R^+}S(x)=S(-R)=\sum_{n=0}^{\infty}a_n(-R)^n.$$

(2) 和函数 $S(x)$ 在区间 $(-R,R)$ 内每一点可导，且

$$S'(x)=\left(\sum_{n=0}^{\infty}a_nx^n\right)'=\sum_{n=0}^{\infty}(a_nx^n)'=\sum_{n=1}^{\infty}na_nx^{n-1},$$

求导后的幂级数与原幂级数有相同的收敛半径 R.

(3) 和函数 $S(x)$ 在区间 $(-R,R)$ 内可积，且 $\forall x\in(-R,R)$，

$$\int_0^x S(x)\mathrm{d}x=\int_0^x\left(\sum_{n=0}^{\infty}a_nx^n\right)\mathrm{d}x=\sum_{n=0}^{\infty}a_n\int_0^x x^n\mathrm{d}x=\sum_{n=0}^{\infty}\frac{a_n}{n+1}x^{n+1},$$

积分后的幂级数与原级数有相同的收敛半径 R.

例 5　求级数 $\sum_{n=1}^{\infty}(-1)^{n-1}\dfrac{x^n}{n}$ 的和函数 $S(x)$.

解　显然 $S(0)=0$，且

$$S'(x)=1-x+x^2-\cdots=\frac{1}{1+x}\quad(-1<x<1),$$

两边积分得

$$\int_0^x S'(t)\mathrm{d}t=S(x)-S(0)=\ln(1+x),$$

所以

$$S(x)=\ln(1+x).$$

又 $x=1$ 时,级数 $\sum\limits_{n=1}^{\infty}(-1)^{n-1}\dfrac{1}{n}$ 收敛,因此

$$\sum_{n=1}^{\infty}(-1)^{n-1}\frac{x^n}{n}=\ln(1+x)\ (-1<x\leqslant 1).$$

当 $x=1$ 时,有

$$\sum_{n=1}^{\infty}(-1)^{n-1}\frac{1}{n}=1-\frac{1}{2}+\frac{1}{3}-\cdots+(-1)^{n-1}\frac{1}{n}+\cdots=\ln 2.$$

例 6 求 $\sum\limits_{n=1}^{\infty}\dfrac{n(n+1)}{2^n}$ 的和.

解 考虑幂级数 $\sum\limits_{n=1}^{\infty}n(n+1)x^n$,设其和函数为 $S(x)$,即

$$\sum_{n=1}^{\infty}n(n+1)x^n=S(x),$$

容易求得收敛区间为 $(-1,1)$,而

$$S(x)=\sum_{n=1}^{\infty}n(n+1)x^n=x\left(\sum_{n=1}^{\infty}x^{n+1}\right)''$$
$$=x\left(\frac{x^2}{1-x}\right)''=\frac{2x}{(1-x)^3},$$

故

$$\sum_{n=1}^{\infty}\frac{n(n+1)}{2^n}=S\left(\frac{1}{2}\right)=8.$$

习 题 12.4

1. 求下列幂级数的收敛域.

(1) $\sum\limits_{n=1}^{\infty}nx^n$; (2) $\sum\limits_{n=1}^{\infty}\dfrac{n!}{n+1}x^n$;

(3) $\sum\limits_{n=1}^{\infty}\dfrac{(-1)^n}{(n+1)2^n}x^n$; (4) $\sum\limits_{n=1}^{\infty}\dfrac{2^n}{n^2}x^n$;

(5) $\sum\limits_{n=1}^{\infty}\dfrac{3^n}{2^n}x^n$; (6) $\sum\limits_{n=1}^{\infty}\dfrac{3^n}{n!}x^n$;

(7) $\sum\limits_{n=1}^{\infty}\dfrac{(-1)^n}{2n+1}x^{2n}$; (8) $\sum\limits_{n=1}^{\infty}\dfrac{(x-3)^n}{n^2}$.

2. 求下列级数的和函数,并指出收敛域.

(1) $\sum\limits_{n=1}^{\infty}nx^{n-1}$; (2) $\sum\limits_{n=1}^{\infty}\dfrac{1}{4n+1}x^{4n+1}$;

(3) $\sum\limits_{n=1}^{\infty}(-1)^n\dfrac{x^n}{n}$; (4) $\sum\limits_{n=1}^{\infty}nx^{2n}$.

3. 求幂级数 $\sum\limits_{n=1}^{\infty}\dfrac{x^{2n-1}}{2n-1}$ $(|x|<1)$ 的和函数,并求级数 $\sum\limits_{n=1}^{\infty}\dfrac{1}{(2n-1)4^n}$ 的和.

12.5　泰勒级数

前面，我们讨论了幂级数的收敛区间和和函数的性质. 本节我们将讨论下面的问题：① 若函数 $f(x)$ 在点 x_0 的某邻域内可以展成幂级数，则形式唯一；② 函数 $f(x)$ 在点 x_0 的某邻域内可以展成幂级数的充分必要条件；③ 将常见的初等函数展成幂级数.

假设函数 $f(x)$ 在点 x_0 的某邻域内可以展成幂级数

$$f(x)=a_0+a_1(x-x_0)+a_2(x-x_0)^2+\cdots+a_n(x-x_0)^n+\cdots, \tag{1}$$

即幂级数

$$a_0+a_1(x-x_0)+a_2(x-x_0)^2+\cdots+a_n(x-x_0)^n+\cdots$$

在该邻域内的和函数为 $f(x)$. 由幂级数的逐项可导性，$f(x)$ 在该邻域内具有任意阶导数，且

$$f^{(k)}(x)=\sum_{k=n}^{\infty}n(n-1)\cdots(n-k+1)a_n(x-x_0)^{n-k}\quad(k=1,2,\cdots).$$

令 $x=x_0$，得

$$a_0=f(x_0),a_1=\frac{f'(x_0)}{1!},a_2=\frac{f''(x_0)}{2!},\cdots,a_n=\frac{f^{(n)}(x_0)}{n!},\cdots. \tag{2}$$

所以，系数 $a_n(n=0,1,2,\cdots)$ 由函数 $f(x)$ 在点 x_0 处的函数值和各阶导数唯一确定，称 $a_n(n=0,1,2,\cdots)$ 为函数 $f(x)$ 在点 x_0 处的**泰勒系数**.

反过来，设函数 $f(x)$ 在点 x_0 的某邻域内具有任意阶导数，则我们可以求出它在点 x_0 处的泰勒系数(2)，并形式地写出幂级数，

$$f(x_0)+f'(x_0)(x-x_0)+\frac{f''(x_0)}{2!}(x-x_0)^2+\cdots+\frac{f^{(n)}(x_0)}{n!}(x-x_0)^n+\cdots, \tag{3}$$

称幂级数(3) 为函数 $f(x)$ 在点 x_0 处的**泰勒级数**. 特别地，若 $x_0=0$，则称幂级数

$$f(0)+f'(0)x+\frac{f''(0)}{2!}x^2+\cdots+\frac{f^{(n)}(0)}{n!}x^n+\cdots \tag{4}$$

为函数 $f(x)$ 在点 $x=0$ 处的**麦克劳林级数**.

需要注意的是，若函数 $f(x)$ 在点 x_0 的某邻域内具有任意阶导数，则我们可以形式地写出其泰勒级数(3)，但在点 x_0 的该邻域内，泰勒级数(3) 不一定收敛于函数 $f(x)$. 如函数

$$f(x)=\begin{cases}e^{-\frac{1}{x^2}}, & x\neq 0,\\ 0, & x=0,\end{cases}$$

可以证明，函数 $f(x)$ 在点 $x=0$ 处具有任意阶导数，且点 $x=0$ 处的泰勒级数为

$$0+0x+\frac{0}{2!}x^2+\frac{0}{3!}x^3+\cdots+\frac{0}{n!}x^n+\cdots,$$

它在 $(-\infty,+\infty)$ 内收敛于和函数 $S(x)=0$. 显然，当 $x\neq 0$ 时，

$$S(x)\neq f(x).$$

Ⅰ 册中，泰勒公式告诉我们，如果函数 $f(x)$ 在点 x_0 的某邻域内具有直到 $n+1$ 阶的导数，则对于该邻域内的任意 x，有

$$f(x)=f(x_0)+f'(x_0)(x-x_0)+\frac{f''(x_0)}{2!}(x-x_0)^2+\cdots$$

$$+\frac{f^{(n)}(x_0)}{n!}(x-x_0)^n+R_n(x), \tag{5}$$

其中

$$R_n(x)=\frac{f^{(n+1)}(\xi)}{(n+1)!}(x-x_0)^{n+1},$$

ξ介于x_0与x之间.

由此,我们有下面的定理.

定理1　设函数$f(x)$在点x_0的某邻域内有任意阶导数,则$f(x)$在点x_0处的泰勒级数收敛于$f(x)$的充分必要条件是对于该邻域内任意x,函数$f(x)$的泰勒公式的余项$R_n(x)$当$n\to\infty$时的极限为零,即

$$\lim_{n\to\infty}R_n(x)=0.$$

证明　必要性.设$f(x)$在点x_0的某邻域内能展开为泰勒级数,即

$$\begin{aligned}f(x)=f(x_0)+f'(x_0)(x-x_0)+\frac{f''(x_0)}{2!}(x-x_0)^2+\cdots\\+\frac{f^{(n)}(x_0)}{n!}(x-x_0)^n+\cdots.\end{aligned}\tag{6}$$

记$f(x)$的泰勒级数(6)前$n+1$项的和为$S_{n+1}(x)$,由和函数的定义知

$$\lim_{n\to\infty}S_{n+1}(x)=f(x).$$

又将$f(x)$的n阶泰勒公式(5)写成

$$f(x)=S_{n+1}(x)+R_n(x), \tag{7}$$

则

$$\lim_{n\to\infty}R_n(x)=\lim_{n\to\infty}[f(x)-S_{n+1}(x)]=0.$$

充分性.因为对于该邻域内任意x

$$\lim_{n\to\infty}R_n(x)=0,$$

故由泰勒公式(7)知

$$\lim_{n\to\infty}S_{n+1}(x)=f(x),$$

所以,函数$f(x)$能展成泰勒级数(6).

定理告诉我们,若函数$f(x)$在点x_0的某邻域内具有任意阶导数,要将函数$f(x)$在点x_0的该邻域内展成泰勒级数,只需形式地写出$f(x)$在点x_0处的泰勒级数,然后再证明在该邻域内,函数$f(x)$的泰勒公式余项$R_n(x)$当$n\to\infty$时的极限为零.

下面我们介绍几个基本初等函数的麦克劳林级数.

例1　将函数$f(x)=e^x$展开成x的幂级数.

解　因为

$$f^{(n)}(x)=e^x\quad(n=1,2,\cdots),$$
$$f(0)=1,f^{(n)}(0)=1\quad(n=1,2,\cdots),$$

所以幂级数为

$$1+x+\frac{1}{2!}x^2+\cdots+\frac{1}{n!}x^n+\cdots,$$

且其收敛半径$R=+\infty$.对任意x,

$$R_n(x)=\frac{e^{\xi}}{(n+1)!}x^{n+1}\quad(\xi\text{介于 }0\text{ 与 }x\text{ 之间}).$$

显然

$$|R_n(x)|=\left|\frac{e^{\xi}}{(n+1)!}x^{n+1}\right|\leqslant\frac{e^{|x|}}{(n+1)!}|x|^{n+1}.$$

而对任意 x，

$$\lim_{n\to\infty}\frac{e^{|x|}}{(n+1)!}|x|^{n+1}=e^{|x|}\lim_{n\to\infty}\frac{|x|^{n+1}}{(n+1)!}=0.$$

故有 $\lim\limits_{n\to\infty}R_n(x)=0$. 所以 $f(x)=e^x$ 在 $x=0$ 处可展成幂级数，且有

$$e^x=1+x+\frac{1}{2!}x^2+\cdots+\frac{1}{n!}x^n+\cdots\quad x\in(-\infty,+\infty).$$

例 2　将函数 $f(x)=\sin x$ 展开为麦克劳林级数.

解　由于

$$f^{(n)}(x)=\sin\left(x+\frac{n\pi}{2}\right)\quad(n=1,2,\cdots),$$

令 $x=0$，得

$$f(0)=0,f^{(2n)}(0)=0,f^{(2n-1)}(0)=(-1)^{n-1}\quad(n=1,2,\cdots).$$

则函数 $f(x)=\sin x$ 的幂级数为

$$x-\frac{x^3}{3!}+\frac{x^5}{5!}-\cdots+(-1)^{n-1}\frac{x^{2n-1}}{(2n-1)!}+\cdots,$$

且其收敛半径为 $R=+\infty$. 对任意 x，

$$R_n(x)=\frac{\sin\left(\xi+(n+1)\frac{\pi}{2}\right)}{(n+1)!}x^{n+1}\quad(\xi\text{介于 }0\text{ 与 }x\text{ 之间}),$$

且

$$|R_n(x)|\leqslant\frac{|x|^{n+1}}{(n+1)!}\to 0\quad(n\to\infty),$$

所以

$$\lim_{n\to\infty}R_n(x)=0\quad(x\in(-\infty,+\infty)).$$

因此 $f(x)=\sin x$ 可以展成 x 的幂级数，且

$$\sin x=x-\frac{x^3}{3!}+\frac{x^5}{5!}-\cdots+(-1)^{n-1}\frac{x^{2n-1}}{(2n-1)!}+\cdots,\quad x\in(-\infty,+\infty).$$

类似地，可得下列麦克劳林级数，

$$\cos x=1-\frac{x^2}{2!}+\frac{x^4}{4!}-\cdots+(-1)^n\frac{x^{2n}}{(2n)!}+\cdots,\quad x\in(-\infty,+\infty),$$

$$\frac{1}{1+x}=1-x+x^2-x^3+\cdots+(-1)^nx^n+\cdots,\quad x\in(-1,1),$$

$$\ln(1+x)=x-\frac{x^2}{2}+\frac{x^3}{3}-\frac{x^4}{4}+\cdots+(-1)^{n-1}\frac{x^n}{n}+\cdots,\quad x\in(-1,1],$$

$$(1+x)^m=1+mx+\frac{m(m-1)}{2!}x^2+\cdots+\frac{m(m-1)\cdots(m-n+1)}{n!}x^n+\cdots,\quad x\in(-1,1).$$

函数的幂级数展开式一般比较难求，能直接从前面所讲的方法来求的为数不多. 因此，通

常是从已知函数的幂级数展开式出发,通过变量代换、四则运算,或逐项求导、逐项积分等办法间接求出所求函数的幂级数展开式.以上几个展开式在间接求函数的幂级数展开式中有很重要的位置,故须将其记住.

例 3 将 $\arctan x$ 展开成麦克劳林级数.

解 因为

$$\frac{1}{1+x}=1-x+x^2-x^3+\cdots+(-1)^n x^n+\cdots,\quad x\in(-1,1),$$

所以

$$\frac{1}{1+x^2}=1-x^2+x^4-x^6+\cdots+(-1)^n x^{2n}+\cdots,\quad x\in(-1,1),$$

于是

$$\begin{aligned}\arctan x&=\int_0^x\frac{1}{1+t^2}\mathrm{d}t=\int_0^x\sum_{n=0}^{\infty}(-1)^n t^{2n}\mathrm{d}t\\&=\sum_{n=0}^{\infty}(-1)^n\int_0^x t^{2n}\mathrm{d}t=\sum_{n=0}^{\infty}(-1)^n\frac{x^{2n+1}}{2n+1}\\&=x-\frac{1}{3}x^3+\frac{1}{5}x^5-\cdots+(-1)^n\frac{1}{2n+1}x^{2n+1}+\cdots,\quad x\in(-1,1).\end{aligned}$$

例 4 将 $\ln x$ 展开为 $x-1$ 的幂级数.

解 因为

$$\ln(1+x)=x-\frac{x^2}{2}+\frac{x^3}{3}-\cdots+(-1)^{n-1}\frac{x^n}{n}+\cdots,\quad x\in(-1,1],$$

而 $\ln x=\ln[1+(x-1)]$,故在上式中,将 x 换成 $x-1$,得

$$\ln x=(x-1)-\frac{(x-1)^2}{2}+\frac{(x-1)^3}{3}-\cdots+(-1)^{n-1}\frac{(x-1)^n}{n}+\cdots,\quad x\in(0,2].$$

例 5 将$\frac{1}{x}$展成 $x-2$ 的幂级数.

解 因为

$$\frac{1}{x}=\frac{1}{2+(x-2)}=\frac{1}{2}\frac{1}{1+\frac{x-2}{2}}\quad\left(-1<\frac{x-2}{2}<1\right),$$

所以

$$\frac{1}{x}=\frac{1}{2}\left[1-\frac{x-2}{2}+\frac{(x-2)^2}{4}-\cdots+(-1)^n\frac{(x-2)^n}{2^n}+\cdots\right]\quad(0<x<4).$$

利用函数的幂级数可以做一些近似计算.

例 6 计算定积分$\int_0^1\frac{\sin x}{x}\mathrm{d}x$ 的近似值,使其误差不超过10^{-4}.

解 因为

$$\lim_{x\to 0}\frac{\sin x}{x}=1,$$

所以积分不是广义积分.在 $x=0$ 处,补充定义,使被积函数值为1,则被积函数在区间 $[0,1]$ 上连续,所以可积.将被积函数在点 $x=0$ 处展成幂级数,得

$$\frac{\sin x}{x}=1-\frac{x^2}{3!}+\frac{x^4}{5!}-\frac{x^6}{7!}+\cdots\quad x\in(-\infty,+\infty),$$

故

$$\int_0^1\frac{\sin x}{x}dx=\int_0^1 dx-\int_0^1\frac{x^2}{3!}dx+\int_0^1\frac{x^4}{5!}dx-\int_0^1\frac{x^6}{7!}dx+\cdots$$
$$=1-\frac{1}{3\cdot 3!}+\frac{1}{5\cdot 5!}-\frac{1}{7\cdot 7!}+\cdots.$$

显然，级数为交错级数，若取前三项为近似值，则根据莱布尼茨判别法，其误差小于第四项的绝对值，即

$$|r_3|<\frac{1}{7\cdot 7!}=\frac{1}{35\ 280}<10^{-4},$$

所以

$$\int_0^1\frac{\sin x}{x}dx\approx 1-\frac{1}{3\cdot 3!}+\frac{1}{5\cdot 5!}\approx 0.9461.$$

习　题　12.5

1. 将下列函数展成 x 的幂级数，并求出收敛区间.

(1) $\sin^2 x$；　(2) $(1+x)e^x$；　(3) $\ln(3+x)$.

2. 将下列函数展成 $x-1$ 的幂级数：

(1) $f(x)=e^x$；　(2) $f(x)=\ln x$.

3. 将 $f(x)=\dfrac{1}{x^2+3x+2}$ 展成 $x+4$ 的幂级数.

12.6　傅里叶级数

在本节，我们将讨论另一类函数项级数——傅里叶级数. 在物理和工程技术中，经常要研究周期运动，例如简谐振动、单摆摆动(振幅很小)、交流电电流强度的变化等，它们都是每经过一定时间间隔周而复始的运动，这里所说的“时间间隔”就是运动的周期. 周期运动可用周期函数来表述，如简谐振动，它可以用周期函数

$$y=A\sin(\omega t+\varphi)$$

来表述，其中 y 表示动点的位置，t 表示时间，A 为振幅，ω 为角频率，φ 为初相，其周期 $T=\dfrac{2\pi}{\omega}$.

简谐振动虽然是很简单的周期运动，但它们的合成却可以是很复杂的周期运动，可以证明，很广泛的一类振动都是由简谐振动

$$f_n(x)=A_n\sin(nx+\alpha_n)\quad(n=1,2,\cdots)$$

叠加而成的，其函数表示具有下面的形式

$$f(x)=A_0+\sum_{n=1}^{\infty}f_n(x)=A_0+\sum_{n=1}^{\infty}A_n\sin(nx+\alpha_n)$$
$$=A_0+\sum_{n=1}^{\infty}(A_n\sin\alpha_n\cdot\cos nx+A_n\cos\alpha_n\cdot\sin nx).$$

记 $a_n = A_n\sin\alpha_n, b_n = A_n\cos\alpha_n\ (n = 1,2,\cdots), A_0 = \frac{a_0}{2}$，则周期函数 $f(x)$ 可表示为

$$f(x) = \frac{a_0}{2} + \sum_{n=1}^{\infty}(a_n\cos nx + b_n\sin nx).$$

12.6.1 三角级数

所谓**三角级数**，是指除常数项外，各项都是正弦函数和余弦函数的级数，它的一般形式为

$$\frac{a_0}{2} + \sum_{n=1}^{\infty}(a_n\cos nx + b_n\sin nx), \tag{1}$$

其中 $a_0, a_n, b_n\ (n = 1,2,\cdots)$ 都是常数，称为三角级数的系数. 级数中每项都是以 2π 为周期的周期函数，自然界中普遍存在的周期问题，我们可以用三角级数来予以描述.

上述三角级数中，称

$$1, \cos x, \sin x, \cos 2x, \sin 2x, \cdots, \cos nx, \sin nx, \cdots \tag{2}$$

为**三角函数系**. 三角函数系中任何不同的两个函数的乘积在区间 $[-\pi,\pi]$ 上的积分等于零，即

$$\int_{-\pi}^{\pi}\cos nx\,\mathrm{d}x = \int_{-\pi}^{\pi}\sin nx\,\mathrm{d}x = 0 \quad (n = 1,2,\cdots),$$

$$\int_{-\pi}^{\pi}\sin nx\cos mx\,\mathrm{d}x = 0 \quad (m,n = 1,2,\cdots),$$

$$\int_{-\pi}^{\pi}\sin nx\sin mx\,\mathrm{d}x = 0 \quad (m,n = 1,2,\cdots,n \neq m),$$

$$\int_{-\pi}^{\pi}\cos nx\cos mx\,\mathrm{d}x = 0 \quad (m,n = 1,2,\cdots,n \neq m).$$

这种性质称为三角函数系的**正交性**. 还可验证，在三角函数系(2) 中，两个相同函数的乘积在区间 $[-\pi,\pi]$ 上的积分不等于零，且

$$\int_{-\pi}^{\pi}1^2\,\mathrm{d}x = 2\pi,$$

$$\int_{-\pi}^{\pi}\sin^2 nx\,\mathrm{d}x = \pi, \int_{-\pi}^{\pi}\cos^2 nx\,\mathrm{d}x = \pi \quad (n = 1,2,\cdots).$$

12.6.2 以 2π 为周期的傅里叶级数

设 $f(x)$ 是以 2π 为周期的周期函数，且能展成三角级数，即

$$f(x) = \frac{a_0}{2} + \sum_{k=1}^{\infty}(a_k\cos kx + b_k\sin kx), \tag{3}$$

现在要确定级数中的系数 $a_0, a_1, b_1, a_2, b_2, \cdots$. 为此，我们假设级数(3) 可以逐项积分.

先求 a_0. 注意到三角函数系的正交性，有

$$\int_{-\pi}^{\pi}f(x)\,\mathrm{d}x = \int_{-\pi}^{\pi}\frac{a_0}{2}\,\mathrm{d}x + \sum_{k=1}^{\infty}\left[a_k\int_{-\pi}^{\pi}\cos kx\,\mathrm{d}x + b_k\int_{-\pi}^{\pi}\sin kx\,\mathrm{d}x\right],$$

等式右端除第一项外，其余各项均为零，所以

$$\int_{-\pi}^{\pi}f(x)\,\mathrm{d}x = \frac{a_0}{2}\cdot 2\pi,$$

于是

$$a_0 = \frac{1}{\pi}\int_{-\pi}^{\pi}f(x)\,\mathrm{d}x.$$

再求 a_n. 用 $\cos nx$ 乘式(3)的两端,在区间$[-\pi,\pi]$上逐项积分得

$$\int_{-\pi}^{\pi} f(x)\cos nx\,dx = \int_{-\pi}^{\pi} \frac{a_0}{2}\cos nx\,dx + \sum_{k=1}^{\infty}\left(a_k\int_{-\pi}^{\pi}\cos kx\cos nx\,dx + b_k\int_{-\pi}^{\pi}\sin kx\cos nx\,dx\right).$$

根据三角函数系(2)的正交性,等式右端除 $k=n$ 的一项外,其余各项均为零,所以

$$\int_{-\pi}^{\pi} f(x)\cos nx\,dx = a_n\int_{-\pi}^{\pi}\cos^2 nx\,dx = a_n\pi.$$

于是

$$a_n = \frac{1}{\pi}\int_{-\pi}^{\pi} f(x)\cos nx\,dx \quad (n=1,2,\cdots).$$

类似地,用 $\sin nx$ 乘式(3)的两端,在区间$[-\pi,\pi]$上逐项积分得

$$b_n = \frac{1}{\pi}\int_{-\pi}^{\pi} f(x)\sin nx\,dx \quad (n=1,2,\cdots).$$

由于当 $n=0$ 时,a_n 的表达式正好给出 a_0,因此,可将上面的结果合并成

$$\begin{cases} a_n = \dfrac{1}{\pi}\displaystyle\int_{-\pi}^{\pi} f(x)\cos nx\,dx & (n=0,1,2,\cdots), \\ b_n = \dfrac{1}{\pi}\displaystyle\int_{-\pi}^{\pi} f(x)\sin nx\,dx & (n=1,2,\cdots). \end{cases} \tag{4}$$

此时,称 $a_0,a_n,b_n(n=1,2,\cdots)$ 为函数 $f(x)$ 的**傅里叶**(Fourier)**系数**. 将这些系数代入式(3)右端,所得的三角级数

$$\frac{a_0}{2} + \sum_{n=1}^{\infty}(a_n\cos nx + b_n\sin nx) \tag{5}$$

称为函数 $f(x)$ 的**傅里叶级数**,记作

$$f(x) \sim \frac{a_0}{2} + \sum_{n=1}^{\infty}(a_n\cos nx + b_n\sin nx).$$

12.6.3　傅里叶级数收敛定理

定义在区间$(-\infty,+\infty)$上以 2π 为周期的函数 $f(x)$,如果它在一个周期上可积,则一定可以求出它的傅里叶级数. 然而函数 $f(x)$ 的傅里叶级数是否一定收敛?如果收敛,它是否一定收敛于函数 $f(x)$?一般来说,这两个问题的答案都不是肯定的. 那么,在什么条件下,函数 $f(x)$ 的傅里叶级数不仅收敛,而且收敛于 $f(x)$ 呢?也就是说,$f(x)$ 满足什么条件时可以展成傅里叶级数呢?为此,我们给出下面的收敛定理.

定理 1(收敛定理)　设 $f(x)$ 是以 2π 为周期的周期函数,若在区间$[-\pi,\pi]$上函数 $f(x)$ 连续或只有有限个第一类间断点,且至多有有限个极值点,则函数 $f(x)$ 的傅里叶级数收敛,并且

(1) 当 x 是函数 $f(x)$ 的连续点时,级数收敛于 $f(x)$;

(2) 当 x 是函数 $f(x)$ 的间断点时,级数收敛于

$$\frac{1}{2}[f(x-0)+f(x+0)].$$

上述定理也称为**狄利克雷充分条件**. 在实际工作中我们所遇到的问题一般都能满足上述条件,因而函数 $f(x)$ 的傅里叶级数除其间断点外都收敛于 $f(x)$,这时也称函数 $f(x)$ 可以展

开成傅里叶级数.

例 1 设 $f(x)$ 是以 2π 为周期的周期函数，它在区间 $[-\pi,\pi)$ 上的表达式为

$$f(x)=\begin{cases}-1, & -\pi\leqslant x<0,\\ 1, & 0\leqslant x<\pi,\end{cases}$$

将 $f(x)$ 展开成傅里叶级数.

解 函数 $f(x)$ 满足收敛定理的条件，$x=k\pi(k=0,\pm1,\pm2,\cdots)$ 为函数 $f(x)$ 的第一类间断点，其他点处函数 $f(x)$ 连续，由收敛定理知，$f(x)$ 的傅里叶级数收敛，并且当 $x=k\pi(k=0,\pm1,\pm2,\cdots)$ 时，傅里叶级数收敛于

$$\frac{1}{2}[f(\pi-0)+f(-\pi+0)]=\frac{1}{2}[1+(-1)]=0,$$

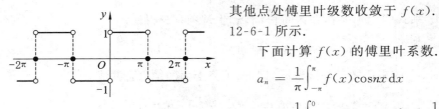

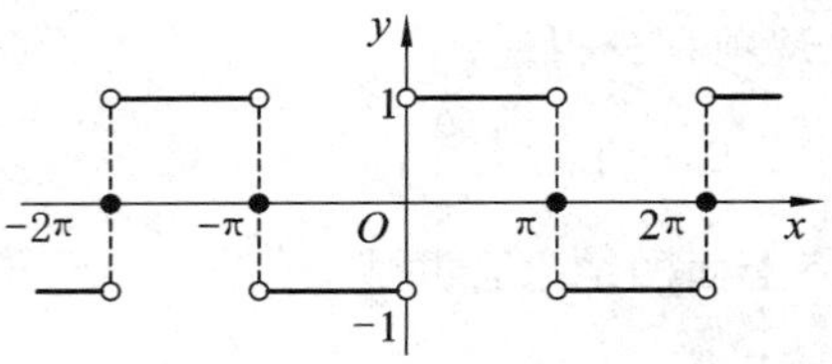

图 12-6-1

其他点处傅里叶级数收敛于 $f(x)$. 和函数的图形如图 12-6-1 所示.

下面计算 $f(x)$ 的傅里叶系数.

$$\begin{aligned}a_n&=\frac{1}{\pi}\int_{-\pi}^{\pi}f(x)\cos nx\,dx\\&=\frac{1}{\pi}\int_{-\pi}^{0}(-1)\cos nx\,dx+\frac{1}{\pi}\int_{0}^{\pi}1\cdot\cos nx\,dx\\&=0\quad(n=0,1,2,\cdots);\end{aligned}$$

$$\begin{aligned}b_n&=\frac{1}{\pi}\int_{-\pi}^{\pi}f(x)\sin nx\,dx\\&=\frac{1}{\pi}\int_{-\pi}^{0}(-1)\sin nx\,dx+\frac{1}{\pi}\int_{0}^{\pi}1\cdot\sin nx\,dx\\&=\frac{1}{\pi}\cdot\frac{\cos nx}{n}\Big|_{-\pi}^{0}+\frac{1}{\pi}\cdot\left(-\frac{\cos nx}{n}\right)\Big|_{0}^{\pi}=\frac{1}{n\pi}(1-\cos n\pi-\cos n\pi+1)\\&=\frac{2}{n\pi}[1-(-1)^n]=\begin{cases}\dfrac{4}{n\pi}, & n=1,3,5,\cdots,\\ 0, & n=2,4,6,\cdots,\end{cases}\end{aligned}$$

于是 $f(x)$ 的傅里叶级数展开式为

$$f(x)=\frac{4}{\pi}\left[\sin x+\frac{1}{3}\sin 3x+\cdots+\frac{1}{2k-1}\sin(2k-1)x+\cdots\right]$$
$$(-\infty<x<+\infty,x\neq k\pi,k\in\mathbf{Z}).$$

例 2 设 $f(x)$ 是以 2π 为周期的周期函数，它在 $[-\pi,\pi)$ 上的表达式为

$$f(x)=\begin{cases}0, & -\pi\leqslant x<0,\\ x, & 0\leqslant x<\pi,\end{cases}$$

将 $f(x)$ 展开成傅里叶级数.

解 $f(x)$ 满足收敛定理的条件，$x=(2k+1)\pi(k=0,\pm1,\pm2,\cdots)$ 为函数 $f(x)$ 的第一类间断点，其他点处函数 $f(x)$ 连续，因此，函数 $f(x)$ 的傅里叶级数在 $x=(2k+1)\pi$ 处收敛于

$$\frac{1}{2}[f(\pi-0)+f(-\pi+0)]=\frac{1}{2}(\pi+0)=\frac{\pi}{2};$$

在连续点 $x(x\neq(2k+1)\pi)$ 处傅里叶级数收敛于 $f(x)$. 和函数的图形如图 12-6-2 所示.

傅里叶系数计算如下.

$$a_0=\frac{1}{\pi}\int_{-\pi}^{\pi}f(x)\mathrm{d}x=\frac{1}{\pi}\int_{0}^{\pi}x\mathrm{d}x=\frac{\pi}{2};$$

$$\begin{aligned}a_n&=\frac{1}{\pi}\int_{-\pi}^{\pi}f(x)\cos nx\,\mathrm{d}x=\frac{1}{\pi}\int_{0}^{\pi}x\cos nx\,\mathrm{d}x\\&=\frac{1}{\pi}\left(\frac{x\sin nx}{n}+\frac{\cos nx}{n^2}\right)\Bigg|_0^{\pi}=\frac{1}{n^2\pi}(\cos n\pi-1)\\&=\begin{cases}-\dfrac{2}{n^2\pi}, & n=1,3,5,\cdots,\\ 0, & n=2,4,6,\cdots;\end{cases}\end{aligned}$$

$$\begin{aligned}b_n&=\frac{1}{\pi}\int_{-\pi}^{\pi}f(x)\sin nx\,\mathrm{d}x=\frac{1}{\pi}\int_{0}^{\pi}x\sin nx\,\mathrm{d}x\\&=\frac{1}{\pi}\left(-\frac{x\cos nx}{n}+\frac{\sin nx}{n^2}\right)\Bigg|_0^{\pi}=-\frac{\cos n\pi}{n}\\&=\frac{(-1)^{n+1}}{n}(n=1,2,\cdots).\end{aligned}$$

$f(x)$ 的傅里叶级数展开式为

$$\begin{aligned}f(x)=&\frac{\pi}{4}+\left(-\frac{2}{\pi}\cos x+\sin x\right)-\frac{1}{2}\sin 2x+\left(-\frac{2}{3^2\pi}\cos 3x+\frac{1}{3}\sin 3x\right)\\&-\frac{1}{4}\sin 4x+\left(-\frac{2}{5^2\pi}\cos 5x+\frac{1}{5}\sin 5x\right)-\cdots\\&(-\infty<x<+\infty,x\neq\pm\pi,\pm 3\pi,\cdots).\end{aligned}$$

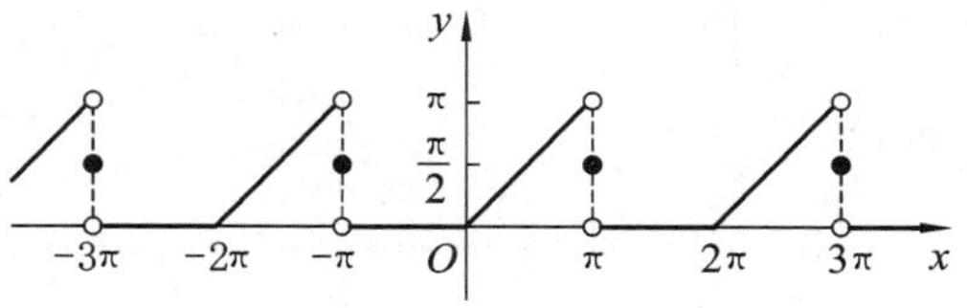

图 12-6-2

设函数 $f(x)$ 只在区间 $[-\pi,\pi]$ 上有定义,并且满足收敛定理的条件,那么函数 $f(x)$ 也可以展成傅里叶级数.我们可以在区间 $[-\pi,\pi)$ 或 $(-\pi,\pi]$ 外补充函数 $f(x)$ 的定义,使它拓展成区间 $(-\infty,+\infty)$ 上周期为 2π 的周期函数 $F(x)$.按这种方式拓展函数定义域的过程称为**周期延拓**.再将 $F(x)$ 展开为傅里叶级数,最后限制 x 在 $(-\pi,\pi)$ 内,此时 $F(x)=f(x)$,这样便得到 $f(x)$ 的傅里叶级数展开式.

例 3　将函数

$$f(x)=\begin{cases}-x, & -\pi\leqslant x<0,\\ x, & 0\leqslant x\leqslant\pi\end{cases}$$

展开成傅里叶级数.

解　所给函数在区间 $[-\pi,\pi]$ 上满足收敛定理的条件,并且拓展成周期函数时,它在每一点 x 处都连续(见图 12-6-3),因此拓展的周期函数的傅里叶级数在 $[-\pi,\pi]$ 上收敛于 $f(x)$.

下面计算傅里叶系数.

$$a_0=\frac{1}{\pi}\int_{-\pi}^{\pi}f(x)\mathrm{d}x=\frac{1}{\pi}\int_{-\pi}^{0}(-x)\mathrm{d}x+\frac{1}{\pi}\int_{0}^{\pi}x\mathrm{d}x=\pi;$$

$$a_n=\frac{1}{\pi}\int_{-\pi}^{\pi}f(x)\cos nx\mathrm{d}x=\frac{1}{\pi}\int_{-\pi}^{0}(-x)\cos nx\mathrm{d}x+\frac{1}{\pi}\int_{0}^{\pi}x\cos nx\mathrm{d}x$$

$$=\frac{2}{n^2\pi}(\cos n\pi-1)=\begin{cases}-\dfrac{4}{n^2\pi}, & n=1,3,5,\cdots,\\ 0, & n=2,4,6,\cdots;\end{cases}$$

$$b_n=\frac{1}{\pi}\int_{-\pi}^{\pi}f(x)\sin nx\mathrm{d}x=\frac{1}{\pi}\int_{-\pi}^{0}(-x)\sin nx\mathrm{d}x+\frac{1}{\pi}\int_{0}^{\pi}x\sin nx\mathrm{d}x$$

$$=0(n=1,2,\cdots).$$

于是 $f(x)$ 的傅里叶级数展开式为

$$f(x)=\frac{\pi}{2}-\frac{4}{\pi}\left(\cos x+\frac{1}{3^2}\cos 3x+\frac{1}{5^2}\cos 5x+\cdots\right)\quad(-\pi\leqslant x\leqslant\pi).$$

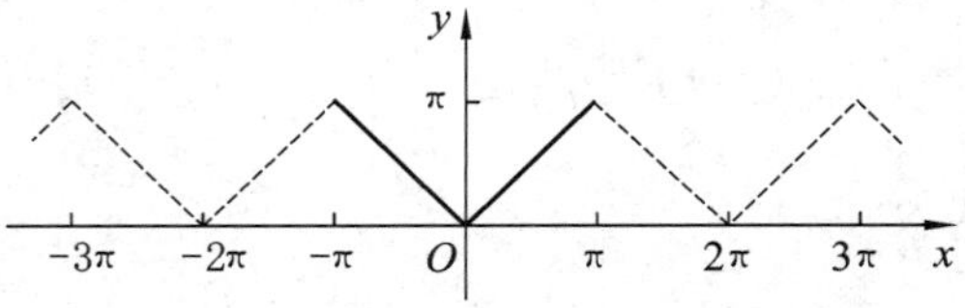

图 12-6-3

利用这个展开式,可求出几个重要级数的和.

取 $x=0$,得

$$f(0)=\frac{\pi}{2}-\frac{4}{\pi}\left[1+\frac{1}{3^2}+\frac{1}{5^2}+\cdots+\frac{1}{(2n-1)^2}+\cdots\right].$$

而 $f(0)=0$,代入上式,整理得

$$\frac{\pi^2}{8}=1+\frac{1}{3^2}+\frac{1}{5^2}+\cdots+\frac{1}{(2n-1)^2}+\cdots.$$

设

$$\sigma=1+\frac{1}{2^2}+\frac{1}{3^2}+\cdots+\frac{1}{n^2}+\cdots=\sum_{n=1}^{\infty}\frac{1}{n^2},$$

$$\sigma_1=1+\frac{1}{3^2}+\frac{1}{5^2}+\cdots+\frac{1}{(2n-1)^2}+\cdots=\sum_{n=1}^{\infty}\frac{1}{(2n-1)^2},$$

$$\sigma_2=\frac{1}{2^2}+\frac{1}{4^2}+\cdots+\frac{1}{(2n)^2}+\cdots=\sum_{n=1}^{\infty}\frac{1}{(2n)^2},$$

则

$$\sigma_2=\sum_{n=1}^{\infty}\frac{1}{(2n)^2}=\frac{1}{4}\sum_{n=1}^{\infty}\frac{1}{n^2}=\frac{\sigma}{4}=\frac{\sigma_1+\sigma_2}{4},$$

将 $\sigma_1=\dfrac{\pi^2}{8}$ 代入上式,解得

$$\sigma_2=\frac{\pi^2}{24}.$$

所以,$\sigma=\dfrac{\pi^2}{6}$,即

$$\frac{\pi^2}{6}=1+\frac{1}{2^2}+\frac{1}{3^2}+\cdots+\frac{1}{n^2}+\cdots=\sum_{n=1}^{\infty}\frac{1}{n^2}.$$

12.6.4　正弦级数和余弦级数

设 $f(x)$ 是以 2π 为周期的函数：

(1) 当 $f(x)$ 为奇函数时，由于 $f(x)\cos nx$ 是奇函数，$f(x)\sin nx$ 是偶函数，所以 $f(x)$ 的傅里叶系数

$$a_n=0\quad(n=0,1,2\cdots),$$

$$b_n=\frac{2}{\pi}\int_0^{\pi}f(x)\sin nx\,\mathrm{d}x\quad(n=1,2\cdots),$$

于是奇函数 $f(x)$ 的傅里叶级数是只含正弦项的**正弦级数**

$$\sum_{n=1}^{\infty}b_n\sin nx.$$

(2) 当 $f(x)$ 为偶函数时，由于 $f(x)\cos nx$ 是偶函数，$f(x)\sin nx$ 是奇函数，所以 $f(x)$ 的傅里叶系数

$$a_n=\frac{2}{\pi}\int_0^{\pi}f(x)\cos nx\,\mathrm{d}x\quad(n=0,1,2\cdots),$$

$$b_n=0\quad(n=1,2\cdots),$$

于是偶函数 $f(x)$ 的傅里叶级数是只含有余弦项的**余弦级数**

$$\frac{a_0}{2}+\sum_{n=1}^{\infty}a_n\cos nx.$$

例 4　设 $f(x)$ 是周期为 2π 的周期函数，它在 $[-\pi,\pi)$ 上的表达式为 $f(x)=x$，将 $f(x)$ 展开成傅里叶级数.

解　显然，函数 $f(x)$ 满足收敛定理的条件. 在点 $x=(2k+1)\pi(k=0,\pm1,\pm2,\cdots)$ 处，函数 $f(x)$ 不连续，此时函数 $f(x)$ 的傅里叶级数收敛于

$$\frac{1}{2}[f(\pi-0)+f(-\pi+0)]=\frac{1}{2}[\pi+(-\pi)]=0,$$

此外，在连续点处函数 $f(x)$ 的傅里叶级数收敛于 $f(x)$. 和函数的图形如图 12-6-4 所示.

又因为 $f(x)$ 为奇函数，所以

$$a_n=0(n=0,1,2,\cdots),$$

$$b_n=\frac{2}{\pi}\int_0^{\pi}f(x)\sin nx\,\mathrm{d}x=\frac{2}{\pi}\int_0^{\pi}x\sin nx\,\mathrm{d}x$$

$$=\frac{2}{\pi}\left(-\frac{x\cos nx}{n}+\frac{\sin nx}{n^2}\right)\Big|_0^{\pi}$$

$$=-\frac{2}{n}\cos n\pi=\frac{2}{n}(-1)^{n+1}\quad(n=1,2,\cdots),$$

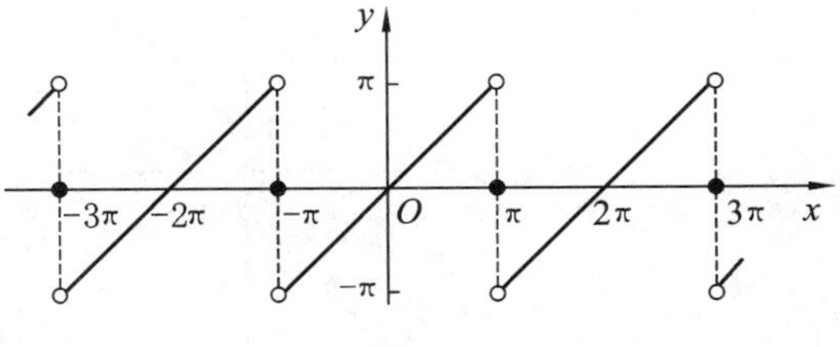

图 12-6-4

所以 $f(x)$ 的傅里叶级数展开式为

$$f(x)=2\left[\sin x-\frac{1}{2}\sin 2x+\frac{1}{3}\sin 3x-\cdots\right.$$

$$\left.+(-1)^{n+1}\frac{1}{n}\sin nx+\cdots\right]\quad(-\infty<x<+\infty,x\neq\pm\pi,\pm3\pi,\cdots).$$

对于定义在$[0,\pi]$上的函数$f(x)$，可以通过补充$f(x)$在$[-\pi,0)$上的定义，使之延拓为$[-\pi,\pi]$上的函数. 若延拓后函数成为偶(奇)函数，则称该延拓为**偶(奇)延拓**. 由于对$f(x)$进行偶(奇)延拓后，得到的函数为偶(奇)函数，于是它的傅里叶级数便是余(正)弦级数，从而$f(x)$在$[0,\pi]$上的傅里叶级数也是余(正)弦级数.

例 5　将函数$f(x)=x+1(0\leqslant x\leqslant\pi)$分别展开成正弦级数和余弦级数.

解　先将$f(x)$展成正弦级数. 为此对函数$f(x)$进行奇延拓(见图 12-6-5(a))，此时

$$\begin{aligned}b_n&=\frac{2}{\pi}\int_0^{\pi}f(x)\sin nx\,\mathrm{d}x=\frac{2}{\pi}\int_0^{\pi}(x+1)\sin nx\,\mathrm{d}x\\&=\frac{2}{\pi}\left(-\frac{x\cos nx}{n}+\frac{\sin nx}{n^2}-\frac{\cos nx}{n}\right)\Bigg|_0^{\pi}\\&=\frac{2}{n\pi}(1-\pi\cos n\pi-\cos n\pi)\\&=\begin{cases}\dfrac{2}{\pi}\cdot\dfrac{\pi+2}{n}, & n=1,3,5,\cdots,\\[2ex]-\dfrac{2}{n}, & n=2,4,6,\cdots,\end{cases}\end{aligned}$$

函数$f(x)$的正弦级数展开式为

$$x+1=\frac{2}{\pi}\left[(\pi+2)\sin x-\frac{\pi}{2}\sin 2x+\frac{1}{3}(\pi+2)\sin 3x-\frac{\pi}{4}\sin 4x+\cdots\right]\quad(0<x<\pi),$$

在端点$x=0$和$x=\pi$处，正弦级数收敛到 0.

再将$f(x)$展成余弦级数. 为此对$f(x)$进行偶延拓(见图 12-6-5(b))，此时

$$a_0=\frac{2}{\pi}\int_0^{\pi}(x+1)\mathrm{d}x=\frac{2}{\pi}\left(\frac{x^2}{2}+x\right)\Bigg|_0^{\pi}=\pi+2.$$

$$\begin{aligned}a_n&=\frac{2}{\pi}\int_0^{\pi}f(x)\cos nx\,\mathrm{d}x=\frac{2}{\pi}\int_0^{\pi}(x+1)\cos nx\,\mathrm{d}x\\&=\frac{2}{\pi}\left(-\frac{x\sin nx}{n}+\frac{\cos nx}{n^2}-\frac{\sin nx}{n}\right)\Bigg|_0^{\pi}\\&=\frac{2}{n^2\pi}(\cos n\pi-1)=\begin{cases}0, & n=2,4,6,\cdots,\\-\dfrac{4}{n^2\pi}, & n=1,3,5,\cdots,\end{cases}\end{aligned}$$

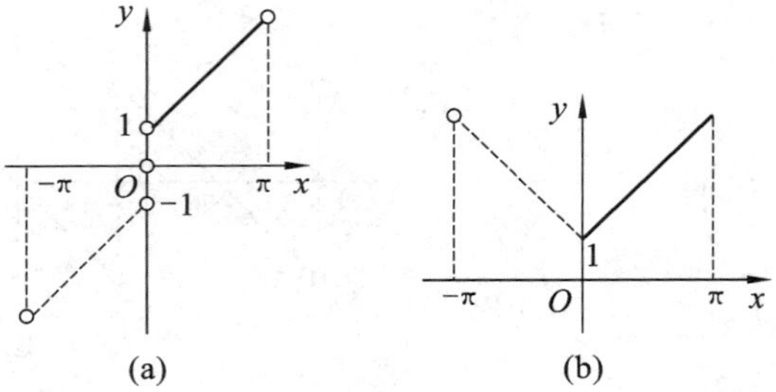

图 12-6-5

所以函数$f(x)$的余弦级数展开式为

$$x+1=\frac{\pi}{2}+1-\frac{4}{\pi}\left(\cos x+\frac{1}{3^2}\cos 3x+\frac{1}{5^2}\cos 5x+\cdots\right)\quad(0\leqslant x\leqslant\pi).$$

12.6.5　周期为 $2l$ 的周期函数的傅里叶级数

前面,我们所讨论的周期函数都是以 2π 为周期.但是实际问题中所遇到的周期函数,它们的周期不一定是 2π.若周期是 $2l$,那么怎样把以 $2l$ 为周期的周期函数 $f(x)$ 展开成傅里叶级数呢?

为此,作变换,令 $x=\frac{l}{\pi}t$,得

$$f(x)=f\left(\frac{l}{\pi}t\right)=F(t),$$

则 $F(t)$ 是以 2π 为周期的函数.这是因为

$$F(t+2\pi)=f\left[\frac{l}{\pi}(t+2\pi)\right]=f\left(\frac{l}{\pi}t+2l\right)=f\left(\frac{l}{\pi}t\right)=F(t).$$

于是当 $F(t)$ 满足收敛定理的条件时,$F(t)$ 可展开成傅里叶级数

$$F(t)=\frac{a_0}{2}+\sum_{n=1}^{\infty}(a_n\cos nt+b_n\sin nt),$$

其中

$$a_n=\frac{1}{\pi}\int_{-\pi}^{\pi}F(t)\cos nt\,\mathrm{d}t\quad(n=0,1,2,\cdots),$$

$$b_n=\frac{1}{\pi}\int_{-\pi}^{\pi}F(t)\sin nt\,\mathrm{d}t\quad(n=1,2,\cdots).$$

从而有下面的定理.

定理 2　设 $f(x)$ 是以 $2l$ 为周期的周期函数,且在区间 $[-l,l]$ 上可积,则 $f(x)$ 的傅里叶级数展开式为

$$f(x)\sim\frac{a_0}{2}+\sum_{n=1}^{\infty}\left(a_n\cos\frac{n\pi x}{l}+b_n\sin\frac{n\pi x}{l}\right),$$

其中

$$a_n=\frac{1}{l}\int_{-l}^{l}f(x)\cos\frac{n\pi x}{l}\mathrm{d}x\quad(n=0,1,2,\cdots),$$

$$b_n=\frac{1}{l}\int_{-l}^{l}f(x)\sin\frac{n\pi x}{l}\mathrm{d}x\quad(n=1,2,\cdots).$$

若 $f(x)$ 满足收敛定理的条件,那么当 x 为 $f(x)$ 的连续点时,傅里叶级数收敛于 $f(x)$,即

$$f(x)=\frac{a_0}{2}+\sum_{n=1}^{\infty}\left(a_n\cos\frac{n\pi x}{l}+b_n\sin\frac{n\pi x}{l}\right);$$

当 x 为 $f(x)$ 的间断点时,傅里叶级数收敛于

$$\frac{1}{2}[f(x+0)+f(x-0)].$$

特别地,当 $f(x)$ 为奇函数时,

$$f(x)=\sum_{n=1}^{\infty}b_n\sin\frac{n\pi x}{l},$$

其中

$$b_n=\frac{2}{l}\int_{0}^{l}f(x)\sin\frac{n\pi x}{l}\mathrm{d}x.$$

当 $f(x)$ 为偶函数时

$$f(x)=\frac{a_0}{2}+\sum_{n=1}^{\infty}a_n\cos\frac{n\pi x}{l},$$

其中

$$a_n=\frac{2}{l}\int_0^l f(x)\cos\frac{n\pi x}{l}\mathrm{d}x\quad(n=0,1,2,\cdots).$$

函数 $f(x)$ 在点 x 处连续或者间断,有类似于上面的讨论.

例 6　设 $f(x)$ 是以 4 为周期的周期函数,它在 $[-2,2)$ 上的表达式为

$$f(x)=\begin{cases}0, & -2\leqslant x<0,\\ k, & 0\leqslant x<2,\end{cases}$$

其中 $k(>0)$ 为常数,将 $f(x)$ 展开成傅里叶级数.

解　由于 $l=2$,所以

$$a_0=\frac{1}{2}\int_{-2}^0 0\mathrm{d}x+\frac{1}{2}\int_0^2 k\mathrm{d}x=k;$$

$$a_n=\frac{1}{2}\int_0^2 k\cos\frac{n\pi x}{2}\mathrm{d}x=\frac{k}{n\pi}\sin\frac{n\pi x}{2}\Big|_0^2=0\quad(n=1,2,\cdots);$$

$$b_n=\frac{1}{2}\int_0^2 k\sin\frac{n\pi x}{2}\mathrm{d}x=\left(-\frac{k}{n\pi}\cos\frac{n\pi x}{2}\right)\Big|_0^2$$

$$=\frac{k}{n\pi}(1-\cos n\pi)=\begin{cases}\frac{2k}{n\pi}, & n=1,3,5,\cdots,\\ 0, & n=2,4,6,\cdots,\end{cases}$$

于是,在区间 $(-\infty,+\infty)$ 内,当 $x\neq 0,\pm 2,\pm 4,\cdots$ 时,

$$f(x)=\frac{k}{2}+\frac{2k}{\pi}\left(\sin\frac{\pi x}{2}+\frac{1}{3}\sin\frac{3\pi x}{2}+\frac{1}{5}\sin\frac{5\pi x}{2}+\cdots\right);$$

当 $x=0,\pm 2,\pm 4,\cdots$ 时,傅里叶级数收敛于

$$\frac{1}{2}[f(0+0)+f(0-0)]=\frac{k}{2}.$$

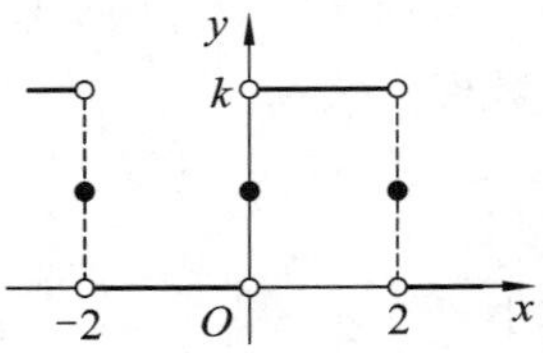

图 12-6-6

$f(x)$ 的傅里叶级数的和函数的图形如图 12-6-6 所示.

习　题　12.6

1. 利用积分验证三角函数系的正交性.

2. 在下列指定区间内把函数 $f(x)=x$ 展开为傅里叶级数.

(1) $-\pi<x<\pi$;　　(2) $0<x<2\pi$.

3. 把函数 $f(x)=\begin{cases}-\frac{\pi}{4}, & -\pi<x<0,\\ \frac{\pi}{4}, & 0\leqslant x<\pi\end{cases}$ 展开成傅里叶级数.

4. 求下列函数的傅里叶级数展开式.

(1) $f(x)=\frac{\pi-x}{2},0<x<2\pi$;　　(2) $f(x)=\sqrt{1-\cos x},-\pi\leqslant x\leqslant\pi$;

(3) $f(x)=3x^2+x+1,-\pi\leqslant x<\pi$.

5. 将函数 $f(x)=\frac{\pi}{2}-x$ 在$[0,\pi]$上展开成余弦级数.

6. 将函数 $f(x)=\cos\frac{x}{2}$ 在$[0,\pi]$上展开成正弦级数.

小　　结

一、基本要求

(1) 理解无穷级数及其一般项、部分和、收敛与发散以及收敛级数的和等基本概念.

(2) 熟练掌握几何级数与 p 级数的敛散条件;了解调和级数的敛散性.

(3) 掌握级数收敛的必要条件,以及收敛级数的基本性质.

(4) 掌握正项级数的比较判别法、比值判别法和根值判别法.

(5) 掌握交错级数的莱布尼茨判别法.

(6) 了解任意项级数绝对收敛与条件收敛的概念并判定级数绝对收敛与条件收敛.

(7) 掌握幂级数收敛半径、收敛区间的求法;了解幂级数的基本性质;掌握某些幂级数的和函数的求法.

(8) 了解函数展开为泰勒级数的充要条件.

(9) 掌握 $\mathrm{e}^x,\sin x,\cos x,\ln(1+x)$ 和$\frac{1}{1+x}$的麦克劳林级数展开式,并掌握利用它们将函数展开为幂级数的方法.

(10) 了解函数展开为傅里叶级数的充分条件,能将定义在$(-\pi,\pi)$和$(-l,l)$上的函数展开为傅里叶级数,能将定义在$(0,\pi)$和$(0,l)$上的函数展开为正弦级数或余弦级数.

二、基本内容

1. 无穷级数的概念

(1) 设有数列$\{u_n\}_{n=1}^{\infty}$,称$\sum\limits_{n=1}^{\infty}u_n$ 为无穷级数,简称级数. 称级数的前 n 项和 $\sum\limits_{k=1}^{n}u_k$ 为级数 $\sum\limits_{n=1}^{\infty}u_n$ 的部分和,若$\lim\limits_{n\to\infty}S_n=S$,称$S$为级数$\sum\limits_{n=1}^{\infty}u_n$的和,并称级数$\sum\limits_{n=1}^{\infty}u_n$收敛;若$\lim\limits_{n\to\infty}S_n$不存在,称级数$\sum\limits_{n=1}^{\infty}u_n$ 发散.

(2) 等比级数$\sum\limits_{n=0}^{\infty}aq^n$ 在 $|q|<1$ 时收敛,和为$\frac{a}{1-q}$,在 $|q|\geqslant 1$ 时发散.

2. 无穷级数的性质

(1) 如果级数$\sum\limits_{n=1}^{\infty}u_n$ 收敛,其和为S,则它的各项同时乘以一个常数k所得的级数$\sum\limits_{n=1}^{\infty}ku_n$ 也收敛,且其和为 kS.

(2) 如果级数$\sum\limits_{n=1}^{\infty}u_n$,$\sum\limits_{n=1}^{\infty}v_n$ 都收敛,其和分别为S,σ,则级数$\sum\limits_{n=1}^{\infty}(u_n\pm v_n)$也收敛,且其和为$S\pm\sigma$.

(3) 在级数中去掉、添加或改变有限项,不改变级数的敛散性.

(4) 如果级数收敛,则对级数的项任意添加括号后所得的新级数仍收敛,且和不变.

(5) 如果 $\sum_{n=1}^{\infty} u_n$ 收敛,则它的通项 u_n 趋于零,即 $\lim_{n\to\infty} u_n = 0$.

3. 正项级数及其判别法

(1) 若 $u_n \geqslant 0 (n = 1,2,3,\cdots)$,称 $\sum_{n=1}^{\infty} u_n$ 为正项级数. 正项级数 $\sum_{n=1}^{\infty} u_n$ 收敛的充分必要条件是它的部分和数列 $\{S_n\}$ 有界. p 级数 $\sum_{n=1}^{\infty} \frac{1}{n^p}$ 在 $p > 1$ 时收敛,在 $p \leqslant 1$ 时发散.

(2) 比较判别法:设 $\sum_{n=1}^{\infty} u_n$ 和 $\sum_{n=1}^{\infty} v_n$ 是两个正项级数,且 $u_n \leqslant v_n (n = 1,2,\cdots)$,则当 $\sum_{n=1}^{\infty} v_n$ 收敛时,$\sum_{n=1}^{\infty} u_n$ 也收敛;当 $\sum_{n=1}^{\infty} u_n$ 发散时,$\sum_{n=1}^{\infty} v_n$ 也发散.

比较判别法的极限形式:设 $\sum_{n=1}^{\infty} u_n$ 与 $\sum_{n=1}^{\infty} v_n$ 均为正项级数,若 $\lim_{n\to\infty} \frac{u_n}{v_n} = l$,则当 $0 < l < +\infty$ 时,$\sum_{n=1}^{\infty} v_n$ 与 $\sum_{n=1}^{\infty} u_n$ 有相同的敛散性;当 $l = 0$ 时,若 $\sum_{n=1}^{\infty} v_n$ 收敛,则 $\sum_{n=1}^{\infty} u_n$ 也收敛;当 $l = +\infty$ 时,若 $\sum_{n=1}^{\infty} v_n$ 发散,则 $\sum_{n=1}^{\infty} u_n$ 也发散.

(3) 比值判别法:设 $\sum_{n=1}^{\infty} u_n$ 为正项级数,若 $\lim_{n\to\infty} \frac{u_{n+1}}{u_n} = l$,当 $l < 1$ 时,级数 $\sum_{n=1}^{\infty} u_n$ 收敛;当 $l > 1$(或 $l = +\infty$)时,级数 $\sum_{n=1}^{\infty} u_n$ 发散;当 $l = 1$ 时,级数 $\sum_{n=1}^{\infty} u_n$ 可能收敛,也可能发散.

(4) 根值判别法:设 $\sum_{n=1}^{\infty} u_n$ 为正项级数,且 $\lim_{n\to\infty} \sqrt[n]{u_n} = l$,则当 $l < 1$ 时,级数收敛;当 $l > 1$ 时,级数发散;当 $l = 1$ 时,级数可能收敛,也可能发散.

4. 交错级数

(1) 称 $\sum_{n=1}^{\infty} (-1)^{n-1} u_n = u_1 - u_2 + \cdots + (-1)^{n-1} u_n + \cdots$ 为交错级数,其中 $u_n > 0 (n = 1, 2,\cdots)$.

(2) 莱布尼茨判别法:若交错级数 $\sum_{n=1}^{\infty} (-1)^{n-1} u_n$ 满足 $u_n \geqslant u_{n+1}$ 且 $\lim_{n\to\infty} u_n = 0$,则称 $\sum_{n=1}^{\infty} (-1)^{n-1} u_n$ 收敛.

5. 绝对收敛和条件收敛

若 $\sum_{n=1}^{\infty} |u_n|$ 收敛,则称 $\sum_{n=1}^{\infty} u_n$ 绝对收敛;若 $\sum_{n=1}^{\infty} u_n$ 收敛,但 $\sum_{n=1}^{\infty} |u_n|$ 发散,则称 $\sum_{n=1}^{\infty} u_n$ 条件收敛. 若 $\sum_{n=1}^{\infty} u_n$ 绝对收敛,则 $\sum_{n=1}^{\infty} u_n$ 一定收敛.

6. 幂级数及其性质

(1) 设$\{a_n\}$为给定的数列，称级数$\sum\limits_{n=0}^{\infty}a_n(x-x_0)^n$为$x-x_0$的幂级数.

(2) Abel定理：设$\sum\limits_{n=0}^{\infty}a_nx^n$在$x_0(x_0\neq 0)$处收敛，则对任意满足$|x|<|x_0|$的$x$，$\sum\limits_{n=0}^{\infty}a_nx^n$绝对收敛；设$\sum\limits_{n=0}^{\infty}a_nx^n$在$x_0(x_0\neq 0)$处发散，则对任意满足$|x|>|x_0|$的$x$，$\sum\limits_{n=0}^{\infty}a_nx^n$必发散.

(3) 对于幂级数$\sum\limits_{n=0}^{\infty}a_nx^n$，若有$r=\lim\limits_{n\to\infty}\sqrt[n]{|a_n|}$，则该幂级数的收敛半径为

$$R=\begin{cases}\dfrac{1}{r}, & 0<r<+\infty,\\ +\infty, & r=0,\\ 0, & r=+\infty.\end{cases}$$

对于幂级数$\sum\limits_{n=0}^{\infty}a_nx^n(a_n\neq 0)$，若有$r=\lim\limits_{n\to\infty}\dfrac{|a_{n+1}|}{|a_n|}$，则该幂级数的收敛半径为

$$R=\begin{cases}\dfrac{1}{r}, & 0<r<+\infty,\\ +\infty, & r=0,\\ 0, & r=+\infty.\end{cases}$$

(4) 设幂级数$\sum\limits_{n=0}^{\infty}a_nx^n$和$\sum\limits_{n=0}^{\infty}b_nx^n$的收敛半径分别为$R_1$和$R_2$，则$\sum\limits_{n=0}^{\infty}(a_n\pm b_n)x^n$的收敛半径为$R=\min(R_1,R_2)$，且在区间$(-R,R)$内，有$\sum\limits_{n=0}^{\infty}(a_n\pm b_n)x^n=\sum\limits_{n=0}^{\infty}a_nx^n\pm\sum\limits_{n=0}^{\infty}b_nx^n$.

(5) 设幂级数$\sum\limits_{n=0}^{\infty}a_nx^n$在收敛区间$(-R,R)$内的和函数为$S(x)$，则$S(x)$在$(-R,R)$内连续；$S(x)$在$(-R,R)$内每一点都是可导的，且有逐项求导公式$S'(x)=\left(\sum\limits_{n=0}^{\infty}a_nx^n\right)'=\sum\limits_{n=0}^{\infty}(a_nx^n)'=\sum\limits_{n=1}^{\infty}na_nx^{n-1}$，且求导后的幂级数与原幂级数有相同的收敛半径$R$；$S(x)$在$(-R,R)$内可以积分，且有逐项积分公式$\int_0^x S(x)\mathrm{d}x=\int_0^x\left(\sum\limits_{n=0}^{\infty}a_nx^n\right)\mathrm{d}x=\sum\limits_{n=0}^{\infty}a_n\int_0^x x^n\mathrm{d}x=\sum\limits_{n=0}^{\infty}\dfrac{a_n}{n+1}x^{n+1}$，且积分后的幂级数与原级数有相同的收敛半径$R$.

7. 函数的幂级数展开

(1) 若$f(x)$在点$x=x_0$的某邻域内具有各阶导数$f'(x_0),f''(x_0),\cdots,f^{(n)}(x_0),\cdots$，称幂级数$\sum\limits_{n=0}^{\infty}\dfrac{f^{(n)}(x_0)}{n!}(x-x_0)^n$为$f(x)$在$x=x_0$处的泰勒级数.

(2) 几种常用函数的幂级数

$$\mathrm{e}^x=1+x+\frac{1}{2!}x^2+\cdots+\frac{1}{n!}x^n+\cdots,x\in(-\infty,+\infty),$$

$$\sin x=x-\frac{x^3}{3!}+\frac{x^5}{5!}-\cdots+(-1)^{n-1}\frac{x^{2n-1}}{(2n-1)!}+\cdots,x\in(-\infty,+\infty),$$

$$\cos x = 1 - \frac{x^2}{2!} + \frac{x^4}{4!} - \cdots + (-1)^n \frac{x^{2n}}{(2n)!} + \cdots, x \in (-\infty, +\infty),$$

$$\frac{1}{1+x} = 1 - x + x^2 - x^3 + \cdots + (-1)^n x^n + \cdots, x \in (-1,1),$$

$$\ln(1+x) = x - \frac{x^2}{2} + \frac{x^3}{3} - \frac{x^4}{4} + \cdots + (-1)^{n-1} \frac{x^n}{n} + \cdots, x \in (-1,1],$$

$$(1+x)^m = 1 + mx + \frac{m(m-1)}{2!}x^2 + \cdots + \frac{m(m-1)\cdots(m-n+1)}{n!}x^n + \cdots, x \in (-1,1).$$

8. 傅里叶级数

(1) 称级数$\frac{a_0}{2} + \sum\limits_{n=1}^{\infty}(a_n\cos nx + b_n\sin nx)$为三角级数,其中 $a_n, b_n (n = 0,1,2,\cdots)$ 是常数.

(2) 称 $1, \cos x, \sin x, \cos 2x, \sin 2x, \cdots, \cos nx, \sin nx, \cdots$ 为三角函数系,其特点为:任何不同的两个函数的乘积在区间$[-\pi,\pi]$上的积分等于零,两个相同函数的乘积在区间$[-\pi,\pi]$上的积分不等于零.

(3) 称$\frac{a_0}{2} + \sum\limits_{n=1}^{\infty}(a_n\cos nx + b_n\sin nx)$为 $f(x)$ 的傅里叶级数,其中

$$\begin{cases} a_n = \dfrac{1}{\pi}\displaystyle\int_{-\pi}^{\pi} f(x)\cos nx\,dx \quad (n = 0,1,2,\cdots), \\ b_n = \dfrac{1}{\pi}\displaystyle\int_{-\pi}^{\pi} f(x)\sin nx\,dx \quad (n = 0,1,2,\cdots). \end{cases}$$

(4) 傅里叶级数的收敛定理:设以 2π 为周期的周期函数 $f(x)$ 在$[-\pi,\pi]$上连续或只有有限个第一类间断点,且至多有有限个极值点,则 $f(x)$ 的傅里叶级数在区间$[-\pi,\pi]$上收敛,并且当 x 是 $f(x)$ 的连续点时,级数收敛于 $f(x)$;当 x 是 $f(x)$ 的间断点时,级数收敛于这一点左右极限的算数平均数,即$\frac{1}{2}[f(x-0) + f(x+0)]$.

(5) 正弦级数$\sum\limits_{n=1}^{\infty} b_n\sin nx$,其中 $b_n = \frac{2}{\pi}\int_0^{\pi} f(x)\sin nx\,dx (n = 1,2,3,\cdots)$;余弦级数$\frac{a_0}{2} + \sum\limits_{n=1}^{\infty} a_n\cos nx$,其中 $a_n = \frac{2}{\pi}\int_0^{\pi} f(x)\cos nx\,dx (n = 0,1,2,3,\cdots)$.

自　测　题

一、选择题

1. 下列结论正确的是(　　).

A. 若$\sum\limits_{n=1}^{\infty} u_n^2$ 收敛,则$\sum\limits_{n=1}^{\infty} u_n$ 必收敛

B. 若$\sum\limits_{n=1}^{\infty} u_n^2$ 收敛,则$\sum\limits_{n=1}^{\infty} u_n$ 必发散

C. 若$\sum\limits_{n=1}^{\infty} u_n$ 收敛,则$\sum\limits_{n=1}^{\infty} u_n^2$ 不一定收敛

D. 若$\sum\limits_{n=1}^{\infty} u_n$ 收敛,则$\sum\limits_{n=1}^{\infty} u_n^2$ 必发散

2. 若 $u_n > 0(n=1,2,\cdots)$，$S_n=\sum\limits_{k=1}^{\infty}u_k$，$v_n=\dfrac{1}{S_n}$，则下列结论正确的是(　　).

A. 若 $\sum\limits_{n=1}^{\infty}v_n$ 收敛，则 $\sum\limits_{n=1}^{\infty}u_n$ 收敛

B. 若 $\sum\limits_{n=1}^{\infty}v_n$ 发散，则 $\sum\limits_{n=1}^{\infty}u_n$ 发散

C. 若 $\sum\limits_{n=1}^{\infty}u_n$ 收敛，则 $\sum\limits_{n=1}^{\infty}v_n$ 收敛

D. 若 $\sum\limits_{n=1}^{\infty}u_n$ 收敛，则 $\sum\limits_{n=1}^{\infty}v_n$ 必发散

3. 下列结论正确的是(　　).

A. 若 $\sum\limits_{n=1}^{\infty}u_n^2$ 和 $\sum\limits_{n=1}^{\infty}v_n^2$ 收敛，则 $\sum\limits_{n=1}^{\infty}(u_n+v_n)^2$ 收敛

B. 若 $\sum\limits_{n=1}^{\infty}|u_nv_n|$ 收敛，则 $\sum\limits_{n=1}^{\infty}u_n^2$ 和 $\sum\limits_{n=1}^{\infty}v_n^2$ 均收敛

C. 若正项级数 $\sum\limits_{n=1}^{\infty}u_n$ 发散，则 $u_n \geqslant \dfrac{1}{n}(n=1,2,\cdots)$

D. 若级数 $\sum\limits_{n=1}^{\infty}u_n$ 收敛，且 $v_n \geqslant u_n(n=1,2,\cdots)$，则 $\sum\limits_{n=1}^{\infty}v_n$ 收敛.

4. 已知 $\lim\limits_{n\to\infty}a_n=a$，则 $\sum\limits_{n=1}^{\infty}(a_n-a_{n-1})$ 一定(　　).

A. 收敛于 0　　B. 收敛于 a
C. 收敛于 $a-a_0$　　D. 发散

5. 若 $\sum\limits_{n=1}^{\infty}(-1)^{n-1}a_n=2$，且 $\sum\limits_{n=1}^{\infty}a_{2n-1}=5$，则 $\sum\limits_{n=1}^{\infty}a_n=$(　　).

A. 3　　B. 7　　C. 9　　D. 8

6. 若 a 为实数，则级数 $\sum\limits_{n=1}^{\infty}\dfrac{(-1)^{n-1}\sqrt{n^2+a}}{n^2}$(　　).

A. 发散　　B. 条件收敛　　C. 绝对收敛　　D. 是否收敛与 a 有关

二、判别下列级数的敛散性.

(1) $\sum\limits_{n=1}^{\infty}\dfrac{\sqrt[4]{n}}{\sqrt{n}+\sqrt[3]{n}}$；　(2) $\sum\limits_{n=1}^{\infty}\dfrac{a^n}{n^3}$，其中 a 为常数；　(3) $\sum\limits_{n=1}^{\infty}\dfrac{n}{(1+\frac{1}{n})^n}$；

(4) $\sum\limits_{n=1}^{\infty}\dfrac{n+(-1)^n}{n!}$；　(5) $\sum\limits_{n=1}^{\infty}(1-\cos\dfrac{\pi}{n})$；　(6) $\sum\limits_{n=1}^{\infty}(\ln 3)^{n-1}$.

三、求下列幂级数的收敛半径与收敛域.

(1) $\sum\limits_{n=1}^{\infty}n!x^n$；　(2) $\sum\limits_{n=1}^{\infty}\dfrac{2^n}{2n-1}x^{2n-2}$.

四、求下列级数的和函数，并指出收敛域.

(1) $\sum\limits_{n=0}^{\infty}(x-3)^n$；　(2) $\sum\limits_{n=1}^{\infty}\dfrac{(x-1)^n}{n}$；　(3) $\sum\limits_{n=1}^{\infty}3^nx^{2n+1}$；　(4) $\sum\limits_{n=1}^{\infty}\dfrac{x^n}{n(n+1)}$.

五、设幂级数$\sum_{n=1}^{\infty}(\frac{1}{n}+\frac{3^n}{n^2})x^n$：

(1) 求幂级数的收敛域；(2) 求和函数 $S(x)$ 的导数 $S'(x)$；(3) 求 $S'(\frac{1}{4})$.

六、将下列函数展成 x 的幂级数.

(1) $\int_0^x e^{-t^2}\,dt$；(2) $\ln\frac{1-x}{1+x}$；(3) $\frac{1}{1+x-2x^2}$；(4) x^3e^{-x}.

参考答案

第八章

习题 8.1

1. A：Ⅳ. B：Ⅴ. C：Ⅷ. D：Ⅲ.
2. $2\sqrt{2},\sqrt{5},\sqrt{5}$.
3. $(0,1,-2)$.
4. 略.
5. $\overrightarrow{AF}=\dfrac{\boldsymbol{b}-\boldsymbol{a}}{2},\overrightarrow{BC}=\dfrac{\boldsymbol{b}+\boldsymbol{a}}{2},\overrightarrow{BF}=\dfrac{\boldsymbol{b}-3\boldsymbol{a}}{2},\overrightarrow{CF}=-2\boldsymbol{a}$.
6. 略.
7. 略.
8. $\boldsymbol{a}+\boldsymbol{b}+\boldsymbol{c}$.
9. 略.

习题 8.2

1. $\sqrt{34},\sqrt{41},5$.
2. $(1,-2,-2),(-2,4,4)$.
3. 模为 2；方向余弦为 $-\dfrac{1}{2},-\dfrac{\sqrt{2}}{2},\dfrac{1}{2}$；方向角为 $\dfrac{2\pi}{3},\dfrac{3\pi}{4},\dfrac{\pi}{3}$.
4. (1) 垂直于 x 轴；(2) 平行于 y 轴；(3) 垂直于 xOy 面.
5. $(1,-8,3)$.
6. $13\boldsymbol{i}+7\boldsymbol{j}+15\boldsymbol{k}$.

习题 8.3

1. (1) 3 和 $3\boldsymbol{i}-5\boldsymbol{j}+7\boldsymbol{k}$； (2) -9 和 $9\boldsymbol{i}-15\boldsymbol{j}+21\boldsymbol{k}$； (3) $\dfrac{2\sqrt{21}}{7}$.
2. $-\dfrac{2}{3}$.
3. $5\sqrt{3}$.
4. $\dfrac{\pm\sqrt{17}}{17}(3,-2,-2)$.
5. (1) $-8\boldsymbol{j}-24\boldsymbol{k}$； (2) $-3\boldsymbol{i}-\boldsymbol{j}-\boldsymbol{k}$； (3) 2.
6. $-\dfrac{2}{3}$.

7. 略.

8. 略.

习题 8.4

1. $-2x+5y-11=0$.

2. $3x-2z+3=0$.

3. $y-5z=0$.

4. $5x+2y-18z=0$.

5. $4x-3y+z-6=0$.

6. $\dfrac{19\sqrt{17}}{17}$.

7. xOy 面　$\arccos\dfrac{2}{3}$, yOz 面　$\arccos\dfrac{2}{3}$, zOx 面　$\arccos\dfrac{1}{3}$.

8. $\arccos\dfrac{2\sqrt{942}}{471}$.

习题 8.5

1. $\dfrac{x-2}{3}=\dfrac{y+2}{4}=\dfrac{z-2}{5}$.

2. $\dfrac{x-3}{-2}=\dfrac{y-2}{0}=\dfrac{z-1}{2}$.

3. $\dfrac{x-1}{-2}=\dfrac{y-1}{1}=\dfrac{z-1}{3}$, $\begin{cases}x=1-2t,\\y=1+t,\\z=1+3t.\end{cases}$

4. $\dfrac{x-1}{-2}=\dfrac{y-2}{3}=\dfrac{z-4}{1}$.

5. $8x-9y-22z-59=0$.

6. $x-y+z=0$.

7. $\pi/2$.

8. $\dfrac{\sqrt{35}}{7}$.

9. $\begin{cases}3x-4y=26,\\z=0.\end{cases}$

10. $\left(-\dfrac{5}{3},\dfrac{2}{3},\dfrac{2}{3}\right)$.

11. $\left(1,-\dfrac{1}{2},\dfrac{3}{2}\right)$.

习题 8.6

1. $x^2+y^2+z^2-2x-6y-2z=0$.

2. 球心在 $M_0(-1,2,-1)$,通过坐标原点的球面.

3. $4x+4y+10z-63=0$.

4. $x^2+4y^2-4=0$.

5. $\frac{x^2}{4}+\frac{y^2+z^2}{9}=1$.

6. (1) 球面方程;(2) 椭球面方程;(3) 锥面;(4) 锥面;(5) 单叶双曲面;(6) 双叶双曲面;(7) 抛物双曲面;(8) 圆柱面;(9) 椭圆柱面;(10) 双曲柱面;(11) 抛物柱面.

习题 8.7

1. (1) $\begin{cases}x=\cos t,\\ y=\sin t,\\ z=2+\frac{2}{3}\cos t.\end{cases}$ (2) $\begin{cases}x=a+a\cos t,\\ y=a\sin t,\\ z=\sqrt{2}a\,|\sin t|.\end{cases}$ (3) $\begin{cases}x=\frac{3\sqrt{2}}{2}\cos t,\\ y=\frac{3\sqrt{2}}{2}\cos t,\\ z=3\sin t.\end{cases}$

2. $\begin{cases}2x^2-2x+y^2=0,\\ z=0.\end{cases}$

3. $\begin{cases}x-y+3z=8,\\ x-2y-z=-7.\end{cases}$

4. $3y^2-z^2=16$;$3x^2+2z^2=16$;$x^2+2y^2=16$.

自测题

一、选择题

1. D; 2. B; 3. A; 4. C; 5. C; 6. A; 7. D; 8. D; 9. B; 10. D.

二、填空题

1. $\boldsymbol{p}-\boldsymbol{q},\boldsymbol{p}+\boldsymbol{q}$; 2. $8\frac{\sqrt{861}}{41}$; 3. 5; 4. 6; 5. $\sqrt{70}$; 6. 1/3; 7. -1;

8. $x-y+2z-1=0$; 9. $\sqrt{117}$; 10. $z=x^2+4$.

三、计算题

1. -7;

2. $15y-8z=0$;

3. $\frac{x}{1}=\frac{y}{1}=\frac{z}{0}$;

4. $-2x+y+3z+5=0$;

5. $x-z-1=0$;

6. $5x-5y+2z+2=0$;

7. $x^2+y^2+8x-6y=0$;

8. $x^2+y^2=\frac{3}{4}$.

第九章

习题 9.1

1. $8-\pi$; $t^2f(x,y)$.

2. 略.

3. (1) $\{(x,y)\mid y^2-2x+1>0\}$; (2) $\{(x,y)\mid x+y>0,x-y>0\}$;

(3) $\{(x,y)\mid x^2+y^2\leqslant 4\}$; (4) $\left\{(x,y)\,\middle|\,\left|\frac{y}{x}\right|\leqslant 1,x\neq 0\right\}$;

(5) $\{(x,y)\mid y-x>0,x\geqslant 0,x^2+y^2<1\}$； (6) $\{(x,y)\mid 4<x^2+y^2+z^2\leqslant 9\}$.

4. (1)1； (2)ln2； (3) 0； (4) $-\frac{1}{4}$； (5) $\frac{1}{2}$； (6) 1； (7)0； (8)0.

5. 略.

6. 连续.

习题 9.2

1. (1) $\frac{\partial z}{\partial x}=5x^4-24x^3y^2,\frac{\partial z}{\partial y}=-12x^4y+6y^5$；

(2) $\frac{\partial z}{\partial x}=\frac{1}{y}-\frac{y}{x^2},\frac{\partial z}{\partial y}=\frac{1}{x}-\frac{x}{y^2}$；

(3) $\frac{\partial z}{\partial x}=\frac{1}{2x\sqrt{\ln(xy)}},\frac{\partial z}{\partial y}=\frac{1}{2y\sqrt{\ln(xy)}}$；

(4) $\frac{\partial z}{\partial x}=y[\cos(xy)-\sin(2xy)],\frac{\partial z}{\partial y}=x[\cos(xy)-\sin(2xy)]$；

(5) $\frac{\partial z}{\partial x}=\frac{y^2}{(x^2+y^2)^{\frac{3}{2}}},\frac{\partial z}{\partial y}=\frac{-xy}{(x^2+y^2)^{\frac{3}{2}}}$；

(6) $\frac{\partial z}{\partial x}=\frac{2}{y}\csc\frac{2x}{y},\frac{\partial z}{\partial y}=-\frac{2x}{y^2}\csc\frac{2x}{y}$；

(7) $\frac{\partial u}{\partial x}=\frac{z(x+y)^{z-1}}{1+(x+y)^{2z}},\frac{\partial u}{\partial y}=\frac{z(x+y)^{z-1}}{1+(x+y)^{2z}},\frac{\partial u}{\partial z}=\frac{(x+y)^z\ln(x+y)}{1+(x+y)^{2z}}$；

(8) $\frac{\partial u}{\partial x}=\frac{y}{z}x^{\frac{y}{z}-1},\frac{\partial u}{\partial y}=\frac{1}{z}x^{\frac{y}{z}}\ln x,\frac{\partial u}{\partial z}=-\frac{y}{z^2}x^{\frac{y}{z}}\ln x$.

2. 略.

3. 略.

4. $f'_x(x,1)=1$.

5. $\frac{\pi}{4}$.

6. (1) $\frac{\partial^2 z}{\partial x^2}=12x^2-8y^2,\frac{\partial^2 z}{\partial y^2}=12y^2-8x^2,\frac{\partial^2 z}{\partial x\partial y}=\frac{\partial^2 z}{\partial y\partial x}=-16xy$；

(2) $\frac{\partial^2 z}{\partial x^2}=2\mathrm{e}^y-y^3\sin x,\frac{\partial^2 z}{\partial y^2}=x^2\mathrm{e}^y+6y\sin x,\frac{\partial^2 z}{\partial x\partial y}=\frac{\partial^2 z}{\partial y\partial x}=2x\mathrm{e}^y+3y^2\cos x$；

(3) $\frac{\partial^2 z}{\partial x^2}=-8\cos(4x+6y),\frac{\partial^2 z}{\partial y^2}=-18\cos(4x+6y),\frac{\partial^2 z}{\partial x\partial y}=\frac{\partial^2 z}{\partial y\partial x}=-12\cos(4x+6y)$；

(4) $\frac{\partial^2 z}{\partial x^2}=\frac{xy^3}{(1-x^2y^2)^{\frac{3}{2}}},\frac{\partial^2 z}{\partial y^2}=\frac{x^3y}{(1-x^2y^2)^{\frac{3}{2}}},\frac{\partial^2 z}{\partial x\partial y}=\frac{\partial^2 z}{\partial y\partial x}=\frac{1}{(1-x^2y^2)^{\frac{3}{2}}}$.

7. $\frac{\partial^3 z}{\partial x^2\partial y}=0,\frac{\partial^3 z}{\partial x\partial y^2}=-\frac{1}{y^2}$.

8. 略.

习题 9.3

1. (1) $\mathrm{d}z=\left(y+\frac{1}{y}\right)\mathrm{d}x+\left(x-\frac{x}{y^2}\right)\mathrm{d}y$；

(2) $dz = \left(2e^{-y} - \dfrac{3}{2\sqrt{x}}\right)dx + 2xe^{-y}dy$;

(3) $dz = -\dfrac{x}{(x^2+y^2)^{\frac{3}{2}}}(ydx - xdy)$;

(4) $dz = -\sin(y\sin x)[y\cos x dx + \sin x dy]$;

(5) $du = yzx^{yz-1}dx + zx^{yz}\ln x dy + yx^{yz}\ln x dz$;

(6) $du = \dfrac{1}{\sqrt{x^2+y^2+z^2}}(xdx + ydy + zdz)$.

2. $-dx + \dfrac{1}{4}dy$.

3. $dx - dy$.

4. 0.25e.

5. 108.9.

6. 2.95.

7. 14.8 m^3.

习题 9.4

1. $\dfrac{dz}{dt} = -\dfrac{1+e^{2t}}{e^t}$

2. $\dfrac{dz}{dt} = e^{\sin t - 2t^3}(\cos t - 6t^2)$.

3. $\dfrac{\partial z}{\partial x} = \dfrac{2x}{y^2}\ln(3x-2y) + \dfrac{3x^2}{(3x-2y)y^2}$; $\dfrac{\partial z}{\partial y} = -\dfrac{2x^2}{y^3}\ln(3x-2y) - \dfrac{2x^2}{(3x-2y)y^2}$.

4. $\dfrac{\partial z}{\partial x} = 3x^2\sin y\cos y(\cos y - \sin y)$; $\dfrac{\partial z}{\partial y} = x^3(\sin y + \cos y)(1 - 3\sin y\cos y)$.

5. $\dfrac{\partial u}{\partial x} = 2x(1 + 2x^2\sin^2 y)e^{x^2+y^2+x^4\sin^2 y}$; $\dfrac{\partial u}{\partial y} = 2(y + x^4\sin y\cos y)e^{x^2+y^2+x^4\sin^2 y}$.

6. 略.

7. (1) $\dfrac{\partial u}{\partial x} = 2xf_1 + ye^{xy}$, $\dfrac{\partial u}{\partial y} = 2yf_1 + xe^{xy}f_2$;

(2) $\dfrac{\partial u}{\partial x} = \dfrac{1}{y}f_1$, $\dfrac{\partial u}{\partial y} = -\dfrac{x}{y^2}f_1 + \dfrac{1}{z}f_2$, $\dfrac{\partial u}{\partial z} = -\dfrac{y}{z^2}f_2$;

(3) $\dfrac{\partial u}{\partial x} = f_1 + yf_2 + yzf_3$, $\dfrac{\partial u}{\partial y} = xf_2 + xzf_3$, $\dfrac{\partial u}{\partial z} = xyf_3$.

8. 略.

9. (1) $\dfrac{\partial^2 z}{\partial x^2} = f_{11} + 2yf_{12} + y^2 f_{22}$, $\dfrac{\partial^2 z}{\partial x\partial y} = f_{11} + (x+y)f_{12} + xyf_{22} + f_2$,

$\dfrac{\partial^2 z}{\partial y^2} = f_{11} + 2xf_{12} + x^2 f_{22}$;

(2) $\dfrac{\partial^2 z}{\partial x^2} = y^2 f_{11} + 2f_{12} + \dfrac{1}{y^2}f_{22}$, $\dfrac{\partial^2 z}{\partial x\partial y} = xyf_{11} - \dfrac{x}{y^3}f_{22} + f_1 - \dfrac{1}{y^2}f_2$,

$\dfrac{\partial^2 z}{\partial y^2} = x^2 f_{11} - \dfrac{2x^2}{y^2}f_{12} + \dfrac{x^2}{y^4}f_{22} + \dfrac{2x}{y^3}f_2$.

10. 略.

习题 9.5

1. $\dfrac{\mathrm{d}y}{\mathrm{d}x}=\dfrac{x+y}{x-y}$.

2. $\dfrac{\mathrm{d}y}{\mathrm{d}x}=\dfrac{y^2-y\mathrm{e}^{xy}}{x\mathrm{e}^{xy}-2xy-\cos y}$.

3. $\dfrac{\partial z}{\partial x}=\dfrac{yz-\sqrt{xyz}}{\sqrt{xyz}-xy},\dfrac{\partial z}{\partial y}=\dfrac{xz-2\sqrt{xyz}}{\sqrt{xyz}-xy}$.

4. $\dfrac{\partial z}{\partial x}=-\dfrac{3x^2-2yz}{3z^2-2xy},\dfrac{\partial z}{\partial y}=-\dfrac{3y^2-2xz}{3z^2-2xy}$.

5. 略.

6. 略.

7. 略.

8. $\dfrac{\partial^2 z}{\partial x^2}=\dfrac{2y^2z\mathrm{e}^z-2xy^3z-y^2z^2\mathrm{e}^z}{(\mathrm{e}^z-xy)^3}$.

9. $\dfrac{\partial^2 z}{\partial x^2}=-\dfrac{16xz}{(3z^2-2x)^3},\dfrac{\partial^2 z}{\partial y^2}=-\dfrac{6z}{(3z^2-2x)^3},\dfrac{\partial^2 z}{\partial x\partial y}=\dfrac{6z^2+4x}{(3z^2-2x)^3}$.

10. (1) $\dfrac{\mathrm{d}y}{\mathrm{d}x}=-\dfrac{2x^2y+yz}{2xy^2+xz},\dfrac{\mathrm{d}z}{\mathrm{d}x}=\dfrac{2x^2z-2y^2z}{2xy^2+xz}$;

(2) $\dfrac{\partial u}{\partial x}=-\dfrac{xu+yv}{x^2+y^2},\dfrac{\partial u}{\partial y}=\dfrac{xv-yu}{x^2+y^2},\dfrac{\partial v}{\partial x}=\dfrac{yu-xv}{x^2+y^2},\dfrac{\partial v}{\partial y}=-\dfrac{xu+yv}{x^2+y^2}$;

(3) $\dfrac{\partial u}{\partial x}=\dfrac{\sin v}{\mathrm{e}^u(\sin v-\cos v)+1},\dfrac{\partial u}{\partial y}=\dfrac{-\cos v}{\mathrm{e}^u(\sin v-\cos v)+1}$,

$\dfrac{\partial v}{\partial x}=\dfrac{\cos v-\mathrm{e}^u}{u[\mathrm{e}^u(\sin v-\cos v)+1]},\dfrac{\partial v}{\partial y}=\dfrac{\sin v+\mathrm{e}^u}{u[\mathrm{e}^u(\sin v-\cos v)+1]}$.

习题 9.6

1. 切线方程:$\begin{cases}x=1,\\y=z.\end{cases}$法平面方程:$y+z=0$.

2. 切线方程:$\dfrac{x-\left(\dfrac{\pi}{2}-1\right)}{1}=\dfrac{y-1}{1}=\dfrac{z-2\sqrt{2}}{\sqrt{2}}$. 法平面方程:$x+y+\sqrt{2}z-4-\dfrac{\pi}{2}=0$.

3. 切线方程:$\dfrac{x-1}{1}=\dfrac{y}{2}=\dfrac{z-2}{4}$. 法平面方程:$x+2y+4z-9=0$.

4. 切线方程:$\dfrac{x-1}{16}=\dfrac{y-1}{9}=\dfrac{z-1}{-1}$. 法平面方程:$16x+9y-z-24=0$.

5. $P_1(-1,1,-1),P_2\left(-\dfrac{1}{3},\dfrac{1}{9},-\dfrac{1}{27}\right)$.

6. 切平面方程:$x+2y-z-2=0$. 法线方程:$\dfrac{x-1}{1}=\dfrac{y}{2}=\dfrac{z+1}{-1}$.

7. 切平面方程:$x-y+2z+\dfrac{1}{4}=0$.

8. $(-1,1,-1)$,法线方程:$\dfrac{x+1}{1}=\dfrac{y-1}{3}=\dfrac{z+1}{1}$.

9. $\cos\gamma=\dfrac{3}{\sqrt{22}}$.

10. 切线方程：$\dfrac{x}{0}=\dfrac{y}{1}=\dfrac{z-1}{0}$. 法平面方程：$y=0$.

习题 9.7

1. $1+2\sqrt{3}$.
2. 5.
3. $\dfrac{158}{13}$.
4. $\dfrac{1}{ab}\sqrt{2(a^2+b^2)}$.
5. $\mathbf{grad}f(0,0,0)=(3,-2,-6)$，$\mathbf{grad}f(1,1,1)=(6,3,0)$.
6. $\sqrt{2}\cos\left(\alpha-\dfrac{\pi}{4}\right)$；（1）沿向量$\boldsymbol{i}+\boldsymbol{j}$的方向；（2）沿向量$-\boldsymbol{i}-\boldsymbol{j}$的方向；（3）沿向量$\pm(\boldsymbol{i}-\boldsymbol{j})$的方向.
7. 略.

习题 9.8

1. （1）极小值 $f\left(\dfrac{5}{3},\dfrac{4}{3}\right)=\dfrac{2}{3}$；（2）极大值 $f(2,-2)=8$；

（3）极大值 $f(3,2)=36$；（4）极小值 $f\left(\dfrac{1}{2},-1\right)=-\dfrac{e}{2}$.

2. 极大值 $z\left(\dfrac{1}{2},\dfrac{1}{2}\right)=\dfrac{1}{4}$.
3. 当两直角边都是$\dfrac{l}{\sqrt{2}}$时，可得最大的周长.
4. 当长、宽都是$\sqrt[3]{2k}$，而高是$\dfrac{1}{2}\sqrt[3]{2k}$时，表面积最小.
5. 当矩形的边长为$\dfrac{2p}{3}$及$\dfrac{p}{3}$时，绕短边旋转所得圆柱体的体积最大.
6. 当取得最大利润时，产品 A 与 B 的产量分别为 120 和 80.
7. 购进两种原料各为 100 和 25 时，可使生产的数量最大，最大数量为 1250.

自测题

一、填空题

1. $\dfrac{1}{2}$；　2. $2z$；　3. $2x+4y-z-5=0$；　4. $6xye^y$；　5. 0；

6. $4xyf_{xy}(x^2+y^2+z^2)$.

二、选择题

1. B；　2. C；　3. A；　4. C.

三、计算题

1. (1) e；　(2) 0.

2. 不存在.

3. 略.

4. (1) $\frac{\partial z}{\partial x}=ye^{-xy},\frac{\partial z}{\partial y}=xe^{-xy}$；

(2) $\frac{\partial u}{\partial x}=\frac{z(x-y)^{z-1}}{1+(x-y)^{2z}},\frac{\partial u}{\partial y}=\frac{-z(x-y)^{z-1}}{1+(x-y)^{2z}},\frac{\partial u}{\partial z}=\frac{(x-y)^z\ln(x-y)}{1+(x-y)^{2z}}$.

5. 略.

6. $\mathrm{d}u=2\cos(x^2+y^2+z^2)(x\mathrm{d}x+y\mathrm{d}y+z\mathrm{d}z)$.

7. $\frac{\partial^2 z}{\partial x\partial y}=3x^2+\sin(2xy)+2xy\cos(2xy)$.

8. $\frac{\partial^2 z}{\partial x\partial y}=2(-f_{11}+f_{12}\sin x)+f_2\cos x+y\cos x(-f_{21}+f_{22}\sin x)$.

9. $\frac{\partial^2 z}{\partial x\partial y}=xe^{2y}f_{uu}+e^yf_{uy}+xe^yf_{xu}+f_{xy}+e^yf_u$.

10. $\frac{\partial z}{\partial x}=\frac{y}{x}\frac{zF_v-x^2F_u}{xF_u+yF_v},\frac{\partial z}{\partial y}=\frac{x}{y}\frac{zF_u-y^2F_v}{xF_u+yF_v}$.

11. $\frac{\partial^2 z}{\partial x^2}=\frac{z(2e^z-2x-ze^z+2)}{(e^z-x+1)^3}$.

12. $\frac{\partial^2 z}{\partial x\partial y}=\frac{z(z^4-2xyz^2-x^2y^2)}{(z^2-xy)^3}$.

13. 略.

14. 函数在点$(-3,2)$处取得极大值,极大值为$f(-3,2)=31$.

15. (1) 在广告费用不限的情况下,电台广告费用为 1 万元及报纸广告费用为 1.5 万元时,广告策略最优；

(2) 若广告费用为 1.5 万元,电台广告费用为 0.25 万元及报纸广告费用为 1.25 万元时,广告策略最优.

第十章

习题 10.1

1. 略.

2. (1) $\frac{1}{3}$；　(2) $\frac{2}{3}\pi$.

3. (1) $0\leqslant I\leqslant 2$；　(2) $36\pi\leqslant I\leqslant 100\pi$.

4. $I_1<I_2$.

习题 10.2

1. (1) $\begin{cases}-1\leqslant x\leqslant 1,\\-1\leqslant y\leqslant 1;\end{cases}$　(2) $\begin{cases}0\leqslant x\leqslant 1,\\x^2\leqslant y\leqslant\sqrt{x};\end{cases}$　(3) $\begin{cases}-1\leqslant x\leqslant 1,\\-\sqrt{1-x^2}\leqslant y\leqslant\sqrt{1-x^2};\end{cases}$

(4) $\begin{cases}0\leqslant y\leqslant 1,\\y-2\leqslant x\leqslant 2-y;\end{cases}$　(5) $\begin{cases}0\leqslant x\leqslant 1,\\0\leqslant y\leqslant x\end{cases}$和$\begin{cases}1\leqslant x\leqslant 2,\\0\leqslant y\leqslant \frac{1}{x}.\end{cases}$

2. (1) $I=\int_0^4 dx\int_x^{2\sqrt{x}} f(x,y)dy, I=\int_0^4 dy\int_{\frac{y^2}{4}}^{y} f(x,y)dx$;

(2) $I=\int_{-r}^{r} dx\int_0^{\sqrt{r^2-x^2}} f(x,y)dy, I=\int_0^r dy\int_{-\sqrt{r^2-y^2}}^{\sqrt{r^2-y^2}} f(x,y)dx$;

(3) $I=\int_1^2 dx\int_{\frac{1}{x}}^{x} f(x,y)dy, I=\int_{\frac{1}{2}}^{1} dy\int_{\frac{1}{y}}^{2} f(x,y)dx+\int_1^2 dy\int_y^2 f(x,y)dx$.

3. (1) $\frac{6}{55}$; (2) $\frac{64}{15}$; (3) $\frac{8}{3}$; (4) $e-e^{-1}$; (5) $\frac{13}{6}$.

4. (1) $\int_0^1 dx\int_x^1 f(x,y)dy$; (2) $\int_0^4 dx\int_{\frac{x}{2}}^{\sqrt{x}} f(x,y)dy$; (3) $\int_{-1}^{1} dx\int_0^{\sqrt{1-x^2}} f(x,y)dy$;

(4) $\int_0^1 dy\int_{2-y}^{1+\sqrt{1-y^2}} f(x,y)dx$; (5) $\int_0^2 dx\int_{\frac{x}{2}}^{3-x} f(x,y)dy$.

5. $\frac{7}{2}$.

6. 略.

习题 10.3

1. (1) $\int_0^{2\pi} d\theta\int_0^a f(r\cos\theta, r\sin\theta)rdr$; (2) $\int_{-\frac{\pi}{2}}^{\frac{\pi}{2}} d\theta\int_0^{2\cos\theta} f(r\cos\theta, r\sin\theta)rdr$;

(3) $\int_0^{2\pi} d\theta\int_a^b f(r\cos\theta, r\sin\theta)rdr$; (4) $\int_0^{\frac{\pi}{2}} d\theta\int_0^{\frac{1}{\sin\theta+\cos\theta}} f(r\cos\theta, r\sin\theta)rdr$;

(5) $\int_0^{\frac{\pi}{4}} d\theta\int_0^{\frac{\sin\theta}{\cos^2\theta}} f(r\cos\theta, r\sin\theta)rdr+\int_{\frac{\pi}{4}}^{\frac{3\pi}{4}} d\theta\int_0^{\frac{1}{\sin\theta}} f(r\cos\theta, r\sin\theta)rdr+\int_{\frac{3\pi}{4}}^{\pi} d\theta\int_0^{\frac{\sin\theta}{\cos^2\theta}} f(r\cos\theta, r\sin\theta)rdr$.

2. (1) $\pi(e^4-1)$; (2) $\frac{\pi}{4}(2\ln 2-1)$; (3) $\frac{3\pi^2}{64}$.

3. (1) $\frac{3\pi a^4}{4}$; (2) $\frac{1}{6}a^3[\sqrt{2}+\ln(1+\sqrt{2})]$; (3) $\sqrt{2}-1$; (4) $\frac{1}{8}\pi a^4$.

4. (1) $\frac{9}{4}$; (2) $\frac{\pi}{8}(\pi-2)$; (3) $14a^4$; (4) $\frac{2}{3}\pi(b^3-a^3)$.

习题 10.4

1. (1) $\int_0^1 dx\int_0^{1-x} dy\int_0^{xy} f(x,y,z)dz$; (2) $\int_{-1}^{1} dx\int_{-\sqrt{1-x^2}}^{\sqrt{1-x^2}} dy\int_{x^2+y^2}^{1} f(x,y,z)dz$;

(3) $\int_{-1}^{1} dx\int_{-\sqrt{1-x^2}}^{\sqrt{1-x^2}} dy\int_{x^2+2y^2}^{2-x^2} f(x,y,z)dz$; (4) $\int_0^a dx\int_0^{b\sqrt{1-\frac{x^2}{a^2}}} dy\int_0^{\frac{xy}{c}} f(x,y,z)dz$;

(5) $\int_{-1}^{1} dx\int_{x^2}^{1} dy\int_0^{x^2+y^2} f(x,y,z)dz$.

2. (1) $\frac{1}{364}$; (2) 0.

3. (1) $\frac{7}{12}\pi$; (2) $\frac{16}{3}\pi$.

4. (1) $\frac{4}{5}\pi$; (2) $\frac{7}{6}\pi a^4$.

5. (1) $\frac{1}{8}$； (2) $\frac{\pi}{10}$； (3) 8π； (4) $\frac{4}{15}\pi(A^5-a^5)$； (5)0.

6. (1) $\frac{32}{3}\pi$； (2) πa^3； (3) $\frac{\pi}{6}$； (4) $\frac{2}{3}\pi(5\sqrt{5}-4)$.

习题 10.5

1. $\frac{1}{2}\sqrt{a^2b^2+b^2c^2+c^2a^2}$. 2. $4a^2\left(\frac{\pi}{2}-1\right)$. 3. $\bar{x}=0,\bar{y}=\frac{4b}{3\pi}$.

4. $I_x=\frac{1}{3}ab^3,I_y=\frac{1}{3}ba^3$. 5. $\left(0,0,\frac{3}{4}\right)$.

6. 设球心为原点，建立直角坐标系，使 P 点在 z 轴上，可求得引力 $\vec{F}=-\frac{kM}{h^2}\cdot\vec{k}$，其中 M 为球的质量，k 为引力常数，上式负号表示引力的方向与 z 轴的负方向相同.

自测题

一、1. C； 2. C； 3. B； 4. D； 5. C.

二、1. (1) $\int_{-2}^{0}dx\int_{2x+4}^{4-x^2}f(x,y)dy$； (2) $\int_{0}^{2}dx\int_{\frac{x}{2}}^{3-x}f(x,y)dy$.

2. $\int_{\frac{\pi}{4}}^{\frac{3\pi}{4}}d\theta\int_{0}^{\frac{2}{\cos\theta}}f(r^2)rdr$.

3. $\int_{0}^{2\pi}d\theta\int_{0}^{3}r^2dr\int_{r}^{3}dz$ 或 $\int_{0}^{3}dz\int_{0}^{2\pi}d\theta\int_{0}^{\frac{1}{2}}r^2dr$.

三、(1) $\frac{1}{2}e^4-e^2$；(2)$2\pi^2$.

四、(1) $\frac{1}{8}$； (2) $\frac{8}{9}a^2$； (3) $\frac{5}{12}\pi R^3$.

五、$\frac{\pi}{4}a^4+4\pi a^2$.

六、略.(提示:交换积分次序)

七、$\frac{1}{2}\sqrt{a^2b^2+b^2c^2+c^2a^2}$.

八、$\left(\frac{2}{5},0\right)$.

九、$\frac{368}{105}\rho$.

第十一章

习题 11.1

1. 略.

2. (1)$1+\frac{1}{\sqrt{2}}$； (2)$3+2\sqrt{2}$； (3)2； (4) $\frac{8}{3}\sqrt{5}$； (5) $\frac{4}{3}\pi$.

3. $\frac{1}{3}[(1+b^2)^{\frac{3}{2}}-(1+a^2)^{\frac{3}{2}}]$.

4. $\left(\frac{4}{3\pi},\frac{4}{3\pi},\frac{4}{3\pi}\right)$.

5. $I_x=\frac{\rho\pi}{2}, I_y=\frac{\rho\pi}{2}$.

习题 11.2

1. (1) $\frac{4}{5}$； (2) $\frac{4}{3}$； (3) $-\frac{\pi}{4}a^4$； (4) 13； (5) $\frac{\pi}{2}(a^2+a^2b)$.

2. (1) 2； (2) 2； (3) 0； (4) 0.

3. $mg(z_2-z_1)$.

4. $\int_\Gamma \frac{P(x,y,z)+2xQ(x,y,z)+3yR(x,y,z)}{\sqrt{1+4x^2+9y^2}}\mathrm{d}s$.

习题 11.3

1. $\frac{3}{8}\pi a^2$.

2. (1) 18π； (2) 2； (3) $\frac{1}{2}m\pi a^2$； (4) $\frac{\pi^2}{4}$； (5) 36π.

3. (1) 5； (2) 2； (3) $x^2\cos y+y^2\cos x$.

4. (1) $x^2+x\sin y$； (2) $\frac{1}{3}x^3+x^2y-xy^2-\frac{1}{3}y^3$； (3) $\mathrm{e}^x-1+\mathrm{e}^x\sin y+\sin^2 y$.

5. (1) $x^2y=C$； (2) $x^2+x\sin y=C$.

6. $\varphi(x)=x^2$；$\frac{1}{2}$.

7. $f(x,y)=x^2+2y-1$.

习题 11.4

1. (1) $\frac{1}{2}(\sqrt{2}+1)\pi$； (2) $\frac{\sqrt{2}\pi}{2}$.

2. (1) $\frac{13\pi}{3}$； (2) πa^3； (3) $\frac{7\sqrt{61}}{6}$； (4) $\frac{2\pi H}{R}$； (5) $\frac{4}{3}\pi a^4$.

3. $\frac{a^9}{32}$.

4. $\frac{2}{15}\pi(6\sqrt{3}+1)$.

5. $\left(0,0,\frac{a}{2}\right)$.

6. 略.

习题 11.5

1. (1) 正确；(2) 错误，正确结果是 πa^3.

2. (1) 24； (2) 8π； (3) $\frac{1}{8}$； (4) $\frac{2\pi R^7}{105}$； (5) $\frac{\pi}{2}a^4$.

3. 0.

4. $\iint_\Sigma\left[\frac{3}{5}P(x,y,z)+\frac{2}{5}Q(x,y,z)+\frac{2\sqrt{3}}{5}R(x,y,z)\right]\mathrm{d}S$.

5. $\frac{1}{4}-\frac{\pi}{6}$.(提示:采用投影面转换法计算较为简单)

6. (1) $-\frac{9}{2}\pi$; (2)0; (3) $-\pi$; (4) $\frac{1}{8}\pi$; (5)a^4.

自测题

一、选择题

1. A; 2. A; 3. B; 4. A; 5. D; 6. C.

二、填空题

1. $4s$; 2. 0; 3. $\left(\frac{1}{3}P+\frac{2}{3}Q+\frac{2}{3}R\right),\left(\frac{1}{2}P+Q+R\right)$; 4. 0; 5. $\frac{4}{3}\sqrt{3}$.

三、计算题

1. $\frac{4}{3}a^4$; 2. 0; 3. $\frac{1}{4}\pi R^2-R$; 4. $\frac{7}{6}\sqrt{2}\pi$; 5. 0.

四、略.

五、$y=\sin x(0\leqslant x\leqslant\pi)$.

六、34π.

第十二章

习题 12.1

1. (1)$u_n=\frac{(-1)^{n-1}}{2n-1}$ 或 $u_n=\frac{(-1)^{n+1}}{2n-1}$; (2) $u_n=\frac{2n-1}{n^2}$;

(3)$u_n=(-1)^n\frac{x^{\frac{n}{2}}}{2^n\cdot n!}$; (4) $u_n=\frac{2^{n-1}}{(3n-2)(3n+1)}$.

2. (1) 发散; (2) 发散; (3) 发散; (4) 发散; (5) 收敛; (6) 收敛.

3. 当 $-2<a<4$ 时收敛;当 $a\geqslant 4$ 或 $a\leqslant -2$ 时发散.

4. (1) $\frac{4}{9}$; (2) $3a$; (3) $\frac{3}{2}$.

5. (1) 不一定;(2) 不一定.

习题 12.2

1. (1) 收敛;(2) 发散;(3) 收敛;(4) 发散. 2. (1) 收敛;(2) 收敛;(3) 收敛;(4) 收敛.

3. (1) 收敛;(2) 收敛;(3) 收敛;(4) 发散. 4. 略. 5. 略.

习题 12.3

1. (1) 条件收敛;(2) 绝对收敛;(3) 条件收敛;(4) 绝对收敛;(5) 绝对收敛;(6) 发散.

2. 不一定收敛. 反例:$u_n=\frac{(-1)^{n+1}}{\sqrt{n}}$,$v_n=\frac{(-1)^{n+1}}{\sqrt{n}}+\frac{1}{n}$,则 $\lim\limits_{n\to\infty}\frac{u_n}{v_n}=1$,但级数 $\sum\limits_{n=1}^{\infty}u_n$ 收敛,而级数 $\sum\limits_{n=1}^{\infty}v_n$ 发散.

3. 不一定收敛. 反例:$u_n=\begin{cases}\frac{1}{k}, & n=2k,\\ \frac{1}{k^2}, & n=2k-1,\end{cases}$ 则 $u_n\geqslant 0$,$\lim\limits_{n\to\infty}u_n=0$,但 $\sum\limits_{n=1}^{\infty}(-1)^{n+1}u_n$

发散.

4. 收敛. 因为正项数列$\{u_n\}$单调减少,所以必定收敛. 如果则$\lim\limits_{n\to\infty}u_n=0$,则$\sum\limits_{n=1}^{\infty}(-1)^n u_n$是交错级数,因此收敛,与条件矛盾,所以必定有$\lim\limits_{n\to\infty}u_n=\alpha>0$,于是当$n$充分大时,$\left(\dfrac{1}{1+u_n}\right)^n<\left(\dfrac{1}{1+\dfrac{\alpha}{2}}\right)^n$,因此$\sum\limits_{n=1}^{\infty}\left(\dfrac{1}{1+u_n}\right)^n$收敛.

习题 12.4

1. (1)$(-1,1)$; (2) 仅在$x=0$时收敛; (3)$(-2,2]$; (4)$\left[-\dfrac{1}{2},\dfrac{1}{2}\right]$;

(5)$\left(-\dfrac{2}{3},\dfrac{2}{3}\right)$; (6)$(-\infty,+\infty)$; (7)$[-1,1]$; (8) $[2,4]$.

2. (1)$S(x)=\dfrac{1}{(1-x)^2}$,$(-1,1)$; (2)$S(x)=\dfrac{1}{4}\ln\left(\dfrac{1+x}{1-x}\right)+\dfrac{1}{2}\arctan x-x$,$(-1,1)$;

(3)$S(x)=-\ln(1+x)$,$(-1,1]$; (4)$S(x)=\dfrac{x^2}{(1-x^2)^2}$,$(-1,1)$.

3. $S(x)=\dfrac{1}{2}\ln\dfrac{1+x}{1-x}$,$\dfrac{1}{4}\ln 3$.

习题 12.5

1. (1) $\sum\limits_{n=1}^{\infty}(-1)^n\dfrac{2^{2n}x^{2n}}{2(2n)!}$ $(-\infty<x<+\infty)$;

(2) $1+\sum\limits_{n=1}^{\infty}\left[\dfrac{1}{(n-1)!}+\dfrac{1}{n!}\right]x^n$ $(-\infty<x<+\infty)$;

(3) $\ln 3+\sum\limits_{n=1}^{\infty}\dfrac{(-1)^n}{n+1}\left(\dfrac{x}{3}\right)^{n+1}$ $(-3<x\leqslant 3)$.

2. (1) $e\sum\limits_{n=0}^{\infty}\dfrac{(x-1)^n}{n!}$ $(-\infty<x<+\infty)$; (2) $\sum\limits_{n=1}^{\infty}(-1)^{n-1}\dfrac{(x-1)^n}{n}$ $(0<x\leqslant 2)$.

3. $\sum\limits_{n=0}^{\infty}\left(\dfrac{1}{2^{n+1}}-\dfrac{1}{3^{n+1}}\right)(x+4)^n$ $(-6<x<-2)$.

习题 12.6

1. 略. 2. (1) $f(x)=2\sum\limits_{n=1}^{\infty}(-1)^{n+1}\dfrac{\sin nx}{n}$; (2) $f(x)=\pi-2\sum\limits_{n=1}^{\infty}\dfrac{\sin nx}{n}$.

3. $f(x)=\sum\limits_{n=1}^{\infty}\dfrac{1}{2n-1}\sin(2n-1)x$,$x\in(-\pi,0)\cup(0,\pi)$.

4. (1) $f(x)=\sum\limits_{n=1}^{\infty}\dfrac{\sin nx}{n}$; (2) $f(x)=\dfrac{2\sqrt{2}}{\pi}-\dfrac{4\sqrt{2}}{\pi}\sum\limits_{n=1}^{\infty}\dfrac{1}{4n^2-1}\cos nx$;

(3) $f(x)=2\pi^2+1+\sum\limits_{n=1}^{\infty}(-1)^n\dfrac{12}{n^2}\cos nx-(-1)^n\dfrac{2}{n}\sin nx$.

5. $f(x)=\dfrac{4}{\pi}\sum\limits_{n=1}^{\infty}\dfrac{1}{(2n-1)^2}\cos(2n-1)x$.

6. $f(x)=\frac{8}{\pi}\sum_{n=1}^{\infty}\frac{n}{4n^2-1}\sin nx$.

自测题

一、选择题

1. C; 2. D; 3. A; 4. C; 5. D; 6. B.

二、(1) 发散;(2) 发散;(3) 发散;(4) 收敛;(5) 收敛;(6) 发散.

三、(1) 收敛半径为 $R=0$,收敛域为 $x=0$;

(2) 收敛半径为 $R=\frac{\sqrt{2}}{2}$,收敛域为$\left(-\frac{\sqrt{2}}{2},\frac{\sqrt{2}}{2}\right)$.

四、(1) $S(x)=\frac{1}{4-x}(2<x<4)$. (2) $S(x)=-\ln(2-x)(0\leqslant x<2)$.

(3) $S(x)=\frac{x}{1-3x^2}\left(-\frac{\sqrt{3}}{3}<x<\frac{\sqrt{3}}{3}\right)$.

(4) $S(x)=\begin{cases}0, x=0,\\ \frac{(1-x)\ln(1-x)}{x}+1, -1\leqslant x<1 \text{ 且 } x\neq 0;\\ 1, x=1,\end{cases}$ 收敛域为$[-1,1]$.

五、(1) $\left[-\frac{1}{3},\frac{1}{3}\right]$;(2) $S'(x)=\begin{cases}\frac{1}{1-x}-\frac{\ln(1-3x)}{3x}, x\in\left[-\frac{1}{3},0\right)\cup\left(0,\frac{1}{3}\right),\\ 4, x=0;\end{cases}$

(3) $S'\left(\frac{1}{4}\right)=\frac{4}{3}+\frac{8}{3}\ln 2$.

六、(1) $\sum_{n=0}^{\infty}\frac{(-1)^n}{n!(2n+1)}x^{2n+1}\quad(-\infty<x<+\infty)$;

(2) $\sum_{n=1}^{\infty}\frac{(-1)^n}{n}x^{2n}\quad(-1<x<1)$;

(3) $\frac{1}{3}\sum_{n=0}^{\infty}[1+(-1)^n 2^{n+1}]x^n\quad\left(-\frac{1}{2}<x<\frac{1}{2}\right)$;

(4) $\sum_{n=0}^{\infty}\frac{(-1)^n}{n!}x^{n+3}\quad(-\infty<x<+\infty)$.

附录 A　二阶、三阶行列式简介

行列式的概念是在研究线性方程组的解的过程中产生的.它在数学的许多分支中都有着非常广泛的应用,是常用的一种计算工具.本教材中主要涉及了二阶和三阶行列式,在此做一简要介绍,关于行列式更多的内容将在后续课程中学习.

一、二阶行列式

考虑二阶线性方程组

$$\begin{cases} a_{11}x_1 + a_{12}x_2 = b_1, \\ a_{21}x_1 + a_{22}x_2 = b_2 \end{cases} \quad (a_{11}a_{22} - a_{12}a_{21} \neq 0),$$

利用加减消元可求得 $x_1 = \dfrac{b_1a_{22} - a_{12}b_2}{a_{11}a_{22} - a_{12}a_{21}}, x_2 = \dfrac{a_{11}b_2 - b_1a_{21}}{a_{11}a_{22} - a_{12}a_{21}}$.

若令

$$D = \begin{vmatrix} a_{11} & a_{12} \\ a_{21} & a_{22} \end{vmatrix} = a_{11}a_{22} - a_{12}a_{21},$$

$$D_1 = \begin{vmatrix} b_1 & a_{12} \\ b_2 & a_{22} \end{vmatrix} = b_1a_{22} - a_{12}b_2, \quad D_2 = \begin{vmatrix} a_{11} & b_1 \\ a_{21} & b_2 \end{vmatrix} = a_{11}b_2 - b_1a_{21},$$

可得　$x_1 = \dfrac{D_1}{D}, x_2 = \dfrac{D_2}{D}$.

可见用该记号表示二元线性方程组的解很有规律性.

定义 1　由 2^2 个数排成 2 行 2 列所组成下面的式子(符号)

$$\begin{vmatrix} a_{11} & a_{12} \\ a_{21} & a_{22} \end{vmatrix} = a_{11}a_{22} - a_{12}a_{21}$$

称为二阶行列式,行列式中每一个数称为行列式的元素,数 a_{ij} 称为行列式的元素,它的第一个下标 i 称为行标,表明该元素位于第 i 行,第二个下标 j 称为列标,表明该元素位于第 j 列.位于第 i 行第 j 列的元素称为行列式的 (i,j) 元.二阶行列式由 2^2 个数组成,两行两列;展开式是一个数或多项式;若是多项式则必有 $2! = 2$ 项,且正负项的个数相同.

主要应用:解线性方程.

例 1　解方程组 $\begin{cases} 2x_1 + 3x_2 = 8, \\ x_1 - 2x_2 = -3. \end{cases}$

解

$$D = \begin{vmatrix} 2 & 3 \\ 1 & -2 \end{vmatrix} = 2 \times (-2) - 3 \times 1 = -7,$$

$$D_1 = \begin{vmatrix} 8 & 3 \\ -3 & -2 \end{vmatrix} = 8 \times (-2) - 3 \times (-3) = -7,$$

$$D_2=\begin{vmatrix}2 & 8\\ 1 & -3\end{vmatrix}=2\times(-3)-8\times1=-14.$$

因 $D=-7\neq0$,故所给方程组有唯一解

$$x_1=\frac{D_1}{D}=\frac{-7}{-7}=1,x_2=\frac{D_2}{D}=\frac{-14}{-7}=2.$$

二、三阶行列式

类似于二阶行列式,我们可以定义三阶行列式如下:

定义 2 由 3^2 个数排成 3 行 3 列所组成下面的式子(符号)

$$\begin{vmatrix}a_{11} & a_{12} & a_{13}\\ a_{21} & a_{22} & a_{23}\\ a_{31} & a_{32} & a_{33}\end{vmatrix}=a_{11}a_{22}a_{33}+a_{12}a_{23}a_{31}+a_{13}a_{21}a_{32}-a_{13}a_{22}a_{31}-a_{11}a_{23}a_{32}-a_{12}a_{21}a_{33}$$

称为三阶行列式.3 阶行列式由 3^2 个元素组成,三行三列;展开式也是一个数或多项式;若是多项式则必有 $3!=6$ 项,且正负项的个数相同.其运算的规律性可用“对角线法则”或“沙路法则”来表述之.

类似于二元线性方程组的讨论,对三元线性方程组

$$\begin{cases}a_{11}x_1+a_{12}x_2+a_{13}x_3=b_1,\\ a_{21}x_1+a_{22}x_2+a_{23}x_3=b_2,\\ a_{31}x_1+a_{32}x_2+a_{33}x_3=b_3,\end{cases}$$

记

$$D=\begin{vmatrix}a_{11} & a_{12} & a_{13}\\ a_{21} & a_{22} & a_{23}\\ a_{31} & a_{32} & a_{33}\end{vmatrix},\ D_1=\begin{vmatrix}b_1 & a_{12} & a_{13}\\ b_2 & a_{22} & a_{23}\\ b_3 & a_{32} & a_{33}\end{vmatrix},\ D_2=\begin{vmatrix}a_{11} & b_1 & a_{13}\\ a_{21} & b_2 & a_{23}\\ a_{31} & b_3 & a_{33}\end{vmatrix},\ D_3=\begin{vmatrix}a_{11} & a_{12} & b_1\\ a_{21} & a_{22} & b_2\\ a_{31} & a_{32} & b_3\end{vmatrix},$$

若系数行列式 $D\neq0$,则该方程组有唯一解

$$x_1=\frac{D_1}{D},\quad x_2=\frac{D_2}{D},\quad x_3=\frac{D_3}{D}.$$

例 2 计算三阶行列式 $\begin{vmatrix}1 & 2 & 3\\ 4 & 0 & 5\\ -1 & 0 & 6\end{vmatrix}$.

解

$$\begin{aligned}\begin{vmatrix}1 & 2 & 3\\ 4 & 0 & 5\\ -1 & 0 & 6\end{vmatrix}&=1\times0\times6+2\times5\times(-1)+3\times4\times0-3\times0\times(-1)\\ &\quad-1\times5\times0-4\times2\times6\\ &=-10-48=-58.\end{aligned}$$

例 3 解三元线性方程组 $\begin{cases}x_1-2x_2+x_3=-2,\\ 2x_1+x_2-3x_3=1,\\ -x_1+x_2-x_3=0.\end{cases}$

解 由于方程组的系数行列式

$$D=\begin{vmatrix}1 & -2 & 1\\ 2 & 1 & -3\\ -1 & 1 & -1\end{vmatrix}$$

$$
\begin{aligned}
&= 1\times 1\times(-1)+(-2)\times(-3)\times(-1)+1\times 2\times 1\\
&\quad -(-1)\times 1\times 1-1\times(-3)\times 1-(-2)\times 2\times(-1)\\
&=-5\neq 0,
\end{aligned}
$$

$$
D_1=\begin{vmatrix}-2 & -2 & 1\\ 1 & 1 & -3\\ 0 & 1 & -1\end{vmatrix}=-5,\ D_2=\begin{vmatrix}1 & -2 & 1\\ 2 & 1 & -3\\ -1 & 0 & -1\end{vmatrix}=-10,\ D_3=\begin{vmatrix}1 & -2 & -2\\ 2 & 1 & 1\\ -1 & 1 & 0\end{vmatrix}=-5,
$$

故所求方程组的解为

$$
x_1=\frac{D_1}{D}=1,\quad x_2=\frac{D_2}{D}=2,\quad x_3=\frac{D_3}{D}=1.
$$

再看三阶行列式

$$
\begin{aligned}
\begin{vmatrix}a_{11} & a_{12} & a_{13}\\ a_{21} & a_{22} & a_{23}\\ a_{31} & a_{32} & a_{33}\end{vmatrix}
&= a_{11}a_{22}a_{33}+a_{12}a_{23}a_{31}+a_{13}a_{21}a_{32}-a_{13}a_{22}a_{31}-a_{11}a_{23}a_{32}-a_{12}a_{21}a_{33}\\
&= a_{11}(a_{22}a_{33}-a_{23}a_{32})-a_{12}(a_{21}a_{33}-a_{23}a_{31})+a_{13}(a_{21}a_{32}-a_{22}a_{31})\\
&= a_{11}\begin{vmatrix}a_{22} & a_{23}\\ a_{32} & a_{33}\end{vmatrix}-a_{12}\begin{vmatrix}a_{21} & a_{23}\\ a_{31} & a_{33}\end{vmatrix}+a_{13}\begin{vmatrix}a_{21} & a_{22}\\ a_{31} & a_{32}\end{vmatrix}
\end{aligned}
$$

也就是说三阶行列式可以写成二阶行列式的线性组合，即降解. 如例 2 也可按如下方法计算：

$$
\begin{vmatrix}1 & 2 & 3\\ 4 & 0 & 5\\ -1 & 0 & 6\end{vmatrix}=1\times\begin{vmatrix}0 & 5\\ 0 & 6\end{vmatrix}-2\begin{vmatrix}4 & 5\\ -1 & 6\end{vmatrix}+3\begin{vmatrix}4 & 0\\ -1 & 0\end{vmatrix}=-2\times 29=-58.
$$

我们在计算两个向量 $\boldsymbol{a}=a_x\boldsymbol{i}+a_y\boldsymbol{j}+a_z\boldsymbol{k}$，$\boldsymbol{b}=b_x\boldsymbol{i}+b_y\boldsymbol{j}+b_z\boldsymbol{k}$ 的向量积时，实际上就是写成一个形式上的三阶行列式，进而求解的，即

$$
\begin{aligned}
\boldsymbol{a}\times\boldsymbol{b}&=\begin{vmatrix}\boldsymbol{i} & \boldsymbol{j} & \boldsymbol{k}\\ a_x & a_y & a_z\\ b_x & b_y & b_z\end{vmatrix}\\
&=\begin{vmatrix}a_y & a_z\\ b_y & b_z\end{vmatrix}\boldsymbol{i}-\begin{vmatrix}a_x & a_z\\ b_x & b_z\end{vmatrix}\boldsymbol{j}+\begin{vmatrix}a_x & a_y\\ b_x & b_y\end{vmatrix}\boldsymbol{k}\\
&=(a_yb_z-a_zb_y)\boldsymbol{i}+(a_zb_x-a_xb_z)\boldsymbol{j}+(a_xb_y-a_yb_x)\boldsymbol{k}.
\end{aligned}
$$

参考文献

[1] 同济大学数学系.高等数学(下册)[M].6版.北京:高等教育出版社,2007.

[2] 菲赫金哥尔茨.微积分学教程(第二卷)[M].8版.徐献瑜,冷生明,梁文骐.译.北京:高等教育出版社,2007.

[3] 华东师范大学数学系.数学分析[M].4版.北京:高等教育出版社,2012.

[4] 李忠,周建莹.高等数学(下册)[M].2版.北京:北京大学出版社,2009.

[5] 刘早清,毕志伟.高等数学[M].武汉:华中科技大学出版社,2008.

[6] 华中科技大学高等数学课题组.微积分[M].2版.武汉:华中科技大学出版社,2011.

[7] 张宇.高等数学18讲[M].北京:北京理工大学出版社,2016.

[8] 杨爱珍等.高等数学习题及习题集精解[M].上海:复旦大学出版社,2014.